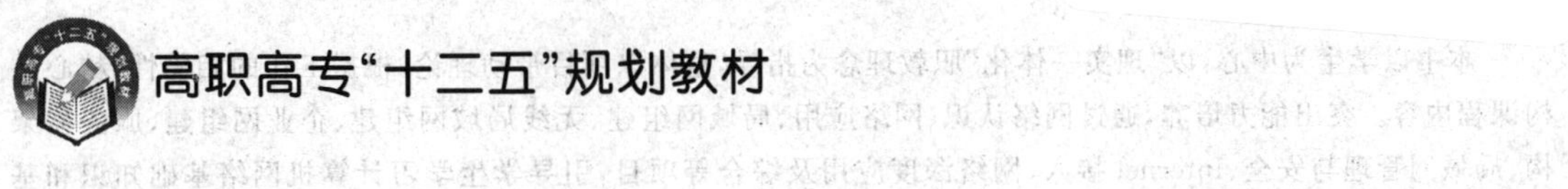

计算机网络技术

王永红　编著

北京航空航天大学出版社

内容简介

本书以学生为中心，以“理实一体化”职教理念为指导，整体以项目带动理论，根据工作的相关性，精心重构课程内容。突出能力培养，通过网络认识、网络应用、局域网组建、无线局域网组建、企业网组建、服务器架构、局域网管理与安全、Internet接入、网络深度应用及综合等项目，引导学生学习计算机网络基础知识和基本技能。

本书适合作为高职高专院校计算机类、电子信息类、通信类及相关专业的教材，也可作为职业培训的教材或自学者的参考书。

为便于教学，本书配有教学课件、教案、样卷，并提供主要“职业资格度量”参考答案及全书任务的“拓展提高”链接等教学资源，请发邮件至 goodtext book@126.com 索取。

图书在版编目(CIP)数据

计算机网络技术 / 王永红编著. -- 北京 :北京航空航天大学出版社，2014.8

ISBN 978-7-5124-1557-7

Ⅰ.①计… Ⅱ.①王… Ⅲ.①计算机网络—高等职业教育—教材 Ⅳ.①TP393

中国版本图书馆 CIP 数据核字(2014)第 140074 号

计算机网络技术

王永红 编著

责任编辑 张军香 朱红芳

*

北京航空航天大学出版社出版发行

北京市海淀区学院路 37 号(邮编 100191) http://www.buaapress.com.cn

发行部电话:(010)82317024 传真:(010)82328026

读者信箱: goodtext book@126.com 邮购电话:(010)82316524

北京兴华昌盛印刷有限公司印装 各地书店经销

*

开本:787×1 092 1/16 印张:18.75 字数:480 千字

2014 年 8 月第 1 版 2014 年 8 月第 1 次印刷 印数:3 000 册

ISBN 978-7-5124-1557-7 定价:35.00 元

前　言

随着社会的发展，计算机网络技术已经渗透到各行各业，对人们的工作和日常生活产生了影响。中国互联网信息中心(CNNIC)公布，截至2013年6月30日，我国网民数量已达5.91亿，手机网民数量4.64亿，国际出口宽带数2 098 150 Mbps。计算机网络应用的需求在快速增长，对懂得建网、管网、用网的专业人才的需求更加迫切。本教材是为培养计算机网络技术方面的人才而编写的。

计算机网络技术是一门专业核心基础课程，在理论和实践上为专业核心课程提供支撑和服务。本教材融入“理实一体化”理念，以学生作为企业员工为切入点，以项目带动基本理论、基本技能来组织内容，视角独特新颖，具有明确的针对性和实用性。教材以校内多轮校企合作讲义为基础，经过“国示范”骨干院校的使用，不断修改完善而成。

一、本教材的思路

1. 比较分析，锤炼精品。本教材在多年精品课程教学和教学资源库建设及第3版讲义的基础上，比较分析现有教材，采用“理实一体化”理念组织编写，以岗位(群)所需技能组织项目，在项目中贯穿基本理论，既反映产业技术，贴近产业发展前沿，又符合高职教育培养人才的要求，力求出精品。

2. 校企合作，突出“三新”。计算机网络技术是信息技术产业中网络技术的基础。作为新一代新兴行业，按照产业对人才的需求，优秀教材仍然紧缺。教材编写队伍吸收行业企业专家参加，校企合作，紧跟行业的发展需要，突出“三新”(新知识、新技术、新成果)，强化行业特色。

3. 明确层次，中高衔接。本教材体现高职教育层次特色，使职教育与高职教育具有良好的衔接性。主编所在“国示范”高职院校由中职转型而来，主编有多年中职教育的经历，同时为了做好中高职接续专业教材的贯通，吸收了中职高级讲师参加编写团队，做到教学重点、课程内容、能力结构及评价标准有机衔接。

4. 瞄准岗位，产教结合。本教材总体架构上采用企业项目来组织全书的内容。通过企业工作中的实际任务，在形式上转换成教材中需要的项目，力求做到岗位出项目，生产与教学有机融合。

二、本教材的主要特色

1. 承前启后，内容创新。总结吸收以往教材的成功经验，按照《高等职业学校专业教学标准(试行)》，根据工作的相关性，力求做到课程内容与职业标准对接、教学过程与生产过程对接。围绕专业人才培养目标，对教材内容重构，整合成十大项目,形成"理实一体化"特色教材。理论与实践有机组织,使学生能够接触到有一定深度、较新的内容,对网络技术产生研究兴趣,为后继的课程打下好的基础。既有助于学生的可持续发展,又能满足企业对人才的时新性要求,为提升人才培养质量服务。

2. 形式创新,全新编写。根据"国示范"骨干院校建设的最新教改成果、校企合作成果、中高职衔接的研究成果,结合一线教师长期教学的积累全新编写。教材编写时,以"科为网络有限公司"作为学生工作的公司,学生在公司中担任网络工程师(岗位)等职务。以学生为中心,整体结构以项目带动理论,实现"理实一体化"职教理念。每一项目由知识目标、技能目标、项目导入、任务、项目回顾及职业资格度量等部分组成,每一任务由任务描述、任务分析、知识准备、工具材料、任务实施、检查评议及拓展提高等部分组成。每个项目融入职业资格度量,竭力为学生获取学历证书和职业资格证书"双证书"开出通路,做到学以致用。

三、教学建议

采用本教材,希望学生在学完本课程后,不仅掌握必需的基本理论和基本技能,而且能够运用它们去解决实际中的一般问题。为了实现这一目标,建议学校和教师在"理实一体化"教室进行教学,边教边练,做中学,学中做。同时,建议采取"$1+x$"方法,聘请 x 个企业工程师与 1 个校内教师共同承担课程,为学生零距离就业做好准备,实现校企共建课程。

四、建议学时分配

本教材作为高职高专教材,建议课程学时不低于 60 学时,上机实践教学 36 学时以上。课时允许时,选讲项目九。项目十为综合项目,课时至少 1 周。学时具体分配如表 1 所列。

表 1　学时分配表

项　目	内　容	学时分配	项　目	内　容	学时分配
一	网络认识	6	六	服务器架构	12
二	网络应用	2	七	网络管理与安全	8
三	局域网组建	10	八	Internet 接入	4
四	无线局域网组建	4	九	网络深度应用	10(选讲)
五	企业网组建	14	十	综合项目	1周
合计为 60 学时+10 学时+1 周					

本书是"国示范"骨干院校建设的教学成果,是校企合作的结果,是多年精品课程和教学资源库建设的结晶,是中高职衔接的研究成果,也是一线教师长期教学的经验积累。书中内容取舍得当,图文并茂,易于理解,易于学习。操作有计划、有步骤,易于提高能力。

本教材由王永红教授担任主编，负责制定编写大纲及统稿工作。本教材出版之前，经过多轮讲义的修订。贺琴编写项目一初稿，彭景卫编写项目二、项目九初稿及全书企业项目审核，王永红编写项目三、项目五、项目七、项目十、附录初稿，陈刚编写项目六初稿，周素林编写项目八初稿及中高职衔接审核，王诗瑶编写项目四及全部图像处理和PPT制作，成维莉、吴美英和张金凤等参编了初稿。

本教材的编写得到了江苏农牧科技职业学院（“国示范”高职院校）、江苏三阳智能工程有限公司、泰州机电高等职业技术学校（“国示范”中职校）、扬州大学、四川航天职业技术学院、江苏省靖江中等专业学校及南京交通职业技术学院等校企领导、老师、工程师的关心和北京航空航天大学出版社罗晓莉编辑的大力支持，在此表示衷心感谢。

本教材在编写过程中，参考了大量的相关资料，吸取了许多同仁的宝贵经验，在此深表谢意。

由于编者水平所限，疏漏难免，恳请读者批评指正。编者联系方式：

E-mail：yhwedu@xinhuanet.com

编　者

2014年8月

目　　录

项目一　网络认识

知识目标

掌握计算机网络概念;了解计算机网络分类、组成和功能;理解 OSI 七层参考模式、TCP/IP 参考模式、计算机网络的运行;知道计算机网络的常用设备等。

技能目标

会使用 Cisco Packet Tracer、VMWare Workstation 软件模拟网络运行;初步理解网络拓扑图,并使用 Microsoft Visio2010 绘制软件。

项目导入

通过参观实体网络和观察虚拟网络的运行,直观地了解网络的拓扑结构、网络组成、网络层次、网络设备、传输介质等基本内容。本项目需完成三个任务:(1)参观网络(或网络实验室);(2)观察网络运行;(3)识别和绘制网络拓扑图。

任务1　参观网络

任务1-1　体验网络

一、任务描述

参观网络(如果有条件,可以参观典型的企业网、校园网;如果没有条件,可以参观网络实验室),了解网络功能,体验网络运行,初步理解网络拓扑结构,了解计算网络基本组成,知道网络设备、传输介质在网络中的作用。通过参观,搜集信息,撰写一篇报告。

二、任务分析

参观网络,能够直观看到的是传输介质、网络设备,以及网络运行情况。通过听取网络管理人员的讲解,认真记录,了解网络的功能、网络的物理拓扑结构和逻辑拓扑结构;了解网络中主要网络设备和传输介质等。

本任务中,参观网络,重点在于看、听、记、拍照片,体验网络的实际场景。

本任务计划:

(1)参观校园网(典型的企业网,或校园网,或网络实验室);

(2)记录网络的拓扑结构;

(3)记录 IP 地址规划;

(4)记录网络设备、网络介质;

(5)记录网络操作系统、管理软件等。

三、知识准备

(一)计算机网络与 Internet 发展历史

1. 计算机网络发展历史

计算机网络技术是计算机技术与通信技术相结合的产物,其发展过程与事物的发展规律相吻合，经历了从简单到复杂、从单个到集合的过程，可分为四个阶段。

第一阶段以面向终端的计算机网络为标志。由于该阶段网络系统除了一台中央计算机外，其余的终端设备都没有独立处理数据的功能，因此，不能算是真正意义上的计算机网络。

第二阶段是以 ARPAnet 网（Advanced Research Projects Agency，美国国防部高级研究计划局网）为标志的计算机网络。该阶段网络系统追求的主要目标是借助通信系统，使网内各计算机系统间能够相互共享资源。

第三阶段是以 OSI（Open System Interconnection Reference Model，开放系统互连参考模型）为标志的网络，是计算机网络发展最快的阶段。OSI 是 ISO（Internatioal Organization for Standardization，国际标准化组织）于 1978 年制定的一个标准框架。

第四阶段以 Internet 商用为标志。Internet 从一个小型的、实验型的研究项目，发展成为世界上最大的计算机网络，真正实现了数据通信、资源共享和分布处理的目标。目前处于第四阶段。

2. Internet 发展的三个阶段

Internet 发展先后经历了三个阶段。

第一阶段从 1969 年 Internet 的前身——ARPAnet 的诞生到 1983 年，是研究试验阶段，主要进行网络技术的研究和试验。

第二阶段从 1983 年到 1994 年，是 Internet 的实用阶段，主要作为教学、科研和通信的学术网络。

第三阶段从 1994 年之后，Internet 开始进入商业化阶段。

（二）计算机网络概念

计算机网络是指独立自治、相互连接的计算机集合，是利用通信设备和线路将地理位置不同的、功能独立的多个计算机系统互连起来，以功能完善的网络软件（即网络通信协议、网络操作系统等）实现网络中资源共享和信息传递的系统。

（三）计算机网络功能

计算机网络使单一的、分散的主机有机地连成一个系统，主要功能如下：

1. 数据通信

数据通信是计算机网络最基本的功能，用来传送计算机与终端、计算机与计算机之间的各种信息，包括文字、图片、音频、视频等，提供传真、电子邮件（E-mail）、电子数据交换（EDI）、电子公告牌（BBS）、远程登录（telnet）和网页浏览等数据通信服务。该功能可将分散在各地的计算机网络联系起来，统一调配、控制和管理。

2. 资源共享

资源共享为网络最本质的功能。资源指网络中硬件、软件和数据资源。共享指网络中的用户都能够使用这些资源。如预订机票、客房等数据信息，可供网络查询；如游戏、教育等软件，可供有偿或注册调用；如打印机等硬件设备，可供网上用户使用。

3. 提高计算机的可靠性和可用性

网络中的计算机可相互成为后备机。一旦某台计算机出现故障，其任务可由其他计算机代为完成，避免在单机情况下，一台计算机发生故障引起整个系统瘫痪的现象，提高系统的可靠性。当网络中的某台计算机负担过重时，网络又可以将新的任务交给较空闲的计算机完成，均衡负载，提高计算机的可用性。

(四) 计算机网络分类

由于网络应用的广泛性,出现了各种各样的网络。依据不同,网络分类也不同。

1. 按覆盖地理范围分(常用分类方法)

(1) 局域网

局域网(LAN,Local Area Network)的分布范围一般在几米到几公里,是在较小的地域范围内构成的计算机网络,供部门或单位使用。LAN是把分散在一定范围内的计算机、终端、带大容量存储器的外围设备、控制器、显示器等连接起来,进行高速数据通信的一种网络。

LAN由于地域范围小,一般不需要租用电话线路,直接建立专用通信线路,因此数据传输速率高于广域网。LAN组建方便、灵活、投资少,是计算机网络技术中发展最快、应用最广泛的一个分支。目前,LAN在办公自动化、企业管理、工业自动化、辅助教学等方面得到广泛应用。

(2) 广域网

广域网(WAN,Wide Area Network)又称远程网,地域范围从几十公里到几千公里,往往跨越一个地区、一个国家或洲。WAN一般利用通信部门提供的公用分组交换网、卫星通信信道和无线分组交换网,将分布在不同地域的网络连接起来,实现局域资源共享与广域资源共享相结合,形成地域广大的远程处理和局域处理相结合的网际网系统。在WAN中,主要采用分组交换技术。

世界上第一个WAN是ARPAnet,利用电话交换网互联分布在美国各地的计算机和网络。Internet是最大的广域网络。

(3) 城域网

城域网(MAN,Metropolitan Area Network)的地域范围介于LAN与WAN之间,运行方式与LAN相似。LAN获得广泛使用后,网络发展的方向之一就是,扩大LAN的使用范围,将已经使用的LAN互相连接,使其成为一个规模较大的城市范围内的网络。MAN能够满足几十公里范围内各个LAN的连网需求,能实现大量用户、多种信息的高速传输。但是,MAN的特有技术没有得到迅速推广。

2. 按使用范围分

(1) 公用网

一般由电信部门组建,由政府指定机构管理和控制的网络,为公众提供网络服务。

(2) 专用网

一般由各企事业单位、个人等组建的网络。只为拥有者提供服务,不对公众提供网络服务。

3. 按通信介质分

(1) 有线网

采用同轴电缆、双绞线、光纤等物理介质来传输数据的网络。

(2) 无线网

采用卫星、微波等无线介质来传输数据的网络。

4. 按网络控制方式分

(1) 集中式网络

网络中,处理控制功能高度集中在中心节点上,网络上的信息流都经过中心节点。集中式网络的主要优点是,实现简单,网络操作系统很容易从传统的分时操作系统扩充和改造而来。

缺点是，实时性差，可靠性低，缺乏较好的可扩充性和灵活性。典型的集中式网络有星型网络和树型网络。

(2) 分布式网络

网络中，不存在通信处理的控制中心，任一节点都可以和另外的节点建立自主连接，信息从一个节点到达另一节点时，可能有多条路径。同时，网络中的各个节点均以平等地位相互协调运行和交换信息，共同完成一个大型任务。分布式网络的主要优点是，具有信息处理的分布性、高可靠性、可扩充性及灵活性等，因此，是网络的发展方向。目前大多数 WAN 的主干网，均采用分布式控制方式及较高的通信速率，网络性能高；大多数非主干网，为了降低建网成本，仍采用集中控制方式及较低的通信速率。典型的分布式网络有分组交换、网状型网络。

5. 按网络拓扑结构分

按网络拓扑结构分，主要有总线型网络、星型网络、环型网络等。

四、工具材料

- 真实岗位：网络参观。
- 虚拟实验：VMware、操作系统或 Cisco Packet Tracer 软件。

五、任务实施

参观校园网络

本任务以某高职院校的校园网为例，参观，记录。

1. 网络的应用

校园网面向全校师生，实现资源共享、信息交流、协同工作等基本功能，满足在教学、科研、管理、交流、生活等方面的需求。主要应用如下：

(1) 为学生学习、生活提供服务，如网上学习、网上作业、网上虚拟实验、成绩查询、签到考勤、教室门禁、自助借还图书、消费一卡通等。

(2) 为教师教学提供网络平台，如网上备课、授课、辅导、考试和统计评价等。

(3) 为管理和决策提供基础数据、手段，如公文传递、公文管理等无纸办公自动化。实现行政、人事、财务、工资、资产、档案、宿舍等管理。

(4) 为师生科研提供网络手段，如科研资料检索、分析、模拟实验等。

(5) 电子商务、云计算、大数据的应用，如淘宝购物支付宝付款、云盘存储、利用大数据的余额宝等。

(6) 以网络为传输网的物联网应用。

2. 网络拓扑图

网络拓扑图如图 1-1-1 所示。

3. 网络接入

网络规划为核心层、汇聚层及接入层三个层次，千兆到大楼(或楼层)，百兆(或千兆)到桌面。整个网络有两个出口，分别通过电信 300 Mb 宽带出口及教育科研网 1 000 Mb 宽带出口接入 Internet。

4. 网络主要设备

网络主要设备如下：防火墙采用北京天融信设备；认证接入服务采用城市热点设备；核心交换机采用 H3C75 系列核心交换机；汇聚层设备采用 H3C3100 系列交换机。

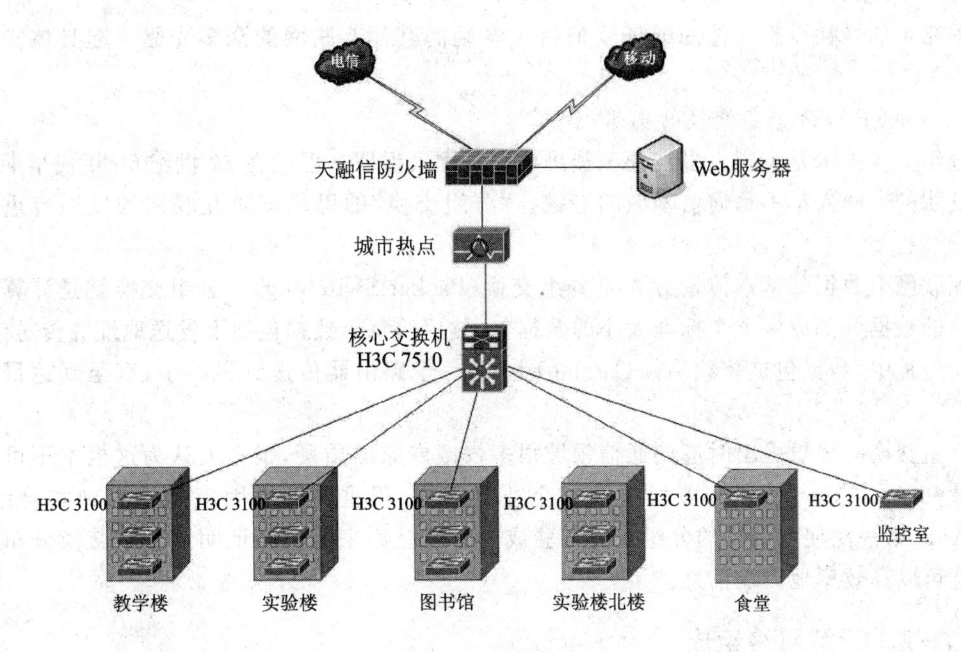

图 1-1-1　校园网拓扑图

5. 网络介质

主干网络采用光纤连接，接入层设备连接通过 6 类双绞线。

6. 网络操作系统

服务器主要安装 Linux 和 Windows Server 操作系统。管理节点主要安装 Windows 7 操作系统。

7. 网络基本服务

主要提供的基本服务有：Web 服务、FTP 服务、邮件服务、DNS 服务、DHCP 服务、代理服务、认证计费服务、数据安全传输服务、网络存储服务等。

此处，IP 规划略。

六、检查评议

能够对网络有基本的认识，了解网络的基本组成。

具体评价方式、评价内容及评价标准见附录。

七、拓展提高

知识链接：

（一）ARPAnet 主要思想

美国国防部高级研究规划署（ARPA，Advanced Research Projects Agency）于 1958 年成立，是由国防部直接领导的研发组织，负责前瞻性的科研项目的开发。ARPAnet（阿帕网）是 ARPA 支持的一个项目。

约瑟夫·立克里德是颇有建树的心理学教授，是麻省理工学院林肯实验室主任、创办人，被 ARPA 聘任为信息处理技术办公室主任，对 ARPAnet 的产生有铺垫性贡献。他从心理学背景出发，认为计算机的发展方向是最大限度地为人类行为提供决策支持，计算机发展的最终目标是完全取代人在各个层面的重复性工作，彻底解放人类，人类仅仅作决策。他提出“让所有的或绝大部分计算机能够在一个集成网络里相互合作。”这就是 ARPAnet 的产生及后来的互联网雏形的最初设想。他的继任罗伯特·泰勒同其他互联网的众多先驱一起具体实施了ARPAnet。

（二）ARPAnet 分组交换的思想

分组交换技术是英国人多纳德·戴维斯和美国人保罗·巴兰在20世纪60年代早期分别独立发明的。两人都不是通信领域的专家。“分组交换”的思想却对互联网的发展有重要的意义。

互联网上数据的基本传输方式是分组交换(Packet Switching)。分组交换就是计算机将要传输的数据分割成一个个标准大小的数据包,然后给每个数据包加上发送地址等传送信息。在传输过程中,数据包被装载到帧(Frame)上,从一个路由器传送到另一个,直至到达目的地为止。

分组交换的思想提出时遭到通信领域很多权威专家的质疑,很多人认为这根本不可能实现。最初 ARPAnet 吸引众多科学家和企业界重视,很重要的原因就是想看到实验结果。ARPAnet 第一次使大规模的分组交换实验成为可能。后来的事实证明了分组交换分布式网络完全可以高效率地传输信息。

任务 1-2　了解网络组成

一、任务描述

参观网络后,查找资料,进一步了解计算机网络的组成。

二、任务分析

网络由网络设备,如防火墙、路由器、交换机和服务器等,以及相应的网络软件组成。本任务中,了解计算机网络组成,以及计算机网络硬件系统、软件系统。

任务计划:

(1) 了解计算机网络逻辑结构;

(2) 了解计算机网络组成。

三、知识准备

（一）计算机网络逻辑结构

计算机网络要完成数据处理与数据通信两大基本功能,在结构上相应地分为两层,一层为面向数据处理的计算机和终端,一层为负责数据通信的通信控制处理机和通信线路。从逻辑上来看,计算机网络分为资源子网和通信子网两部分,如图 1-1-2 所示。

1. 资源子网

资源子网由主机、终端、终端控制器、连网外设、各种软件资源与数据资源组成。资源子网负责全网的数据处理业务,向网络用户提供各种网络资源与网络服务。

(1) 主　机

网络中,主机(Host)可以是大型机、中型机、小型机、工作站或微型机。主机是资源子网的主要组成单元,通过高速通信线路与通信子网的通信控制处理机相连接。普通用户终端通过主机入网。主机要为本地用户访问网络其他主机设备及共享资源提供服务,用于网络管理、运行应用程序、处理各网络工作站成员的信息请求,并连接一些外部设备,如打印机、CD-ROM、调制解调器等。

(2) 终　端

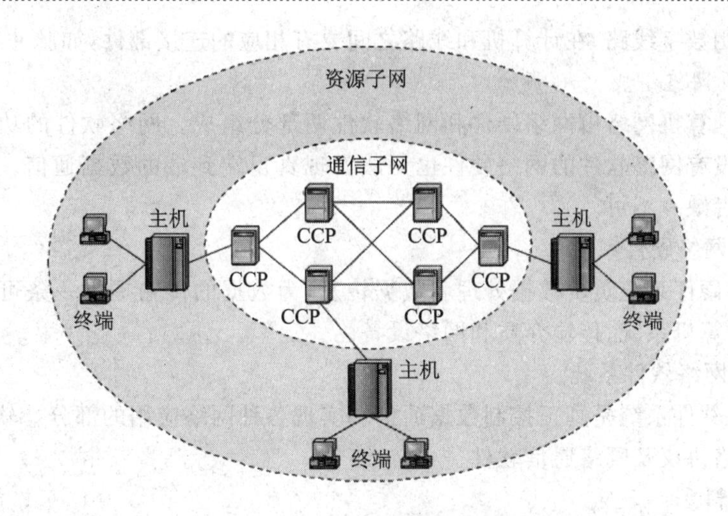

图 1-1-2　计算机网络逻辑结构

终端(Terminal)是用户访问网络的接口。终端可以是简单的输入、输出终端,也可以是带有微处理机的智能终端。智能终端除具有输入、输出信息的功能外,本身还具有存储与处理信息的能力。终端可以通过主机连入网内,也可以通过终端控制器、报文分组组装/拆卸装置或通信控制处理机连入网络。

(3) 网络软件

网络中,每个用户都可享用系统中的各种资源,所以需要对网络资源进行全面的管理、合理的调度和分配,并防止网络资源丢失或被非法访问、破坏。网络软件是实现这些功能的不可缺少的工具。网络软件主要包括:网络协议软件、网络通信软件、网络操作系统、网络管理软件和网络应用软件等。其中网络操作系统用于控制协调网络资源分配、共享,提供网络服务,是最主要的网络软件。

2. 通信子网

通信子网由通信控制处理机、通信线路和其他通信设备组成。

(1)通信控制处理机

通信控制处理机(CCP,Communication Control Processor)是一种在计算机网络或数据通信系统中专门负责网络中数据通信、传输和控制的专用计算机,一般由小型机、微型机或带有CPU 的专门设备承担。

CCP 一方面作为资源子网的主机、终端的接口节点连入网络;另一方面又实现通信子网中报文分组的接收、校验、存储、转发等功能,起着将源主机报文准确地发送到目的主机的作用。

(2) 通信线路和通信设备

通信线路,即通信介质,为 CCP 与 CCP、CCP 与主机之间提供数据通信的通道。通信线路和网络上的各种通信设备一起组成了通信信道。

计算机网络采用的通信线路的种类很多。如可以使用双绞线、同轴电缆、光导纤维等有线通信线路组成通信信道;也可以使用非导向媒体,如微波通信和卫星通信等无线通信线路组成通信信道。

通信设备的选用和通信线路类型有关系。如果使用模拟线路,在线路两端需配置调制解调设备；如果采用数字线路，在计算机和线路之间要有相应的连接部件，如脉冲编码调制设备。

（二）计算机网络组成

在物理上，计算机网络由网络硬件和网络软件两部分组成。网络软件的功能必须依赖于网络硬件完成，没有网络软件的网络硬件也无法实现真正端到端的数据通信。对于计算机网络系统而言，二者缺一不可。

(1) 计算机网络硬件系统

计算机网络硬件系统负责数据处理和数据转发，为数据的传输提供一条可靠的传输通道网络硬件包括计算机系统、传输介质和网络设备。

(2) 计算机网络软件系统

计算机网络软件系统是真正控制数据通信和实现各种网络应用的部分。软件系统包括网络操作系统、网络协议及网络通信软件。

四、工具材料

- 真实岗位：计算机网络硬件系统
- 虚拟实验：VMware、操作系统或 Cisco Packet Tracer 软件。

五、任务实施

（一）计算机网络硬件系统

1. 计算机硬件

主要包括网络终端与服务器。网络终端也称网络工作站，是使用网络的计算机等。在客户/服务器网络中，客户机指的是网络终端。

网络服务器是被网络终端访问的计算机系统，通常是一台高性能的计算机。例如大型机、小型机、UNIX 工作站和服务器，PC 机安装服务器软件后构成网络服务器，这些都是计算机网络的核心设备。

网络中可共享的资源如数据库、大容量磁盘、外部设备和多媒体节目等都是通过服务器提供给网络终端的。服务器按照可提供的服务可分为文件服务器、数据库服务器、打印服务器、Web 服务器、电子邮件服务器、代理服务器等。

图 1-1-3 所示为几种服务器实物。

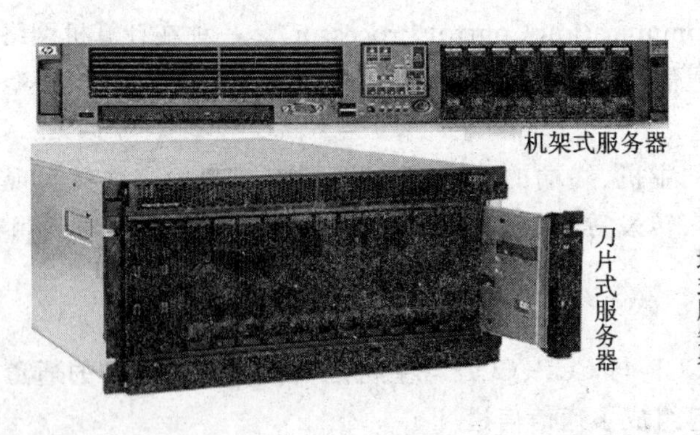

图 1-1-3 服务器

2. 网络传输介质

主要的网络传输介质有双绞线、光纤电缆、同轴电缆、微波。在局域网中主要传输介质是双绞线，一种 8 芯电缆，具有传输 1 000 Mbps 的能力。光纤在局域网中多承担干线部分的数据传输。使用微波的无线局域网由于其灵活性而逐渐普及。早期的局域网中使用网络同轴电缆，从1995年开始其逐渐被淘汰，现在局域网中很少使用。图1－1－4所示为网络传输介质双绞线和光纤。

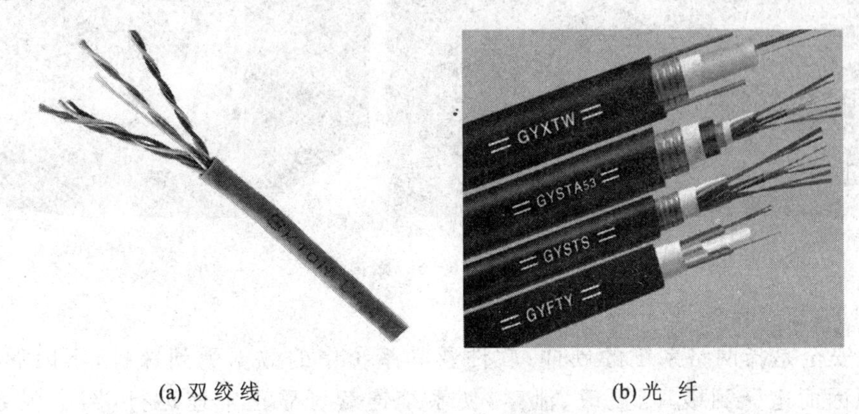

(a) 双绞线　　(b) 光　纤

图1－1－4　网络传输介质

3. 网络硬件设备

(1) 网络交换设备

网络交换设备是把计算机连接在一起的基本网络设备。计算机之间的数据报通过交换机转发。因此计算机要连接到局域网络中必须首先连接到交换机上。不同种类的网络使用不同的交换机。常见的有以太网交换机、ATM交换机、帧中继网的帧中继交换机、令牌网交换机、FDDI交换机等。如图1－1－5所示为两种交换机实物。

图1－1－5　交换机

(2) 网络互联设备

网络互联（或网络互连）设备主要是指路由器。路由器是连接网络的必需设备，在网络之间转发数据报。路由器不仅提供同类网络之间的互相连接，还提供不同网络之间的通信。比如局域网与广域网的连接、以太网与帧中继网络的连接等。如图1－1－6所示为路由器实物。

在广域网与局域网的连接中，调制解调器用于将数字信号调制成频率带宽更窄的信号，以便适于广域网的频率带宽。最常见的是使用电话网络或有线电视网络接入互联网。

中继器是一个延长网络电缆和光缆的设备，对衰减了的信号起再生作用。

网桥是一个被淘汰了的网络产品，原来用于改善网络带宽拥挤。交换机设备同时完成了网桥需要完成的功能，交换机的普及使用是终结网桥使命的直接原因。

图 1-1-6　路由器

(3) 网络安全设备

网络安全是指网络系统的硬件、软件及其系统中的数据受到保护，不因偶然的或者恶意的原因而遭受到破坏、更改、泄露，使系统连续可靠正常地运行，网络服务不中断。主要的网络安全设备包括防火墙、VPN 设备和入侵检测设备等，如图 1-1-7 所示。

防火墙是网络安全最常见的设备。防火墙可以实现内部、外部网或不同信任域网络之间的隔离，达到有效地控制对网络访问的作用。

VPN(Virtual Private Network，虚拟专用网)设备完成三种类型的业务，即拨号 VPN 业务(VPDN)、专线 VPN 业务和 MPLS 的 VPN 业务。

入侵检测设备 IDS 对透过防火墙的攻击进行检测，并做相应反应(记录、报警、阻断)。入侵检测系统和防火墙配合使用，可以实现多重防护，构成一个整体的、完善的网络安全保护系统。

图 1-1-7　网络安全设备

(二) 计算机网络软件系统

1. 网络操作系统

网络操作系统主要有三大阵营，即 Unix、Novell NetWare 和 Microsoft Windows 系列。

(1) Unix 网络操作系统

Unix 操作系统是一种典型的多用户的网络操作系统。主要应用于超级小型机、大型机和 RISC 精简指令系统计算机。Unix 属于集中式处理的操作系统，也是一套在多任务操作环境上的局域网操作系统软件。Linux 也归到这一阵营，在服务器中用得较多。

(2) Novell 公司的 NetWare 网络操作系统

Net Ware 网络操作系统具有先进的目录服务环境，集成、方便的管理手段，简单的安装过程。但是，由于 Microsoft Windows 的竞争，目前使用率降低。

(3) Microsoft 公司的 Windows 操作系统

Microsoft 公司的 Windows Server 操作系统可用性好，市场占有率不断升高，中小型服务器用得较多。

2. 网络通信软件和网络协议

网络通信软件、网络协议用于管理各个计算机之间的信息传输。分别由网络的三个著名标准化组织定义。

(1) ISO 由美国国家标准协会及其他各国的国家标准化组织的代表组成。在网络中，主要贡献有 OSI/RM 开放系统互连参考模型，是七层网络通信模型，也称为七层参考模型。

(2) IEEE(Institute of Electrical and Electronic Engineer，电气及电子工程师学会)是世界上最大的专业组织之一。在网络上，主要贡献是对 IEEE802 协议进行了定义。

(3) ARPA 主要贡献是 TCP/IP 通信模型；进行计算机网络定义与分类方法的研究；提出了资源子网、通信子网的网络结构概念；研究并实现了分组交换方法。

六、检查评议

能够认识计算机网络的组成，以及硬件设备、软件系统。

具体评价方式、评价内容及评价标准见附录。

七、拓展提高

知识链接：

(一) 通信系统模型

通信系统中，信息的传递是通过电信号来实现的，首先要把信息转换成电信号，经过发送设备，将信号送入信道。在接收端，接收设备对接收信号做相应的处理后，送给信宿，再转换为原来的信息。通信系统一般模型如图 1-1-8 所示。

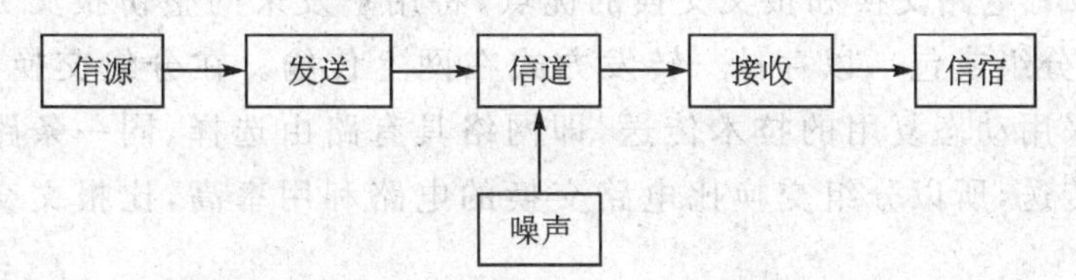

图 1-1-8　通信系统一般模型

通信系统分为模拟通信系统与数字通信系统。利用模拟信号传送信息的通信方式称为模拟通信。利用数字信号传送信息的通信方式称为数字通信。

(二) 数据通信的三种交换方式

1. 电路交换

电路交换是指两台计算机或终端在相互通信时，使用同一条实际的物理链路，通信中自始至终使用该链路进行信息传输，且不允许其他计算机或终端同时共享该电路。

典型的电话网中采用是电路交换方式。第一步，先拨号，交换机为双方建立连接。第二步，双方通话。第三步，一方挂机后，交换机断开连接。因此，电路交换的动作，就是在通信时建立(即连接)电路，通信完毕时拆除(即断开)电路。在通信过程中双方传送信息的内容，与交换系统无关。

电路交换的特点：

(1) 独占性。建立电路之后、释放电路之前，即使站点之间无任何数据可以传输，整个电路仍不允许其他站点共享，因此电路的利用率较低，并且容易引起接续时的拥塞。

(2) 实时性好。一旦电路建立，通信双方的所有资源均用于本次通信，除了少量的传输延迟之外，不再有其他延迟，具有较好的实时性。

(3) 线路交换设备简单，不提供任何缓存装置。

(4) 用户数据透明传输，要求收发双方自动进行速率匹配。

2. 报文交换

报文交换是将用户的报文(数据块)存储在交换机中，当输出电路空闲时，才将该报文发往接收方的交换机或终端。存储—转发方式可以提高中继线和电路的利用率。

报文交换无需同时占用整个物理线路。站点发送一个报文时，将目的地址附加在报文上。中间节点暂存报文，根据目的地址确定输出端口和电路，排队等待。线路空闲时，再转发给下一节点，直至目的站点。

报文交换的优点：

(1) 先存储，再转发。中间节点可进行数据格式的转换。

(2) 不独占电路，多个用户的数据可以通过存储和排队共享一条电路，提高了电路的利用率。

(3) 支持多点传输。

(4) 增加了差错检测功能，避免出错数据的无谓传输等。

报文交换的不足：

增加了数据传输的延迟，难以支持实时通信和交互式通信。

3. 分组交换

分组交换兼有电路交换和报文交换的优点，将用户发来的整份报文分割成多个定长的数据块(称为分组或包)，以存储—转发方式在网上传输。在分组交换网中，不同用户的分组数据均采用动态复用的技术传送，即网络具有路由选择，同一条路由可以有不同用户的分组在传送，所以分组交换比电路交换的电路利用率高，比报文交换的传输时延小，交互性好。

分组交换的主要特点：

(1) 电路利用率高。分组交换以虚电路的形式进行信道的多路复用。

(2) 不同种类的终端可以相互通信。

(3) 信息传输可靠性高。节点交换机之间采用差错校验与重发的功能，网络传送的误码率大大降低。网络发生故障时，路由机制会选择一条新的路由避开故障点，不会造成通信中断。

(三) 三种交换方式的适用范围

(1) 电路交换方式通常应用于公用电话网、公用电报网及电路交换的公用数据网等通信网络中。电路交换适用于一次接续后，长报文的通信。

(2) 报文交换方式适用于实现不同速率、不同协议的终端间或点对多点进行存储转发的数据通信。不适用于要求系统安全性高、网络时延较小的数据通信。

(3) 分组交换适用于对话式的计算机通信，如数据库检索等方面，传输质量高，成本较低，并可在不同速率终端间通信。

任务2　观察网络运行

任务2-1　观察PT中网络运行

一、任务描述

使用Cisco Packet Tracer工具软件观察网络运行，理解各个层次之间的运行关系。

二、任务分析

网络的运行是一个复杂的过程，涉及多个网络协议，完成一次数据包传输需要网络协议间协同工作。

本任务通过Cisco Packet Tracer工具软件，观察网络的运行，初步接触网络协议。

本任务计划：

(1) 熟悉Cisco Packet Tracer工具软件的安装与使用；

(2) 使用Cisco Packet Tracer工具软件观察网络运行。

三、知识准备

(一) 网络协议概念

计算机网络协议(Network Protocol)是指计算机网络通信的一整套规则，或者说是为完成计算机网络通信而制定的规则、约定和标准。网络协议由语法、语义和时序三大要素组成。

语法：通信数据和控制信息的结构与格式。表示要怎么做。

语义：对具体事件应发出何种控制信息，完成何种动作，以及做出何种应答。表示要做什么。

时序：对事件实现顺序的详细说明。表示做的顺序。

协议以文字形式描述时，方便人的阅读。以程序代码形式存在时，为了计算机能够理解。

(二) 常用的网络协议

1. TCP/IP 协议

TCP/IP协议(Transmission Control Protocol/Internet Protocol，传输控制协议/网际协议)是Internet的基础协议，是目前最常用的通信协议。在网络中，TCP/IP最早出现在Unix系统中，现在几乎所有的厂商和操作系统都开始支持它。TCP/IP具有很高的灵活性，支持任意规模的网络，几乎可连接所有的服务器和工作站。TCP/IP每个节点都需要IP地址、子网掩码、默认网关和主机名。

每种网络协议都有自己的优点，但是只有TCP/IP与Internet完全连接。TCP/IP是20世纪60年代麻省理工学院和一些商业组织为美国国防部开发的，即便遭到核攻击而破坏了大部分网络，TCP/IP仍然能够维持有效的通信。

TCP/IP满足可扩展性和可靠性的需求，但是，牺牲了速度和效率。由于网络操作系统包含了TCP/IP栈，从而使TCP/IP协议应用广泛。

2. IPX/SPX 协议

IPX/SPX(Internetwork Packet Exchange/Sequences Packet Exchange，Internet分组交换/顺序分组交换)是Novell公司的通信协议集。IPX是第三层协议，具有完全的路由能力。主要用来控制局域网内或局域网之间数据包的寻址和路由，负责数据包在局域网中的传送，不保证消息的完整性，也不提供纠错服务。IPX是无连接的协议，相当于TCP/IP协议簇中的IP协议。

SPX协议是IPX的辅助协议，位于第四层。主要实现发出信息的分组、跟踪分组传输，保证信息无差错传输。SPX是面向连接的协议，相当于TCP/IP协议簇中的TCP协议。

IPX/SPX协议适合于大型网络和局域网游戏环境中，但在非Novell网络环境中，一般不使用。

（三）TCP/IP协议簇

TCP/IP协议簇包含多种协议，根据不同的通信功能处于不同的层次。常用协议按层分布如表1-2-1所列。

表1-2-1 TCP/IP常用协议按层分布表

层次		协议
应用层		HTTP、DHCP、DNS、FTP、POP3、SMTP、SNMP、SSH、Telnet、IMAP4、RIP
传输层		TCP、UDP
网络层		IP、ICMP、ARP、RARP、IGMP、BGP、OSPF、IS-IS、IPsec
网络接口层	数据链路层	Ethernet、Token ring、FDDI、ATM、STP、帧中继、ISDN、HDLC、PPP、L2TP、PPTP、Wi-Fi(IEEE 802.11)、WiMAX(IEEE 802.16)、GPRS等
	物理层	RS-232、EIA-422、RS-449、EIA-485、10BASE-2、10BASE-T等

四、工具材料

- 真实岗位：校园网络或实验室网络。
- 虚拟实验：VMware、操作系统或Cisco Packet Tracer软件。

五、任务实施

（一）Cisco Packet Tracer

Packet Tracer思科官方模拟软件是由Cisco公司发布的一个辅助学习工具，为学习思科CCNA网络课程的初学者提供设计、配置、排除网络故障的网络模拟环境。用户可以在软件的图形用户界面上直接使用拖曳方法建立网络拓扑，并可提供数据包在网络中行进的详细处理过程，观察网络实时运行情况。

1. 观察界面

界面可分为九个组成部分，包括菜单栏、工具栏、公用工具栏、逻辑/物理区域导航栏、工作区、实时/模拟栏、设备类型选择栏、具体设备选择栏、用户创建包窗口，其界面如图1-2-1所示。

“工作区”位于窗口中央，是创建拓扑图的区域。“设备类型选择栏”位于左下角，有多种硬件设备，从左至右、从上到下依次为路由器、交换机、集线器、无线设备、连线(Connections)、终端设备、仿真广域网、自定义设备(Custom Made Devices)等。在“设备类型选择栏”的右侧为“具体设备选择栏”，提供了设备的多种型号。

选择设备时，单击“设备类型选择栏”→“具体设备选择栏”，选取具体型号设备，然后拖到“工作区”。两台设备连线时，先在“具体设备选择栏”选中适合的连线，然后单击一台设备，选连接的接口，再单击另一台设备，选连接的接口。

“公用工具栏”位于窗口右侧，对设备进行编辑。从上到下依次为选定/取消、移动、标注、

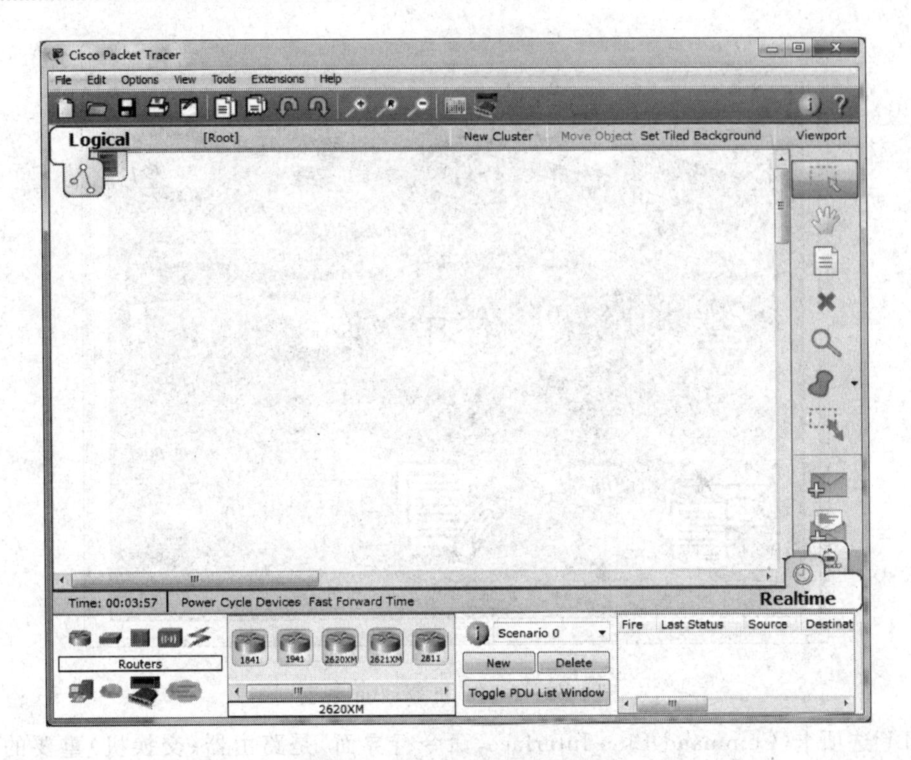

图 1-2-1　Packet Tracer 界面

删除、观察、简单 PDU、复杂 PDU。

"实时/模拟"栏位于右下角，可切换实时模式(Realtime mode)和模拟模式(Simulation mode)。实时模式是真实模式，执行命令立即完成。模拟模式是模拟执行过程，以能够理解的方式展示，可以观察网络内部运行状况，便于学习研究。

2. 设备管理

Packet Tracer 提供了很多典型的网络设备，功能、管理界面和使用方式不尽相同。

(1) PC 机

一般情况下，PC 机在图形界面下配置。通过"Desktop"选项卡→"IP Configuation"实现 IP 地址、子网掩码、网关和 DNS 等配置，如图 1-2-2 所示。如果设置自动获取 IP 地址，则可在"Config"选项卡→"Global Settings"设置。

此外，还提供了拨号、终端、命令行(只能执行一般的网络命令)、Web 浏览器、无线网络、VPN、MIB 浏览器、E-mail 等功能。

(2) 路由器(交换机)

路由器(交换机)的界面有 Physical、Config、CLI 三个选项卡，如图 1-2-3 所示。在"Physical"选项卡，左侧的"MODULES"(模块)包含多个模块，最常用的有 WIC-1T 和 WIC-2T。窗口左下方是该模块的说明文字，右下方是该模块的图示。右侧的设备图示面板上有数量不等的端口及空槽(用于添加模块)。添加模块前，先关闭电源，再将模块拖到插槽中，再打开电源。

在"Config"选项卡中，通过图形化界面对设备进行配置，如设备的显示名称、路由协议与接口等。

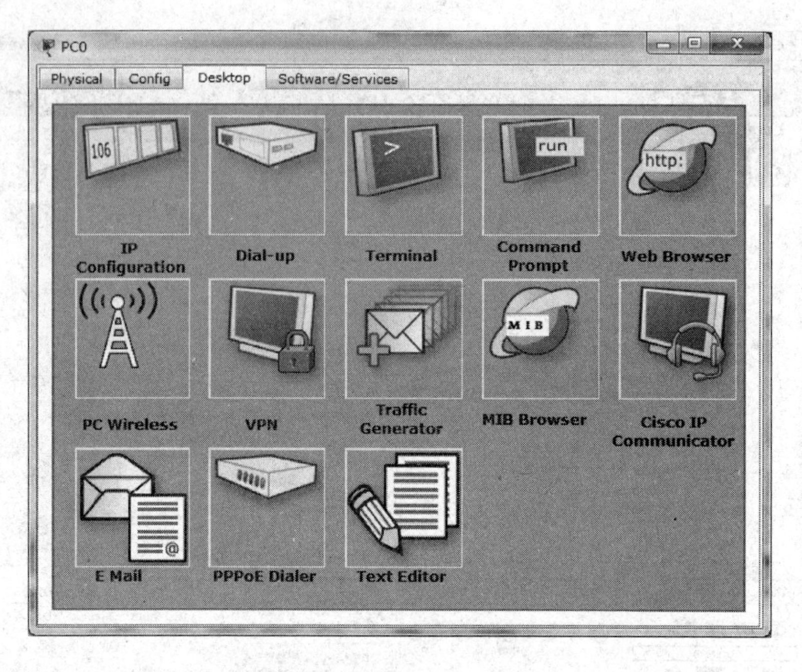

图 1-2-2　PC 机 Desktop 界面

"CLI"选项卡(Command Line Interface,命令行界面)是路由器(交换机)重要的人机界面,网络工程师常通过 CLI 进行配置。在命令行下,需要掌握命令。

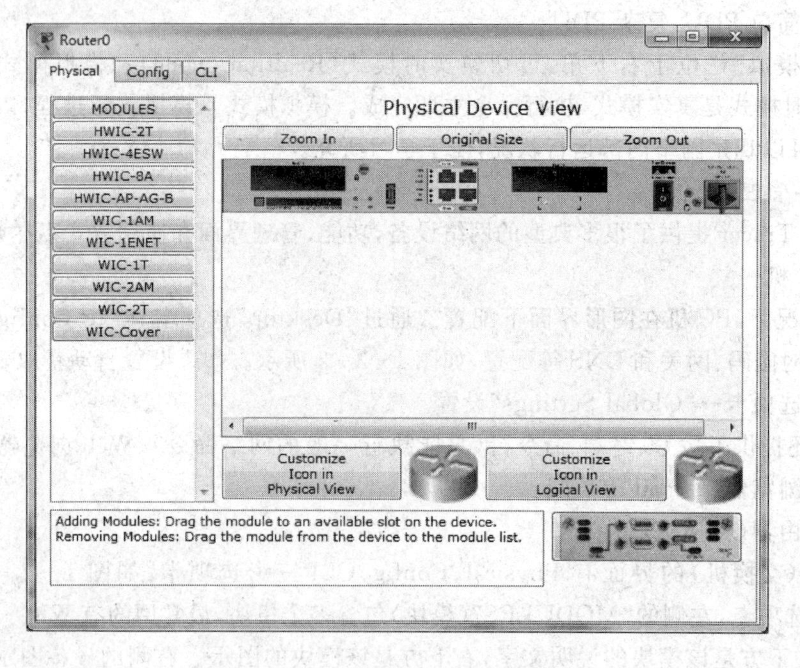

图 1-2-3　路由器(交换机)配置界面

(二) 观察网络运行

(1) 启动 Pacet Tracer,在工作区构建网络拓扑图。添加一台交换机、两台 PC 机,连接线选直通线,如图 1-2-4 所示。

(2) 设置 IP 地址分别为 PC0:IP 地址 192.168.3.1,子网掩码:255.255.255.0;PC1:IP 地址 192.168.3.2,子网掩码 255.255.255.0。

(3) 切换至 Simulation mode(模拟模式),单击“Auto Capture/Play”按钮。

(4) 通过自动捕获网络运行信息,显示网络数据包的传递路径和网络运行轨迹,如图 1-2-5 所示。

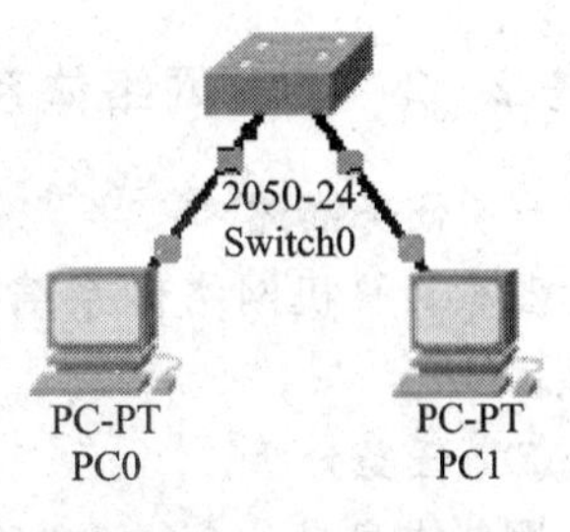

图 1-2-4 网络拓扑图

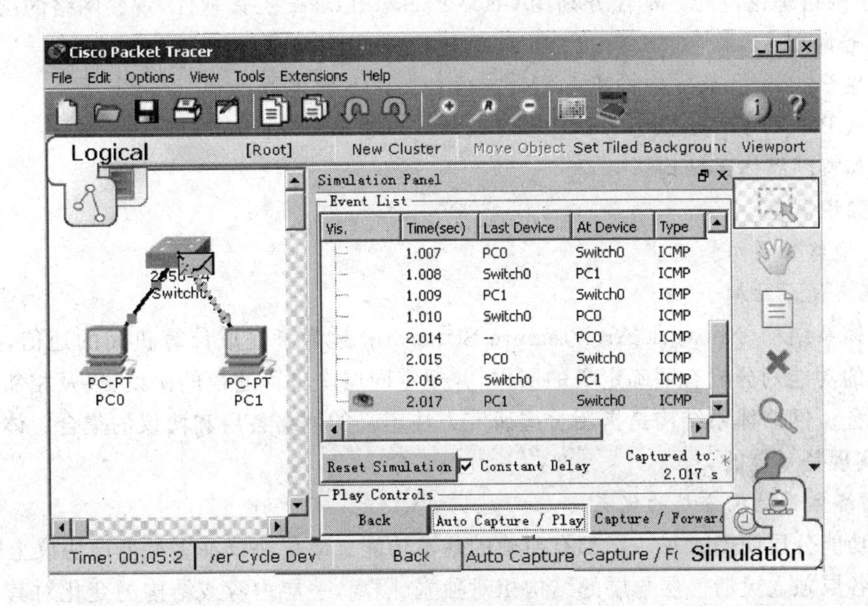

图 1-2-5 捕获网络运行

六、检查评议

会使用 Packet Tracer 软件进行设备添加、连线、IP 地址配置,观察网络运行。

具体评价方式、评价内容及评价标准见附录。

七、拓展提高

技能链接:

(一) 连接线

思科 Packet Tracer 有很多连接线,每种连接线代表一种连接方式:控制台连接、双绞线交叉连接、双绞线直连连接、光纤、串行 DCE 及串行 DTE 等。如果不能确定应该使用哪种连接,可以使用自动连接,让软件自动选择相应的连接方式。

(二) 汉化包安装

(1) 将汉化包 Chinese.ptl 文件复制到安装路径下的 languages 目录下。

(2) 启动 Packet Tracer,打开菜单“Options”→“Preferences”,在“Interface”选项卡下方→“Select Language”下面的框里选择“Chinese.ptl”,单击右下角的“Change Language”按钮。

(3) 关闭软件,重新启动软件,界面就汉化了。

(三) 常用参数设置

打开菜单“Options”→“Preferences”,可以设置多个选项卡中的参数,如接口标签、字体等。

任务 2-2　了解网络体系结构

一、任务描述

观察计算机网络体系结构层次，理解 ISO/OSI 开放系统互连参考模型、TCP/IP 参考模型。

二、任务分析

网络本身是一个复杂的系统，欲了解网络，必须先了解网络体系结构。网络体系结构是分层的，属于网络理论范畴。本任务利用 Cisco Packet Tracer 工具软件，观察网络的层次结构。

本任务计划：

(1) 在 Packet Tracer 中构建 LAN，包括 PC、Web 服务器；

(2) 从 PC 访问 Web 服务器；

(3) 观察网络体系结构。

三、知识准备

(一) 网络体系结构概述

1. 网络体系结构

网络体系结构(Network Architecture Structure)是为了完成计算机间的通信，把每台计算机互连的功能划分成有明确定义的层次，并规定同层次进程通信的协议，以及相邻层之间的接口和服务。网络体系结构是指用分层研究方法定义的网络各层和协议的集合。体系结构是抽象的，实现是具体的。

2. 网络体系结构分层的优点

(1) 功能分层明确。每一层都有明确的基本功能。高层协议在多种低层协议上运行。

(2) 各层独立灵活。层与层的结构相对独立、隔离，一层内容或结构的变化对其他层的影响较小，各层的功能、结构相对稳定。

(3) 方便实现维护。每一层与网络系统相比较，复杂性降低。标准化的技术实现，便于产业化。

(4)易于理解研究。网络分层，易于理解协议的规范细节。

(二) ISO/OSI 参考模型

ISO/OSI 模型是 1983 年 ISO 为网络通信制定的，即著名的 ISO 7498 国际标准。根据网络通信的功能要求，把通信过程分为七层，即物理层、数据链路层、网络层、传输层、会话层、表示层和应用层，每层都规定了相应的功能及协议，如图 1-2-6 所示。

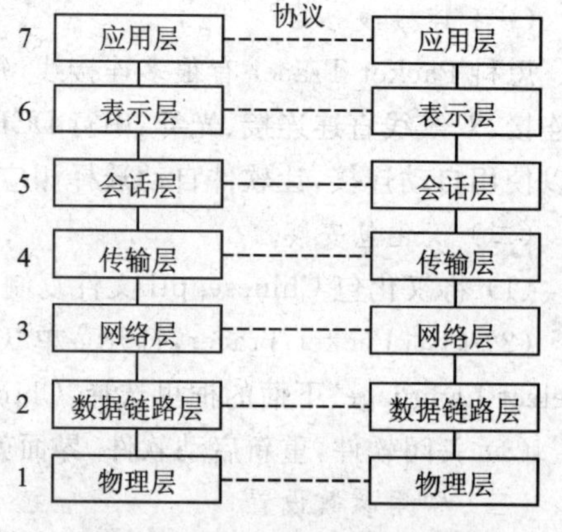

图 1-2-6　ISO/OSI 参考模型

1. 物理层

物理层(Physical Layer)位于 OSI 参考模型的最底层，其任务是提供网络的物理连接。所以，物理层是建立在物理介质上，但不是指物理设备或物理介质，而是指提供接口的机械的、电气的、功能的、规程的特性的协议。物理层传送的是 0 和 1，不确定比特流的具体含义。

物理层主要功能包括：物理连接、物理服务数据单元顺序化（接收物理实体收到的比特顺序，与发送物理实体所发送的比特顺序相同）和数据电路标识。

2. 数据链路层

数据链路层（DataLink Layer）位于 OSI 参考模型的第二层，以帧为单位传输数据。数据链路层主要功能包括：数据链路连接的建立与释放、构建数据链路层数据帧、流量控制、差错检测和重传等。

数据链路层的协议有 SLIP、PPP、X. 25 和帧中继等。该层常见的设备有交换机等。

3. 网络层

网络层（Network Layer）属于 OSI 中的较高层次，解决的是网络与网络之间的通信问题，而非同一网段内通信。网络层的主要功能是提供路由，即选择到达目标主机的最佳路径，并转发数据包，具有流量控制和拥塞控制能力。网络路由器、第三层交换机工作在这个层次上。

4. 传输层

传输层（Transport Layer）解决的是数据在网络之间的传输质量问题，属于较高层次。传输层用于提高网络层服务质量，提供可靠的端到端的数据传输，传输单位是段。传输层主要功能包括：传输连接的建立与释放、分段与重组、排序验证收到的分段。

5. 会话层

会话层（Session Layer）利用传输层来提供会话服务，会话可以是一个用户通过网络登录到一个主机，或一个正在建立的用于传输文件的会话。

会话层主要功能有：会话连接到传输连接的映射、会话连接的恢复和释放、数据传送、会话管理、令牌管理和活动管理。常见的协议有结构化查询语言（SQL）、远程进程呼叫（RPC）等。

6. 表示层

表示层（Presentation Layer）用于数据管理的表示方式。如果通信双方用不同的数据表示方法，就不能互相理解。表示层提供计算机内部表示法和网络标准表示法的转换。

表示层主要功能有：数据语法转换、语法表示、表示连接管理、数据加密和数据压缩。

7. 应用层

应用层（Application Layer）是 OSI 参考模型的最高层，为模型以外的应用提供服务，直接面对用户的具体应用。应用层包含用户应用程序执行通信任务所需要的协议和功能。

（三）TCP/IP 参考模型

TCP/IP 模型包含一组用于实现网络互连的通信协议，是 Internet 的核心。TCP/IP 参考模型分四层，分别是网络接口层、网络层、传输层和应用层。图 1-2-7 所示为 ISO/OSI 参考模型与 TCP/IP 参考模型的层次对应关系。

OSI参考模型	TCP/IP参考模型
应用层	应用层
表示层	
会话层	
传输层	传输层
网络层	网络层
数据链路层	网络接口层
物理层	

图 1-2-7 OSI 参考模型与 TCP/IP 参考模型的层次对应关系

1. 网络接口层

网络接口层对应 ISO/OSI 的物理层和数据链路层，通常包括操作系统中的设备驱动程序和网络接口卡，处理与传输介质连接的物理接口细节。

2. 网络层

网络层也叫网际层，负责为主机提供通信。发送数据时，封装 IP 数据报，处理路由选择、分组交换。该层包括无连接的 IP 协议及多种路由协议。

3. 传输层

传输层主要功能是为两个对等实体间提供端到端的通信，提供确认、差错控制和流量控制等机制。传输层两个重要的传输协议是 TCP 和 UDP。

传输控制协议（Transport Control Protocol，TCP）为主机提供面向连接的、可靠性的数据通信。其工作包括把应用层交给的数据分成合适的小块，再交给网络层，确认接收的分组，以及设置发送最后确认分组的超时时钟等。

用户数据报协议（User Datagram Protocol，UDP）为应用层提供无连接的、不可靠的简单的服务。它只是把数据报从一台主机发送到另一台主机，可靠性交给应用层解决。

4. 应用层

应用层直接为用户的应用进程提供服务。常见的协议有 Telnet 远程登录、FTP 文件传输协议、SMTP 简单邮件传输协议、SNMP 简单网络管理协议、HTTP 协议等。

（四）PDU、数据封装和解封

协议数据单元（Protocol Data Unit，PDU）是指对等层（Peer Layers）之间传递的数据单位。各层对应的协议数据单元如图 1－2－8 所示。

图 1－2－8 所示为各层数据的名称，右列所示为数据封装与解封的示意过程。

层 次	协议数据单元（PDU）	数据（Data）封装、解封				
应用层	数据（data）				Data	
传输层	数据段（segment）			TCP	Data	
网络层	数据包（packet）		IP	TCP	Data	
数据链路层	数据帧（frame）	LH	IP	TCP	Data	LT
物理层	数据位（bit）	比特流				

图 1－2－8　各层 PDU 信息

1. 数据封装

当节点发送信息时，数据从应用层向下传输，上一层的 PDU 总是作为下一层的数据，然后进行封装，并附加上接收层的控制信息。如应用层的数据附加上 TCP 控制信息（称为 TCP 头），成为传输层的数据段；传输层的 PDU 作为网络层的数据附加上 IP 控制信息（称为 IP 头），成为网络层的数据包；网络层的 PDU 作为数据链路层的数据附加上帧控制信息（称为帧头 LH、帧尾 LT），成为数据链路层的数据帧。

2. 数据解封

当节点接收信息时，数据从物理层向上传输。数据链路层向上时，将会按照数据封装的逆过程进行解封，还原出 PDU 中的数据部分，传给上一层。如从数据链路层的数据帧中，解封出数据部分，成为网络层的数据包；网络层再解封出数据部分，成为传输层的数据段；传输层再解封出数据部分,成为应用层的数据。

四、工具材料

● 真实岗位:校园网络或实验网络。

● 虚拟实验:VMware、操作系统或 Cisco Packet Tracer 软件。

五、任务实施

在 Packet Tracer 中构建 LAN,了解网络体系结构,查看 ISO 参考模型和 TCP/IP 参考模型层次。

(一) 绘制网络拓扑图

在 Packet Tracer 中,构建 LAN。拓扑图如图 1-2-9 所示。一台 PC,一台服务器,分别连接到交换机接口。

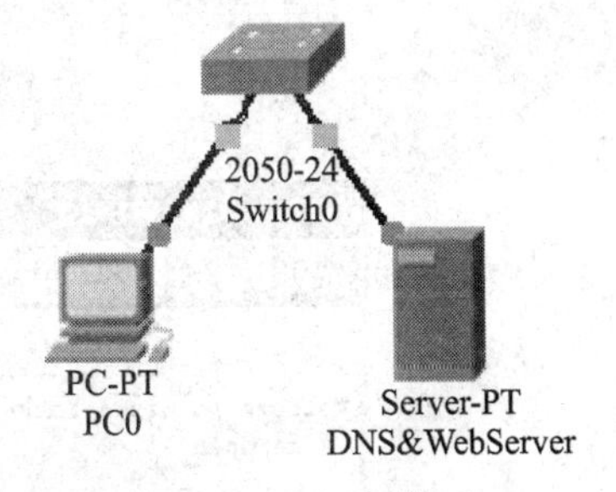

图 1-2-9 拓扑图

(二) 配置 PC 与服务器

(1) 配置 PC 网络参数。IP 地址为 192.168.1.2,子网掩码为 255.255.255.0,DNS 为 192.168.1.1。

(2) 配置服务器网络参数。IP 地址为 192.168.1.1,子网掩码为 255.255.255.0,DNS 为 192.168.1.1。

(3) 配置 DNS 服务器。如图 1-2-10 所示,单击左侧"DNS"服务,在右侧选中"On"单选按钮,启用 DNS 服务器。

添加资源记录。Name 为"www.jsau.edu.cn",Type 选择"A Record",IP 地址为 192.168.1.1。单击"Add"按钮。

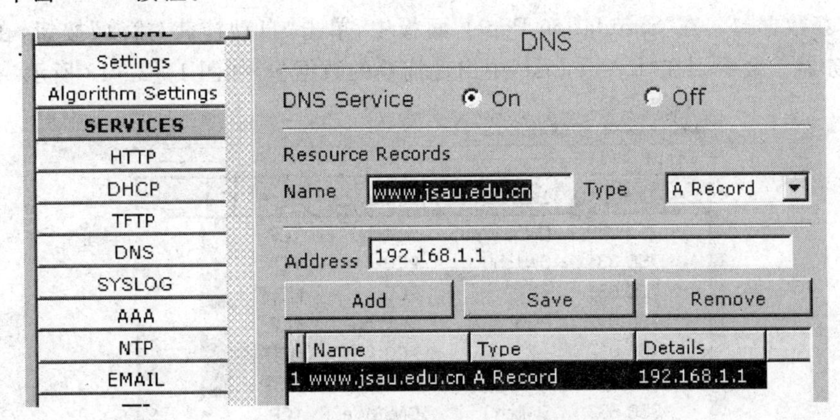

图 1-2-10 DNS 服务器配置

(4) 配置 Web 服务器。如图 1-2-11 所示,单击左侧"HTTP"服务,在右侧"HTTP"组中选中"On"单选按钮,启用 Web 服务器。下方的网页名称为 index.html,网页代码在文本框中。

(三) 从 PC 访问 Web 服务器

打开 PC 的"Web Browser"网页浏览器,在 URL 中输入"http://www.jsau.edu.cn",单击"Go"按钮,访问 Web 服务器,如图 1-2-12 所示。

(四) 观察网络体系结构

(1) 切换到"模拟模式"。在"Simulation Panel"面板中单击"Edit Filters"按钮,选择协议。本任务只需要选中 DNS、TCP、HTTP 协议即可。

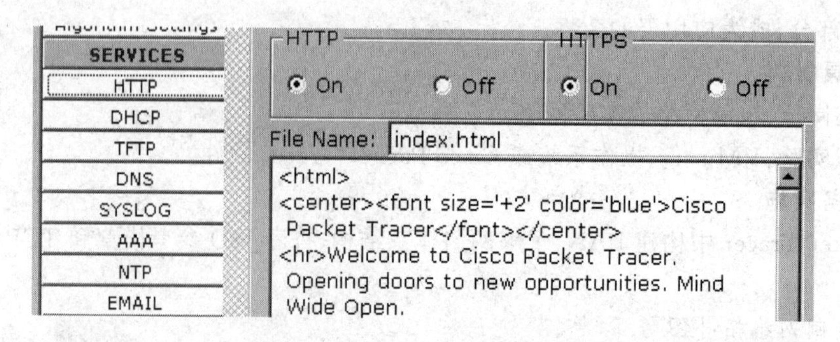

图 1-2-11　Web 服务器配置

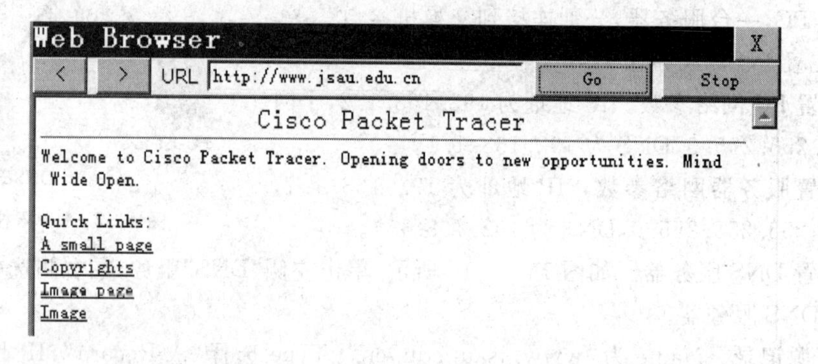

图 1-2-12　从 PC 浏览器访问 Web 服务器

(2) 捕获数据包。在“Simulation Panel”面板中，单击“自动捕获/播放”按钮，在 PC 上访问 Web 服务器。会看到在“Event List”中出现捕获的数据包，如图 1-2-13 所示。

Simulation Panel

Event List

Time(sec)	Last Device	At Device	Type	Info
750.830	DNS&WebS...	Switch0	TCP	
750.831	Switch0	PC0	TCP	
750.831	--	PC0	HTTP	
750.832	PC0	Switch0	TCP	
750.832	--	PC0	HTTP	
750.833	PC0	Switch0	HTTP	
750.833	Switch0	DNS&We...	TCP	
750.834	Switch0	DNS&We...	HTTP	
750.835	DNS&WebS...	Switch0	HTTP	

图 1-2-13　事件列表

(3) 观察网络体系层次。单击 Time 列为 750.834，Last Device 列为 Switch0，At Device 列为 DNS&WebServer，Type 为 HTTP 所在行最右列的方块。弹出 PDU 信息窗口，在“OSI Model”选项卡中可以看到源设备为 PC0，目的设备为 HTTP Client，以及网络参考模型各层的信息。“In Layers”、“Out Layers”分别为服务器上的进入层和输出层，如图 1-2-14 所示。

(4) 观察各层运行情况。单击层时，会显示该层的功能。图 1-2-15 所示为单击“In Layers”中的 Layer4 时显示传输层功能。通过单击“OSI Model”选项卡左下方的“Challenge

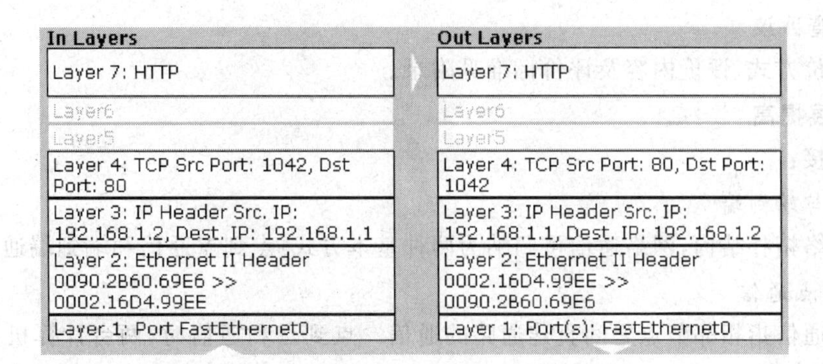

图 1-2-14　观察网络参考模型七层运行情况

Me”,可进一步了解网络体系结构。

1. The device receives a TCP PUSH+ACK segment on the connection to 192.168.1.2 on port 1042.
2. Received segment information: the sequence number 1, the ACK number 1, and the data length 104.
3. The TCP segment has the expected peer sequence number.
4. TCP processes payload data.
5. TCP reassembles all data segments and passes to the upper layer.

图 1-2-15　传输层的功能

(5) 观察数据单元。在“Inbound PDU Details”和“Outbound PDU Details”选项卡中,可以观察到 PDU,如图 1-2-16 所示。

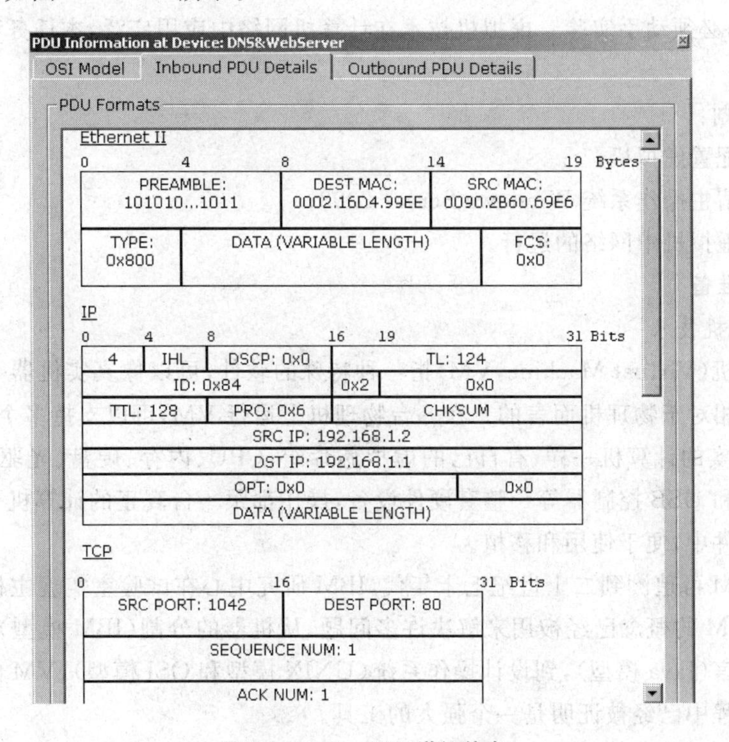

图 1-2-16　PDU 详细信息

六、检查评议

具体评价方式、评价内容及评价标准见附录。

七、拓展提高

知识链接：

点到点与端到端

根据网络拓扑结构，网络通信可归纳为两种基本方式：点到点通信和端到端通信。

1. 点到点通信

点到点通信指相邻节点之间直连通路的通信。点到点和通信时，两台计算机必须要有相应的通信软件，提供与各自系统的接口、面向用户应用的接口和面向通信的接口。

2. 端到端通信

端到端通信指不相邻节点通过中间节点连接起来，形成间接可达通路的通信。端到端通信，除了依靠各自相邻节点间点到点通信外，要求中间节点具有路由转接功能，即源节点的报文可通过中间节点的路由转发，形成一条到达目标节点的端到端的链路。还要求端节点具有启动、建立和维护端到端链路的功能。

任务 2-3　观察虚拟机中网络的运行

一、任务描述

安装配置虚拟机，使用虚拟机进行网络实验，观察虚拟机中试验网络的运行。

二、任务分析

了解网络，必须动手实验。虚拟机技术在计算机网络中应用广泛，本任务利用虚拟机进行网络运行。

本任务计划：

(1) 安装配置虚拟机；

(2) 安装宿主操作系统 Windows Server 2008；

(3) 观察虚拟机中网络的运行。

三、知识准备

(一) 虚拟机技术

所谓虚拟机(Virtual Machine，VM)指一种特殊的软件，可以像真实机器一样在其中运行程序。VM 是相对于物理机而言的。在一台物理机上运行 VM，可以支持多个操作系统并行。每个 VM 和真实的计算机一样，有自己的虚拟芯片组、CPU、内存、硬盘、光驱、显卡、声卡、网卡、串口、并口和 USB 控制器等一整套硬件设备，操作都跟一台真正的计算机一样。VM 被独立地封装到文件中，便于使用和移植。

最早的 VM 可追溯到二十世纪七十年代，IBM 研究中心在试验室实现主机的镜像。在计算机领域中，VM 的概念已经被用来解决许多问题，从机器的分割(IBM 模型)，到与平台无关的程序设计语言(Java 模型)，到设计操作系统(UNIX 模型和 OSI 模型)，VM 的概念在构成现代计算机的过程中已经被证明是一个强大的工具。

(二) 常用虚拟机软件

常用的虚拟机软件有 VMware 和 Virtual PC 等。

1. VMware Workstation

Vmware公司是世界第四大系统软件公司，是全球桌面到数据中心虚拟化解决方案的领导厂商。VMware Workstation是该公司的桌面虚拟商业产品，在Windows或Linux计算机上运行，可以模拟一个基于X86的标准PC环境。主要功能如下：

(1) 不需要分区或重开机就能在同一台PC上使用两种以上的操作系统(OS)；

(2) 完全隔离并且保护OS的操作环境，以及所有安装在OS上的应用软件和资料；

(3) 能够设定并且随时修改OS的操作环境，如内存、磁盘空间、外设等；

(4) OS之间能互操作，包括网络、外设、文件分享及复制等功能；

(5) 有恢复(Undo)功能。

2. Virtual PC

Virtual PC是Microsoft公司的桌面虚拟化产品，Windows Server 2008中集成了Hyper-V服务器虚拟化产品。Virtual PC主要功能如下：

(1) 安装Virtual PC后，不需对硬盘重分区或是识别，就可安装多个OS；

(2) 使用多个OS不需重启PC系统，还可在OS之间切换；

(3) 能够在多个OS之间，使用拖放功能来共享文件和应用程序。

3. Virtual Box

Virtual Box是德国Inno Tek软件公司开发的虚拟系统软件，被Sun公司收购后改名为Sun Virtual Box，且性能有很大的提高。该VM是开源的，功能强大，可以在Linux/Mac和Windows主机中运行，支持安装Windows、Linux、Open BSD等系列的操作系统。

VMware和Virtual PC都基于X86平台，能在Windows系统上虚拟多台计算机，安装多种操作系统。VMware还支持Linux等OS，功能强大，操作界面直观，易学好用。Virtual PC主要为Microsoft自家OS服务，特别是新版本Virtual PC只支持Windows7。本任务选用VMware软件。

(三) VMware中的概念

(1) VM(Virtual Machine)虚拟机，指由VMware模拟出来的一台虚拟的计算机，也即逻辑上的一台计算机。

(2) 宿主机(Host)指物理存在的主机，即安装VMware Workstation的计算机。宿主操作系统(Host's OS)指Host上运行的OS。

(3) 来宾或客户(Guest)指在VM中的虚拟主机。来宾操作系统(Guest's OS)指运行在VM上的虚拟主机OS。

例如，在一台安装了Windows Server 2008的计算机上安装了VMware Workstation，Host指这台真正的计算机，Host's OS指Windows Server 2008。VM上运行的是Linux，那么Linux即为Guest's OS。

(4) 网络连接模式。VMWare给VM的网络适配器提供了三种网络连接模式，分别是桥接模式(Bridged)、网络地址转换模式(NAT)和主机模式(Host-Only)。

① 桥接模式(Bridged)

在桥接模式下，VMware虚拟出来的主机就像是局域网中的一台独立的主机，可以访问LAN内任何一台机器。需要手工配置虚拟网卡VMnet0的网络参数，如IP地址、子网掩码等，而且IP地址必须与宿主机处于同一网段，能与宿主机通信(像连接在同一个Hub上的两台主机),实现通过局域网的网关或路由器访问互联网。

当利用 VMware 在局域网内新建一个虚拟服务器,为局域网用户提供网络服务时,就应该选择桥接模式。

② 网络地址转换模式(NAT)

网络地址转换模式就是让虚拟主机借助 NAT 功能,通过宿主机所在的网络来访问公网。NAT 模式下的虚拟网卡 VMnet8 的网络参数,无法手工配置,由虚拟网络的 DHCP 服务器提供,因此,虚拟主机只能单向访问宿主机及宿主机之外的网络,无法和本 LAN 的真实计算机通信,宿主机之外的网络中的计算机,也不能访问该虚拟主机。

采用 NAT 模式最大的好处是虚拟主机接入互联网非常简单,不需要任何网络参数配置,只需要宿主机能访问互联网即可。

③ 主机模式(Host - Only)

在 Host-Only 模式中,所有的虚拟主机是可以相互通信的,但虚拟主机和真实的网络被隔离开。可以利用 Windows 里面自带的 Internet 连接共享(实际上是一个简单的路由 NAT),让虚拟主机通过宿主机的真实网卡进行外网的访问。虚拟主机的虚拟网卡 VMnet1 的网络参数由虚拟网络的 DHCP 服务器动态分配。虚拟机只能访问宿主机(像通过双绞线连接的两台主机)及所有使用 VMnet1 虚拟网卡的虚拟机。宿主机之外的网络中的真实计算机不能访问该虚拟主机,也不能被该虚拟主机访问。

利用 VMWare 创建一个与网内其他真实主机相隔离的虚拟主机,进行特殊的网络调试,可以选择 Host - Only 模式。

④ 虚拟网络模式

可通过自定义指定是虚拟网络方式搭建或使用已有的虚拟网络。

四、工具材料

虚拟实验:VMware Workstation,Windows 操作系统。

五、任务实施

观察虚拟机中的网络试验。

(一) 安装 VMware Workstation

按照提示信息安装 VMware Workstation,这里不再赘述。

(二) 在 VMware 中创建虚拟机

在 VMware Workstation 中,创建虚拟机的步骤如下。

① 运行 VMware Workstation,单击菜单“File”→“New”→“Virtual Machine”,进入创建虚拟机向导,或直接按快捷键“Crtl+N”。

② 在“欢迎”页中单击“下一步”按钮。

③ 在“Virtual machine configuration”选项区域内选择“Custom”单选按钮。

④ 在“Choose the Virtual Machine Hardware Compatibility”页中,选择虚拟机的硬件格式。默认新的虚拟机硬件格式,单击“下一步”按钮。

⑤ 在“Select a Guest Operating System”对话框中,选择“I will install the operating system later”以后安装操作系统,操作系统选“Windows Server 2008”,单击“下一步”按钮。

⑥ 在“Name the Virtual Machine”对话框中,为新建的虚拟机命名,并且选择其保存路径。

⑦ 在“Processors”选项区域中选择虚拟机中CPU的数量。

⑧ 在“Memory for the Virtual Machine”页中，设置虚拟机使用的内存，一般默认。

⑨ 在“Network Type”页中选择虚拟机网卡的网络连接模式。

⑩ 在“Select I/O Adapter Type”页中，一般默认。

⑪ 在“Select a Disk”页中，选择“Create a new virtual disk”创建一个新的虚拟硬盘。

⑫ 在“Select a Disk Type”页中，选择创建的虚拟硬盘的接口方式，一般默认。

⑬ 在“Specify Disk Capacity”页中根据需要设置虚拟磁盘大小。为了虚拟磁盘性能，建议选中“Store virtual disk as a single file”。

⑭ 在“Specify Disk File”页的“Disk file”选项区域内设置虚拟磁盘文件名称，一般选择默认，单击“完成”按钮。

此时，虚拟机创建成功，但是没有安装操作系统，是“裸机”。

（三）在虚拟机中安装操作系统

在虚拟机中安装操作系统，与在真实的计算机中基本相同。

打开已创建的虚拟机，设置安装源。在“Edit virtual machine settings”→“Virtual Machine Settings”页中的“Hardware”选项卡中，选择“CD－ROM”项，在“Connection”选项区域内选中“Use ISO image”单选按钮，然后浏览选择Windows Server 2008安装光盘镜像文件(ISO格式)。如果使用安装光盘，则选择“Use physical drive”，并选择安装光盘所在光驱。

安装源设置后，单击“Power On This Virtual Machine”启动虚拟机安装操作系统。

（四）网络观察

安装好虚拟机以后，在宿主机的网络连接里面可以看到多了两块网卡。其中VMnet1是虚拟机Host－Only模式的网络接口，VMnet8是NAT模式的网络接口，如图1－2－17所示。

图1－2－17 虚拟网卡

如果在网络连接模式，选择“Use host－only networking”，安装操作系统成功的同时即完成了一个虚拟局域网的搭建。

宿主机在虚拟局域网有两个IP地址，一个是VMnet1网卡上的内部IP地址，该IP地址与虚拟机的AMD PCNet Adapter网卡的IP地址同在一个网段中。另一个是本地网卡上的外部网络IP地址，与真实LAN同网段。虚拟机通过宿主机与外部网络相连接，宿主机起到网关的作用。

可以在宿主机和虚拟机中分别用ipconfig/all命令查看网卡的网络参数，也可以用ping命令测试连通性。

六、检查评议

具体评价方式、评价内容及评价标准见附录。

七、拓展提高

知识链接：

安装 VMware Tools

在虚拟机中安装完操作系统之后，需要安装 VMware Tools。VMware Tools 相当于 VMware 虚拟机的主板芯片组驱动、显卡驱动和鼠标驱动。VMware Tools 可以极大地提高虚拟机的性能，并且可以让虚拟机分辨率以任意大小进行设置，还可以使用鼠标直接从虚拟机窗口切换到主机，不需要 Ctrl＋Alt(从虚拟机窗口切换回主机，按 Ctrl＋Alt)热键。

VMware Tools 的安装，选择菜单“VM”→“Install VMware Tools”，按照提示安装。完成后，重启虚拟机即可。

任务 3　识别和绘制网络拓扑图

任务 3－1　识别网络拓扑图

一、任务描述

对常见网络拓扑图构成元素有所了解，识别一般网络拓扑结构图。

二、任务分析

学习、研究和组建网络，常常涉及网络拓扑图。本任务要求能够识别网络拓扑结构、网络拓扑图构成元素，识别、分析网络拓扑结构图。

本任务计划：

(1) 识别网络拓扑结构；

(2) 识别网络拓扑结构图构成元素；

(3) 识别网络拓扑结构图。

三、知识准备

(一) 网络拓扑结构概念

网络拓扑结构是采用拓扑学(Topology)中研究与大小、距离、形状无关的点、线关系的方法，把网络中的计算机和通信设备抽象为一个点，把传输介质抽象为一条线，形成的点、线几何图形。

网络拓扑结构反映出网络中各实体的结构关系，是建设计算机网络的第一步，是实现各种网络协议的基础，对网络的性能、系统的可靠性与通信费用都有重大影响。

(二) 网络拓扑术语

1. 节　点

节点就是网络单元。网络单元是网络系统中的各种数据处理设备、数据通信控制设备和数据终端设备。节点分为转节点和访问节点。转节点的作用是支持网络的连接，通过通信线路转接和传递信息。访问节点是信息交换的源点和目标。

2. 链　路

链路是两个节点间的连线。链路分“物理链路”和“逻辑链路”两种，前者是指实际存在的通信连线，后者是指在逻辑上起作用的网络通路。链路容量是指每个链路在单位时间内可接纳的最大信息量。

3．通　路

通路是从发出信息的节点到接收信息的节点之间的一串节点和链路，即一系列穿越通信网络而建立起的节点到节点的链路。

（三）网络拓扑结构

网络拓扑结构主要有总线型、星型、树型、环型、网状和蜂窝状结构等，如图 1－3－1 所示。

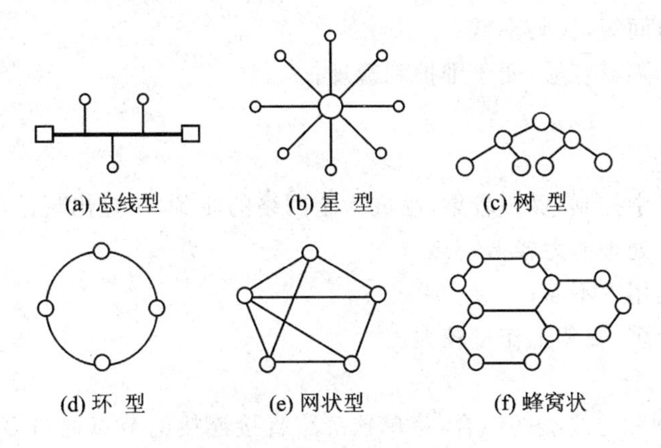

图 1－3－1　网络拓扑结构

1．总线型结构

总线型结构是将所有节点直接连接到一条公共传输介质（总线）上，节点之间按广播方式通信。一个节点发出的信息，总线上的其他节点均可“收听”到，总线型网络被称为广播式网络。

总线两端连有终结器（末端阻抗匹配器、终止器）匹配总线阻抗，吸收传送端的能量，以免信号反射回总线产生干扰。总线有一定的负载能力，总线长度有限制，连接节点的数量也有限制。典型的总线型网络有以太网（Ethernet）。

总线型结构的优点：

（1）信道利用率较高，网络响应速度快；

（2）总线需要的电缆数量少，布线容易；

（3）总线结构简单，又是无源工作，有较高的可靠性；

（4）易于扩充，增加或减少用户比较方便。

总线型结构的缺点：

（1）所有的数据都需经过总线传送，同一时刻只能有两个网络节点相互通信，总线成为整个网络的瓶颈；

（2）分布式协议不能保证信息的及时传送，不具有实时功能；

（3）总线的传输距离有限，通信范围、网络延伸距离受到限制。

（4）由于信道共享，连接的节点不宜过多；

（5）维护困难，故障诊断和隔离较困难。总线上只要有一个问题节点，会影响整个网络的正常运行。总线自身的故障会导致系统的崩溃。

2．星型结构

星型结构是以中心节点为中心的处理系统，外围节点均与中心节点有物理链路直接相连，呈星型辐射状结构。

中心节点执行集中式通信控制策略。当两个节点通信时，需经过中心节点控制，建立物理连接，并为通信过程维持通路，最后拆除通路。因此，中心节点复杂，负担也重。星型结构需要大量的电缆。星型结构在网络布线中使用较多。

星型结构的优点：

(1) 集中控制，建网容易；

(2) 网络延迟时间短，误码率低；

(3) 故障诊断和隔离容易，便于维护和管理；

(4) 方便服务。

星型结构的缺点：

(1) 中心节点集中控制，负担较重，易成为全网络的瓶颈，一旦出现故障会导致网络瘫痪；

(2) 节点的分布处理能力较低；

(3) 通信线路利用率不高；

(4) 电缆用量较多，安装工作量较大。

3. 树型结构

树型结构是星型和总线型的结合，将单独链路直接连接的节点通过多级处理主机分级连接，形状像一棵倒置的树。树型网是一种分层网，节点按层次连结，信息交换主要在上下节点之间进行，相邻节点或同层节点之间一般不进行数据交换。是广播式网络。

树型结构的优点：

(1) 维护方便，故障隔离较容易；

(2) 可靠性高，一个节点或链路的故障只影响分支网络的运行；

(3) 易于扩展。

树型结构的缺点：

(1) 资源共享能力较低；

(2) 各个节点对根的依赖性太大；

(3) 与具体应用配置有关，通用性较差；

(4) 建网不易，网络关系复杂，网络控制机制复杂。

4. 环型结构

环型结构各节点通过通信线路连接成闭合的环。环中数据只能按固定方向单向传输。信息在每节点上的延时时间是固定的，特别适合实时控制的局域网系统。典型的环型结构网络是令牌环网(Token Ring)。

环型结构的优点：

(1) 结构简单；

(2) 最大传输延迟固定；

(3) 使用光纤，传输距离远；

(4) 信息在网络中沿固定方向流动，两个节点间仅有唯一的通路，传输控制机制较为简单，简化了路径选择的控制。

环型结构的缺点：

(1) 可靠性差，任意节点出现故障都会造成网络瘫痪；

(2) 维护困难，故障检测困难；

(3) 环型结构采用令牌传递方式，在负载很轻时，信道利用率低；

(4) 当节点过多时，影响传输效率，网络响应时间变长；

(5) 扩展性能差。

5. 网状结构

网状结构分为完全连接网状和不完全连接网状两种形式。完全连接网状中，每一个节点和网中其他节点均有链路连接。不完全连接网中，两节点之间不一定有直接链路连接，节点之间的通信，依靠其他节点转接。广域网一般采用网状拓扑结构。

网状结构的优点：

(1) 节点间路径多，碰撞和阻塞可大大减少，局部的故障不会影响整个网络的正常工作，可靠性高；

(2) 容易扩充，主机入网比较灵活、简单。

网状结构的缺点：

(1) 网络结构复杂，每一节点都与多点进行连结；

(2) 建网不易；

(3) 网络控制机制复杂，必须采用路由算法和流量控制方法。

6. 蜂窝状结构

蜂窝状结构是无线局域网中常用的结构，以无线传输介质(微波、卫星、红外等)点到点和点到多点传输为特征，适用于城市网、校园网、企业网，更适合于移动通信。

蜂窝状结构的优点：

(1) 安装容易，无需架设物理连接介质；

(2) 为移动设备入网提供了便利；

(3) 维护简单。

蜂窝状结构的缺点：

(1) 适用范围较小；

(2) 容易受环境干扰。

四、工具材料

- 真实岗位：网络规划设计。
- 虚拟实验：VMware、操作系统或 Cisco Packet Tracer 软件。

五、任务实施

(一) 识别网络拓扑结构图的构成元素

网络拓扑结构图构成元素分为网络产品图标、终端类图标、辅助图标。辅助图标包括传输介质、服务器、办公设备、人物元素、大楼环境图标。

不同的厂商具体实现时，有自己的一套拓扑图的构成元素。常见的厂家图标有 Cisco、华为 3COM、Microsoft、IBM 等。图 1-3-2 所示为华为 3COM 拓扑图范例。

(二) 识别网络拓扑结构

组网时，选择不同的网络拓扑结构。LAN 常采用星型、环型、总线型和树型拓扑结构。WAN 常采用树型和网状拓扑结构。无线移动网常采用蜂窝状结构。

正确识别网络拓扑结构，有助于理解和管理网络，确保网络的正常运行。

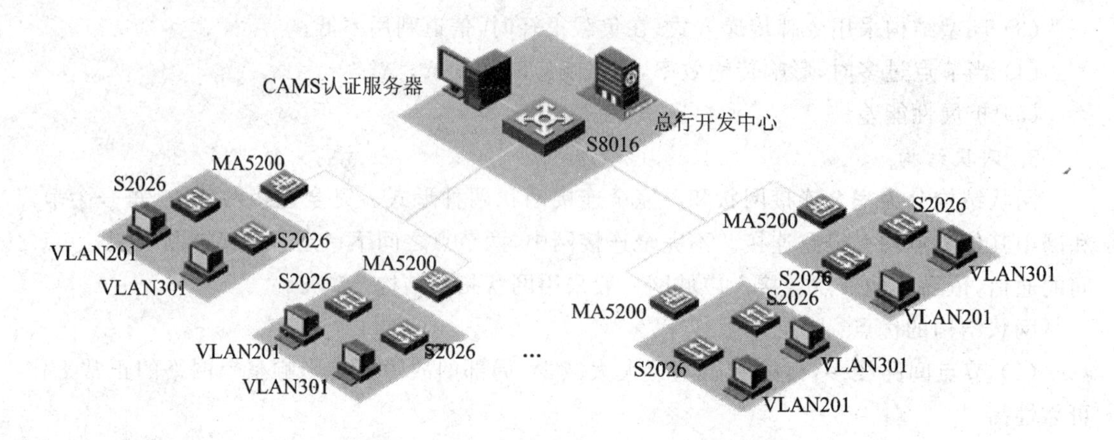

图 1－3－2　华为 3COM 拓扑图范例

（三）识别校园网网络拓扑图举例

典型的校园网拓扑图如图 1－3－3 所示。一般有 Internet 和 Cernet 两个校园网出口。通过防火墙或路由器接入到网络中心，再由网络中心的核心交换机连接到楼宇等交换机组，供底层用户连接网络。在网络中心有 Web、Mail、DNS、OA、VOD 点播等网络应用服务器。

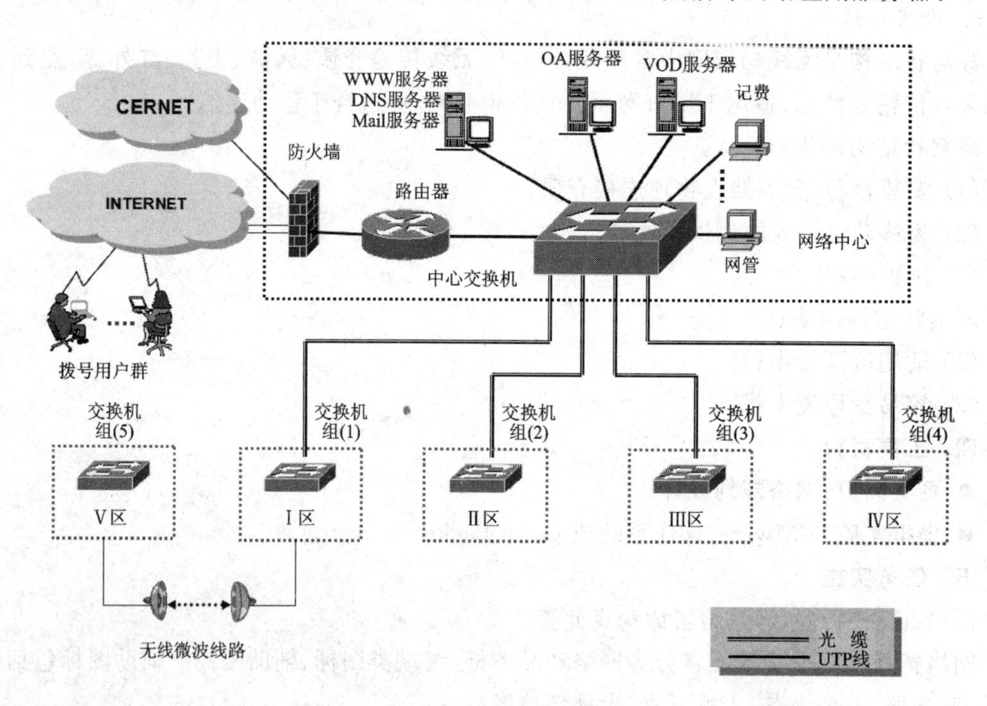

图 1－3－3　典型的校园网拓扑图

六、检查评议

具体评价方式、评价内容及评价标准见附录。

七、拓展提高

技能链接：

识别网络拓扑图举例

1. 识别某学院组网拓扑图举例

学院是集有线、无线、万兆、IPV6 于一体的前瞻性的核心网络，中心 2 台 S8505 采用双归属的方式分别与接入层相连，同时采用万兆线路与核心校园网骨干节点相连，满足大学的高带宽、多业务的需求，如图 1-3-4 所示。

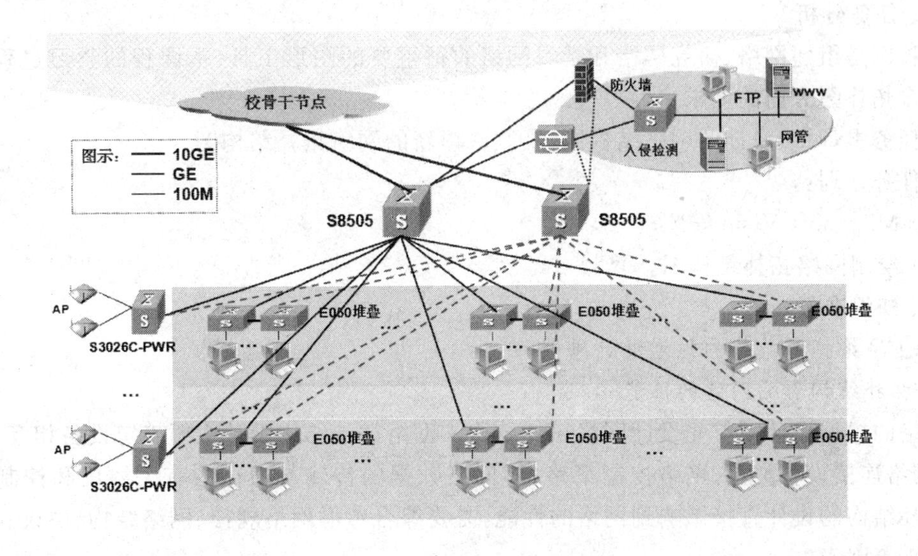

图 1-3-4　学院拓扑图

2. 识别某大学校园网举例

大学校园网采用华为 3COM S8016 作为核心，核心采用双归属的方式确保网络的安全、稳定，如图 1-3-5 所示。

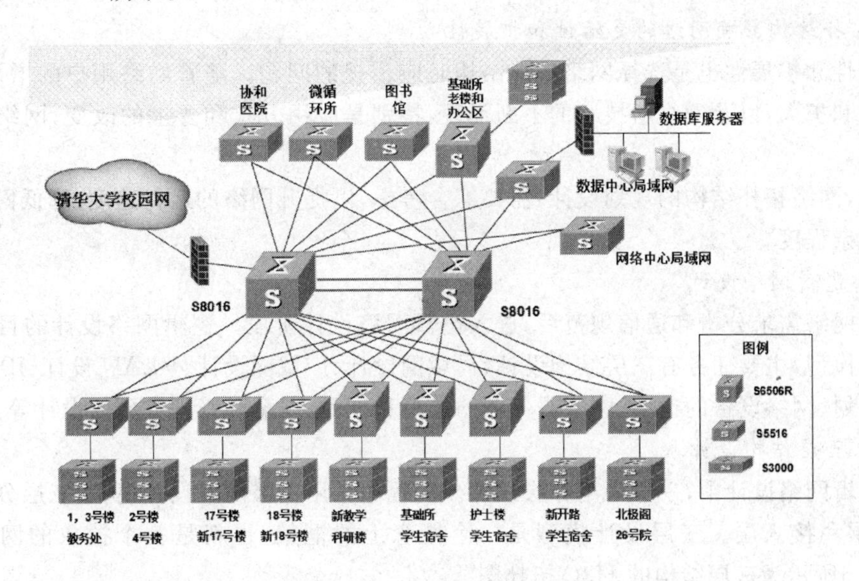

图 1-3-5　校园网拓扑图

任务3-2　绘制网络拓扑图

一、任务描述

根据给定的网络草图方案，使用 Microsoft Visio 绘制网络拓扑图。

二、任务分析

拓扑图是组建网络、研究网络和学习网络的很重要的图形工具，本课程的学习过程中，也会有许多拓扑图方面的要求。

本任务中，对照设计的网络结构图，绘制一幅新的网络拓扑结构图。

本任务计划：

(1) Microsoft Visio 安装；

(2) 绘制网络拓扑结构图。

三、知识准备

(一) 网络拓扑结构的规划设计原则

1. 拓扑结构影响网络的性能

网络的规划设计须首先设计网络拓扑结构。网络拓扑结构设计主要确定设备相互连接的方式、网络连接设备类型、网络控制策略(即网络数据的传输与通信的有关协议和控制方法)等。拓扑结构的设计直接影响到网络的性能，需要综合考虑网络规模.网络结构、协议、扩展和升级管理等因素。

2. 拓扑结构影响网络的费用

选择网络拓扑结构应从经济性、灵活性和扩展性、可靠性、易于管理和维护等入手。经济性是首要考虑网络投资的经济效益的回报。拓扑结构的选择直接决定了网络安装和维护的费用，涉及传输介质的类型、传输距离的长短及所需网络的连接设备等。

3. 拓扑结构影响网络的灵活性和扩展性

灵活性和扩展性也是选择网络拓扑结构时应重视的问题。随着网络用户的增加、网络应用的深入和扩大，以及网络新技术的不断涌现，特别是应用方式和要求的改变，网络经常需要加以调整。

总之，网络拓扑结构的规划设计，需要综合考虑，以提升网络的运行速度，降低网络软硬件接口的复杂程度。

(二) 逻辑网络设计

完成网络需求分析和通信规范后，进入逻辑网络设计阶段。逻辑网络设计的目标是建立一个逻辑模型，主要任务有三层结构设计、局域网设计、广域网设计、VLAN 设计、IP 地址和名字空间规划、网络设备的选型、网络服务器的选型和配置、安全和管理方面的设计等。

(三) 三层结构设计

在逻辑网络设计中，一般采用分层设计。工程中常用三层网络设计模型，三层分别为核心层、汇聚层和接入层。三层设计模型是一个概念上的框架，也就是一个抽象的网络图。如图1-3-6所示为三层结构的 H3C 拓扑图。

1. 核心层

核心层(Core Layer)的功能主要是实现骨干网络之间的优化传输，设计任务的重点通常是冗余能力、可靠性和高速的传输，网络的控制功能尽量少在核心层上实施。核心层一直被认

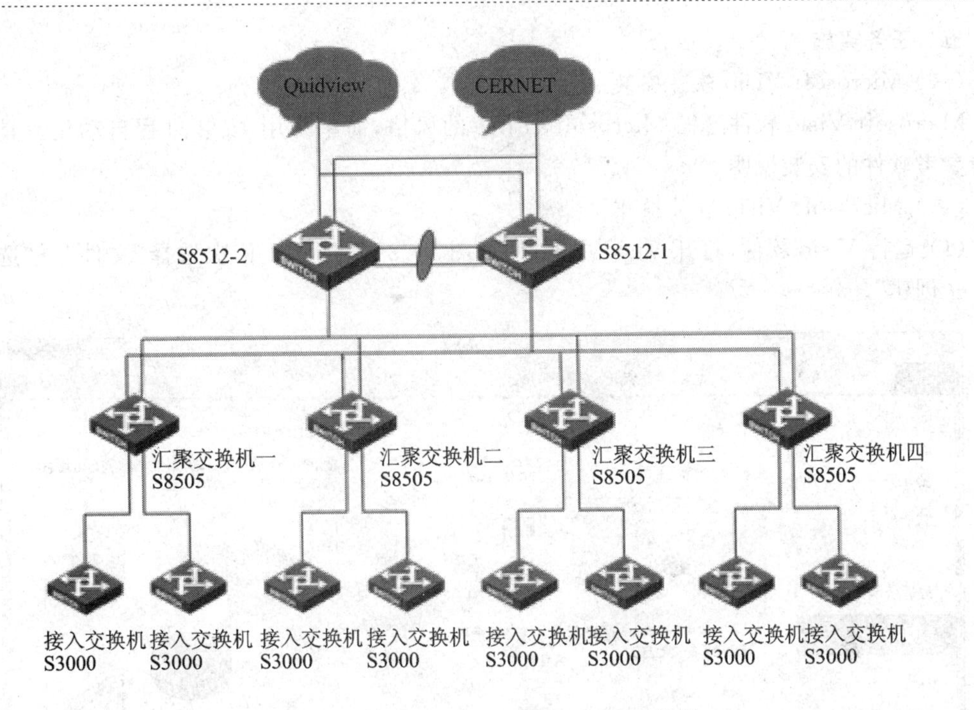

图 1-3-6　三层结构的 H3C 拓扑图范例

为是所有流量的最终承受者和汇聚者，所以对核心层的设计以及网络设备的要求十分严格，核心层设备将占投资的主要部分。

2. 汇聚层

汇聚层(Distribution Layer)是楼群信息汇聚点，主要功能是连接接入层和核心层。

汇聚层为接入层提供数据的汇聚、传输、管理、分发处理。可以采用基于策略的连接，如地址合并、协议过滤、路由服务、认证管理等。通过网段划分(如 VLAN)与网络隔离，防止网段故障蔓延和影响到核心层。同时，也可以提供接入层 VLAN 之间的互连、控制，限制接入层对核心层的访问，保证核心层的安全和稳定。

汇聚层为连接本地的逻辑中心，仍需要较高的性能和较丰富的功能。汇聚层设备一般采用可管理的三层交换机或堆叠式交换机，以达到带宽和传输性能的要求。其设备性能较好，但价格高于接入层设备，而且对环境的要求也较高，对电磁辐射、温度、湿度和空气洁净度等都有一定的要求。汇聚层设备之间及汇聚层设备与核心层设备之间多采用光纤互联，以提高系统的传输性能和吞吐量。

3. 接入层

接入层(Access Layer)通常指网络中直接面向用户连接或访问的部分，是最终用户与网络的接口。接入层主要目的是允许终端用户连接到网络，因此，接入交换机具有低成本和高端口密度特性。接入交换机使用广泛，如在办公室、小型机房、业务部门、网站管理中心等部门。在传输速度上，接入交换机一般是具有 10M/100M/1000M 自适应能力的端口。

在核心层和汇聚层的设计中主要考虑网络性能和功能性，在接入层设计上主要考虑设备的性价比、即插即用的特性，以及易于使用和维护。

四、工具材料

真实岗位：Microsoft Visio 2010。

五、任务实施

(一) Microsoft Visio 软件安装

Microsoft Visio 软件遵循 Microsoft Office 的风格，简单易用，安装过程自动化。具体安装请参考软件的安装说明。

(二) Microsoft Visio 软件操作

(1) 运行 Visio 软件，打开 Visio 主窗口，如图 1-3-7 所示。依次选择“文件”→“选择模版”→“创建”。

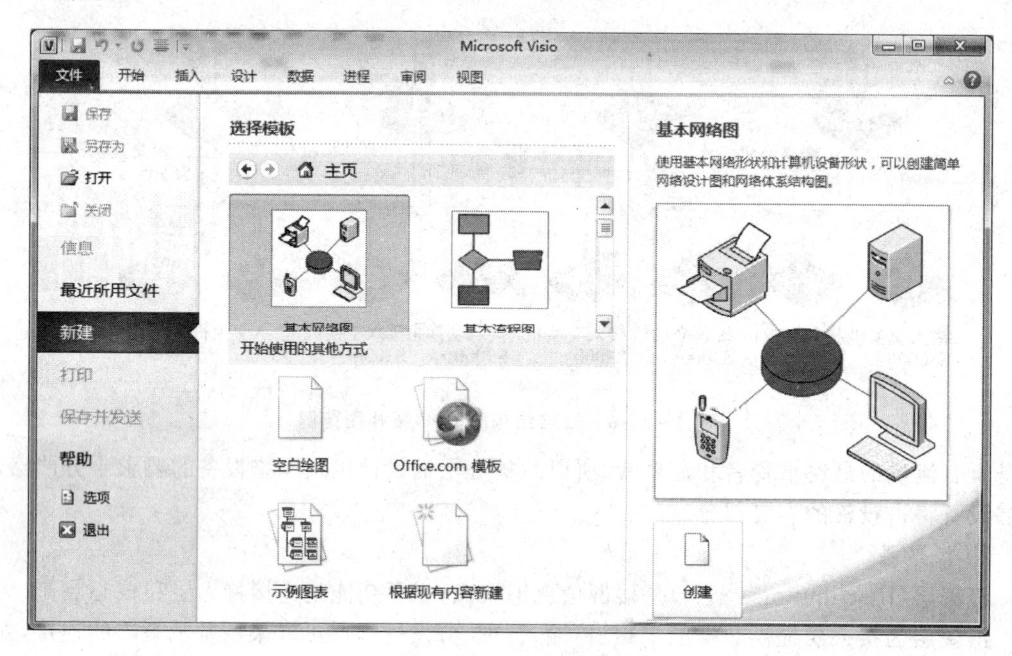

图 1-3-7 Visio 主窗口

(2) 选择“基本网络图”模块进入网络拓扑图绘制界面，如图 1-3-8 所示。选择左侧“网络和外设”中的图标，通过拖曳的方式，在右侧绘图区中进行绘图和连线。

(三) 绘制网络拓扑图举例

按照图 1-3-9 所示绘制网络拓扑图。

(1) 进入绘图界面。启动 Visio，进入绘图界面，选择“基本网络图”模版，单击右下角“创建”进入网络拓扑图编辑状态。

(2) 选择拖动图标。在界面左侧的“网络和外设”中分别选择防火墙、交换机、服务器图标，在“计算机和显示器”中选择 PC 图标，在搜索框中输入“internet”选择云图标，拖放到绘图区创建图形实例。

(3) 调整图标大小。单击选择绘图区的图标，通过拖动方式，适当调整其大小。

(4) 绘制线条。选择“网络和外设”下面的“通信链路”图标，调整大小连接“防火墙”和“Internet”云模块。选择不同粗细的线条，在服务器、防火墙、路由器等设备模块之间连线。

(5) 标注说明文字。双击图标，进入文本编辑状态，输入文字。按照同样的方法分别给各个图标标注说明。

(6) 设计完成，保存图样，文件名为 topo1-3-9.jpg。

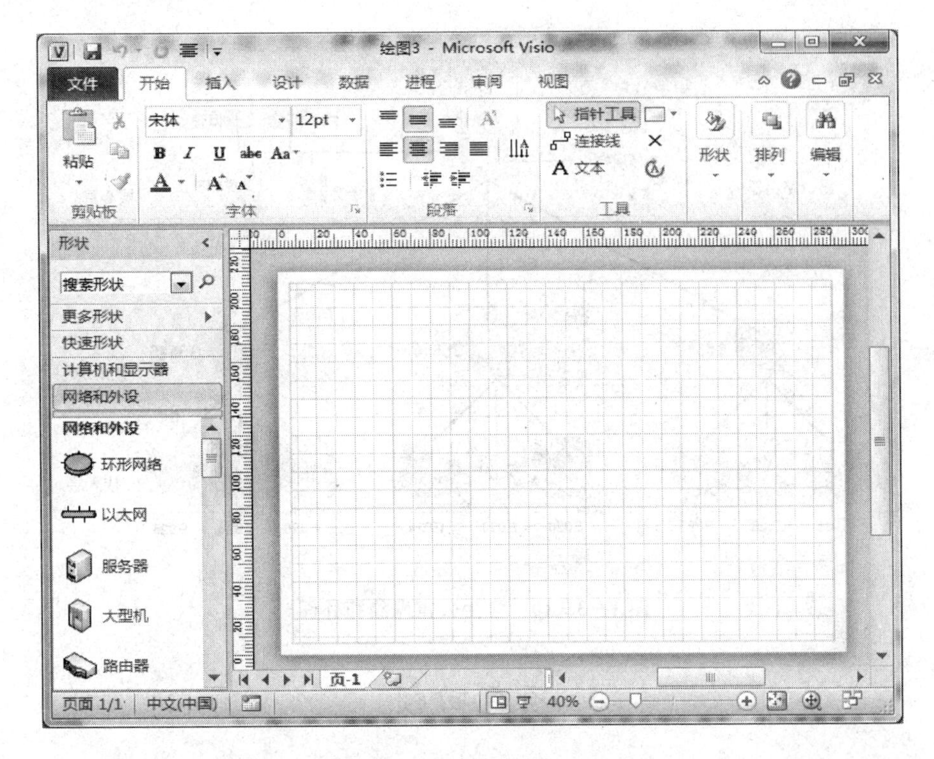

图 1-3-8　绘图界面

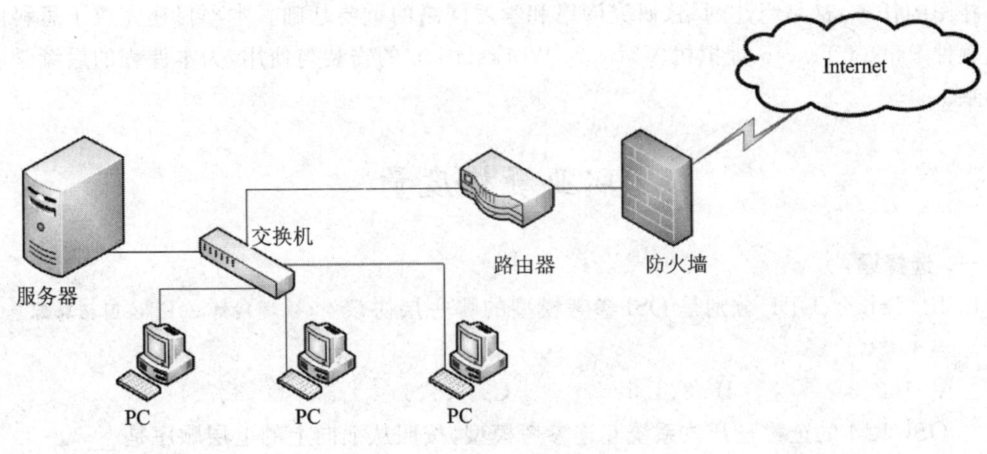

图 1-3-9　网络拓扑图

六、检查评议

具体评价方式、评价内容及评价标准见附录。

七、拓展提高

技能链接：

绘制学生公寓组网拓扑图举例

新生宿舍区，核心层采用 S8505 万兆核心交换机，汇聚层采用 S5516 纯千兆三层交换机，接入层采用 E 系列交换机共 200 余台，同时与华为 3COM 合作开展了 IPv6 网络学院，如图 1-3-10所示。

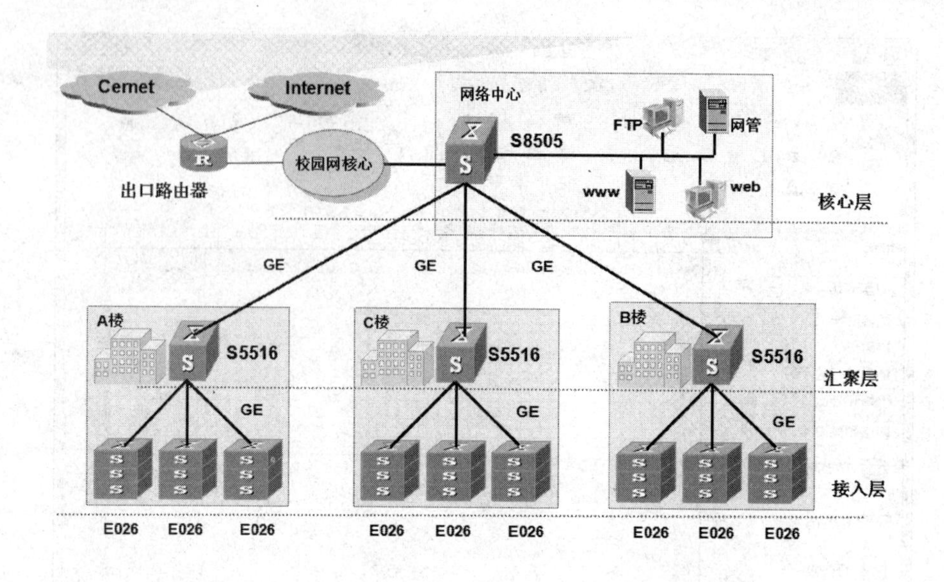

图 1－3－10　学生公寓网络拓扑图

项目回顾

本项目观察学习了计算机网络构成、运行的相关知识和基本技能。完成了识别和绘制网络拓扑图的任务，这是组建网络、研究网络和学习网络的重要基础。本项目还完成了思科网络模拟软件 Packet Tracer、虚拟机 VMware Workstation 的安装与使用，为本课程的后续学习做了铺垫。

职业资格度量

一、选择题

1. IP、Telnet、UDP 分别是 OSI 参考模型的哪一层协议？（锐捷网络 2011 校园招聘绿色通道技术考试）（　）

   A. 1、2、3　　B. 3、4、5　　C. 4、5、6　　D. 3、7、4

2. OSI/RM 的全称是开放系统互连参考模型，按照从下向上的七层顺序是____。

   A. 物理层、数据链路层、网络层、传输层、会话层、表示层和应用层
   B. 物理层、数据链路层、网络层、传输层、表示层、会话层和应用层
   C. 物理层、数据链路层、传输层、网络层、表示层、会话层和应用层
   D. 应用层、表示层、会话层、传输层、网络层、数据链路层、物理层

3. 计算机网络按照其覆盖的地理区域大小可分为____。（计算机等级考试四级网络）

   A. 广域网、校园网、接入网　　B. 广域网、城域网、局域网
   C. 校园网、地区网、接入网　　D. 电信网、校园网、城域网

4. 目前应用最广泛的局域网是____。（计算机等级考试四级网络）

   A. 以太网　　B. 令牌环网　　C. 令牌总线网　　D. 对等网

5. 下列有关局域网的说法中，正确的是哪一个？（计算机等级考试四级网络）

A. 令牌环网络是应用最广泛的局域网

B. 以太网技术的发展方向是用共享介质方式取代交换方式

C. 局域网维护较困难

D. 局域网提供数据传输速率、低误码率的高质量数据传输环境

6. 网络系统设计过程中，逻辑网络设计阶段的任务是____。

A. 依据逻辑网络设计的要求，确定设备的物理分布和运行环境

B. 分析现有网络和新网络的资源分布，掌握网络的运行状态

C. 根据需求规范和通信规范，实施资源分配和安全规划

D. 理解网络应该具有的功能和性能，设计出符合用户需求的网络

二、填空题

1. 计算机网络是计算机技术和通信技术相结合的产物。组建网络的主要目的是____。

2. 计算机网络按距离分为广域网、城域网和____；按通信速率分为低速网、中速网和高速网。

3. ISO是国际标准化组织，制定了________标准，从而形成网络体系结构的国际标准。

4. 美国电气及电子工程学会英文缩写是____________________。

三、简答题

1. 网络互连（或网络互联）就是通过网络互连设备将分布在不同地理位置的网络和设备相连接，组成更大规模的互联网络。网络互连设备包括中继器、网桥、路由器和网关等。（2012年计算机四级网络工程师考试）

（1）试述中继器和网桥的工作原理。

（2）如果一台运行OSI协议的主机要和另外一台运行TCP/IP协议的主机通信，应该采用什么网络互连设备？为什么？

2. 简述数据通信的三种交换方式。（网络设计师）

3. 简述三种交换方式的适用范围。（网络设计师）

为超级链接。在逻辑上,被视为一个整体的系列页面的集合称为网站(Website 或 Site)。

HTML(Hypertext Markup Language,超文本标记语言)是为网页和可在浏览器中看到的信息而设计的一种标记语言,也是一种规范、标准。网页的本质就是 HTML,通过结合其他 Web 技术编写出功能强大的网页。HTML 是 Web 编程的基础,Web 建立在 HTML 其基础之上。

HTML 主要特点是简易、灵活,平台无关,可扩展性、通用性好。

W3C(World Wide Web Consortium,万维网联盟)是 Web 技术领域最具权威和影响力的国际中立性技术标准机构,发布的 HTML 最新版本是 HTML 5。

2. HTTP 协议

HTTP 协议 (Hyper Text Transport Protocol,超文本传输协议)是 WWW 服务器传输超文本到本地浏览器的传送协议,由 W3C 和 IETF(Internet Engineering Task Force,Internet 工作小组)发布。RFC 1945 定义了 HTTP/1.0 版本,RFC 2616 定义了今天普遍使用的 HTTP 1.1 版本,可以使计算机正确快速地传输超文本文件,确定传输文件中的哪一部分,以及哪部分内容首先显示等。

3. 动态 HTML

动态 HTML(Dynamic HTML, DHTML)是一种通过结合 HTML、JavaScript、CSS 和 DOM 来创建动态网页内容的方法。当网页从 Web 服务器下载后,无须再经过服务器的处理,可在浏览器中直接动态地更新网页的内容、排版样式、动画。

4. CSS

CSS(Cascading StyleSheet,层叠样式表)是控制动态 HTML 技术的一个部分,可以和 HTML 结合使用。CSS 简洁的语法容易控制 HTML 标记,有效地对页面的布局、字体、颜色、背景和其他效果实现更加精确的控制。其最大的特点是可以帮助页面开发人员将显示元素从内容与格式上分开处理,只要对相应代码做简单的修改,就可以改变同一页面的不同部分,或者页数不同的网页的外观和格式。

W3C 最新发布 CSS3。CSS3 语言开发是朝着模块化发展的。模块包括:盒子模型、背景和边框、列表模块、文字特效、2D/3D 转换、超链接方式、语言模块、多栏布局等。

5. JavaScsript

JavaScript 是用于浏览器的第一种动态的客户端脚本语言,主要目的是为了解决服务器端语言的速度问题,为客户提供更流畅的浏览效果。

一个完整的 JavaScript 实现是由核心(ECMAScript)、文档对象模型(Document Object Model,简称 DOM)、浏览器对象模型(Browser Object Model,简称 BOM)三部分组成的。

(三) 搜索引擎

1. 搜索引擎

搜索引擎是指根据一定的策略、运用特定的计算机程序从因特网上搜集信息,在对信息进行组织和处理后,为用户提供检索服务,将用户检索相关的信息展示给用户的系统。百度和谷歌等是搜索引擎的代表。

2. 搜索引擎的工作原理

搜索引擎通过抓取网页、处理网页和提供检索服务实现其作用。

(1) 抓取网页

搜索引擎有自己的网页抓取程序(Spider)。Spider顺着网页中的超链接,连续地抓取网页。被抓取的网页被称之为网页快照。从一定范围的网页出发,就能搜集到绝大多数的网页。

(2) 处理网页

搜索引擎抓到网页后,还要做大量的预处理工作,才能提供检索服务。其中,最重要的就是提取关键词,建立索引文件。其他还包括去除重复网页、分词(中文)、判断网页类型、分析超链接、计算网页的重要度、丰富度等。

(3) 提供检索服务

用户输入关键词进行检索,搜索引擎从索引数据库中找到匹配该关键词的网页;为了用户便于判断,除了网页标题和URL外,还会提供一段来自网页的摘要及其他信息。

3. 搜索引擎的组成

搜索引擎一般由搜索器、索引器、检索器和用户接口四个部分组成。

搜索器在因特网中漫游,发现和搜集信息;索引器理解搜索器所搜索到的信息,从中抽取出索引项,用于表示文档及生成文档库的索引表;检索器根据用户的查询在索引库中快速检索文档,进行相关度评价,对将要输出的结果排序,并能按用户的查询需求合理反馈信息;用户接口接纳用户查询、显示查询结果、提供个性化查询项。

(四) 浏览器

浏览器是指可以显示服务器网页内容,并让用户与网页交互的一种客户端工具软件。浏览器主要通过HTTP协议与Web服务器交互并获取网页。浏览器支持HTML协议及其他的协议,如FTP、Gopher、HTTPS(HTTP协议的加密版本)。

常见的浏览器有微软的IE(Internet Explorer)、Mozilla的Firefox、360安全浏览器、搜狗高速浏览器、百度浏览器、腾讯QQ浏览器等。

四、工具材料

- 真实岗位:运行Windows 7操作系统的计算机,能连接到Internet。
- 虚拟实验:VMware、操作系统。

五、任务实施

(一) 配置IE浏览器

(1) 设置Internet选项。双击IE浏览器的图标,打开浏览器。选择"工具"→"Internet选项",打开"Internet选项"对话框,有七个选项卡,如图2-1-1所示。

(2) 常规设置。在"常规"选项卡中,可进行主页、历史记录、搜索、选项卡和外观的设置操作。在"主页"设置区输入浏览器打开时默认登录的主页地址,如http://www.baidu.corn,单击"应用"按钮即完成。

"浏览历史记录"设置,可以设置删除临时文件、历史记录、Cookie、保存的密码和网页表单信息。临时文件存储在本机特定的文件夹中,可以提高再次访问的速度,但占用磁盘空间,需要定期清理。及时清理,也可以起到安全保密的作用。

"搜索"设置可以更改默认的搜索提供程序,如百度、bing、Google等。

"外观"设置关于网页的字体、颜色及使用的语言等。

(3) 安全设置。在"安全"选项卡中,可单击选择"Internet"、"本地Intranet"、"受信任的站点"或"受限制的站点",然后单击选择"站点",如图2-1-2所示。

图2-1-5 HTTP协议C/S模型

任务2 FTP文件传输

(二) HTTP 的 C/S 模型

HTTP 协议永远都是客户端发起请求，服务器回送响应。如图 2-1-5 所示，无法实现在客户端没有请求的时候，服务器将消息推送给客户端。

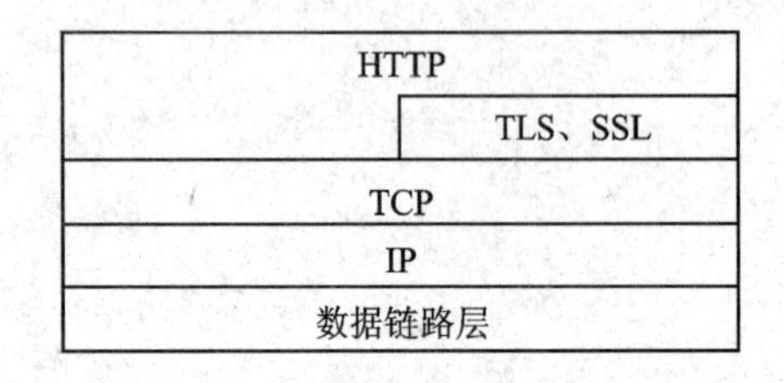

图 2-1-4　HTTP 协议在 TCP/IP 协议栈中的位置

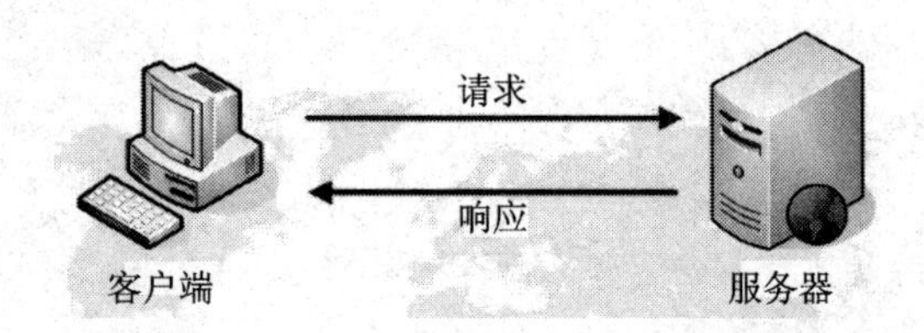

图 2-1-5　HTTP 协议 C/S 模型

HTTP 协议是一个无状态的协议，同一个客户端的本次请求和上次请求没有对应关系。

(三) HTTP 工作流程

一次 HTTP 操作称为一个事务，其工作过程可分为四个步骤：

(1) 客户机与服务器需要建立连接。只要单击某个超级链接，HTTP 的工作即开始。

(2) 建立连接后，客户机发送一个请求给服务器。

(3) 服务器接到请求后，给予相应的响应信息。

(4) 客户端接收服务器所返回的信息，通过浏览器显示，然后客户端与服务器断开连接。

如果某一步出现错误，那么产生错误的信息将返回到客户端，显示输出。对于用户来说，这个过程是由 HTTP 自己完成的，用户感觉不到。用户只要用鼠标点击超链接，等待信息显示就可以了。

任务 2　FTP 文件传输

一、任务描述

企业需要从网上下载文件，然后上传到企业 FTP 服务器，供内部人员分享。

二、任务分析

文件传输是工作、研究和学习中用得较多的应用。从 FTP 服务器下载文件，或上传文件到 FTP 服务器，即可实现文件共享。本任务中，要求从网上下载工作中需要用到的文件，并上传到企业 FTP 服务器。

本任务计划：

(1)从服务器下载文件；

(2)上传文件到企业 FTP 服务器。

三、知识准备

(一) FTP 协议

FTP(File Transfer Protocol，文件传输协议)是 TCP/IP 协议应用层协议，实现主机间通过 FTP 服务器共享文件。该协议是 Internet 文件传输的基础，完成两台主机之间的文件拷贝。从远程服务器拷贝文件到客户机上，称为文件下载(download)。将文件从客户机中拷贝至远程服务器上，称为文件上传(upload)。

（二）FTP 工作原理

FTP 基于传输层，负责文件传输。同大多数 Internet 服务一样，FTP 也采用 C/S 模式。用户通过一个客户机程序连接至在远程计算机上运行的服务器程序，如图 2-1-6 所示。

端口 21 传输控制流，是命令通向 FTP 服务器的进口。端口 20 传输数据流。FTP 连接步骤如下：

(1)客户端打开一个随机端口，启用一个 FTP 进程连接至服务器的 21 端口；

(2)服务器 20 端口和客户端数据端口建立连接。

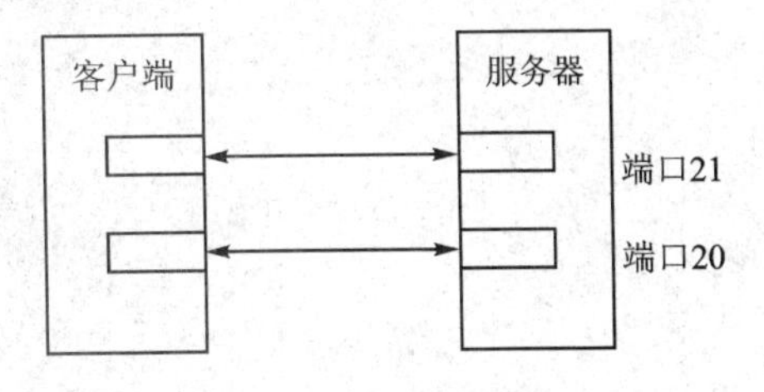

图 2-1-6　FTP 工作原理

（三）用户授权

客户端连接 FTP 服务器，必须要有该 FTP 服务器授权的账号。有了用户 ID 和密码，才能登录 FTP 服务器，进行文件的上传、下载。有些 FTP 服务器也允许匿名登录，账号为 anonymous，密码为电子邮件地址。

四、工具材料

- 真实岗位：运行 Windows 7 操作系统的计算机，能连接到 Internet；FTP 客户端软件 FlashFXP。
- 虚拟实验：VMware、操作系统、20CN 网络安全小组的 20CN MINI FTP 服务器（绿色测试版）、FTP 客户端软件 FlashFXP。

五、任务实施

常用的 FTP 客户端软件工具有三类，第一类是操作系统自带的 FTP 命令，第二类是浏览器及资源管理器，第三类是专用的 FTP 客户端软件工具。

（一）Windows 自带的 FTP 命令上传/下载文件

Windows 自带 FTP 行命令，实现上传、下载文件。为了避免网络安全问题，这里没有使用真实的 FTP 地址、账号和密码。如果在 Internet 上操作，请改成真实的地址、账号和密码。操作步骤如下：

(1) 在行命令窗口中，输入命令 ftp 127.0.0.1，连接 FTP 服务器。按提示输入账号、密码，如图 2-1-7 所示。

```
C:\Documents and Settings\w>ftp 127.0.0.1
Connected to 127.0.0.1.
220
User (127.0.0.1:(none)): anonymous
331 Password required for anonymous
Password:
230 User successfully logged in.
```

图 2-1-7　行命令 FTP 登录服务器

(2) 进入 FTP 服务器后，可以进行各种操作，如 ls 文件列表等，如图 2-1-8 所示。

```
ftp> ls
200 Port command successful.
150 Opening ASCII mode data connection for directory list.
comm1.txt
226 Transfer complete
ftp: 收到 11 字节，用时 0.00Seconds 11000.00Kbytes/sec.
```

图 2-1-8　行命令 ls 文件列表

(5) send、put 上传文件，mput 上传多个文件；

(6) bye 中断与服务器的连接。

(二) 文件目录命令

(1) del 删除文件，mdelete 删除多个文件；

(2) rename 文件改名；

(3) mkdir 建立目录；

(4) rmdir 删除目录。

(三) 其他命令

(1) chmod 改变远端主机的文件权限；

(2) prompt 交互提示模式；

(3) close 终止 FTP 进程；

(4) status 显示当前 FTP 的状态；

(5) system 显示远端主机系统类型；

(6) help 输出命令的解释。

任务3　收发电子邮件

一、任务描述

从 Internet 上下载工作所需的文件后，按照工作要求，把下载的文件作为附件，给经理的邮箱发一封电子邮件。

二、任务分析

收发电子邮件，需先申请邮箱；还要知道接收方的 E-mail 地址。收发时，常用第三方客户端或 Web 方式。本任务中，采用第三方客户端或 Web 方式给经理发一封电子邮件。

本任务计划：

(1) 配置第三方客户端；

(2) 收发电子邮件。

三、知识准备

(一) E-mail

E-mail(Electronic Mail，电子邮件)是一种用电子手段提供信息交换的通信方式，是 Internet 应用最广的服务。通过 E-mail 系统，收发 E-mail 费用低，速度快。E-mail 可以是文字、图像、声音等各种方式。

(二) E-mail 地址

E-mail 地址的格式由三部分组成：用户标识符@域名。如 spring@qq. com。

第一部分 spring 代表用户信箱的账号；第二部分@是分隔符，表示 at；第三部分 qq. com 代表用户信箱的邮件服务器域名，技术上是一个邮件交换机。

(三) E-mail 工作过程

1. E-mail 收发一般过程

生活中写一封纸质信，需要经过：

写信及写收发双方地址→投给本埠邮局→接收方邮局→投入邮箱→收信。

写 E-mail 电子邮件类似：

写 E-mail 及收件人 E-mail 地址→发给邮件服务器→接收方邮件服务器→投入邮箱→收信。

E-mail 工作过程如图 2-1-14 所示。图中 MUA(Mail User Agent，邮件用户代理)是第三方邮件客户端，帮助用户收发、读写邮件，如 Outlook、Foxmail 等。

MTA(Mail Transfer Agent，邮件传输代理)负责把邮件从一个邮件服务器传到另一个邮件服务器。

MDA(Mail Delivery Agent，邮件投递代理)负责把邮件移到用户的邮箱。

MTA 与 MDA 是邮件服务器上的两个进程。

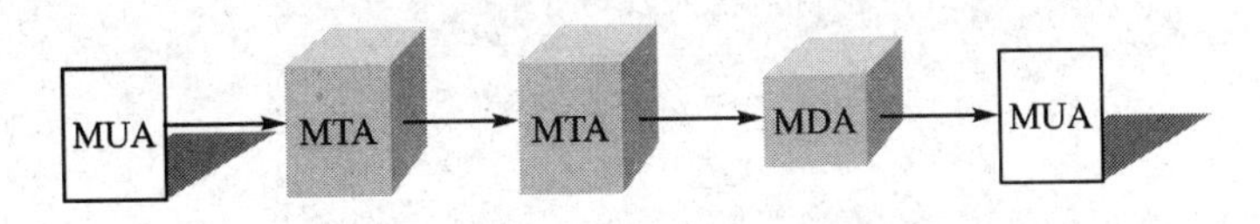

图 2-1-14　E-mail 收发过程

2. E-mail 工作过程遵循 C/S 模式

E-mail 收发过程中，MUA 第三方客户端即是 Client，MTA、MDA 邮件服务器为 Server。通常 MUA 不需要一直在线，而是由 ISP(Internet Service Provider，因特网服务提供商)的 MTA 邮件服务器负责电子邮件的接收。一旦有电子邮件到来，MDA 就将邮件移到用户的电子信箱内，并通知用户有新邮件。邮件服务器起着“邮局”的作用，管理着众多用户的电子信箱。

(四) E-mail 协议

电子邮件协议常用的有 SMTP、POP3、IMAP4，位于 TCP/IP 参考模型的应用层。图 2-1-15所示标注了邮件工作中的协议。

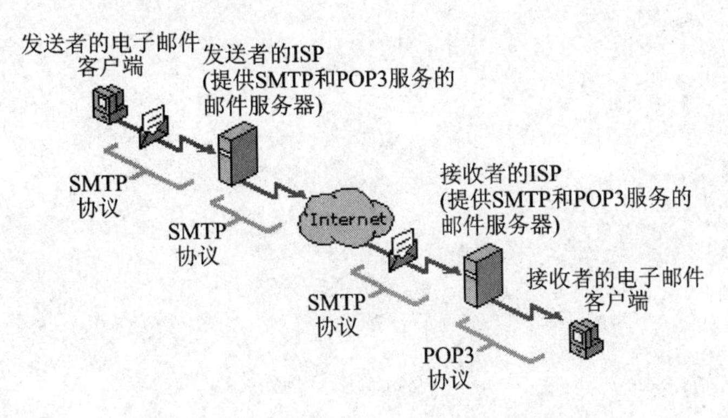

图 2-1-15　E-mail 工作中的协议

1. SMTP 协议

SMTP(Simple Mail Transfer Protocol，简单邮件传输协议)负责电子邮件的发送，是一组从源地址到目的地址传送邮件的规则，发送或中转信件时找到下一个目的地。

SMTP 协议是基于 TCP 协议的可靠邮件传输协议，独立于特定的传输子系统，只需要可靠有序的数据流信道支持。SMTP 的重要特性之一是能跨越网络传输邮件，邮件的发送能经过从发送端到接收端路径上的中继器或网关，DNS 上的邮件交换服务器可以用来识别出传输邮件的下一条 IP 地址。

(5) 按图 2-1-20 所示填入信息,发送邮件服务器是 smtp. qq. com,接收邮件服务器是 pop. qq. com。然后单击“其他设置”。

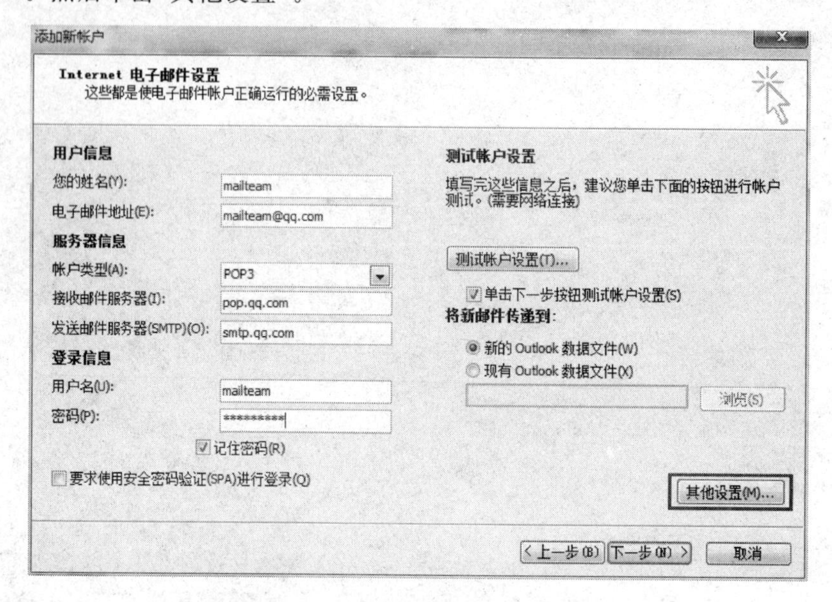

图 2-1-20 Internet 电子邮件设置

(6) 在“其他设置”→“高级”选项卡中,进行以下操作:

① 勾选“此服务器要求加密连接”;

② 将接收服务器端口改为 995,发送服务器端口改为 465 或 587;

③ 将下方的“使用以下加密连接类型”修改为“SSL”连接;

④ 将下方的“天后删除服务器上的邮件副本”取消勾选,否则 Outlook 会自动删除服务器上的邮件,如图 2-1-21 所示。

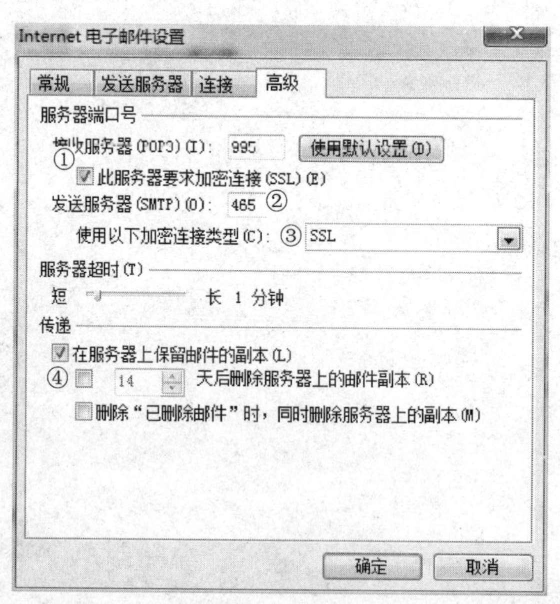

图 2-1-21 Internet 电子邮件高级设置

然后单击“确定”按钮返回上一个窗口，单击“下一步”，完成全部设置。

配置后可以作为多个邮箱的用户代理程序。

（二）发送 E-mail

(1) 打开 Outlook；

(2) 单击“新建邮件”；

(3) 在弹出的邮件编辑界面，填写收件人、主题、正文、附件等；

(4) 单击“发送”即可。

（三）Web 方式收发邮件

Web 方式采用浏览器来收发电子邮件，网页服务器上的程序就是邮件代理 MUA。发送 E-mail 的步骤如下：

(1) 用浏览器打开 QQ 邮箱，单击左上角“写信”，如图 2-1-22 所示。

(2) 在窗口中部的写信区域，填写收件人、主题、正文、附件等，如图 2-1-23 所示。

(3) 单击“发送”即可。

图 2-1-22　左上角“写信”“收信”按钮

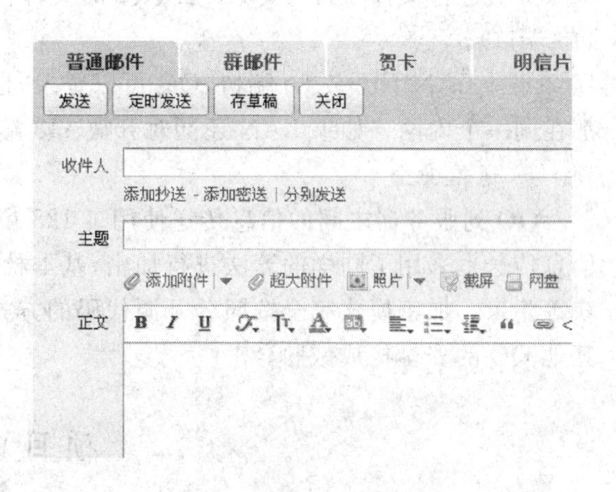

图 2-1-23　写信区域

六、检查评议

具体评价方式、评价内容及评价标准见附录。

七、拓展提高

知识链接：

QQ 通信原理

1. 登　录

QQ 登录时，向 Tencent 公司的 11 个服务器发送 UDP 数据包，选择回复速度最快的一个作为连接服务器。登录成功之后，QQ 都会有一个 TCP 连接来保持在线状态。TCP 连接的远程端口一般是 80。采用 UDP 方式登录的时候，端口是 8000。只要没有屏蔽服务器 IP，QQ 就可以登录。

2. 聊天消息通信

QQ 通信采用 P2P 模式。QQ 客户端之间消息传送采用 UDP 协议，不同于国外的 ICQ 在客户端之间采用 TCP 通信。QQ 传送信息快。

当对方掉线时，QQ 客户端才会把数据发到服务器保留，通过服务器中转方式，确保通过服务器转发的消息也能够发送到对方的QQ。这样能减轻服务器的负担。由于QQ服务器的设计容量是海量级的应用,一台服务器要同时容纳十几万的并发连接,因此,服务器端只有采用UDP协议与客户端进行通信,才能保证这种超大规模的服务。

3. 文件、自定义表情传送

(1) 官方表情

官方表情实际发送的是命令字,而没有发送表情。客户端收到命令字后,会自动解释为对应的表情。

自定义表情的传送是以文件传输方式进行的。

(2) 文件传输方式

QQ1欲向QQ2发送文件,先发请求。服务器收到请求后,转发给QQ2。并在QQ2应答后,将QQ1的IP地址发给QQ2。QQ2收到QQ1的IP地址后,尝试连接QQ1。

如果两个QQ处于不同的内网,那么,QQ1跟QQ2的连接是无法建立的。客户端就会请求服务器进行文件中转。QQ1与QQ2的文件传送就通过服务器中转(服务器文件中转使用443端口)。

如果LAN只开放80端口,QQ可以登录,也可以聊天,但不可以传送文件,除非两个QQ都在同一个内网。如果LAN还同时开放443端口,QQ可以正常使用。

4. 通信安全

QQ到服务器之间的信息传送使用了128位密钥加密,提高了QQ的安全性。QQ之间的信息传送也采用了同样的算法进行加密,基本杜绝了可能存在的信息炸弹、信息伪装、信息截获等隐患。加密模式完全按照公开源代码的方式设计,即使获得了全部的加密算法,也无法对其他QQ的安全构成威胁。

项目回顾

本项目涉及网络计算模式概念、因特网知识、搜索引擎、WWW、FTP和E-mail、即时通信等知识,完成了IE浏览器基本设置,使用搜索引擎获取网络资源,上传、下载文件,以及通过第三方客户软件或Web方式收发电子邮件E-mail任务。

职业资格度量

一、选择题

1. 下列哪一个不属于电子邮件协议?(2008年网络工程师下半年卷)

A. POP3　　B. SMTP　　C. IMAP　　D. MPLS

2. FTP使用的传输层协议为____。

A. HTTP　　B. IP　　C. TCP　　D. UDP

3. FTP的默认的控制端口号为____。

A. 80　　B. 25　　C. 20　　D. 21

4. ____应用软件可以实现网上实时交流。(2009年上海市高校计算机等级考试)

A. 电子邮件　　B. 网络新闻组　　C. FTP　　D. QQ

5. 访问 WWW 页面的协议是____。

A. HTML　　B. HTTP　　C. SMTP　　D. DNS

6. 文件传输(FTP)很多工具的工作界面不同,但是实现文件传输都要____。(2009 年 6 月全国高校计算机等级考试(广西考区)等级考试试题)

A. 通过电子邮箱收发邮件　　B. 将本地计算机与 FTP 服务器进行网络连接

C. 通过搜索引擎实现通信　　D. 借助微软公司的文件传输工具 FTP

7. 电子邮件地址的一般格式为____。

A. 用户名@域名　　B. 域名@用户名　　C. IP 地址@域名　　D. 域名@IP 地址

8. 以下哪一个是国内较为优秀的中文搜索引擎?

A. www. google. com　　B. www. baidu. com

C. www. yahoo. com　　D. www. bgy. gd. cn

9. ____是一种调用其他独立搜索引擎的引擎,对多个独立搜索引擎的整合、调用、控制和优化利用的检索的方法。

A. 元搜索　　B. 百度搜索　　C. Google 搜索　　D. 主题目录搜索

10. 关于 IE 的功能,正确的是____。(多选,2013 年职称计算机考试)

A. 可以保留已经访问过的网页的线索

B. 启动后自动打开的网页即初始网页是可以改变的

C. IE 中显示的网页可以打印出来

D. IE 是 Windows 安装时自动安装的

11. 关于电子邮件的叙述不正确的是____。(多选,2013 年职称计算机考试)

A. 电子邮件只能传输文本

B. 电子邮件只能传输文本和图片

C. 电子邮件可以传输文本、图片、视像、程序等

D. 电子邮件不能传输图片

项目三　局域网组建

知识目标

熟悉局域网参考模型；了解物理层标准、常用设备；数据链路层标准、常用设备；了解以太网及交换机基本知识；掌握虚拟局域网 VLAN 基本知识。

技能目标

掌握双绞线制作，熟练配置对等网络，共享网络资源。能够组建办公室网络，掌握交换机的简单配置、VLAN 基本配置、跨交换机 VLAN 配置。

项目导入

某企业新增办公室，需要建立办公室局域网。本项目中需完成三个任务：(1)组建最小网；(2)组建对等网；(3)组建办公室网。本项目的简化网络拓扑图如图 3－0－1 所示。

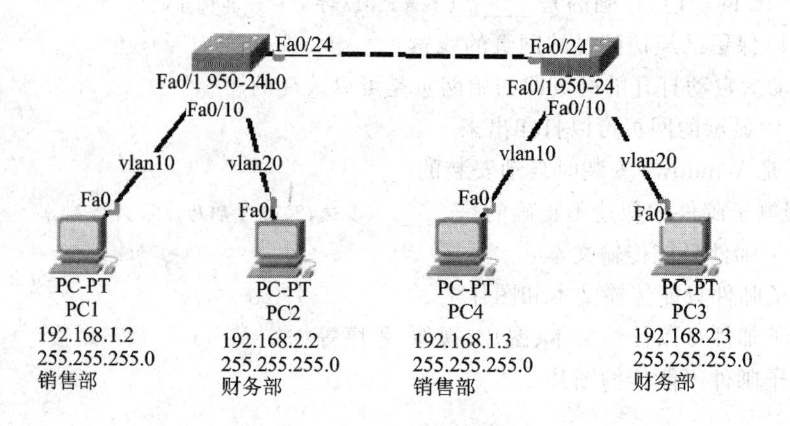

图 3－0－1　网络拓扑图

任务 1　组建最小网

任务 1－1　制作双绞线

一、任务描述

本任务采用双绞线作为传输介质，需要进行双绞线制作。

二、任务分析

两台主机组建最小网络，双绞线是连接网络设备的常用传输介质。本任务制作交叉双绞线。

本任务计划：

(1) 准备制作工具和材料；

(2) 制作交叉线；

(3) 连通性测试。

三、知识准备

(一)IEEE 802 标准

IEEE 802 标准委员会(LAN /MAN Standards Committee,LMSC 局域网/城域网标准委员会),成立于 1980 年 2 月,致力于研究局域网和城域网等,提出了 IEEE 802 标准,如图 3-1-1所示。美国国家标准协会(ANSI)把 IEEE 802 标准作为美国国家标准。ISO 接收 IEEE 802.1～802.6 为国际标准 ISO 8802-1～8802-6。

OSI	IEEE 802标准							
高层	802.10LAN安全标准							
	802.1体系结构、网络管理、网络互联和性能测量等							
数据链路层	802.2逻辑链路控制子层(LLC)							
	802.3 CSM A/CD	802.4 Token Bus	802.5 Token Ring	802.6 DQDB MAN	802.7 宽带技术	802.8 FDDI	802.11 CSMA/CA WLAN	…
物理层	物理规范	物理规范	物理规范	物理规范	物理规范	物理规范	物理规范	…

图 3-1-1 IEEE 802 主要标准关系

图 3-1-1 中,802.1 包括 802.1d(生成树协议 Spanning Tree)、802.1q(虚拟局域网 Virtual LANs:VLAN)、802.1w(快速生成树协议 RSTP)等。

802.3 中包括 802.3i(10Base-T 以太网 Ethernet)、802.3u (100Base-T 快速以太网 Fast Ethernet)、802.3z (1000Base-X 光纤和短距离铜缆千兆以太网 Gigabit Ethernet)、802.3ab(1000Base-T 五类双绞线较长距离千兆以太网)、802.3ae(10GBase-X)等。

802.11 中包括 802.11b(Wi-Fi)、802.11g 和 802.11a 等。

广泛使用的局域网的结构主要有以太网(Ethernet)、令牌总线(Token Bus)和令牌环(Token Ring)三种,光纤分布数据接口(FDDI)作为这三种网的骨干网。

IEEE 802 定义了网卡如何访问传输介质(如光缆、双绞线、无线等),以及如何在传输介质上传输数据的方法,还定义了传输信息的网络设备之间连接建立、维护和拆除的途径。遵循 IEEE 802 标准的产品包括网卡、桥接器、路由器及其他一些用来建立局域网络的组件。

(二) LAN 参考模型

IEEE802 标准定义了 LAN 的物理层和数据链路层。数据链路层分为两个子层,分别是逻辑链路控制(Logical Link Control,LLC)子层和介质访问控制(Media Access Control, MAC)子层,如图 3-1-2 所示。LAN 参考模型中没有网络层及以上各层,因为 LAN 是一种通信网,只涉及到有关的通信功能,另外,LAN 基本上采用共享信道的技术,可以不设立单独的网络层。不同局域网技术的区别主要在 OSI 的下两层,当不同的 LAN 需要互连时,可以在网络层借助已有的

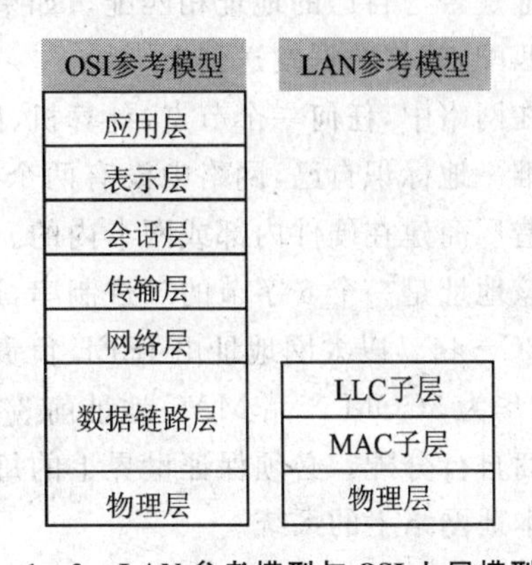

图 3-1-2 LAN 参考模型与 OSI 七层模型对照

通用网络层协议,如IP协议等。

1. 物理层

物理层包括物理介质、物理介质连接设备(PMA)、连接单元(AUI)和物理收发信号格式(PS)。物理层与OSI七层模型的物理层功能差不多,主要涉及物理链路上原始比特流的传输和接收;定义物理层机械的、电气的、规程的和功能的特性,如信号的传输与接收、进行同步用的前同步码的产生和删除等,物理连接的建立、维护、拆除等。

物理层还规定了使用的信号、编码、传输介质、拓扑结构和传输速率。例如,信号编码可以采用曼彻斯特编码;传输介质可采用有线、无线传输介质;拓扑结构则支持总线型、星型、环型、树型和网状等,可提供多种不同的数据传输率。

2. 数据链路层

数据链路层中的LLC子层与硬件无关。主要功能是:建立和释放数据链路层的逻辑连接;提供与上层的接口(即服务访问点);给LLC帧加上序号;流量控制、差错控制。

数据链路层中的MAC子层提供LLC和物理层的接口,负责解决与介质接入有关的问题和在物理层的基础上进行无差错的通信。MAC子层的主要功能是:发送时将上层交下来的数据封装成帧进行发送,接收时对帧进行解封,将数据交给上层;实现和维护MAC协议;进行比特差错检查与寻址。

不同的局域网MAC子层不同,LLC子层相同。分层将硬件与软件的实现有效地分离,例如,硬件制造商可以在网卡中提供不同的功能和相应的驱动程序,以支持各种不同的局域网(如以太网、令牌环网等),在软件设计上则无需考虑具体的局域网技术。

(1) MAC子层

MAC子层位于数据链路层的下层、靠近物理层,除了把物理层的比特流组建成帧,再通过帧尾部的错误校验信息进行错误检测外,还提供对共享介质的访问,即处理LAN中各节点对共享通信介质的争用问题,不同类型的LAN通常使用不同的介质访问控制协议。常用的介质访问控制协议有三种:以太网的CSMA/CD(Carrier Sense Multiple Access with Collision Detection,带冲突检测的载波侦听多路访问协议)方法、令牌环(Token Ring)访问控制方法和令牌总线(Token Bus)访问控制方法。

MAC子层分配单独的局域网地址,称为MAC地址(或物理地址)。MAC子层将目标主机的物理地址添加到数据帧上,当此数据帧传递到对端的MAC子层后,对端MAC子层检查该地址是否与自己的地址相匹配。如果帧中的地址与自己的地址不匹配,就将这一帧丢弃;如果相匹配,就将数据发送到上一层。

在网络中,任何一个节点(计算机、路由器、交换机等)都有自己唯一的MAC地址,以在网络中唯一地标识自己,网络中没有两个拥有相同物理地址的节点。大多数MAC地址是由设备制造厂商建在硬件内部或网卡内的。在一个以太网中,每个节点都有一个内嵌的以太网地址。该地址是一个6字节的二进制串,通常写成十六进制数,每两位为一组,如00-E0-FC-50-BC-44。以太网地址由IEEE负责分配。由两部分组成:地址的前3个字节代表厂商代码,如华为3COM产品MAC地址前3字节为0x00E0FC,Cisco产品为0x010042,后3个字节由厂商自行分配。必须保证世界上的每个以太网设备都有唯一的内嵌地址。MAC地址用于标识本地网络上的系统。

(2) LLC子层

LLC 子层位于 MAC 子层上方，靠近网络层，负责屏蔽 MAC 子层的不同实现，向网络层提供一致的服务。该服务通过 LLC 子层与网络层之间的逻辑接口（Service Access Point，SAP 服务访问点）实现。

LLC 子层与 MAC 子层分开，使得 IEEE802 标准具有可扩充性，有利于接纳新的介质访问控制方法和新的局域网技术，同时也不会使局域网技术的发展或变革影响到网络层。

（三）网络传输介质

网络传输介质是网络中传输数据、连接网络站点的实体。传输介质分为有线和无线两种。常见的有线传输介质有双绞线、同轴电缆、光纤等。

1. 双绞线

将一对以上的线封装在一个绝缘外套中，为了降低信号的干扰程度，每一对线由两根绝缘铜导线相互扭绕而成，称为双绞线（Twisted-Pair Cable）。双绞线分为屏蔽双绞线 STP（Shielded Twisted Pair）和非屏蔽双绞线 UTP（Unshielded Twisted Paired）。STP 可以防止电磁信号干扰及电磁信号泄漏，成本比 UTP 高，且线径略粗。

（1）双绞线制作标准

双绞线制作线序有 EIA/TIA 568A、568B 两种标准。标准规定的铜线排列顺序（线序）如下：

EIA/TIA 568A 标准	白绿	绿	白橙	蓝	白蓝	橙	白棕	棕	（从左起）
EIA/TIA 568B 标准	白橙	橙	白绿	蓝	白蓝	绿	白棕	棕	（从左起）

（2）两种网线

① 直通线

如果双绞线两端都按照相同标准连接水晶头，就是直通线。主要用于计算机连接交换机（或集线器）等设备。

② 交叉线

如果双绞线一端按照 EIAT/TIA 568A 标准连接水晶头，另一端按照 EIT/TIA 568B 标准连接水晶头，就是交叉线。主要用于同种设备直接连接。如，计算机与计算机连接、交换机与交换机连接等。

工程中，一般直通线比较常见。双绞线一般用于星型网的布线连接。最大双绞线长度为 100 m，如果增大网络的距离，可用中继器延长。最多可安装 4 个中继器，连 5 个网段，最大传输距离可达 500 m。

2. 同轴电缆

由一根空心的外圆柱导体和一根位于中心轴线的内导线组成，内导线和圆柱导体及外界之间用绝缘材料隔开。按直径的不同，可分为粗缆和细缆两种。

粗缆传输距离长，性能好，但成本高，网络安装、维护困难，一般用于大型局域网的干线，连接时两端需终接器。

根据传输频带的不同，同轴电缆可分为基带和宽带两种。基带同轴电缆传输数字信号，信号占整个信道，同一时间内能传送一种信号。宽带同轴电缆可传送不同频率的信号。

3. 光　纤

光纤是由一组光导纤维组成的、用来传播光束的、细小而柔韧的传输介质。应用光学原理，由光发送机产生光束，将电信号变为光信号，再把光信号导入光纤，在另一端由光接收机接收光纤上传来的光信号，并把它变为电信号，经解码后再处理。与其他传输介质比较，光纤的电磁绝缘性能好，信号衰减少，频带宽，传输速度快，传输距离长。主要用于要求传输距离较长，布线条件特殊的主干网连接。

光纤分为单模光纤和多模光纤。单模光纤由激光作光源，仅有一条光通路，传输距离长，可达 2 km 以上。多模光纤由二极管发光，低速短距离，2 km 以内。

四、工具材料

真实岗位：压线钳、测线仪、水晶头、双绞线。

虚拟实验：双绞线制作模拟软件。

五、任务实施

（一）准备工具和材料

制作网线用到的双绞线、水晶头、压线钳和测试仪，如图 3-1-3 所示。

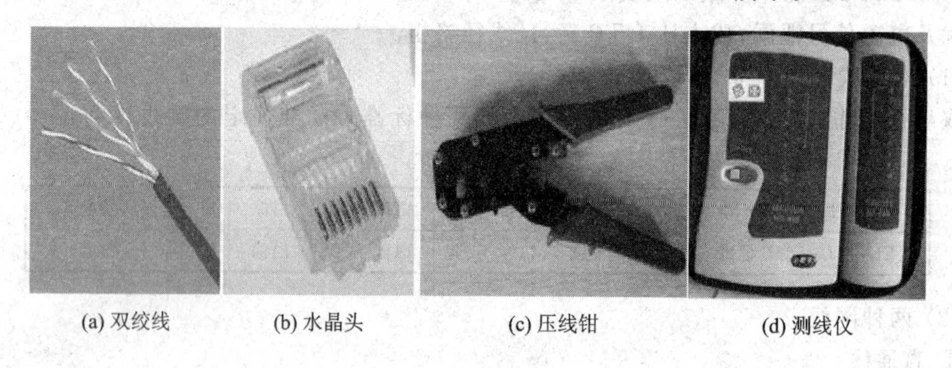

(a) 双绞线　(b) 水晶头　(c) 压线钳　(d) 测线仪

图 3-1-3　材料与工具

（二）制作网线步骤

制作网线的详细步骤如下：

(1) 取线。用 RJ-45 压线钳的切线槽口剪裁适当长度的双绞线，如图 3-1-4 所示。

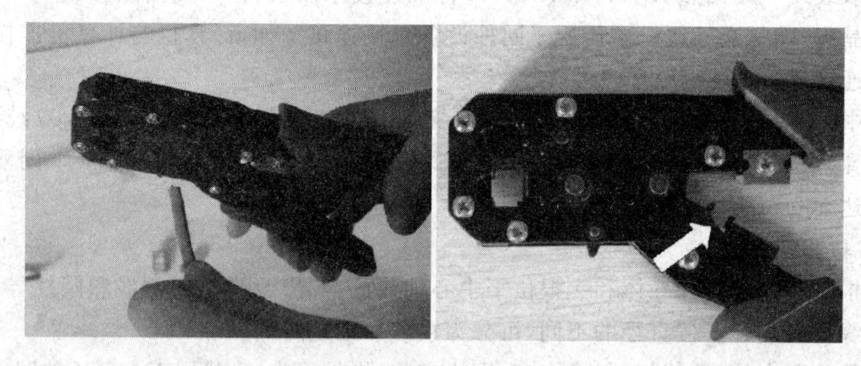

图 3-1-4　剪裁、剥线

(2) 理线。用 RJ-45 压线钳的剥线口将双绞线一端的外层保护壳剥下约 1.5 cm（太长接头容易松动，太短接头的金属刀口不能与芯线完全接触），注意不要伤到里面的芯线。

将 4 对芯线成扇形分开，按照 568B 标准，从左至右整理线序并拢直，使 8 根芯线平行排列。整理完毕用斜口钳将芯线顶端剪齐，如图 3-1-5 所示。

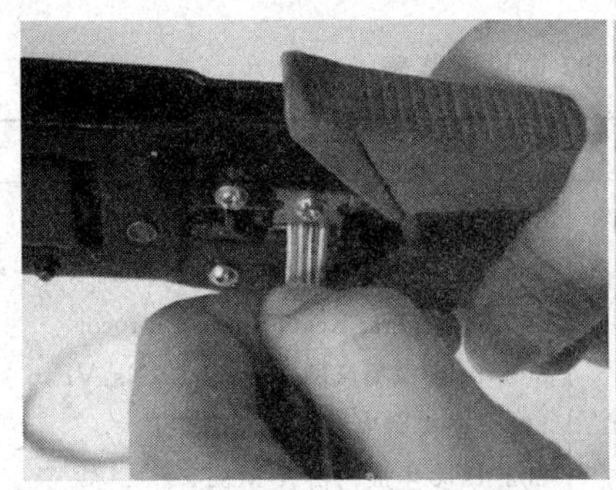
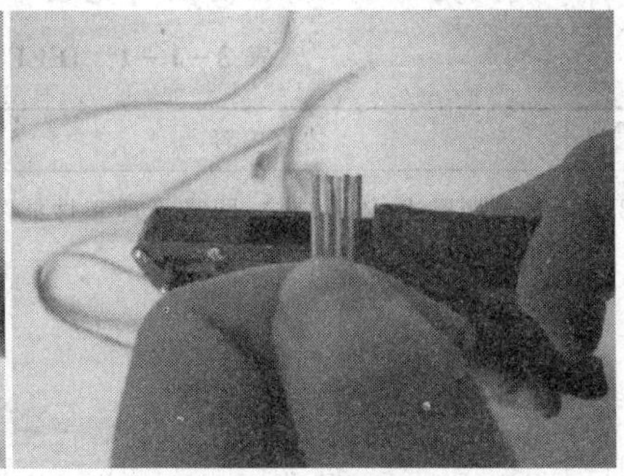

图 3-1-5　排序、理线

（3）插线。将水晶头有弹片的一侧向下放置，然后将排好线序的双绞线水平插入水晶头的线槽中，注意导线顶端应插到底，确保水晶头中的金属刀口与导线接触良好。

（4）压线。确认导线的线序正确且到位后，将水晶头放入压线钳的 RJ-45 夹槽中，再用力压紧，使水晶头夹紧在双绞线上。至此，网线一端的水晶头就压制好了，如图 3-1-6 所示。

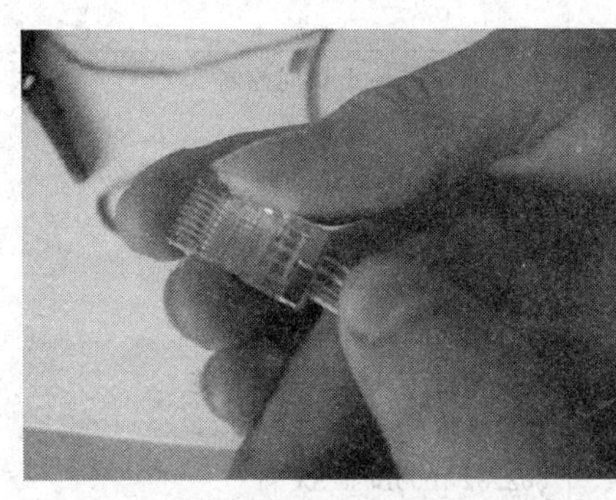
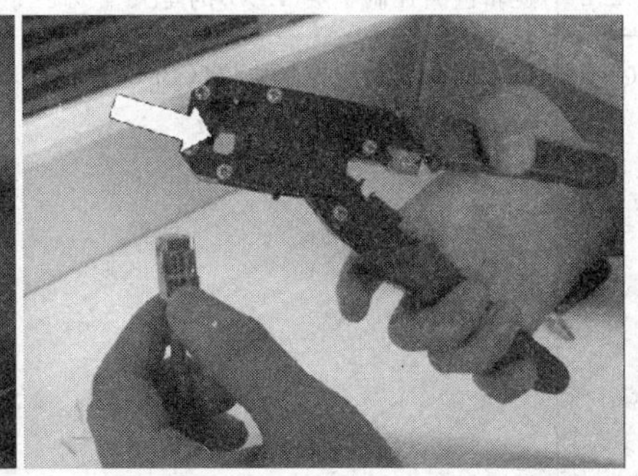

3-1-6　压　线

（5）同理，按照标准 568A，制作双绞线的另一端接头。注意，交叉线两端接头的线序不同。

（6）测试。使用网线测试仪测试制作的网线是否连通，以防止存在断路导致无法通信，或短路损坏网卡或集线器。测线仪指示灯按照 1～8 顺序闪亮，表示网线连通，初步测试成功，如图 3-1-7 所示。

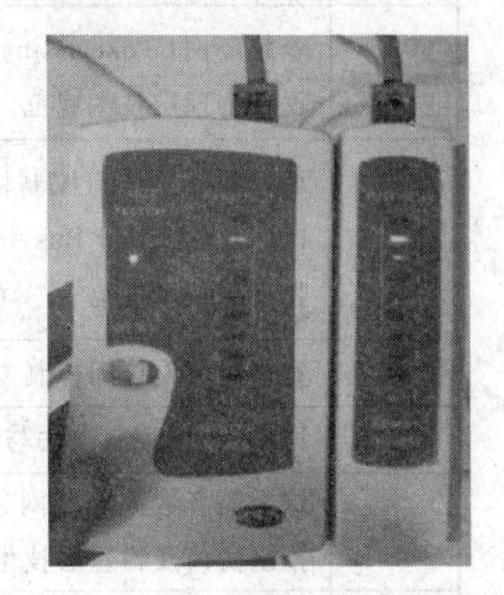

图 3-1-7　测　线

六、检查评议

通过测线仪或连接电脑来测试网络连通性。

具体评价方式、评价内容及评价标准见附录。

七、拓展提高

知识链接：

（一）IEEE 802 协议

表3-1-1所列为IEEE 802协议一览表

表3-1-1　IEEE802协议一览表

协　议	协议内容	备　注
802.1	局域网概述，体系结构，网络管理和性能测量等	802.1A局域网体系结构 802.1d生成树协议 Spanning Tree 802.1pGeneral Registration Protocol 802.1q虚拟局域网 Virtual LANs：VLan 802.1w快速生成树协议 RSTP 802.1s多生成树协议 MSTP 802.1x基于端口的访问控制 Port Based Network Access Control 802.1g Remote MAC Bridging 802.1v VLAN Classification by Protocol and Port 802.1B寻址、网络互连 与网络管理
802.2	逻辑链路控制子层(LLC)的定义	
802.3	以太网介质访问控制协议(CSMA/CD)及物理层技术规范	802.3i 10Base-T访问控制 方法与物理层规范 802.3u 100Base-T访问控制 方法与物理层规范 802.3ab 1000Base-T访问控制 方法与物理层规范 802.3x全双工以太网数据链 路层的流控方法 802.3z 1000Base-SX和 1000Base-LX访问控制方法 与物理层规范
802.4	令牌总线网(Token-Bus)的介质访问控制协议及物理层技术规范	
802.5	令牌环网(Token-Ring)的介质访问控制协议及物理层技术规范	
802.6	城域网介质访问控制协议 DQDB(Distributed Queue Dual Bus分布式队列双总线)及物理层技术规范	
802.7	宽带局域网访问控制方法与物理层规范	
802.8	FDDI访问控制方法与物理层规范	
802.9	综合语音数据局域网(IVD LAN)介质访问控制协议及物理层技术规范	
802.10	网络安全技术咨询组，定义网络互操作的认证和加密方法	

续表 3-1-1

协　议	协议内容	备　注
802.11	无线局域网(WLAN)的介质访问控制协议及物理层技术规范	802.11a,物理层补充 (54 Mbps,工作在 5 GHz) 802.11b,物理层补充 (11 Mbps,工作在 2.4 GHz) 802.11g,物理层补充 (54 Mbp/s,工作在 2.4 GHz)
802.12	100VG-AnyLAN 按需优先的介质访问控制协议与物理层规范	
802.14	采用线缆调制解调器(Cable Modem)的交互式电视介质访问控制协议及网络层技术规范	协调混合光纤同轴(HFC)网络的前端和用户站点间数据通信的协议
802.15	采用蓝牙技术的无线个人网(Woreless Personal Area Networks,WPAN)技术规范。	802.15.1 低速无线个人网技术标准,其代表技术是 ZigBee
802.16	宽带无线 MAN 标准(WiMAX)	
802.17	弹性分组环(Resilient Packet Ring,RPR)工作组,制定了单性分组环网访问控制协议及有关标准	广域网、大型园区网技术
802.18	宽带无线局域网技术咨询组(Radio Regulatory)	
802.19	多重虚拟局域网共存(Coexistence)技术咨询组	
802.20	移动宽带无线接入(Mobile Broadband Wireless Access ,MBWA)工作组,制定宽带无线接入网的解决	
802.21	介质独立切换(Media Independent Handover)	
802.22	无线区域网(Wireless Regional Area Network)	
802.23	紧急服务工作组(Emergency Service Work Group)	

(二)市面双绞线优劣

好的双绞线都为铜线,且铜径较粗,两根铜线的扭合较密,扭矩较小。市面上有些劣质双绞线,线径很细,甚至是铁的,而且两根线很松地扭在一起。如果用在低速以太网问题不是很大,但在高速以太网,如 100 Mbps 快速以太网中,很容易出现数据丢包,网页打不开,甚至是网络连接不通等问题。

（三）UTP分类

市面上按照传输速率，UTP分为：

1类(CAT 1)：用于电话通信，不适合数据传输。

2类(CAT 2)：可用于传输数据，最大速度为4 Mbps。

3类(CAT 3)：用于10Base-T以太网。

4类(CAT 4)：用于令牌网络，最大数据传输速度为16 Mbps.

5类(CAT 5)：用于宽带以太网络，数据最大传输速度为100 Mbps。

超5类(CAT 5E)：主要用于千兆位以太网(1 000 Mbps)。

6类(CAT 6)：提供两倍于超五类的带宽，最适用于传输速率高于1 Gbps的应用。

技能链接：

光纤熔接

1. 施工工具

光纤熔接机、光纤工具箱(开缆工具、光纤切割刀、光纤剥离钳、凯弗拉线剪刀、斜口剪、螺丝批、酒精棉等)、起子。

光纤配线架、ST光纤尾纤、ST耦合器、多模光缆、热缩套管。

2. 施工总体步骤

(1)光缆穿进机柜；(2)光缆标号；(3)确认终端盒最终装在机柜位置；(4)开缆并固定；(5)固定耦合器；(6)裁尾纤并通光试验；(7)熔接；(8)盘纤；(9)标注；(10)测试。

3. 光纤熔接步骤

(1) 开缆。将光纤保护层去掉。

(2) 清洁。用纸巾沾上酒精，擦拭清洁每一小根光纤。

(3) 套接。给需要熔接的两根光纤各自套上光纤热缩套管。

(4) 熔接。将两端剥去外皮露出玻璃丝的光纤固定在光纤熔接器中。按SET键熔接。

(5) 包装。将套好光纤热缩套管的光纤放到加热器中，按“HEAT”键加热。

(6) 固定。把熔接好的光纤固定在光纤收容箱中。

任务1-2　连通两台计算机

一、任务描述

将两台主机有线连接，能够进行通信。

二、任务分析

两台主机，通过网卡，采用有线的方式连通，组建最小网络。本任务采用交叉双绞线进行连接。

三、知识准备

（一）数据帧

数据帧是数据链路层的协议数据单元，包括帧头、数据、帧尾三部分。其中，帧头和帧尾包含控制信息，如同步信息、地址信息、差错控制信息等；数据部分则包含网络层传下来的数据，如IP数据包。

在发送端，数据链路层把网络层传下来的数据封装成帧；在接收端，数据链路层把收到的帧解封，取出数据上传给网络层。不同的数据链路层协议对应着不同的帧，所以，帧有多种，如

PPP 帧、MAC 帧等，格式也不尽相同。

Ethernet 以太网帧格式为：目的 MAC 地址（DMAC，6 字节）＋源 MAC 地址（SMAC，6 字节）＋上层协议类型（Type，2 字节）＋数据字段（DATA，46～1 500 字节）＋校验（FCS，4 字节）。整个帧长度 64～1 518 字节，如图 3－1－8 所示。上层协议类型 0x800 为 IP 协议，0x806 为 ARP 协议。

6B	6B	2B		4B
DMAC	SMAC	Type	DATA	FCS

图 3－1－8　以太网帧格式

（二）停止等待协议

停止等待协议（Stop and Wait）是数据链路层最简单的协议，是数据链路层各种协议的基础。停止等待协议通过双方的数据收发，达到相互通信的目的。

当接收方收到一个正确的数据帧后，便会向发送方发送一个确认帧 ACK，表示发送的数据正确接收。当发送方收到确认帧 ACK 后，才能发送一个新的数据帧，这样就实现了接收方对发送方的流量控制。

由于通信线路质量等各方面的影响，数据帧从发送方到接收方传输的过程中，可能会出现差错。为了保证数据的正确性和完整性，接收方在收到数据后，会用一定的方法对接收到的数据进行差错检验。当接收方发现收到的数据出现差错时，就会向发送方发送一个否认帧 NAK。发送方会根据接收方发来的信息做出相应的操作。采用这样有效的检错机制，数据链路层可以对网络层提供可靠的传输服务。

（三）自动重传请求 ARQ 协议

自动重传请求 ARQ（Automatic Repeat－reQuest）是数据链路层的错误纠正协议之一，包括停止等待 ARQ 协议和连续 ARQ 协议，以及包括错误侦测（Error Detection）、正面确认（Positive Acknowledgment）、逾时重传（Retransmission after Timeout）与负面确认继以重传（Negative Acknowledgment and Retransmission）等机制。

ARQ 通过接收方请求发送方重传出错的数据报文来恢复出错的报文，是通信中处理信道所致差错的方法之一，有时也被称为后向纠错（Backward Error Correction，BEC）。另外一个方法是信道纠错编码。

传统自动重传请求分成三种，即停等式（stop－and－wait）ARQ、回退 n 帧（go－back－n）ARQ 及选择性重传（selective repeat）ARQ。后两种协议又合称为连续 ARQ 协议，是滑动窗口技术与请求重发技术的结合。当窗口尺寸开到足够大时，帧在线路上可以连续地流动。三者的区别在于对于出错的数据报文的处理机制不同，复杂性递增，效率也递增。

1. 停等式 ARQ

在停等式 ARQ 中，发送方发送完成数据帧后，等待接收方的状态报告。如果发送成功，发送方发送后续的帧，否则重传该帧。停等式 ARQ，发送窗口和接收窗口大小均为 1。发送方每发送一帧，必须停下来等待接收方的确认 ACK 返回，仅当接收方确认正确接收后，再继续发送下一帧。该方法所需要的缓冲存储空间最小，缺点是信道效率很低，传输速率低。图 3－1－9中 2 号、5 号帧重传。

2. 回退 n 帧 ARQ

在回退 n 帧 ARQ 中，当发送方接收到某帧出错状态报告后，发送方将重传该帧及其后的 n 帧。发送窗口大于 1，接收窗口等于 1，发送方可连续发送。这种方式提高了信道的利用率，但有待确认的帧越多，可能退回重发的帧也越多。图 3－1－10 中 2 号帧出错，重传 2 号及其后的所有帧。

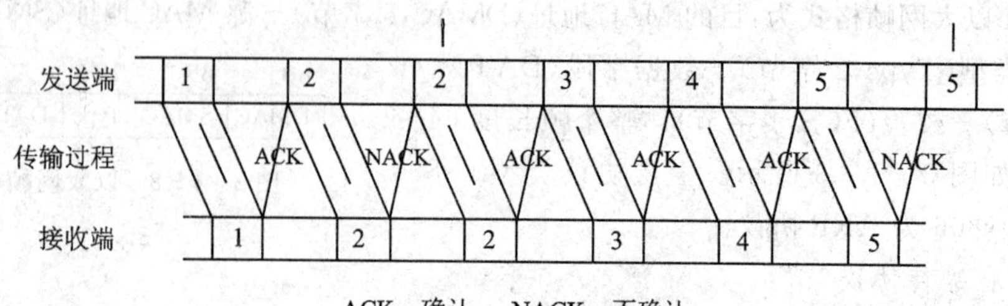

图 3-1-9　停等式 ARQ 协议

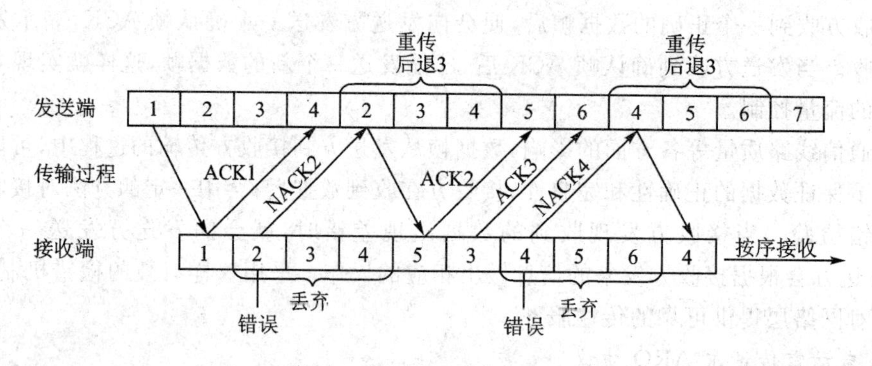

图 3-1-10　回退 n 帧 AQR 协议

3. 选择重传 ARQ

在选择重传 ARQ 中，当发送方接收到某帧出错状态报告后，发送方只重传该错误帧。发送窗口和接收窗口都大于 1。发送方缓存错误帧之后发送的帧，与回退 n 帧 ARQ 协议相比，减少了出错帧之后正确帧都要重传的开销。图 3-1-11 中，仅重传发生错误的 2 号帧、6 号帧。

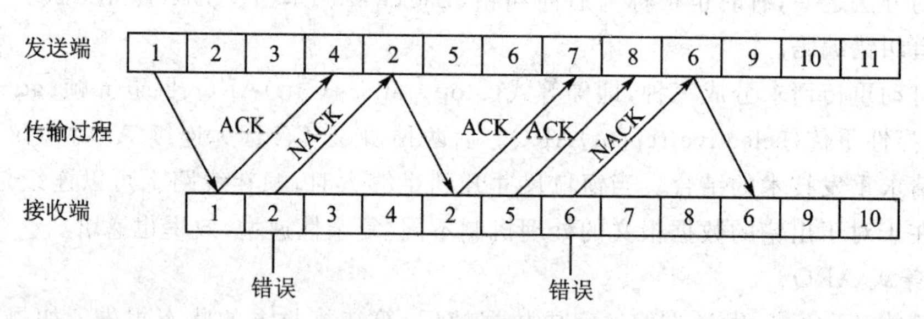

图 3-1-11　选择重传 ARQ 协议

4. 混合 ARQ

在混合 ARQ 中，数据帧传送到接收方之后，即使出错也不会被丢弃。接收方指示发送方重传出错帧的部分或者全部信息，将再次收到的帧信息与上次收到的帧信息进行合并，以恢复帧信息。

四、工具材料

- 真实岗位：双绞线、两台 PC、网卡（或已安装在 PC 中）。
- 虚拟实验：VMware、操作系统或 Cisco Packet Tracer 软件。

五、任务实施

组建最小网络的步骤：

(1) 网卡安装

通过“计算机管理”→“设备管理器”查看，检查网卡是否安装。如果没有，需要安装网卡。

(2) 驱动程序检查

检查网卡驱动程序是否安装正确，如果没有，需要安装网卡驱动程序。

(3) 交叉线连接

准备一根交叉线，连接两台 PC 网卡。

(4) 设置连接

查看网络连接。打开 Windows7“控制面板”→“网络和 Internet”→“网络和共享中心”→“更改适配器设置”，查看“网络连接”，如图 3-1-12 所示。

图 3-1-12 网络连接

(5) 网络参数配置

配置 PC1 网络参数：IP 192.168.122.10，子网掩码 255.255.255.0。

配置 PC2 网络参数：IP 192.168.122.20，子网掩码 255.255.255.0。

(6) 连通测试

用 ping 命令测试两台 PC 是否连通。

在 PC1 上 ping PC2：>ping 192.168.122.20

在 PC2 上 ping PC1：>ping 192.168.122.10

六、检查评议

检查两台 PC 是否连通。

具体评价方式、评价内容及评价标准见附录。

七、拓展提高

知识链接：

1. 链路概念

链路(Link)指从一个节点到相邻节点的一段无源的物理线路段，中间没有任何其他的交换节点。

2. 数据链路概念

数据链路(Data Link)指当需要在一条线路上传送数据时，除了必须有一条物理线路外，还必须有必要的规程来控制这些数据的传输。

任务2 组建对等网

任务2-1 简单配置交换机

一、任务描述

公司业务需要组建对等网,实现用户连网,用户自主管理本机上的资源,方便办公。

二、任务分析

公司组建对等网,采用交换机作为中心设备,连接网络各个组成部分,形成对等网。本任务计划:

(1) 根据需求分析,绘制拓扑图。如图3-1所示;

(2) 根据拓扑图,用双绞线连接交换机和计算机;

(3) 进行交换机的基本配置。

三、知识准备

(一) 以太网

以太网(Ethernet)是由Xerox公司创建,并由Xerox、Intel和DEC公司联合开发的基带局域网规范,是现有LAN最通用的通信协议标准。以太网采用CSMA/CD协议,并以10 Mbps的速率运行在多种类型的电缆上。采用以太网协议的网络称为以太网。IEEE802.3标准建立在以太网基础上,不严格讲,许多人把符合IEEE802.3标准的LAN也称为以太网。以太网应用广泛,包括标准的以太网(10 Mbps)、快速以太网(100 Mbps)和10G(10 Gbps)以太网。

在以太网发展过程中,由于Internet发展迅速,而TCP/IP模型常选用的LAN是以太网,并非IEEE802.3,所以,IEEE802.2标准规定的LLC作用不大。很多厂家的网卡就只有MAC协议,没有LLC协议。

1. 传统以太网

开始以太网只有10 Mbps的吞吐量,使用的是CSMA/CD访问控制方法,称为传统以太网。以太网可以使用粗同轴电缆、细同轴电缆、非屏蔽双绞线等多种传输介质进行连接。在IEEE 802.3标准中,为不同的传输介质制定了不同的物理层标准。如10Base-T,其中10表示传输速率10 Mbps,T表示双绞线单段网线长度(基准单位是100 m),Base表示基带传输。

2. 快速以太网

在1993年10月以前,10 Mbps以上数据流量的LAN应用,只有光纤分布式数据接口(FDDI)可供选择,其基于100Mpbs光缆,价格非常昂贵。1993年IEEE802对100 Mbps以太网的各种标准,如100Base-TX、100Base-T4、MⅡ、中继器、全双工等标准进行了研究。1995年3月IEEE宣布了IEEE802.3u 100Base-T快速以太网标准(Fast Ethernet)。

快速以太网与原来在100 Mbps带宽下工作的FDDI相比具有许多的优点,最主要体现在快速以太网技术可以有效地保障用户在布线基础实施上的投资,支持3、4、5类双绞线及光纤的连接,能有效地利用现有的设施。快速以太网的不足仍是基于CSMA/CD技术,当网络负载较重时,会造成效率的降低,当然这可以使用交换技术来弥补。100 Mbps快速以太网标准又分为100Base-TX、100Base-FX、100Base-T4。

3. 千兆以太网

千兆以太网是一种高速以太网，最大优点是继承了传统以太网技术价格便宜的优点。千兆技术采用了与10M以太网相同的帧格式、帧结构、网络协议、全/半双工工作方式、流控模式及布线系统。由于该技术不改变传统以太网的桌面应用、操作系统，因此可与10M或100M的以太网很好地配合工作。升级到千兆以太网不必改变网络应用程序、网管部件和网络操作系统，能够最大程度地保护投资。此外，IEEE标准将支持最大距离为550 m的多模光纤、最大距离为70 km的单模光纤和最大距离为100 m的铜轴电缆。千兆以太网填补了802.3以太网、快速以太网标准的不足。

4. 万兆以太网

万兆以太网规范包含在IEEE 802.3标准的补充标准IEEE 802.3ae中，扩展了IEEE 802.3协议和MAC规范，支持10 Gbps的传输速率。除此之外，通过WAN界面子层(WAN Interface Sublayer，WIS)，万兆以太网也能被调整为较低的传输速率，如9.584 640 Gbps(OC－192)，允许万兆以太网设备与同步光纤网络(Synchronous Optical Network，SONET) STS－192c传输格式相兼容。万兆以太网技术的LAN与MAN、WAN无缝连接，为接入和维护提供了很好的支持。

(二) 介质访问控制

介质访问控制(Medium Access Control，MAC)指当LAN中共用信道的使用产生竞争时，如何分配信道的使用权。LAN中广泛采用的两种介质访问控制方法，一种是争用型介质访问控制，又称随机型的介质访问控制协议，如CSMA/CD方式。另一种是确定型介质访问控制，又称有序的访问控制协议，如Token(令牌)方式。

1. CSMA/CD

CSMA/CD是IEEE802.3中MAC子层的协议，广泛应用于LAN。在网络上，工作站发送数据之前，需要确认总线上是否有数据正在传输。若有(称总线为忙)，则不发送数据；若无(称总线为闲)，方可发送数据。

CSMA/CD原理：

(1) 先听后发。当一个站点想要发送数据时，检测网络查看是否有其他站点正在传输，即侦听信道是否空闲。如果信道忙，则等待；如果信道空闲，则站点发送数据。

(2) 边发边听。在发送数据的同时，站点继续侦听网络，确信没有其他站点同时传输数据，才继续传输数据。如果两个或多个站点同时发送数据，就会产生冲突。若无冲突则继续发送，直到发完全部数据。

(3) 冲突停发。若有冲突，则立即停止发送数据，但是要发送一个加强冲突的JAM(阻塞)信号(连续的二进制01010101或10101010，十六进制为55或AA)，以便使网络上所有工作站都知道网上发生了冲突。

(4) 随机再发。根据退避算法，等待一个随机时间，回到(1)，再重新发送数据。

CSMA/CD控制方式的优点是：原理简单，技术易实现，网络中工作站处于平等地位，不需集中控制，不提供优先级控制。但在网络负载增大时，发送时间延长，发送效率急剧下降。

2. 令牌访问控制

令牌访问控制方法可分为令牌总线访问控制和令牌环访问控制两类，分别在IEEE802.4和IEEE802.5中定义。令牌总线访问控制目前较少采用。

令牌环访问控制工作原理：

令牌是一种短帧，拥有令牌的站点才有权发送信息。网络中只有一个令牌(单令牌策略)，网络中的站点要求发送数据，首先必须获得空令牌。然后，将其改为忙令牌，数据附在其后一起发送出去。此时，环内其他站点没有获得空令牌，不能发送数据。环上站点依次接收、移位数据，并进行检测。如果与本站地址相同，表明本站是目的站，则接收数据，接收完成后，设置相应标记，并继续将令牌和数据传输下去。

令牌和数据在环上循环一周后，回到发送站，发送站检测到相应标记后，将数据移去。将忙令牌改回空令牌，传送给下一站点，供后续站发送帧。

令牌环访问控制的优点：站点两次获得令牌之间的最大时间间隔是确定的，网络重负载时吞吐率高，传输延迟小，因此，令牌环适合于远距离、重负载、实时要求严格的应用环境，如生产过程控制领域。

(三) 以太网的工作原理

1. 采用 CSMA/CD 机制

以太网采用 CSMA/CD 机制，站点都可以看到在网络中传送的所有信息，所以说以太网是一种广播网络。

当以太网中的一台主机传输数据时，如果发现冲突，则执行退避算法，随机等待一段时间后，若未发现冲突，则发送成功。再次发送数据之前，必须在最近一次发送后，等待 9.6 μs(以 10 Mbps 为例)。

2. 冲突域

冲突是指在同一网段上，同一时刻，只能有一个信号在发送，当两个信号相互干扰时，发生冲突。冲突域(Collision Domain)是指可能发生冲突的网段范围。

冲突域基于物理层。冲突会阻止正常帧的发送，因此，冲突域大了，会导致一连串的冲突，最终导致信号传送失败。

3. 广播域

除了单播，广播是一种主要的信息传送方式，指一台主机同时向网段中所有主机发送信息。此时，广播地址(目的 MAC 地址)为 0XFFFFFF FFFFFF。广播域(Broadcast Domain)是指广播信息能够到达的网段范围。广播域是一个逻辑组，该组内的所有主机都会收到同样的广播信息。

广播域基于数据链路层。通常一个 LAN 就是一个广播域。广播方式会占用大量的资源。因此，需要限制广播域的大小。

4. 网络设备中的冲突域和广播域

集线器所有端口都在同一个广播域、冲突域内。交换机所有端口都在同一个广播域内，但每一个端口就是一个冲突域。路由器每个端口属于不同的广播域。

不同的网络设备对降低冲突域和广播域所起的作用不同。中继器和集线器可以放大信号，但是不区分有效信号与无效信号，因此，会扩大冲突域。网桥和交换机、路由器不会传递干扰和无效帧，因此，可以降低冲突域。

路由器和三层交换机不传递广播数据包，所以可以降低广播域；其他设备传递广播数据包，所以扩展了广播域。

（四）以太网重要设备——交换机

1．交换机的工作原理

所谓交换，就是将分组（或帧）从一个端口移到另一个端口的过程。如果在数据链路层，就要用到交换机或网桥，如果在网络层，就要用到路由器或三层交换机。

交换机根据收到数据帧中的源MAC地址，建立该地址与交换机端口的映射，并将其写入MAC地址表中。交换机将数据帧中的目的MAC地址，与已建立的MAC地址表进行比较，以决定由哪个端口进行转发。如数据帧中的目的MAC地址不在MAC地址表中，则向所有端口转发，这一过程称之为泛洪（Flood）。广播帧和组播帧向所有的端口转发，如图3-2-1所示。

目前的交换机都支持全双工。全双工的好处在于迟延小，速度快。

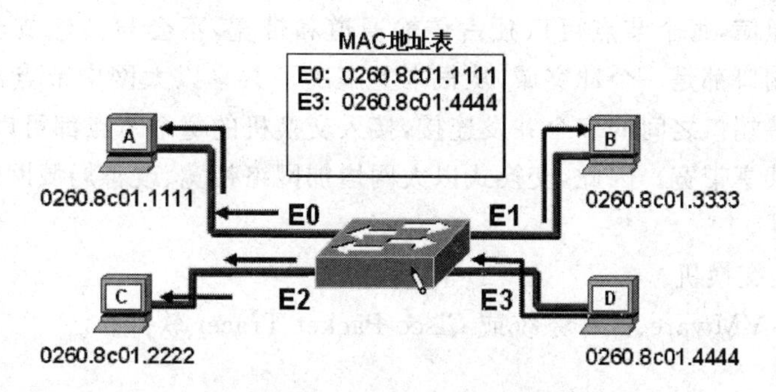

图3-2-1　交换机工作原理

2．交换机的主要功能

交换机的主要功能包括自主学习、转发/过滤和消除回路。

自主学习：以太网交换机了解每一端口相连设备的MAC地址，并将地址与相应的端口映射起来，存放在交换机缓存中的MAC地址表中。

转发/过滤：当一个数据帧的目的地址在MAC地址表中有映射时，数据帧被转发到连接目的节点的端口而不是所有端口（如该数据帧为广播/组播帧则转发至所有端口）。

消除回路：当交换网络有一个冗余回路时，以太网交换机通过生成树协议避免回路的产生，同时允许存在后备路径。

此外，交换机还具有物理编址、网络拓扑结构、错误校验、帧序列及流控、支持VLAN、链路汇聚，甚至有的还具有防火墙的功能。

3．交换机的交换方式

交换机的交换方式有三种：

（1）直通式

直通式（Cut Through）为当端口收到一个数据帧时，就检查帧头，一旦检测到目的地址，就把数据帧直接传送到相应端口，不管帧有没有出错。这种方式不需要等数据帧接收完就开始转发，交换速度快，延迟非常小。不足之处是，缺乏错误检测能力，有可能将出错的数据帧转发出去。也不提供缓存，不能将不同速率的端口直接接通，而且容易丢包。

（2）存储转发式

存储转发式（Store and Forward）是计算机网络领域运用最为广泛的方式。先将数据帧完整接收下来，经过 CRC 检查，如果数据帧没有错误，则根据目的地址转发。这种方式提供错误检测能力，改善了网络性能。支持不同速率的端口的转发，保持高速端口与低速端口间协同工作。不足之处是，传输延时较大，需要较大的缓存容量。

(3) 无碎片转发

无碎片转发(Fragment Free)是前两种方式的改进。如果帧小于 64 字节，则丢弃该帧；如果大于 64 字节，则在接收数据帧的前 64 字节后，再发送出去。这种方式可保证碎片不在网络中传播，提高了网络效率，其数据处理速度介于直通式和存储转发式之间。不足之处是，不提供数据校验。

(五) 交换式以太网

交换式以太网以以太网交换机为基础构成，数据链路层的帧为数据交换单位的网络。允许多对节点同时通信，每个节点可以独占传输通道和带宽，不会与其他节点发送的帧产生冲突。交换机每个端口都是一个冲突域，从根本上解决了共享以太网中节点冲突的问题。通过局域网交换机支持端口之间的多个并发连接，接入交换机的每个节点都可以使用全部的带宽，而不是各个节点共享带宽。因此，交换式以太网增加网络带宽、改善局域网性能与服务质量。

四、工具材料

- 真实岗位：交换机。
- 虚拟实验：VMware、操作系统或 Cisco Packet Tracer 软件。

五、任务实施

(一) 连接交换机

按照拓扑图，制作双绞线，并将交换机与各计算机相连。

(二) 交换机配置

1. 交换机命令行模式

主要模式有：用户模式、特权模式、全局模式、端口模式等几种。如表 3-2-1 所列各种模式的提示符，以及进入该模式的命令。

表 3-2-1　交换机模式的进入与退出

模　式	模式提示符	进入左列模式的命令	备　注
用户模式	Switch>	交换机加电	
特权模式	Switch#	enable	
全局模式	Switch (config)#	configure terminal	
端口模式	Switch(config-if)#	interface fastEthernet 0/1	
返回上一级模式可用 exit 命令。在端口模式下使用 ctrl+z 或 end 命令，返回全局模式。			

(1) 用户模式

对交换机操作的权限很小，可进行简单的测试，显示软、硬件版本等。

```
Switch>                                    ! 用户模式提示符
```

(2) 特权模式

对交换机操作的权限加大，可进行配置文件的管理、查看交换机信息、进行网络测试和调试等，有配置和监视权力，是进入其他配置模式的前提。

```
Switch>enable                                   ! 进入特权模式的命令
Switch#                                         ! 特权模式提示符
```

(3) 全局模式

该模式下可配置交换机的全局性参数，如主机名、登录信息等内容。

```
Switch#configure terminal                       ! 进入全局模式的命令
Switch(config)#                                 ! 全局模式提示符
```

(4) 端口模式

该模式可对交换机的端口进行参数配置。

```
Switch(config)# interface fastethernet 0/1      ! 进入快速以太网端口 Fa0/1 的命令
Switch(config-if)#                              ! 端口模式提示符
```

2. 交换机基本配置命令

(1) 获得帮助

```
Switch>                                         ! 在任何模式下输入"?"可获得帮助
Exec commands:
……
enable      Turn on privileged commands
exit        Exit from the EXEC
ping        Send echo messages
show        Show running system information
telnet      Open a telnet connection
……
switch#cop                                      ! 显示当前模式下所有以 cop 开头的命令
configure copy
```

(2) 交换机名称配置

```
Switch> enable
Switch#configure terminal
Switch(config)#hostname  SW1                    ! 交换机名字配置为 SW1
SW1(config)#                                    ! 注意提示符发生了变化
```

(3) 配置密码

```
①enable password  密码                          ! 配置明文密码
Switch(config)#enable  password  cisco          ! 明文密码
Switch(config)#exit
Switch#show running-config
……
enable password cisco                           ! 显示明文密码
②enable secret  密码                            ! 配置密文密码
Switch(config)#enable  secret  cisco            ! 密文密码
Switch# show running-config
……
enable secret 5 $1$mERr$hx5rVt7rPNoS4wqbXKX7m0  ! 显示密文密码
```

注意：当同时配置明文密码和密文密码时，只有密文密码起作用。

(4) 保存交换机的配置

```
SW1#copy running-config startup-config          ! 保存交换机配置，等同 write memory
```

(5) 命令自动补全

交换机支持自动补全功能，在输入命令时按住 Tab 键，可实现自动补全功能。

```
Switch#conf                                      ! 按下 Tab 键可自动补全 configure
```

3. 实际操作

根据拓扑图，分别为两台交换机配置名称 SW1 和 SW2，分别配置明文密码"12345"和密文密码"123456"，通过 show 命令查看配置，并保存配置。

步骤：

```
Switch>                                          ! 用户模式
Switch>enable                                    ! 进入特权模式
Switch#configure terminal                        ! 进入全局模式
Switch(config)#hostname SW1                      ! 为交换机命名
SW1(config)#enable password 12345                ! 配置明文密码
SW1(config)#enable secret 123456                 ! 配置密文密码
SW1(config)#exit                                 ! 返回特权模式
SW1#show running-config                          ! 查看当前配置
hostname SW1
enable secret 5 $1$mERr$H7PDxl7VYMqaD3id4jJVK/
enable password 12345
SW1#copy running-config startup-config          ! 保存当前配置
```

同理，配置第二台交换机。

六、检查评议

具体评价方式、评价内容及评价标准见附录。

七、拓展提高

知识链接：

(一) 以太网数据帧最小为 64 字节

以太网是无连接的、不可靠的服务，采用尽力传输的机制。以太网不可靠，意味着主机不知道对方是否收到自己发出的数据包。如果以太网发生冲突，发出的数据包发生错误，会进行重传。

以太网不是面向连接的，因为连接会降低效率。对于重传机制，越底层，速度越快，以太网的重传是微秒级，传输层的重传，如 TCP 的重传达到毫秒级，应用层的重传达到秒级，所以以太网对于错误，采用重传机制。

为了保证以太网的重传，网络上 A 主机必须保证收到 B 主机发出的冲突信号的时候，数据帧没有发送完。A 主机和 B 主机之间的距离，即信号在 A 和 B 之间传输的来回时间，必须控制在一定范围内。在一个冲突域内，最远的两台主机之间的来回时间小于 512 位时。所谓位时就是传输一个比特需要的时间，即一个冲突域的直径。

因为 512 位时就是 64 字节的传输时间，所以，数据帧大于或等于 64 字节，才能保证当冲突信号到达 A 主机的时候，A 主机的数据帧还没有传完。

总之，最小数据帧的设计原因和以太网电缆长度有关，为的是让两个相距最远的站点能够感知到双方的数据发生了冲突；最远两端数据的往返时间就是争用期，以太网的争用期是 951.2 μs，正好发送 64 字节数据。

（二）共享工作模式

集线器(HUB)是一种物理层共享设备，用于信号的放大和连接多个终端，集线器本身不能识别目的地址。如果 LAN 用集线器连接，则当 LAN 内的 A 主机给 B 主机传输数据时，数据帧以广播方式传输，由每一台主机通过验证数据帧头的地址信息来确定是否接收。在这种工作方式下，同一时刻网络上只能传输一组数据帧的通信，如果发生冲突必须重传，这种方式共享网络带宽，称为共享工作模式。目前，组建以太网 LAN 时，集线器已经被交换机取代。

（三）交换机分类

交换机分类的标准不同，常见几种分类方法如下：

(1) 按照应用的网络分类：广域网交换机和局域网交换机。广域网交换机主要应用于电信领域，提供通信用的基础平台。局域网交换机则应用于局域网络，用于连接终端设备，如 PC 机及网络打印机等。

(2) 按照支持的局域网标准分类：以太网交换机、FDDI 交换机（光纤分布式数据接口）、ATM 交换机（异步传输模式）和令牌环交换机。同一台交换机可能提供多种类型的端口，支持不同速率、不同介质标准。

(3) 按照工作的层次分类：工作在数据链路层的第二层交换机、工作在网络层的第三层交换机和工作在传输层的第四层交换机和多层交换机。

第二层交换机依据数据帧中的目的 MAC 地址进行数据帧的线速交换。其仅能依据 MAC 地址完成数据帧的交换，不具有路由功能，但具有 VLAN 功能。

第三层交换机是具有路由功能的二层交换机，依据数据包中的目的 IP 地址，进行路径选择和快速的数据包交换。其可以实现不同逻辑子网、不同 VLAN 之间的通信。

(4) 按照以太网传输速率分类：以太网交换机、快速以太网交换机、千兆以太网交换机、万兆以太网交换机等。

(5) 按照应用规模分类：企业级交换机、部门级交换机和工作组交换机等。一般，企业级交换机都是机架式，部门级交换机可以是机架式（插槽数较少），也可以是固定配置式，而工作组级交换机为固定配置式（功能较为简单）。

企业级交换机作为骨干交换机时，支持 500 个信息点以上的大型企业网；部门级交换机支持 300 个信息点以下的中型企业网；工作组级交换机支持 100 个信息点以内的 LAN。

任务 2－2　共享资源

一、任务描述

组建对等网的目的是进行资源共享。请在计算机上实现资源共享。

二、任务分析

在对等网上的资源共享，包括硬件资源、软件资源和数据。实现资源共享主要是通过软件配置的方式。在对等网上常见的有打印机共享、文件夹共享等。本任务重点实现文件夹共享。

本任务计划：

(1) 同步工作组；

(2) 更改 Windows 相关设置；

(3) 设置共享对象；

(4) 设置防火墙和启用来宾账户；

(5) 查看共享文件。

三、知识准备

(一) 对等网

对等网也称工作组,属于一种小型网络。对等网中,每台主机是独立系统,无主从之分,既可以作为服务器,也可以作为客户机,能够实现网络上资源共享。如打印机共享、文件夹共享等。对等网络管理简单,主机的数量通常不超过 10 台,适合家庭和小型办公网络。超过 10 台,网络的性能会有所降低。

(二) 对等网拓扑结构

对等网的拓扑结构常用总线型和星型,星型尤为普及。星型网络以交换机为中心,介质使用双绞线,呈放射状连接各台主机。由于交换机上有许多指示灯,遇到故障时很容易发现出故障的主机,而且一台主机或线路出现问题不影响其他主机,网络的可靠性大大增强。另外,如果要增加主机,只需连接到交换机上即可,方便扩充网络。

(三) 对等网通信协议

当 Windows 安装网卡时,默认安装和配置如下网络项目:Microsoft 网络客户端、Microsoft 网络的文件和打印机共享、Internet 协议(TCP/IP)。

NetBEUI(NetBIOS Enhanced User Interface,NetBIOS 增强型用户接口;NetBIOS,Network Basic Input / Output System 网络基本输入输出系统)协议与 TCP/IP 协议都可以用于连接局域网。

1. 互联网通信协议 TCP/IP

TCP/IP 协议是对等网络推荐使用的协议。如果要连接到 Internet,就要安装 TCP/IP 协议。TCP/IP 协议包括上百种功能的协议,如远程登录、文件传输和电子邮件等。在默认情况下,TCP/IP 协议在安装过程中自动配置网络。

2. 局域网通信协议 NetBIOS

TCP/IP 尽管是最流行的网络协议,但在局域网中的通信效率并不高,使用 TCP/IP 协议浏览网上邻居中的计算机时,经常会出现不能正常浏览的现象,NetBEUI 协议能解决这个问题。

NetBEUI 网络通信协议适合小型局域网,是 Windows 所支持的通信协议中速度最快的一种。NetBIOS 给程序提供了请求低层服务的统一命令集,这些服务是管理名称、执行会话和在网络节点之间发送数据报所必需的。

理论上,对等网只需安装 NetBEUI 协议。NETBEUI 协议没有附加网络地址和 IP 数据报头,帧中唯一的地址是数据链路层 MAC 地址(标识主机)。NetBEUI 协议是一种短小精悍、通信效率高、占用内存较少的广播型协议,安装后不需要进行设置(需要计算机名称,在网上邻居中出现),特别适合于在网络邻居中传送数据。

但是,因为 NetBEUI 自身缺乏路由和网络层寻址功能,不会成为企业网的主要协议,适用于只有单个网络的 200 台以内主机的小工作组环境,所以,现在系统中使用越来越少。

（四）共享资源

共享资源指网络用户把拥有的硬件、软件和数据资源通过网络分享给别的网络用户。

对等网络没有特定的主机作为服务器。当要使用网络中的某种资源时，就是客户机，当为网络的其他用户提供某种资源时，就成为了服务器。在对等网络中可以通过共享的方法很方便地使用网络资源。

(1) 在共享网络资源中，组件的功能如下：

① Microsoft 网络客户端组件：允许主机访问 Microsoft 网络上的资源。默认的名称服务通过 Windows 定位程序提供。

② Microsoft 网络的文件和打印机共享组件：允许网络上的其他主机通过 Microsoft 网络访问本机资源。默认情况下将安装并启用该组件。每个使用 TCP/IP 的连接都会启用该组件，这样才能共享本地文件夹。

(2) 文件夹共享设置方法

方法一：选中文件夹，单击菜单“工具”→“文件夹选项”→“查看”→“使用简单文件夹共享”。用户只能以 Guest 账户的身份访问共享文件夹。

方法二：选择“控制面板”→“管理工具”→“计算机管理”→“文件夹共享”→“共享”，然后右击菜单中选择“新建共享”即可。

方法三：右击共享的文件夹，通过“共享和安全”选项即可设置共享。

(3) 共享权限

Windows 的文件目录共享给其他主机，共享权限分为：

① 只共享。可复制文件，不能移动或修改文件。

② 安全共享。可对共享文件进行读、写、修改等操作。

③ 指定共享。可以给指定的用户共享，其他用户不能共享。

④ 本机(客户机)访问网上共享资源

在对等网上，本机作为客户机访问别的主机上的共享资源的方法：

① 通过本机的搜索功能访问网上共享资源。

② 通过映射网络驱动器访问网上共享资源。

③ 通过计算机名或 IP 地址访问，如：\\192.168.1.10 或\\computername。

④ 通过网上邻居查找工作组计算机访问。

四、工具材料

- 真实岗位：两台 PC(Windows7 系统)、网线、交换机等。
- 虚拟实验：VMware、操作系统。

五、任务实施

在 Windows7 中，配置共享文件。

1. 同步工作组

同一工作组名称应一致。更改计算机的工作组、计算机名等信息，右击“计算机”，选择“属性”。

若相关信息需要更改，在“计算机名”选项卡中，单击“更改”。输入合适的计算机名、工作组名后，单击“确定”按钮(默认工作组为 WORKGROUP)。完成后，重启系统更改生效，如图 3-2-2和图 3-2-3 所示。

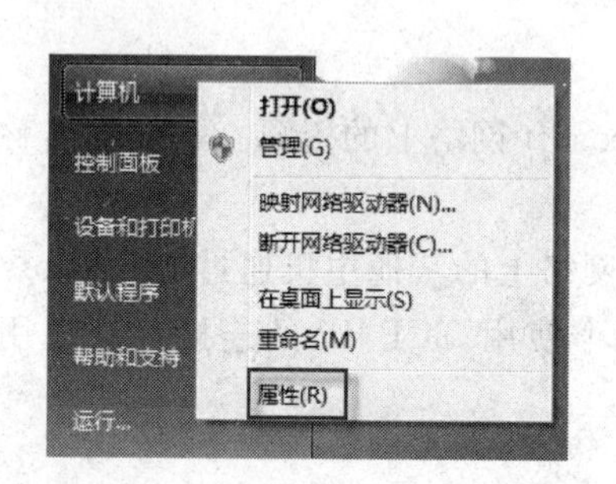

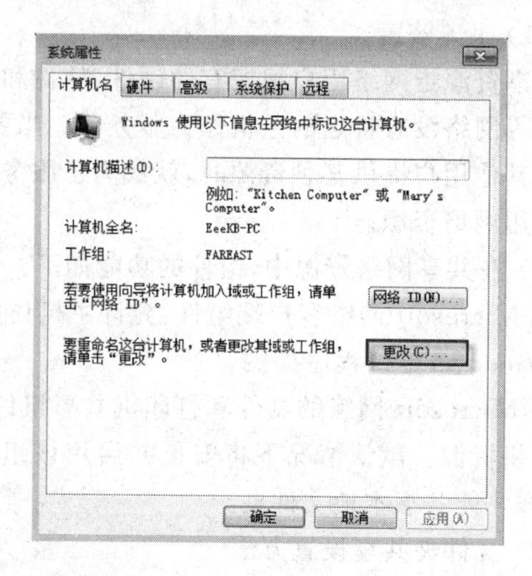

图 3-2-2　计算机系统属性

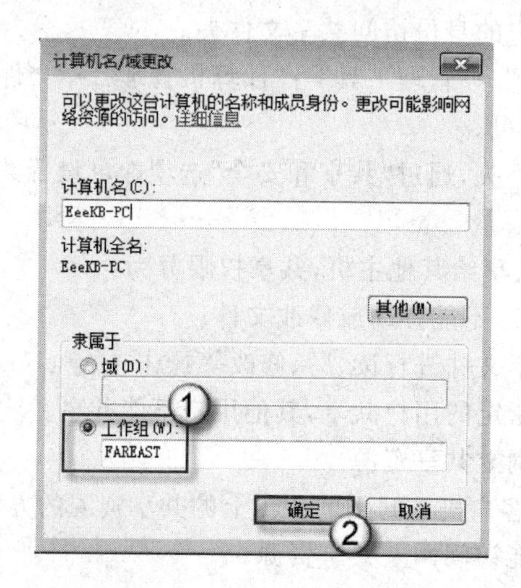

图 3-2-3　计算机名设置

2. 更改 Windows7 的相关设置

选择"控制面板"→"网络和 Internet"→"网络和共享中心"→"更改高级共享设置"，如图 3-2-4所示。

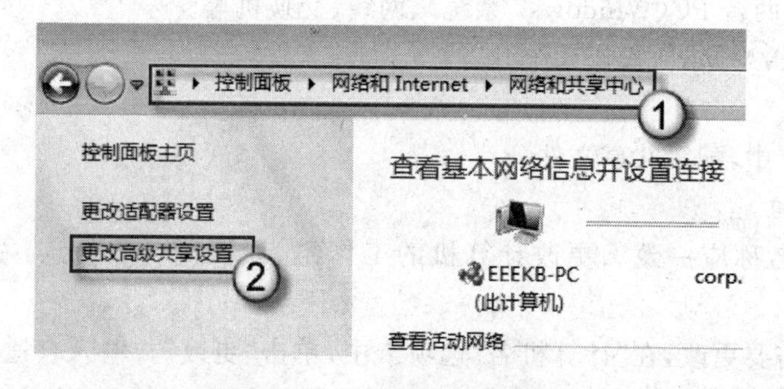

图 3-2-4　网络和共享中心

启用“网络发现”、“文件和打印机共享”、“公用文件夹共享”。“密码保护的共享”部分则请选择“关闭密码保护共享”，如图 3-2-5 所示。

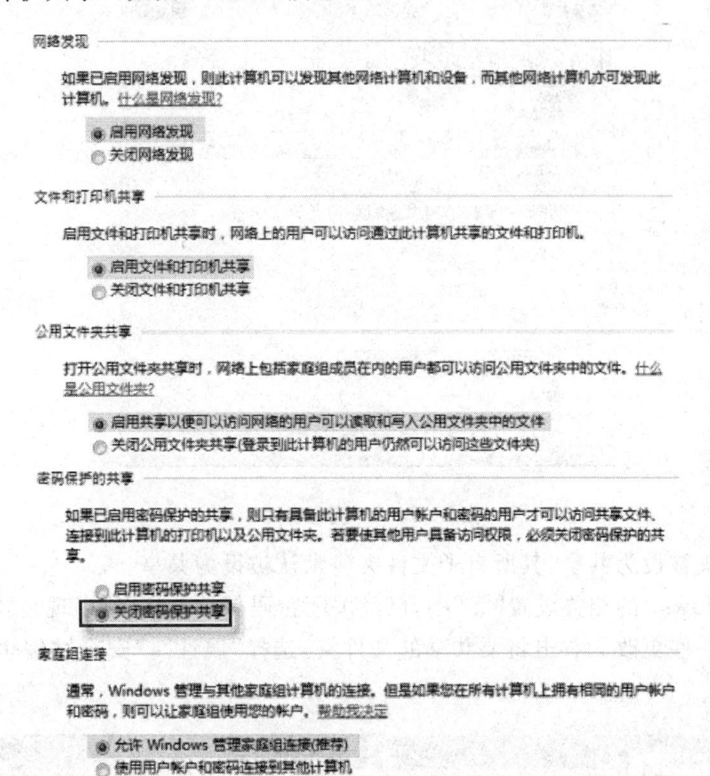

图 3-2-5 网络发现

注意:媒体流最好也打开。另外，在“家庭组”部分，建议选择“允许 Windows 管理家庭组连接(推荐)”。

3. 设置共享对象

右击准备共享的文件夹，选择“属性”→“共享”选项卡→“高级共享”，如图 3-2-6 所示。

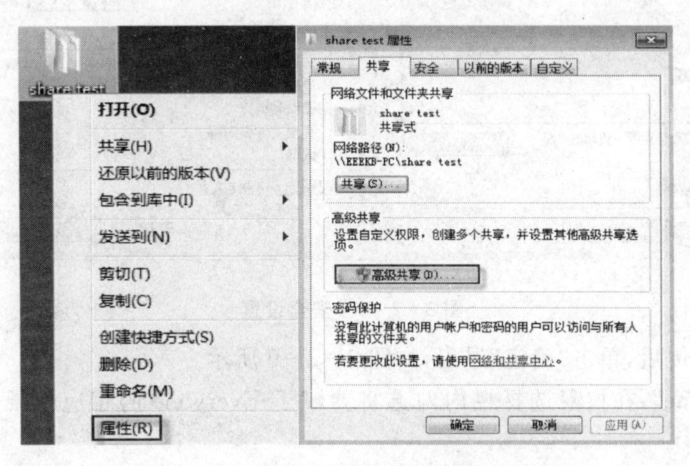

图 3-2-6 共享文件属性

选择“共享此文件夹”→“应用”→“确定”退出，如图 3-2-7 所示。

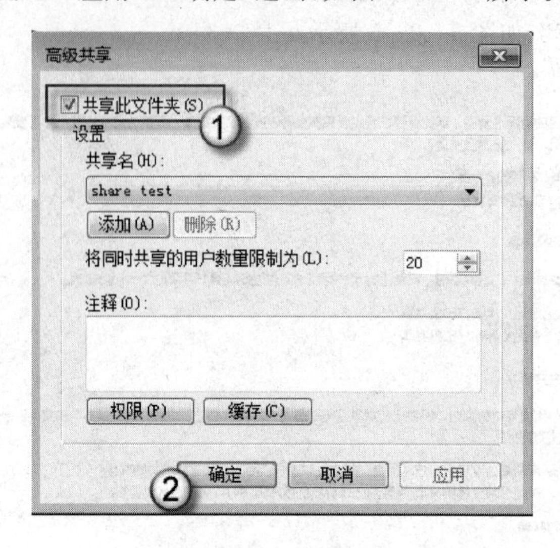

图 3-2-7　高级共享

如果某文件夹被设为共享，其所有子文件夹将默认被设为共享。

在更改 Windows7 的相关设置“2.”中，已经关闭密码保护共享，所以现在要来对共享文件夹的安全权限作一些更改。右击将要共享的文件夹，选择“属性”，“安全”“编辑”→“添加”，如图 3-2-8 所示。

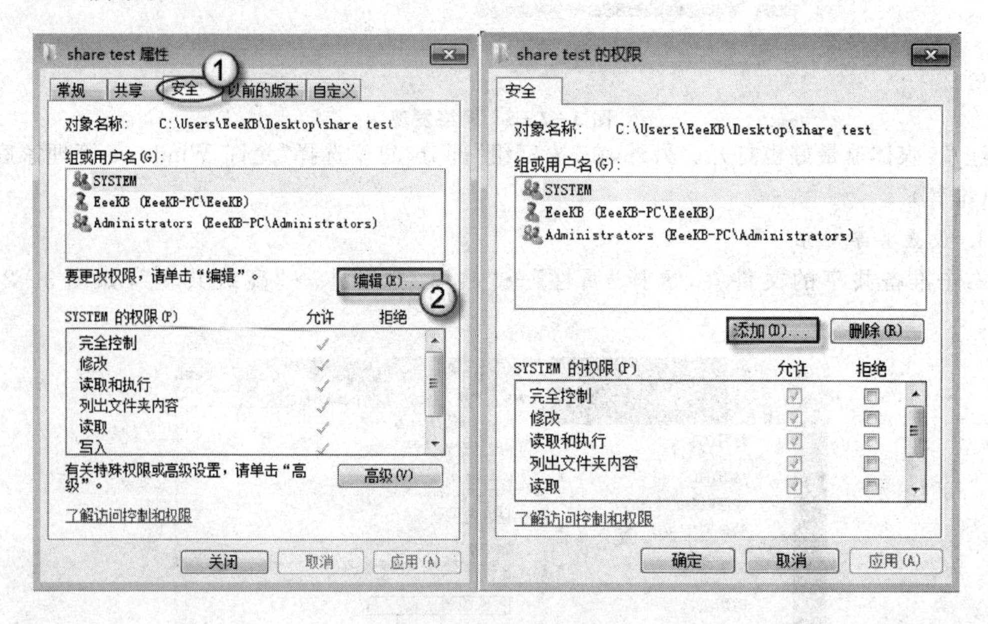

图 3-2-8　安全设置

键入 Everyone 后，单击“确定”退出，如图 3-2-9 所示。

选中“Everyone”，在权限选择栏内勾选将要赋予 Everyone 的相应权限，如图 3-2-10 所示。

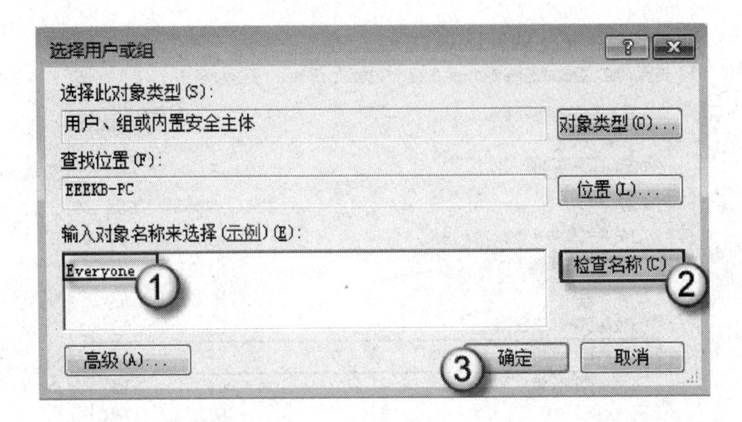

图 3-2-9　选择用户或组

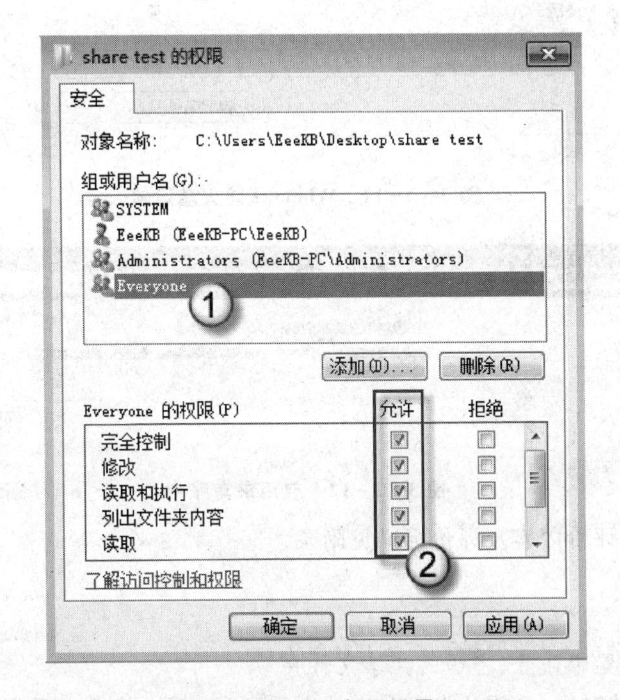

图 3-2-10　权限设置

4. 设置防火墙和启用来宾账户

选择“控制面板”→“系统和安全”→“ Windows 防火墙”，检查一下防火墙设置，确保“文件和打印机共享”是允许的状态，如图 3-2-11 所示。

选择“控制面板”→“用户账户及家庭安全”→“用户账户”→“管理其他账户”→“来宾账户”→“启用”，如图 3-2-12 所示。

5. 查看共享文件

依次打开“控制面板”→“网络和 Internet”→“查看网络计算机和设备”→相应的“计算机/设备名称”即可。

六、检查评议

实现两台或多台计算机之间的资源共享。

允许程序通过 Windows 防火墙通信

若要添加、更改或删除所有允许的程序和端口，请单击“更改设置”

允许程序通信有哪些风险？　更改设置(N)

允许的程序和功能(A):

名称	家庭/工作(专用)	公用
☐分布式事务处理协调器	☐	☐
☐安全套接字隧道协议	☐	☐
☑家庭组	☑	☐
☐性能日志和警报	☐	☐
☑文件和打印机共享	☑	☑
☐无线便携设备	☐	☐
☑核心网络	☑	☑
☑网络发现	☑	☑
☑腾讯QQ2009	☑	☐
☐路由和远程访问	☐	☐
☐远程事件日志管理	☐	☐

详细信息(L)...　删除(M)

图 3-2-11　Windows 防火墙设置

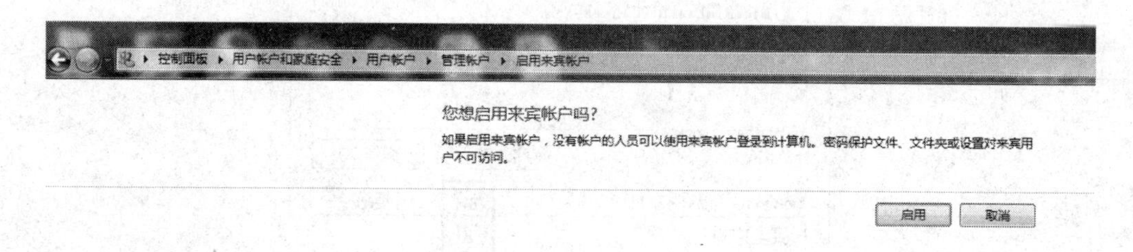

图 3-2-12　启用来宾账户

具体评价方式、评价内容及评价标准见附录。

七、拓展提高

技能链接：

Win7 系统中设置带账号、密码的共享文件夹

在共享文件夹的时候，希望让自己允许的人看到，而不让其他人看到，因此需要给共享文件夹设置账号、密码。步骤如下：

(1) 右击共享的文件夹，选择“属性”→“共享”→“高级共享”。

(2) 进入“高级共享”对话框，勾选“共享此文件”，设置“同时共享的用户数量限制”，然后单击“权限”按钮设置权限。

(3) 进入“权限”对话框，默认的权限用户为 Everyone，将其删除，单击“添加”来添加已有的用户。

(4) 进入“添加”对话框，单击“高级”，在“高级”界面中单击“立即查找”，在搜索结果中找到已建立的用户，选择，然后单击“确定”。

(5) 返回到“权限”对话框，给该用户设置不同的权限，单击“应用”，再单击“确定”。

(6) 依次“确定”返回，在“共享属性”中看到共享的网络路径等属性，共享设置完成。

任务3 组建办公室网

任务3-1 VLAN基本配置

一、任务描述

公司在组建的对等网基础上，为有效地实现办公室网络的安全性，要求对交换机进行VLAN基本配置。

二、任务分析

公司组建的网络的拓扑结构如图3-1所示。同一台交换机上，既连接销售部办公室的PC，又连接财务部办公室的PC。为满足办公室网络的安全性，采用了VLAN划分的方法。

本任务中，在同一台交换机上进行VLAN划分，重点在于完成VLAN基本配置。

本任务计划：

(1) 创建VLAN；

(2) 将交换机端口划分到相应VLAN；

(3) 测试和保存配置。

三、知识准备

（一）VLAN概念

IEEE802.1Q中定义了VLAN(Virtual Local Area Network，虚拟局域网)。VLAN是由一些LAN网段构成的与物理位置无关的逻辑组，而这些网段具有某些共同的需求。每个VLAN的帧都有一个明确的标识符，指明发送帧的主机属于哪一个VLAN。

同一VLAN的主机可以位于不同物理网段上，在功能和操作上与传统LAN基本相同。VLAN以交换式局域网为基础，是LAN给用户提供的一种服务，不是一种新型LAN。

VLAN是交换式局域网的灵魂，对网络用户和资源提供了有效、灵活和简便的管理手段，对网络也提供了极高的扩展性和移动性。

（二）VLAN的优点

1. 限制网络广播风暴

一般交换机不能过滤局域网广播报文，因此，在大型交换局域网环境中造成广播流量拥塞，对网络带宽造成了的极大浪费。用户不得已用路由器分割网络，此时路由器的作用是广播的“防火墙”。

VLAN可以有效地用于控制广播流量，使得广播流量仅在VLAN内被复制，而不是整个交换机，从而提供了类似路由器的广播“防火墙”功能。VLAN是一个逻辑广播域，缩小广播范围，可以控制广播风暴的产生。

2. 增强网络安全性

由于配置了VLAN后，一个VLAN的数据帧不会发送到另一个VLAN，因此，一个VLAN的网络上收不到另一个VLAN的数据帧，确保VLAN的信息不会被其他VLAN的用户窃听，从而实现了网络安全性。

3. 提高性能

VLAN将第二层网络划分为多个逻辑工作组(广播域)，以减少网络上不必要的流量，提高性能。

4. 降低成本

VLAN 使得成本高昂的网络升级需求减少，现有带宽和上行链路的利用率更高，因此可节约成本。

5. 简化网络管理

网络管理员能借助于 VLAN 技术管理整个网络。例如公司针对一个项目临时组建由各部门人员组成的工作组，使用 VLAN，网络管理员不需要特别构建一个网段。当项目结束后，虚拟工作组又可以随之消失。

（三）VLAN 的划分

VLAN 的划分有根据端口划分、根据 MAC 地址划分、根据网络层划分、根据 IP 组播划分、基于组合策略划分。

1. 根据端口划分

根据交换机的端口来划分 VLAN，被设定的端口都在同一个广播域中。如图 3-3-1 所示，交换机上的端口被划分成了“工程部”、“市场部”、“销售部”三个 VLAN，可以允许 VLAN 内部各端口之间的通信。

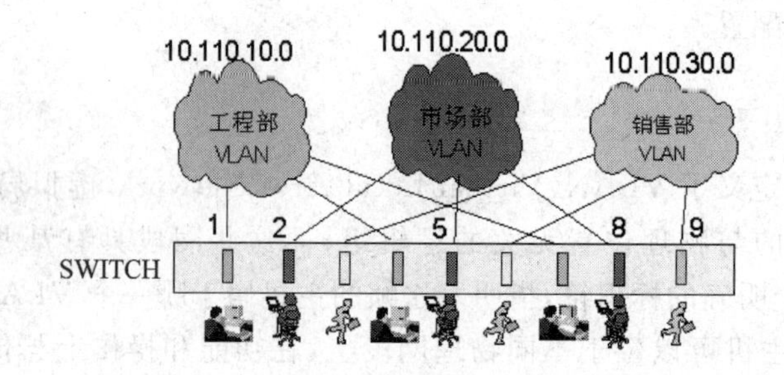

图 3-3-1　基于端口的 VLAN 的划分

根据交换机端口来划分 VLAN，配置过程简单，是最常用的一种方式。但是，这种方式不允许多个 VLAN 共享一个物理网段或交换机端口，而且，如果某一用户从一个端口所在的 VLAN 移动到另一个端口所在的 VLAN，网络管理者则需要重新进行配置，这对于拥有众多移动用户的网络来说是难以实现的。

2. 根据 MAC 地址划分 VLAN

根据每个主机的 MAC 地址来划分，将主机分配到各个 VLAN 中。其最大优点是当用户物理位置移动时，VLAN 不用重新配置，所以，根据 MAC 地址的划分方法是基于用户的 VLAN。

缺点是初始化时，所有的用户都必须进行配置，如果有成百上千用户，则配置工作量大。而且，也导致交换机执行效率降低，因为在每一个交换机的端口都可能存在很多个 VLAN 组的成员，无法限制广播包。另外，若用户的网卡更换，VLAN 就必须再配置。

3. 根据网络层划分 VLAN

根据每个主机的网络层地址或协议类型（如果支持多协议）划分。例如根据 IP 地址划分，需要查看每个数据包的 IP 地址，但不是路由，没有 RIP、OSPF 等路由协议，而是根据生成树算法进行桥交换。

其优点是用户的物理位置改变了，不需要重新配置 VLAN，而且可以根据协议类型来划分 VLAN,这对网络管理者来说很重要。还有,这种方法不需要附加的帧标签来识别 VLAN,可减少网络的通信量。

其缺点是效率低,因为检查每一个数据包的网络层地址是很费时的(相对于前面两种方法)。一般的交换机芯片都可以自动检查网络上的数据帧头,但要让芯片能检查 IP 帧头,需要更高的技术,同时也更费时。

4. 根据 IP 组播划分 VLAN

IP组播实际上也是一种 VLAN 的定义,即认为一个组播组就是一个 VLAN。这种划分的方法将 VLAN 扩大到广域网,具有更大的灵活性,而且也很容易通过路由器进行扩展。当然,这种方法不适合局域网,主要是效率不高。局域网的组播,有二层组播协议 GMRP。

5. 基于组合策略划分 VLAN

上述各种 VLAN 划分方式的组合,目前很少采用。

四、工具材料

- 真实岗位:交换机 VLAN 划分。
- 虚拟实验: Packet Tracer 软件。

五、任务实施

1. VLAN 的基本配置命令

(1) 创建 VLAN

```
switch(config)#VLAN 10                               ! 创建 VLAN 10
switch(config-VLAN)#name FinanceDepartment           ! 为 VLAN 10 命名
```

(2) 删除 VLAN

```
switch(config)#no VLAN10                             ! 删除 VLAN 10
```

(3) 将端口加入到 VLAN 中

```
switch(config-if)#switchport access VLAN10           ! 将端口加入到 VLAN 10
```

(4) 将端口从 VLAN 中删除

```
switch(config-if)#no switchport access VLAN 10       ! 将端口从 VLAN 10 中删除
```

(5) 查看所有 VLAN 的摘要信息

```
switch#show VLAN brief
```

2. 实际操作

根据拓扑图为两台交换机配置 vlan 10 和 vlan 20,分别把 fastethernet0/1 和 fastethernet0/10 端口加到 vlan 10 和 vlan 20 中来,通过 show vlan 命令查看 VLAN 信息,保存配置。

```
SW1>                                                 ! 用户模式
SW1>enable                                           ! 进入特权模式
Password:                                            ! 输入密码
SW1#configure terminal                               ! 进入全局模式
SW1(config)#vlan 10                                  ! 创建 vlan 10
SW1(config-vlan)#name  SalesDepartment               ! vlan 10 命名
SW1(config-vlan)#exit                                ! 返回全局模式
```

```
！此时,可以返回到特权模式查看,VLAN 10 是否创建好了。
SW1(config)#interface fastEthernet 0/1              ！进入快速以太网 0/1 口
SW1(config-if)#switchport access vlan 10            ！把端口加入到 vlan 10 中
！此时,可以返回到特权模式查看,Fa0/1 端口是否划到 VLAN 10 中。
SW1(config)#vlan 20                                 ！创建 vlan 20
SW1(config-vlan)# name FinanceDepartment            ！vlan 20 命名
SW1(config-vlan)#exit                               ！返回全局模式
SW1(config-if)#interface fastEthernet 0/10          ！进入 Fa 0/10 口
SW1(config-if)#switchport access vlan 20            ！把端口加入到 vlan 20 中
！回到特权模式,查看 VLAN 及端口信息。
SW1#show vlan brief                                 ！查看 VLAN 信息
VLAN Name                     Status      Ports
---- ------------------------ --------- ---------------------------
1    default                  active      Fa0/2, Fa0/3, Fa0/4, Fa0/5
                                          Fa0/6, Fa0/7, Fa0/8, Fa0/9
                                          Fa0/11, Fa0/12, Fa0/13, Fa0/14
                                          Fa0/15, Fa0/16, Fa0/17, Fa0/18
                                          Fa0/19, Fa0/20, Fa0/21, Fa0/22
                                          Fa0/23, Fa0/24
10   SalesDepartment               active      Fa0/1
20   FinanceDepartment             active      Fa0/10
1002 fddi-default                  active
1003 token-ring-default            active
1004 fddinet-default               active
1005 trnet-default                 active
SW1#write                                 ！保存配置
```

同理,进行第二台交换机配置。

六、检查评议

具体评价方式、评价内容及评价标准见附录。

七、拓展提高

知识链接:

(一) 静态 VLAN 与动态 VLAN

前面学习了 VLAN 的划分方式,划分出的 VLAN 可以概括为两种,即静态 VLAN 与动态 VLAN。如果 VLAN 是事先设定、使用中不可改变的,则称为静态 VLAN。如果 VLAN 使用中,可根据所连的计算机而动态改变设定,则称为动态 VLAN。

1. 静态 VLAN

静态 VLAN 又被称为基于端口的 VLAN(Port Based VLAN)。明确指定各端口属于哪个 VLAN。

由于需要一个一个端口地指定,因此当网络中的计算机数目超过一定值(如数百台)时,设定工作量会增大。并且,计算机每次变更所连端口,都必须同时更改该端口所属 VLAN 的设定,这不适合那些需要频繁改变拓补结构的网络。现在 VLAN 配置都是基于端口的配置,手动配置较为方便。

2. 动态 VLAN

动态 VLAN 则是根据每个端口所连的计算机，随时改变端口所属的 VLAN。动态 VLAN 有三类，基于 MAC 地址的 VLAN(MAC Based VLAN)、基于子网的 VLAN(Subnet Based VLAN)和基于用户的 VLAN(User Based VLAN)。

(二) VLAN ID 范围

根据平台和软件版本不同，Cisco 交换机最多支持 4 094 个 VLAN。0、4 095 保留，仅限系统使用。用户不能查看。

- VLAN 1，默认 VLAN，不能删除。(本征 VLAN＝默认 VLAN＝native VLAN)；
- VLAN 2～1001，用于以太网的 VLAN，用户可自己创建的 VLAN；
- VLAN 1002～1005，用于 FDDI 和令牌环的默认 VLAN，不能删除；
- VLAN 1006～4095，用于扩展 VLAN(VTP 不同步扩展 VLAN)。

一个端口只支持一个 VLAN。

技能链接：

VLAN 的基本配置命令

1. 创建 VLAN

(1) 方法一

```
switch#vlan database
switch(vlan)#vlan 10 name SalesDepartment
switch(vlan)#exit
```

(2) 方法二

```
switch(config)#vlan 10
switch(config-vlan)#name SalesDepartment
```

2. 删除 VLAN

(1) 方法一

```
switch(vlan)#no vlan 10
switch(vlan)#exit
```

(2) 方法二

```
switch#delete vlan.dat
```

任务 3-2 跨交换机实现 VLAN

一、任务描述

在办公室网络中，同一个部门的不同办公室连接在不同的交换机上，要求进行 VLAN 的划分。

二、任务分析

由于同一个部门分布在不同的办公室，计算机连接在多台交换机上。进行 VLAN 基本配置后，更深层次，进行跨交换机实现 VLAN。

本任务中，重点在于完成跨交换机的 VLAN 的配置。

本任务计划：

(1) VLAN 基本配置；

(2) 跨交换机的 VLAN 的配置；

(3) 测试和保存配置。

三、知识准备

(一) VLAN 的标准 802.1Q

VLAN 标准有两种。一种是 1996 年下半年 IEEE 执行委员会制定的 IEEE 802.1Q，是一种 VLAN 互操作性标准，另一种是 1995 年 Cisco 公司提出的私有的 ISL(Inter - Switch Link)协议，只在 Cisco 设备支持。这两种协议完全不兼容，在有非 Cisco 设备的交换环境下必须采用 802.1Q 协议。本任务仅学习 802.1Q 协议。

(二) VLAN 帧格式

802.1Q 的 VLAN 帧格式如图 3-3-2 所示。在以太网帧的源 MAC 地址之后加入了 4 字节的 VLAN Tag Header(图 3-3-2 中阴影部分)。其中，协议 ID(Etype，字节)为固定值 0x8100；后两字节为 802.1p/Q Label，即 802.1p 优先级和 802.1Q VLAN ID 的定义。优先级为高 3 位，即优先级 0～7；格式指示符为 1 位，0 为规范格式，用于 802.3 或 Ether II；VLAN ID 为后 12 位，ID 的范围为 0～4 095。

VLAN 帧中增加了 4 字节，使以太网的最大长度从原来的 1 518 字节(18 字节首部＋1 500字节数据)，变成 1 522 字节(4 字节＋14 字节首部＋1 500 字节数据＋4 字节尾部)。

6B	6B	2B	2B	2B		4B
DMAC	SMAC	Etype	p/Q Label	Type	DATA	FCS
		0x8100	高 3 位优先级+0 +12 位 VLAN ID			

图 3-3-2　802.1Q VLAN 帧格式

通过设定连接交换机之间的链路为支持传送 VLAN Tag Header 的 Trunk 链路，就可以很容易实现虚拟工作组功能，如图 3-3-3 所示。交换机 A、B 上的端口分别属于工程部、市场部、销售部，通过 Trunk 链路，使分别接在交换机 A、B 上的工程部用户之间进行通信；市场部、销售部的用户也是如此。

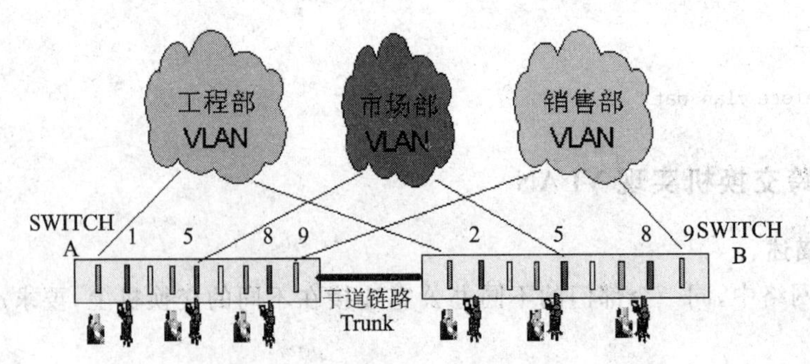

图 3-3-3　Trunk 链路实现虚拟工作组

(三) 两种类型的链路

在由 VLAN 构建的二层交换网络中，存在两种类型的链路：

1. Access 链路

Access 链路用于接入用户终端和工作站。连接 Access 链路的交换机端口称为 Access 端口。帧在 Access 链路上转发不带 VLAN Tag。交换机 Access 端口接收到帧后，按照端口所在 VLAN 加上 VLAN Tag，然后进行转发。Access 端口发送帧出去前，帧中的 VLAN Tag 会被去掉。

2. Trunk 链路

Trunk 链路用于交换机之间级联，允许不同设备间相同 VLAN 内用户通信。连接 Trunk 链路的交换机端口称为 Trunk 端口。帧在 Trunk 链路上转发，带 VLAN Tag，因此，在 Trunk 链路上，允许多个 VLAN 的帧转发。

交换机 Trunk 端口接收到帧后，需要判断该 Trunk 端口是否允许帧中 VLAN ID 对应的 VLAN 通过。若允许，则进行转发；否则要直接丢弃该帧。帧从 Trunk 端口发送出去，VLAN Tag 一般不会被去掉。

四、工具材料

- 真实岗位：交换机。
- 虚拟实验：Cisco Packet Tracer 软件。

五、任务实施

1. 跨交换机配置 VLAN 命令

(1) 指定端口成为 trunk 模式

```
Switch(config-if)#switchport mode trunk                    ! 端口设为主干模式
```

(2) 查看端口状态

```
Switch#show interfacef0/24 switchport
```

(3) 查看 trunk 端口

```
Switch#show interface trunk
```

2. 实际操作

根据拓扑图要求，将两台交换机的 fastethernet 0/24 端口配置成 trunk 端口，保存配置。并根据拓扑图标注为四台 PC 配置 IP 地址，通过 ping 命令测试跨交换机 VLAN 的连通性。

(1) 跟据以上配置结果，在 PC1 上进行 PC1 和 PC4 的连通性测试，通过测试可知无法连通。

(2) 在交换机 SW1 上将 fastethernet 0/24 端口配置成 trunk 端口。

```
SW1>用户模式
SW1>enable                                          ! 进入特权模式
Password:                                           ! 输入密码
SW1#configure terminal                              ! 进入全局模式
SW1(config)#interface  fastethernet  0/24           ! 进入快速以太网 24 端口
SW1(config-if)#switchport  mode trunk               ! 配置成 trunk 端口
SW1(config-if)#^Z                                   ! Ctrl+z 退回到特权模式
SW1#show interface trunk                            ! 查看 trunk 端口
```

```
Port        Mode       Encapsulation  Status       Native vlan
Fa0/24      on          802.1q         trunking      1
Port        Vlans allowed on trunk
Fa0/24       1-1005
Port        Vlans allowed and active in management domain
Fa0/24       1,10,20
Port        Vlans in spanning tree forwarding state and not pruned
Fa0/24       1,10,20
SW1#write memory                                        ! 保存配置
```

同理配置 SW2 交换机。

3. 测　试

验证 PC1 与 PC4、PC2 与 PC3 之间的连通性。

```
在 PC1 上使用 ping 命令
>ping  192.168.1.3
```

由结果可知,发送 4 个数据包,接收 4 个数据包,丢失为 0。PC1 和 PC4 之间互相连通,可实现跨交换机的同一 VLAN 间的通信。

六、检查评议

测试任务的连通性。

具体评价方式、评价内容及评价标准见附录。

七、拓展提高

技能链接:

1. trunk 的自动协商

```
Sswitch(config-if)#switchport mode dynamic desirable
Switch(config-if)#switchport mode dynamic auto
```

注意:如果中继链路两端都设置成 auto 将不能成为 trunk。

2. trunk 上 VLAN 的设置

(1) 在 trunk 上移出 VLAN

```
Switch(config-if)#switchport trunk allowed vlan remove 20
```

(2) 在 trunk 上添加 VLAN

```
Switch(config-if)#switchport trunk allowed vlan add 20
```

项目回顾

本项目涉及 LAN 参考模型。通过组建 LAN,详细学习双绞线的制作、资源共享的相关知识和技能,特别是交换式以太网中的交换机是本项目的一个重点内容。

本项目还重点学习了 VLAN 及跨交换机 VLAN。

职业资格度量

一、选择题

1. ARQ 是一种出差错后重发的常用纠错法,说法不正确的是____。(网络设计师)

   A. ARQ 方式的控制规程和过程比较复杂

   B. 采用 ARQ 方式,整个系统可能常处于重传状态中,因而通信效率低

   C. ARQ 可以用于单向传输系统和同播系统

   D. ARQ 方式不大合适于实时传输系统

2. 用户布线时,采用光缆还是铜线,下列哪一个不是主要考虑因素?(网络设计师)　（　）

   A. 价格　B. 性能　C. 网络规模　D. 重量

3. 在某以太网交换机上建立一个名为 lib105 的 VLAN,正确的配置是哪一个?(2011 年 3 月全国计算机等级考试四级网络工程师)　（　）

   A. Switch－3548＃vlan1namelib105　Switch－3548＃exit

   B. Switch－3548(vlan)＃vlan 1 name lib105　Switch－3548(vlan)＃exit

   C. Switch－3548(vlan)＃vlan 1000 name lib105　Switch3548(vlan)＃exit

   D. Switch－3548(vlan)＃vlan 1025 name lib105　Switch－3548(vlan)＃exit

4. 利用交换机可以把交换机划分成多个 VLAN,交换机默认 VLAN 是____。

   A. vlan0　B. vlan1　C. vlan1002　D. vlan4096

5. 千兆以太网 802.3z 定义了一种帧突发方式(frame bursting),这种方式是指哪一个?(2010 年上半年网络工程师)　（　）

   A. 一个站可以突然发送一个帧　B. 一个站可以不经过竞争就启动发送过程

   C. 一个站可以连续发送多个帧　D. 一个站可以随机地发送紧急数据

6. 能进入 VLAN 配置状态的交换机命令是____。(2010 年上半年网络工程师)

   A. 2950(Config)＃ vtp pruning　B. 2950＃ vlan DataBase

   C. 2950(Config)＃ vtp server　D. 2950(Config)＃ vtp moDe

7. 在默认配置的情况下,交换机的所有端口____。(2006 年网络工程师)

   A. 处于直通状态　B. 属于同一 VLAN　C. 属于不同 VLAN　D. 地址都相同

8. 连接在不同交换机上的、属于同一 VLAN 的数据帧必须通过____传输?(2006 年网络工程师)

   A. 服务器　B. 路由器　C. Backbone 链路　D. Trunk 链路

9. 划分 VLAN 的方法有多种,这些方法中不包括____。(2006 年网络工程师)

   A. 根据端口划分　B. 根据路由设备划分

   C. 根据 MAC 地址划分　D. 根据 IP 地址划分

10. 可以采用静态或动态方式来划分 VLAN,下面属于静态划分的方法是____。

    A. 按端口划分　B. 按 MAC 地址划分　C. 按协议类型划分　D 按逻辑地址划分

二、填空题

1. 在OSI参考模型中，设备______涉及数据链路层。

2. T568B标准规定双绞线颜色线序是______、橙、绿白、蓝、蓝白、绿、棕白、棕。

3. IEEE802.3的10Base-T标准规定从网卡到集线器的最大距离为______m。

4. 在一个计算机网络中，当连接不同类型而协议差别又较大的网络时则要选用______。

5. 交换机的交换方式有三种______、存储转发式和无碎片转发。

三、问答题

简述局域网特征和局域网对应的ISO/OSI层次结构。（计算机网络自学考试）

项目四　无线局域网组建

知识目标

了解无线局域网概念，了解无线局域网标准，掌握无线局域网组网模式。

技能目标

掌握无线对等网的安装与配置，掌握无线 AP 办公网的安装与配置。

项目导入

企业新购置几台计算机，在经理室通过 AP 组成办公室网，并能连接到企业网上。在小会议室建成无线对等网。本项目完成两个任务：(1)组建无线对等网；(2)组建无线办公室网。

任务 1　组建无线对等网

一、任务描述

在企业小会议室，有 2 台计算机，并带无线网卡，请组建无线对等网供开会用。

二、任务分析

本任务中，组建供小型会议用无线对等网，主要目的是进行会议电子文档的共享。技术上，利用无线局域网的易安装、易扩展、易管理、易维护特点，实际开会时，可能超过 2 台计算机，可以用同样方法组网。

本任务中，新购置的计算机已经带有无线网卡，重点在于完成组网的配置。

本任务计划：

(1) 检查无线网卡的安装；

(2) 检查驱动程序；

(3) 组建无线对等网。

三、知识准备

（一）无线局域网知识

无线局域网概念：无线局域网(Wireless Local Area Network，WLAN)是一种以无线多址信道作为传输媒介，利用电磁波完成数据交互，实现传统有线局域网的功能的技术。WLAN 是计算机网络与无线通信技术相结合的产物，实现用户随时、随地的网络接入。

WLAN 不足之处：不稳定，受无线环境构成、AP 的位置、用户数的影响，实际吞吐率变化很大。安全也是需要加强的问题。

（二）无线局域网标准

目前流行的 WLAN 标准有 IEEE 802.11x、蓝牙、ZigBee、HomeRF、IEEE 802.15.4、RFID 及 Wireless USB 等标准。

1. IEEE 802.11x 标准

(1) IEEE 802.11

WLAN 采用的标准是 IEEE 802.11(也称为 Wi-Fi)。IEEE 802.11 是 IEEE 802.11 WLAN 标准工作组于 1997 年公布的第一代 WLAN 标准之一。该标准定义了物理层和介质访问控制层(MAC)规范，涉及所使用的无线频率范围、空中接口通信协议等技术规范与技术标准。物理层定义了数据传输的信号特征和调制，定义了两个 RF 传输方法和一个红外线传输方法，RF 传输标准是跳频扩频和直接序列扩频，工作在 2.4 GHz 开放频段，最大传输速率可达 2 Mbps。802.11b 和 802.11a 是对 802.11 的补充。

(2) IEEE 802.11b

IEEE 802.11b 标准于 1999 年公布，工作在 2.4000～2.4835 GHz 频段(工业、科学、医学频段，ISM)，最大传输速率可达 11 Mbps，传输距离为 100～300 m。该标准采用直接序列扩频(Direct Sequence Spread Spectrum，DSSS)技术，补偿编码键控调制方式，点对点模式和基础模式两种运作模式。在数据传输速率方面可以根据实际情况在 11 Mbps、5.5 Mbps、2 Mbps、1 Mbps 的不同速率间自动切换，改变了 WLAN 设计状况，扩大了 WLAN 的应用领域。

IEEE 802.11b 已成为当前主流的 WLAN 标准，被多数厂商所采用，广泛应用于办公室、家庭、宾馆、车站、机场等众多场合，但是，IEEE 802.11a 和 IEEE 802.11g 更是倍受业界关注。

(3) IEEE 802.11a

802.11a 标准与 802.11b 协议不兼容。1999 年制定完成，工作在 5.15～8.825 GHz 频段，最高数据传输速率为 54 Mbps，传输距离为 10～100 m 之间。扩充了标准的物理层，采用了正交频分复用(Orthogonal Frequency Division Multiplexing，OFDM)扩频技术，采用 QF-SK 调制方式，提供 25 Mbps 的无线 ATM 接口和 10 Mbps 的以太网无线帧结构接口，支持多种业务如话音、数据和图像等。一个扇区可以接入多个用户，每个用户可带多个用户终端。

IEEE 802.11a 标准是 IEEE 802.11b 的后续标准，其设计初衷是取代 802.11b 标准。802.11a 协议传输速度快，5 GHz 工作频率受干扰较少。但是，5 GHz 工作频段需要执照，而 2.4 GHz 工作频段属于 ISM 频段，不需要执照，所以市场上并不普及。一些公司更加看好混合标准 802.11g。

(4) IEEE 802.11g

802.11g 标准于 2003 年推出，是在 802.11b 标准的基础上改进的协议，支持 2.4 GHz 工作频段及 DSSS 技术，并结合 802.11a 协议的高速特点及 OFDM 技术。802.11g 标准，既可实现 11 Mbps 传输速率，又可实现 54 Mbps 高传输速率。802.11g 标准兼容 802.11b 和 802.11a，支持 802.11g、802.11b 和 802.11a 的产品可以在同一 WLAN 中使用。

2. 蓝牙标准

蓝牙(Bluetooth)是近距离无线数字通信的标准，使用 IEEE 802.15 标准，工作在 2.4 GHz频段，采用跳频扩频(Frequency Hopping Spread Spectrum，FHSS)关键技术，实现 1 600 次/秒的自动调频，最高数据传输速率 1 Mbps，传输距离为 10 cm～10 m，增加发射功率可达 100 m。Bluetooth 系统具有较高的抗干扰能力，在发射带宽为 1 MHz 时，有效数据速率为 721 kbps。Bluetooth 主要应用在手机、笔记本电脑等数字终端设备之间通信，以及这些设备与 Internet 的连接。也嵌入微波炉、洗衣机、电冰箱、空调等家电中。

2012 年蓝牙技术联盟(Bluetooth Special Interest Group，SIG)公布了蓝牙 4.0，将传统蓝

牙技术、高速技术和低耗能技术三种规格集于一体。低功耗蓝牙无线技术规范,使用一粒纽扣电池可连续工作数年。同时还拥有低成本、跨厂商互操作性,3 ms 低延迟、100 m 以上超长距离、AES－128 加密等诸多特色,可用于相机、摄像机、电视等视讯、音乐及图片高速传输,用于计步器、心律监视器、智能仪表、传感器物联网,以及汽车及自动化行业的低功率传感设备等众多领域,扩展了蓝牙的应用范围。

蓝牙与 Wi－Fi 不可比,两者的目的不同,蓝牙设计被用来在不同的设备之间创建无线连接,Wi－Fi 是 WLAN 标准。

3. HomeRF 标准

美国家用射频委员会领导的 HomeRF(Home Radio Frequency,家用射频)工作组,2001 年推出 HomeRF 2.0 版,旨在为家庭用户建立具有互操作性的话音和数据通信网。它集成了语音和数据传送技术,工作频段在 10 GHz,数据传输速率达到 10 Mbps,在 WLAN 的安全性方面主要考虑访问控制和加密技术。

HomeRF 是针对现有无线通信标准的综合和改进,当进行数据通信时,采用 IEEE 802.11 规范中的 TCP/IP 传输协议;进行语音通信时,则采用数字增强型无绳通信标准。

4. ZigBee 标准

ZigBee 联盟 (ZigBee Alliance)推出 ZigBee 标准。ZigBee 是低功耗无线网络的标准,旨在部署无线传感器网络,专注于低功耗、低成本、低复杂度、低速率的近程无线网络通信。ZigBee 在室内通常能达到 30～50 m 作用距离,在室外可达到 100 m。ZigBee 常用作异步通信标准,具备 CSMA/CA 通道接入能力,采用 IEEE 802.15.4 作为物理层和数据链路层。应用在家庭自动化、工业控制、农业自动化、环境监控及安全监控等领域。

(三) WLAN 的主要设备

WLAN 中,常用设备主要有无线网卡、无线接入器(AP、无线路由器)、无线天线等。

1. 无线网卡

无线网卡安装在计算机上,用于计算机之间、计算机与无线接入器之间的无线连接,类似有线网卡功能,负责信号收发。作为 WLAN 的接口,实现与 WLAN 的连接,无线网卡由网络接口卡(NIC)单元、扩频通信机(发送器、接收机)、天线组成。

无线网卡基本原理:计算机接收信息时,扩频通信机通过天线接收信息,并对该信息进行处理,判断是否要发给 NIC 单元,如是则将信息帧传给 NIC 单元,否则丢弃掉。如果扩频通信机发现接收的信号有错,则通过天线发送给对方一个出错信息,通知发送端重传此信息帧。当计算机要发送信息时,主机先将待发送的信息传给 NIC 单元,NIC 单元首先监测信道是否空闲,若空便立即发送,否则暂不发送,继续监测。

根据接口类型,无线网卡分为三种类型,即 PCMCIA 无线网卡、PCI 无线网卡和 USB 无线网卡。

PCMCIA 无线网卡仅适用于笔记本电脑,称为个人计算机存储卡接口适配器。支持热插拔,易安装,体积小,造价低,如图 4－1－1 所示。

PCI 无线网卡适用于台式机,插在主板的 PCI 插槽上,如图 4－1－2 所示。

USB 无线网卡同时适用于笔记本和台式机,支持热插拔。USB2.0 以上的无线网卡支持 802.11g、g＋,如图 4－1－3 所示。

注意:在实际使用中,还有一种无线网卡可以直接连接到广域网,需要到移动或联通开通上网服务。其外观上多了一个插SIM卡的插槽，也称为无线上网卡、无线广域网卡。用无线广域网卡上网是真正意义上的无线上网。

2. 无线AP

无线AP(Access Point，AP)也称为无线接入点、无线收发器，是WLAN的核心，负责数据接收和转发，功能类似于LAN中的交换机和集线器，如图4-1-4所示。

图4-1-1 PCMCIA无线网卡

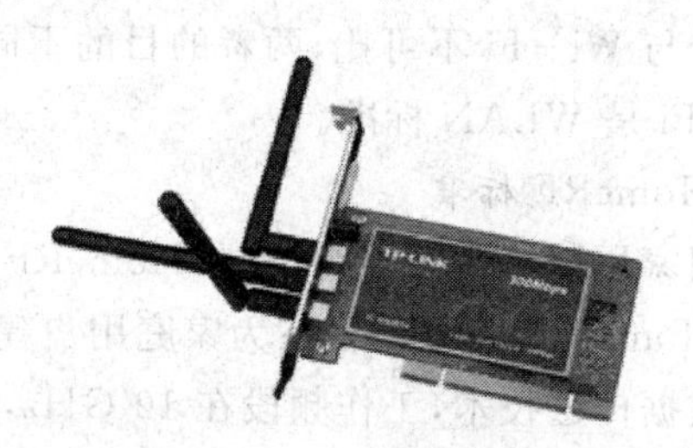

图4-1-2 PCI无线网卡

图4-1-3 USB无线网卡

图4-1-4 无线AP

无线AP是一个桥接的无线基站，一般放置于固定位置如室内天花板或墙壁上、室外塔架上，通过RJ45口连接到有线网。结构上包括发送器、接收器、天线、桥接器。通过无线AP，可以实现无线网络内部计算机之间的数据交换，也可以实现无线网络到有线网络的数据交换。

3. 无线路由器

无线路由器(Wireless Router)集成了无线AP的接入功能和路由器的第三层路径选择功能，是将无线AP和宽带路由器合二为一的扩展型产品。除无线接入功能外，一般具备WAN、LAN两个接口，支持DHCP、DNS、网络地址转换(NAT)、MAC地址克隆、防火墙，以及VPN接入、WEP加密等安全功能。

无线路由器可以与ADSL Modem或Cable Modem相连，实现家庭无线网络中的Internet连接共享，如图4-1-5所示。

图4-1-5 无线路由器

4. 无线天线

天线(Antenna)是将传输线中的电磁能转化为自由空间的电磁波,或将空间电磁波转化成传输线中的电磁能的专用设备。当无线 AP 与无线网卡,或无线网卡之间较远时,信号减弱,传输速率下降,甚至无法连接通信,此时必须借助天线。天线能够增益(放大)无线信号,放大倍数越大,信号越强,传输质量越好,传输距离越远。增益的单位是 dB。

按使用场所,无线天线分为室内、室外两种类型,如图 4-1-6 所示。室内天线,优点是方便灵活;缺点是增益小,传输距离短。室外天线,优点是传输距离远。

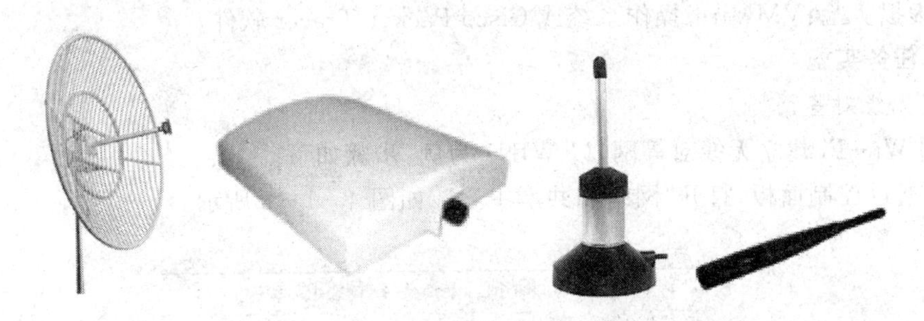

图 4-1-6　无线天线

按照方向,无线天线分为定向和全向天线两类。前者较适合长距离使用,后者适合区域性应用。一种是锅状的定向天线,一种是棒状的全向天线。定向天线对某个特定方向传来的信号特别灵敏,并且发射信号时也是集中在某个特定方向上。全向天线可以接收水平方向来自各个角度的信号和向各个角度辐射信号。

(四) 无线局域网组网模式

WLAN 的基础是传统的 LAN,是有线 LAN 的扩展,通过无线设备组建 WLAN。WLAN 的组网模式分为 Ad-Hoc 模式和 Infrastructure 模式。前者组建的网络称为点对点无线网、无线对等网,后者称为集中控制网、基础结构网,如图 4-1-7 所示(虚线表示无线介质)。

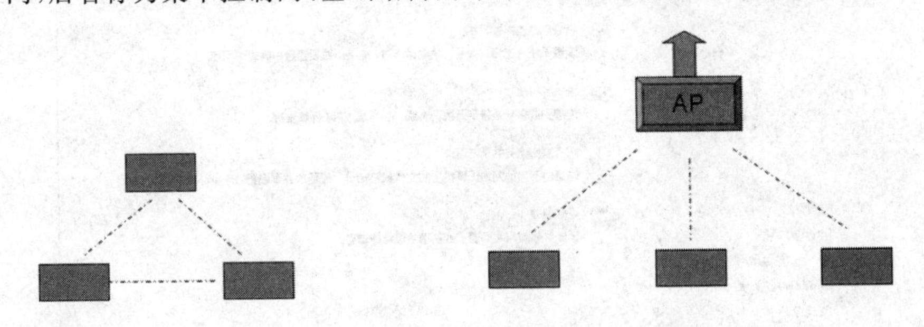

图 4-1-7　Ad-Hoc 模式和 Infrastructure 模式

1. Ad-Hoc 模式

Ad-Hoc 模式(点对点模式)的网络是一种点对点的对等式移动网络,由一组带无线网卡的计算机组成,不需要无线 AP,所有终端设备对等地相互通信。计算机以相同的 SSID(同域)和密码等相互直接连接,进行点对点与点对多点之间的通信。

2. Infrastructure 模式

Infrastructure 模式(基础模式)是一种整合有线与无线局域网架构的应用模式。具有无线网卡的无线终端以无线接入点 AP 为中心,通过无线网桥 AB、无线接入网关 AG、无线接入控制器 AC 和无线接入服务器 AS 等将 WLAN 与有线网连接起来,可以组建多种复杂的 WLAN 接入网络,实现无线移动办公的接入。

在 WLAN 中,802.11b 协议主要支持 Ad-Hoc 和 Infrastructure 两种工作模式,前者可以在无线网卡之间实现无线连接,后者可以借助于无线 AP,让所有的无线网卡与无线 AP 连接。此内容在任务 2 中进一步介绍。

四、工具材料

- 真实岗位:无线网卡、PC 或笔记本电脑。
- 虚拟实验:VMware、操作系统或 Cisco Packet Tracer 软件。

五、任务实施

组建无线对等网

利用 Wi-Fi 建立无线对等网,以 WIN7 为例,步骤如下。

(1) 通过控制面板,打开"网络和共享中心",如图 4-1-8 所示。

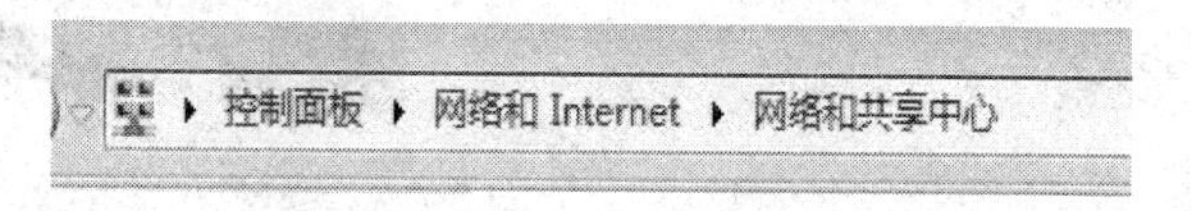

图 4-1-8 控制面板→网络和 Internet→网络和共享中心

(2) 单击左栏的"管理无线网络"选项,如图 4-1-9 所示。

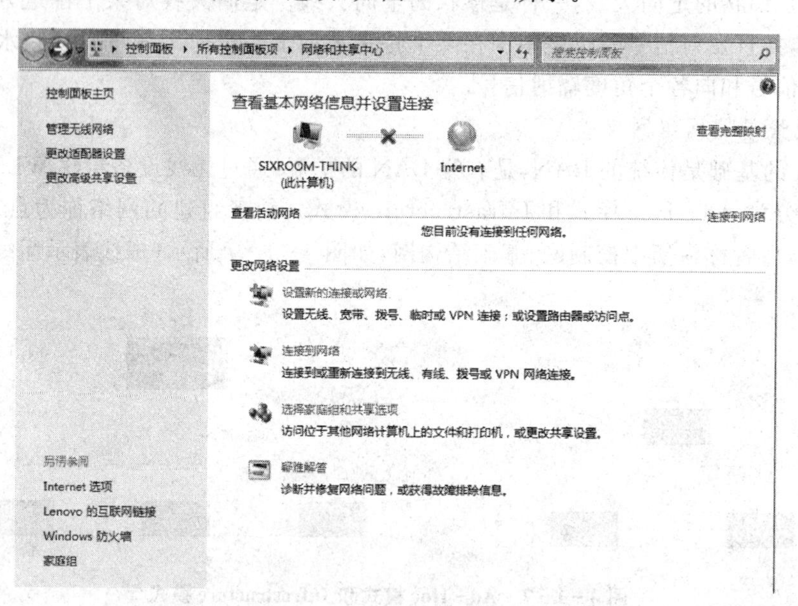

图 4-1-9 左栏的"管理无线网络"选项

(3) 单击"添加"按钮,如图 4-1-10 所示。

(4) 选择"创建临时网络",如图 4-1-11 所示。

(5) 单击"下一步",如图 4-1-12 所示。

(6) 指定 ESSID 号,即无线网络标识,用于区分其他 WLAN。这里可以设置密码,其他无线终端加入此 WLAN,必须输入此密码,如图 4-1-13 所示。

(7) 单击"下一步",如图 4-1-14 所示。

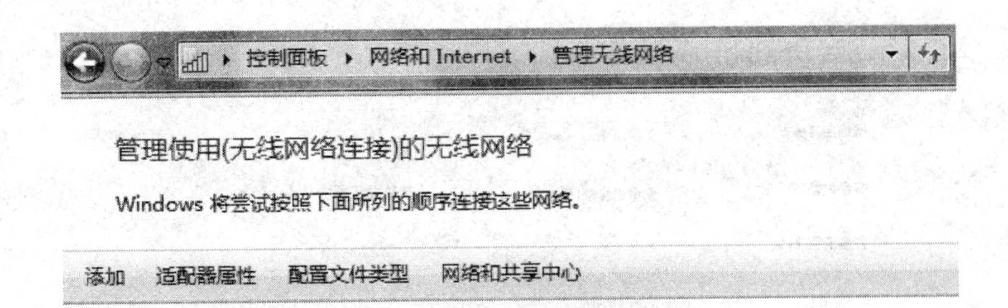

图 4-1-10　单击"添加"按钮

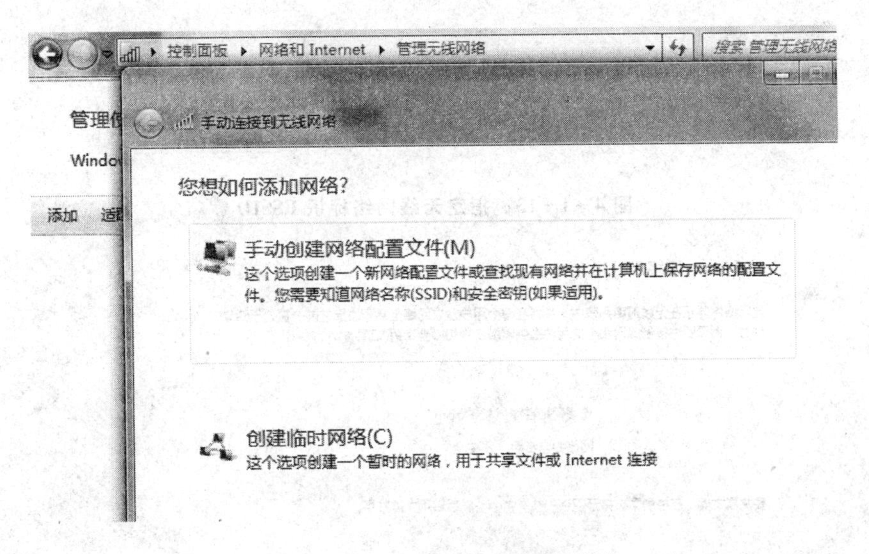

图 4-1-11　选择"创建临时网络"

设置无线临时网络
临时网络(有时称作计算机到计算机网络)是用于共享文件、演示文稿或多台计算机和设备之间的 Internet 连接的暂时网络。
临时网络中计算机和设备相互之间的距离不能超过 30 英尺。
如果您当前连接到的是无线网络，当设置此网络时，您的连接可能会断开。
下一步(N)
取消

图 4-1-12　单击"下一步"按钮

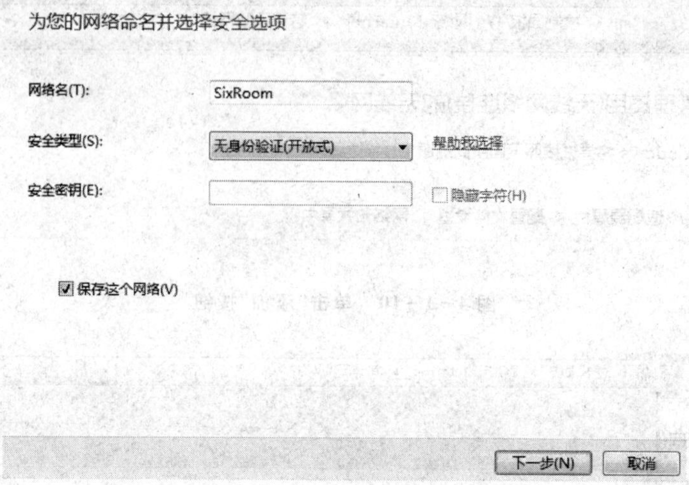

为您的网络命名并选择安全选项

网络名(T): SixRoom

安全类型(S): 无身份验证(开放式) 帮助我选择

安全密钥(E): 隐藏字符(H)

保存这个网络(V)

下一步(N) 取消

图 4-1-13 指定无线网络标识 ESSID

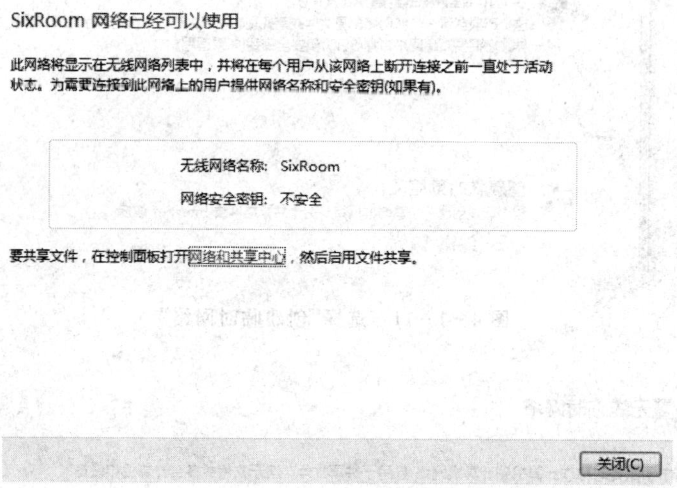

SixRoom 网络已经可以使用

此网络将显示在无线网络列表中，并将在每个用户从该网络上断开连接之前一直处于活动状态。为需要连接到此网络上的用户提供网络名称和安全密钥(如果有)。

无线网络名称: SixRoom

网络安全密钥: 不安全

要共享文件，在控制面板打开网络和共享中心，然后启用文件共享。

关闭(C)

图 4-1-14 完成网络提示

多了一个 WLAN 图标。如图 4-1-15 所示。

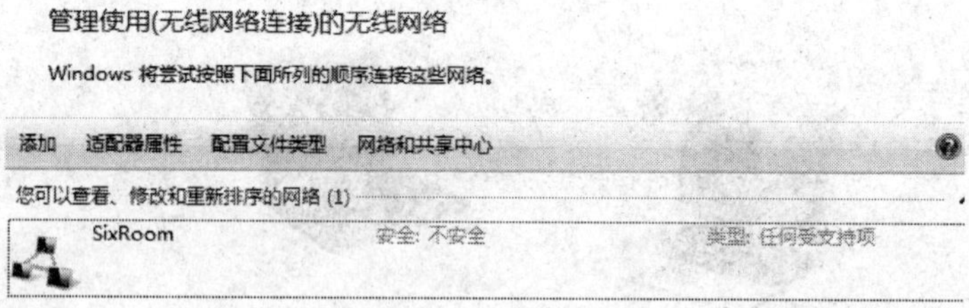

管理使用(无线网络连接)的无线网络

Windows 将尝试按照下面所列的顺序连接这些网络。

添加 适配器属性 配置文件类型 网络和共享中心

您可以查看、修改和重新排序的网络 (1)

SixRoom 安全: 不安全 类型: 任何受支持项

图 4-1-15 网络图标

(8) 单击本机状态栏右下角的无线连接图标，显示无线网络连接信号，会看到此无线网络一直在等待其他终端的接入，如图 4-1-16 所示。

六、检查评议

能够组装 WLAN，并能够连通。

具体评价方式、评价内容及评价标准见附录。

七、拓展提高

知识链接：

WLAN 安全：WEP 协议（Wired Equivalent Protocol，有线等效协议），是为了保证 802.11b 协议数据传输的安全性而推出的安全协议，该协议可以通过对传输的数据进行加密，保证 WLAN 中数据传输的安全性。无线网络产品支持 64/128 位甚至 256 位 WEP 加密。

图 4－1－16　无线网络连接信号

如果使用了无线 AP，首先要启用 WEP 功能，并记下密钥，然后在每个无线客户端启用 WEP，并输入该密钥，这样就可以保证安全连接。

任务 2　组建无线办公室网

一、任务描述

经理办公室，新购 2 台带无线网卡的计算机，要求组建无线局域网，并能连接到企业网络上。

二、任务分析

本任务中，新购的计算机带有无线网卡，可以组建无线局域网。要连接到企业网络上，需要一台 AP。网络拓扑图类似于图 4－2－1。图左侧的局域网相当于已有的企业网络，并与 Internet 连接。

本任务的 AP 通过有线与企业网络相连。本任务的重点是配置 AP。

本任务计划：

(1) 安装和配置 AP；

(2) 检查无线网卡及驱动程序；

(3) 配置无线终端。

三、知识准备

（一）室内组建 WLAN 拓扑结构

1. 室内对等连接(peer to peer)

对等方式下，不需要单独的具有总控接转功能的接入设备 AP，所有的终端都能对等地相互通信。一个终端自动设置为初始站，初始化网络，使所有同域的终端成为一个 WLAN，并且设定终端协作功能，允许有多个终端同时发送信息。在 MAC 帧中，就同时有源地址、目的地址和初始站地址。该拓扑结构较适合未建网的用户，或组建临时性的网络，如野外作业、临时会议等。任务 1 已做了介绍，并完成组建。

2. 室内 AP 中心(Infrastructure)

以星型拓扑为基础，以接入点 AP 为中心，终端之间通信经过 AP 接转。这样就能使无线终端共享有线网资源，实现有线、无线随时随地的共享连接。使用在布线不方便、原有信息点不够用或有计算机相对移动的情况。如图 4－2－1 所示。

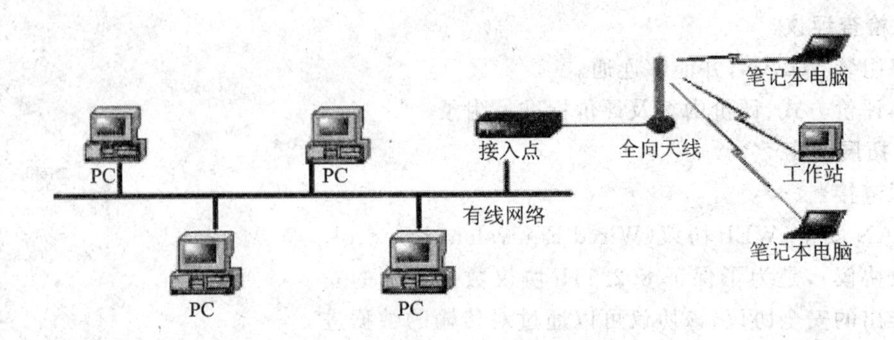

图 4-2-1　室内 AP 中心拓扑结构图

（二）室外组建 WLAN 拓扑结构

1. 室外点对点

两个有线局域网，通过两台无线 AP、放大器和定向天线连接，实现两个有线局域网之间资源的共享，如图 4-2-2 所示。

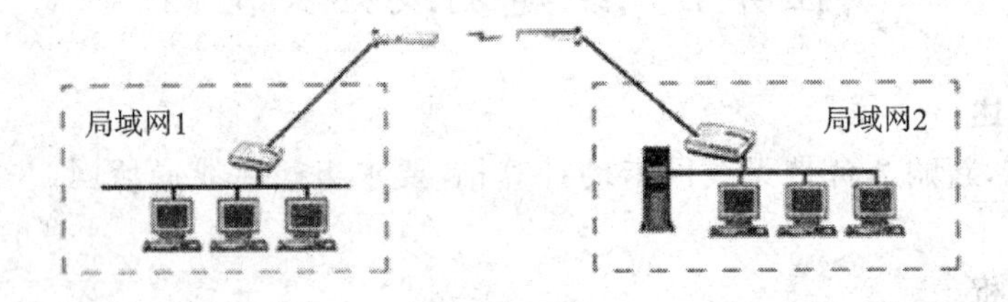

图 4-2-2　室外点对点拓扑结构图

2. 室外点对多点

三个有线局域网 A、B、C，B 网为中心，外围有 A 网和 C 网。利用无线 AP、放大器及定向天线，让 B 网分别与 A 网和 C 网建立连接，实现各有线网之间资源的共享，如图 4-2-3 所示。

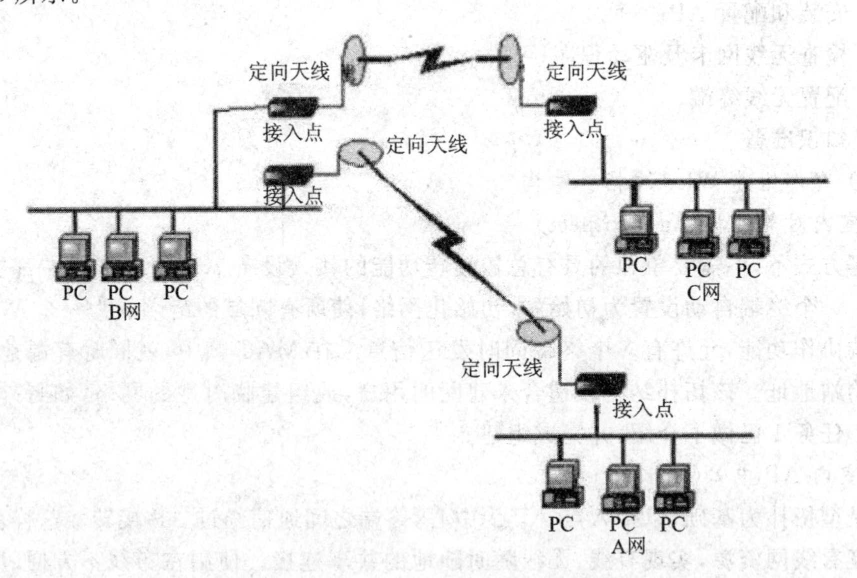

图 4-2-3　室外点对多点拓扑结构图

3. 中继组网

A 地和 B 地两个有线局域网需要互联，因为距离较远或有建筑物阻挡，中间通过两台无线网桥作中继，以及数台放大器和定向天线，实现两个有线局域网之间资源的共享，如图 4－2－4所示。

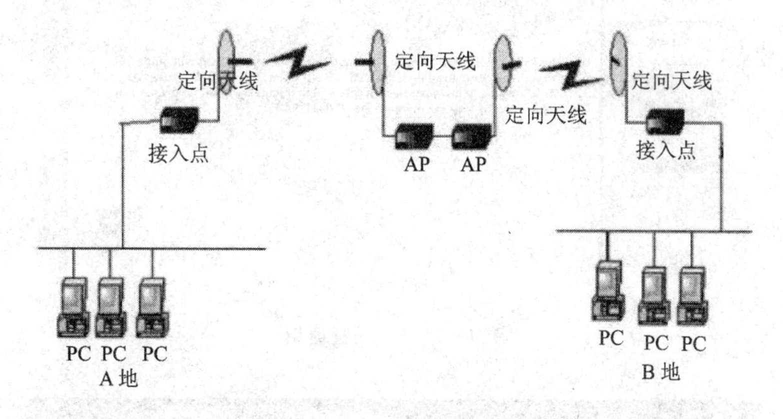

图 4－2－4　中继组网拓扑结构图

四、工具材料

● 真实岗位：无线网卡、PC 或笔记本电脑、无线 AP 或无线路由器。

● 虚拟实验：VMware、操作系统或 Cisco Packet Tracer 软件。

五、任务实施

经过任务分析，已经知道，无线 AP 的配置是本任务的关键，所以本任务对无线终端上的无线网卡及驱动程序的检查不再说明，请读者检查。下面详述无线 AP 和无线路由器的配置。

（一）配置无线 AP

以 D－Link DWL－2100AP 为例，默认登录 IP 地址是 192.168.0.50，管理员账户为 admin，密码为空。D－Link 无线 AP 配置步骤如下。

(1) 设置主机网络参数。本地连接的 IP 固定为 192.168.0.5(2～255)，子网掩码默认，默认网关为 192.168.0.50。设置好后保存，用网线连接 AP。

(2) 启动主机的 IE 浏览器，在“地址栏”中键入 http://192.168.0.50 后回车，显示用户登录窗口。在“用户名”下拉列表中键入“admin”，“密码”文本框保持为空，单击“OK”按钮，显示配置窗口，如图 4－2－5 所示。

(3) 打开“Home”选项卡，单击“Wireless”按钮，显示无线配置页，在“SSID”文本框中输入家庭无线网络名称。在“Channel”下拉列表中可以选择该无线路由器使用的信道。当只有一个无线 AP 或无线路由器时，可以选择任意信道；当拥有两个或两个以上 AP，并且无线信号的覆盖范围重叠时，则应当为每个 AP 设置不同的信道，如图 4－2－6所示。

(4) 单击“LAN”按钮，显示局域网设置页。选中“Static(Manual)”单选按钮，为该无线 AP 指定静态 IP 地址。分别在“IP Address”和“Subnet Mask”文本框中键入该无线 AP 的局域网 IP 地址，用于实现与局域网的连接。若网络内安装有 DHCP 服务器，则可以选中“Dynamic(DHCP)”单选按钮，让该无线 AP 自动获取 IP 地址，如图 4－2－7 所示。

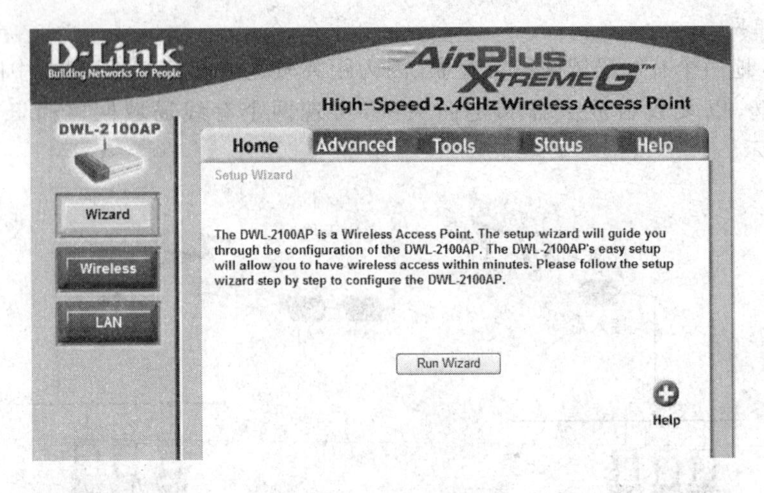

图 4-2-5　配置窗口

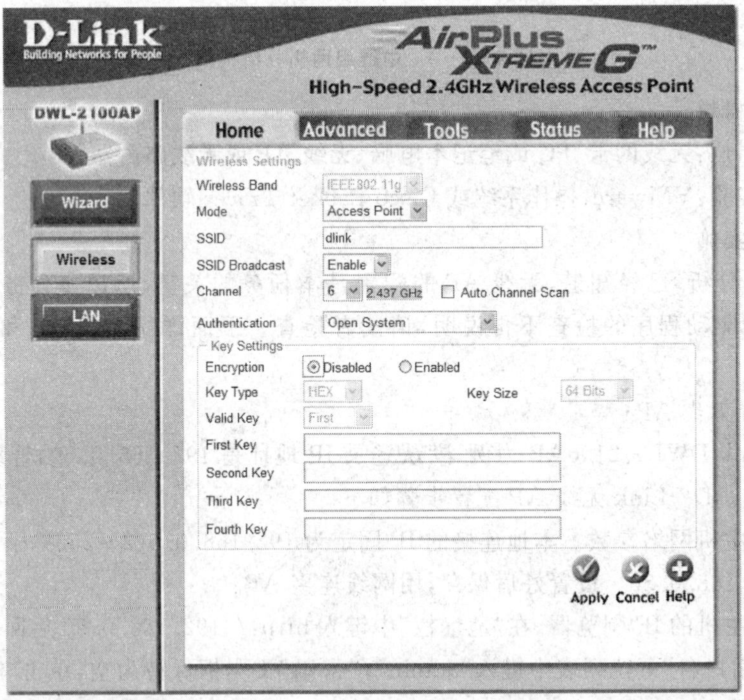

图 4-2-6　无线配置页

(5) 单击“Advanced”选项卡按钮，然后单击左侧的“DHCP Server”按钮。选中“Dynamic Pool Setting”选项卡，选取“Function Enable/Disable”中下列菜单为“Enabled”，启动 DHCP 服务，无线网络中的客户端只需采用系统默认的“自动获取 IP 地址”和“自动获取 DNS 服务器的地址”选项即可，无需再为每个客户端设置 IP 地址信息。然后，在“IP Assigned From”文本框中键入欲分配的 IP 地址的起始地址，在“The Range of Pool(1-255)”文本框中键入地址范围。如果选中“Disabled”单选按钮，则需要为无线客户端分别键入 IP 地址信息，如图 4-2-8 所示。

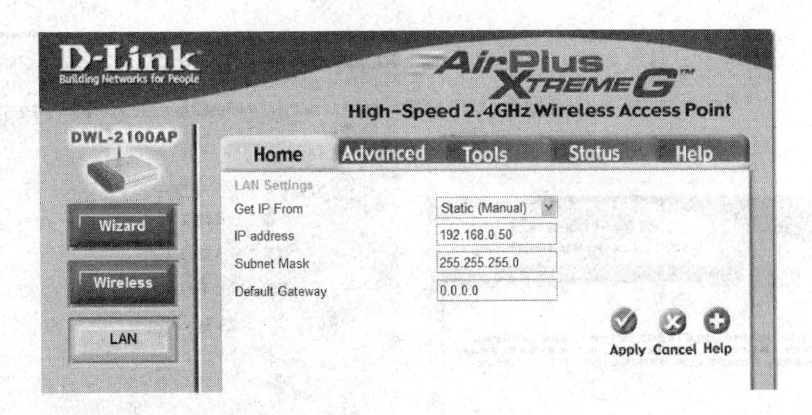

图 4-2-7 局域网设置页

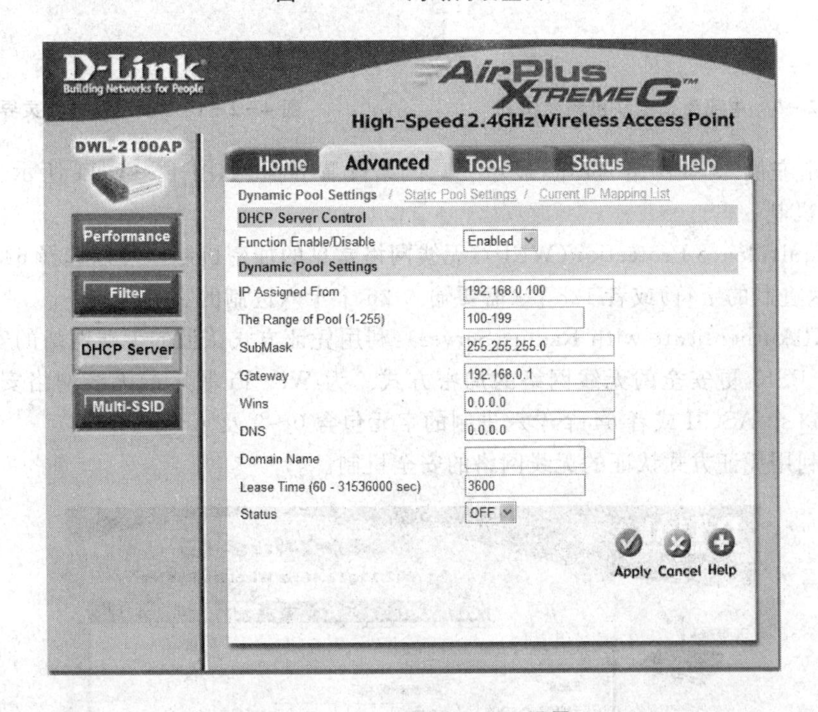

图 4-2-8 DHCH Server 设置

(6) 单击“Apply”按钮，保存对设置的修改，重新引导无线 AP。

(二) 配置无线路由器

以“D-Link DI-624+A”为例，D-Link 无线路由器的配置步骤如下：

1. 基本管理功能设置

(1) 设置无线网卡网络参数。本地连接的 IP 固定为 192.168.0.2(2～255)，子网掩码默认。启动 IE 浏览器，在“地址栏”中键入“http://192.168.0.1”后回车，显示用户登录窗口。在“用户名”下拉列表中键入“admin”，“密码”文本框保持为空，单击“确定”按钮，显示配置主窗口。进入配置页面的首页，首先看到的是设定联机精灵，如图 4-2-9 所示。可以在其指引下，快速完成无线路由器的设置，如图 4-2-10 所示。

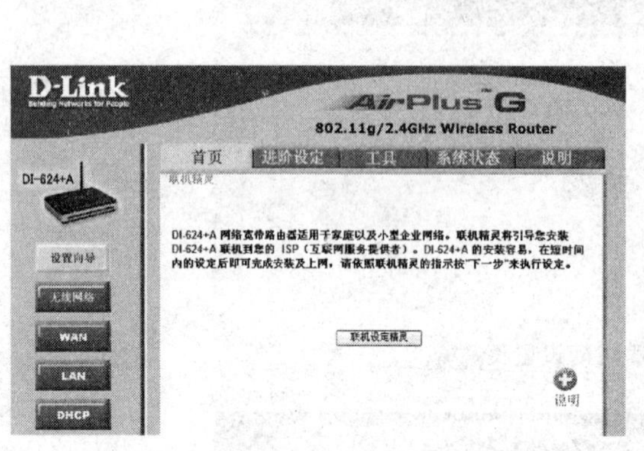

图 4-2-9 中部为设定联机精灵按钮

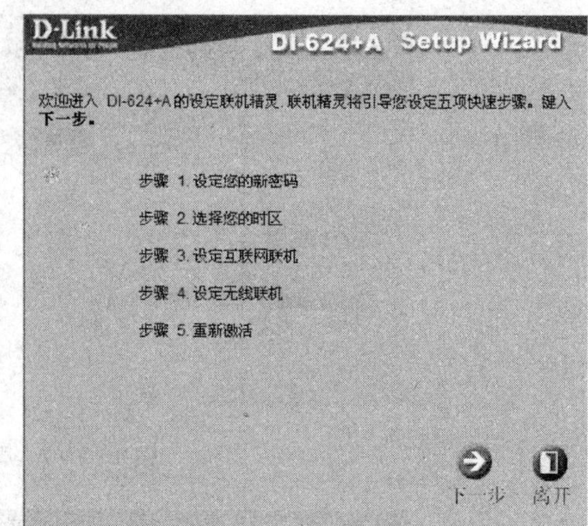

图 4-2-10 设定联机精灵界面

(2) 单击左侧"无线网络"按钮，显示无线网络配置界面，如图 4-2-11 所示。支持四种不同的安全机制：

Wire Equivalence Protection(WEP)：无线网络常见的加密机制。可以选择 64 位(需要输入 10 个十六进制的字符)或者 128 位(需要输入 26 个十六进制的字符)。

802.1X(Authenticate with Radius Server)：利用凭证方式认证的无线网络的安全机制。

WPA－PSK：更安全的无线网络的加密方式。为 Wi-Fi 制定的无线网络安全的机制。先输入 8～63 个 ASCII 或者 64 个十六进制的字元包含 0～9 及 A～F。

WPA：利用凭证方式认证的无线网络的安全机制。

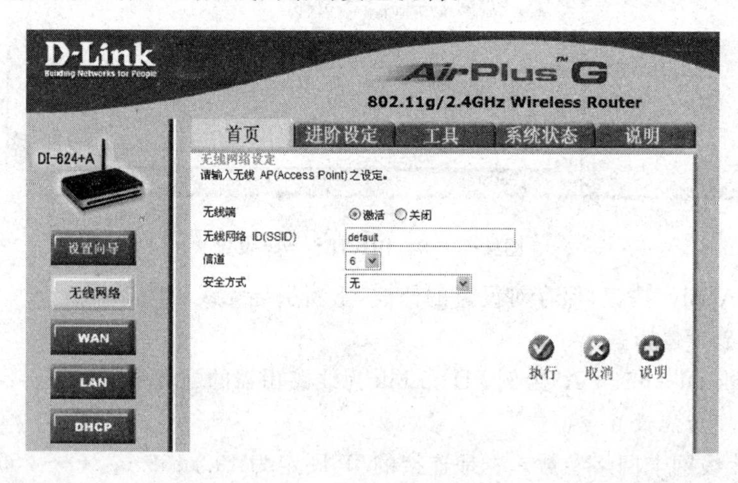

图 4-2-11 无线网络配置界面

(3) 单击"WAN"按钮，显示广域网配置界面，主要是用来设定 DI－624＋A 联机到 ISP(互联网服务提供者)。提供了四种方式：动态 IP 地址、固定 IP 地址、PPPoE、其他 WAN 型态，如图 4-2-12 所示。

(4) 单击"LAN"按钮，显示局域网配置界面。分别在"IP 地址"和"子网掩码"文本框中键入该无线路由的局域网 IP 地址，用于实现与局域网的连接，如图 4－2－13 所示。

(5) 单击“DHCP”按钮，显示“动态 IP 地址”界面。选中“激活”单选按钮，启动 DHCP 服务，无线网络中的客户端只需采用系统默认的“自动获取 IP 地址”和“自动获取 DNS 服务器的地址”选项即可。然后分别在“可用 IP 范围起始地址”和“可用 IP 范围结束地址”文本框中分别键入欲分配的 IP 地址的起止范围，如图 4－2－14 所示。

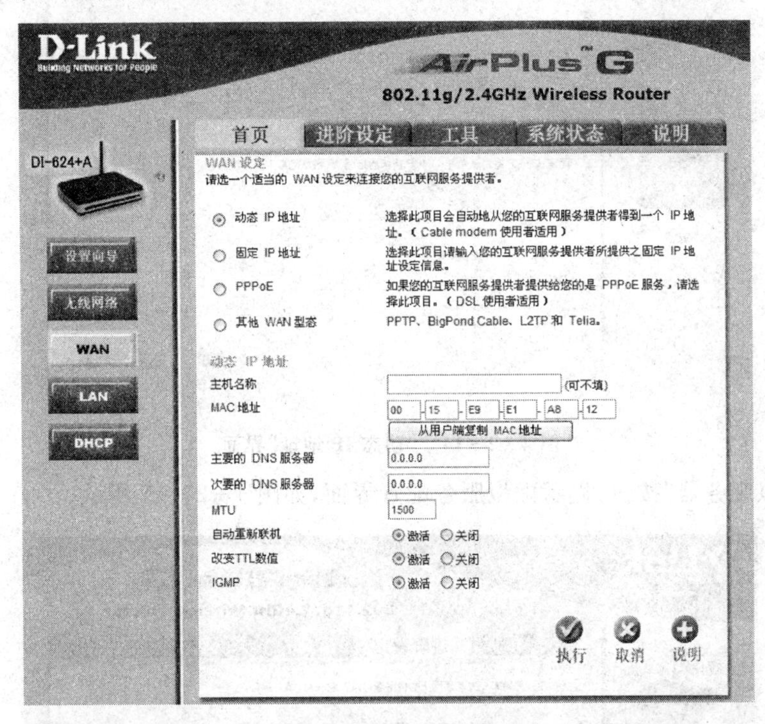

图 4－2－12　广域网配置界面

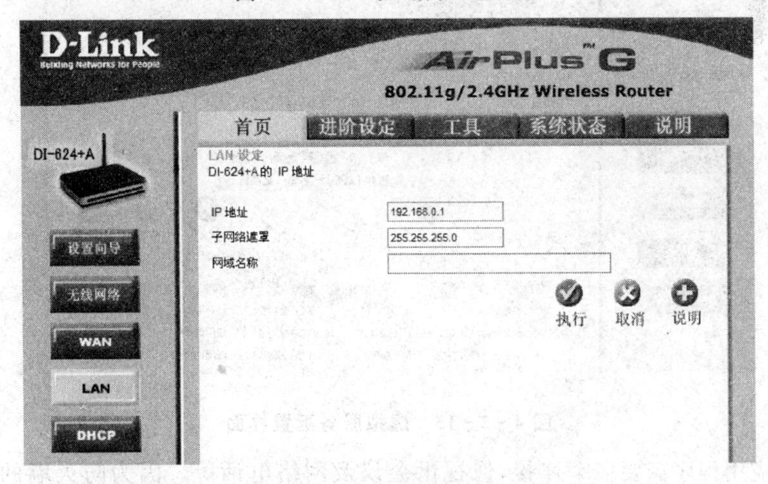

图 4－2－13　局域网配置界面

(6) 单击“执行”按钮，保存对设置的修改，重新引导无线路由。

2. DI－624＋A 高级管理功能设置

(1) 单击“进阶设定”按钮，进入高级管理设置界面。如果网络内有服务器，若要发布到 Internet，或若要从 Internet 控制网络内部计算机，还应当设置虚拟服务器。

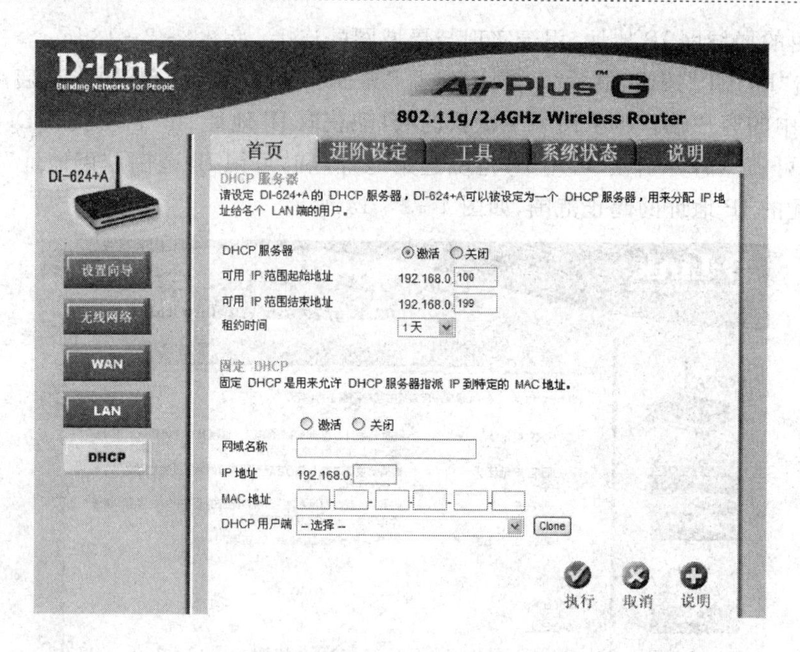

图 4-2-14 “动态 IP 地址”界面

单击“虚拟服务器”按钮，显示虚拟服务配置界面，如图 4-2-15 所示。

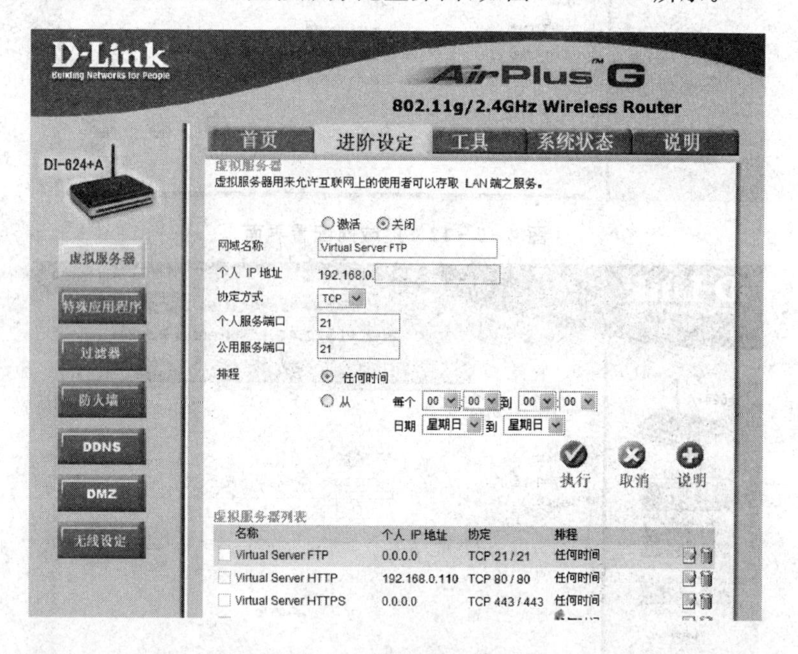

图 4-2-15 虚拟服务配置界面

(2) 某些应用程序需要多个连接，像视讯会议及网络电话等。因为防火墙的原因，无法在 NAT 路由器下执行，经由设定特殊应用程序，可以让这些应用程序于 NAT 路由器上顺利运行。

单击“特殊应用程序”按钮。选中“激活”单选按钮，然后分别设置应用程序的触发端口和触发协议方式，以及公用端口和公用协议方式。DI-624+A 列出了一些常用的应用程序，只需选择即可启动，如图 4-2-16 所示。

图 4-2-16　特殊应用程序

(3) 过滤器作用于 LAN 端的计算机，支持基于 IP 地址或者 MAC 地址的过滤，从而决定 LAN 用户能否访问互联网。URL 阻绝则是通过设定关键字，来决定哪些 URL 是 LAN 用户可访问的或者不可访问的。另外，过滤器还支持网域阻绝。

单击"过滤器"按钮，可见四种过滤方式，如图 4-2-17 所示。

图 4-2-17　过滤器

(4) 防火墙设定是一个进阶功能,用于拒绝或允许流量从装置通过。其功能类似 IP 地址过滤加上其他的功能设定。可以为本装置建立更详细的使用规则。

单击“防火墙”按钮,如图 4-2-18 所示。

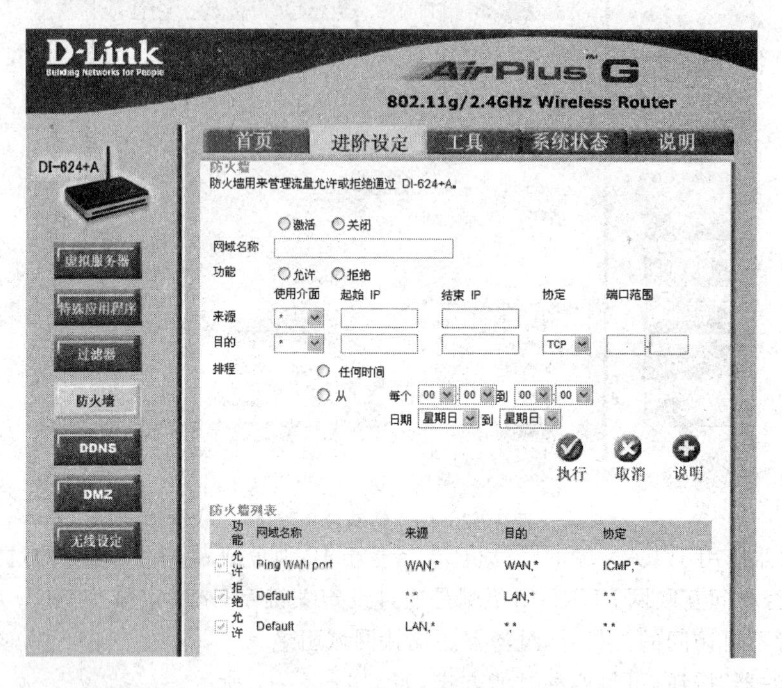

图 4-2-18 防火墙

(5) 选择“DDNS”选项,显示“DDNS”设置界面,在“提供者”下拉列表中选择动态域名提供商,并键入用户名和密码即可,如图 4-2-19 所示。

图 4-2-19 DDNS 设置界面

(6) 单击“DMZ”按钮。选中“激活”单选按钮，在“IP 地址”文本框中键入欲设置为 DMZ 主机的 IP 地址，即可将该计算机暴露在 Internet。单击“执行”按钮，使配置生效，如图 4-2-20所示。

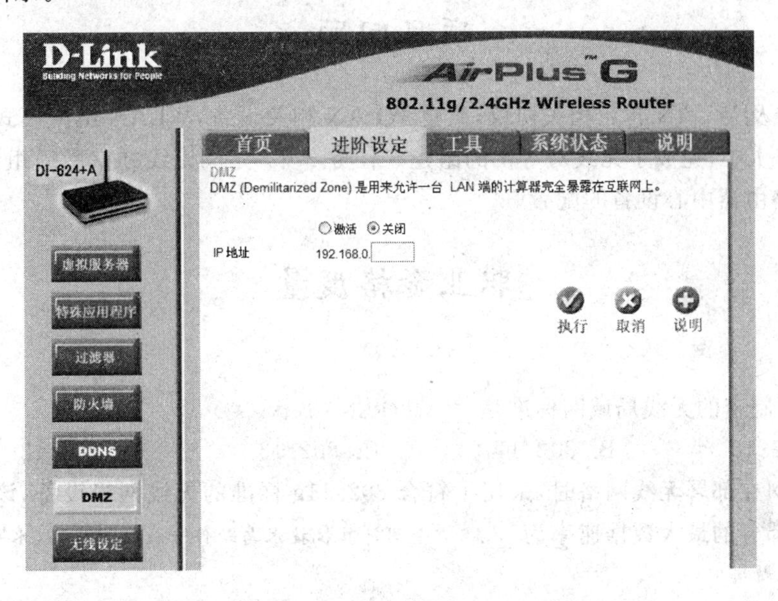

图 4-2-20　DMZ

六、检查评议

能够安装无线 AP 或无线路由器，组建无线办公网。

具体评价方式、评价内容及评价标准见附录。

七、拓展提高

知识链接：

无线 AP 与无线路由器的区别

无线路由器与无线 AP 的最大区别就是无线路由器带路由的功能，无线 AP 没有。企业一般使用 AP，因为企业网络出口有自己的路由器。

(1) 从功能上区分

AP 是 LAN 与 WLAN 之间相互访问的桥梁，也是 WLAN 内部终端通信的桥梁。无线路由器就是 AP、路由功能和交换机的集合体，支持有线无线组成同一子网，直接接上 MODEM。

(2) 从应用上区分

独立的 AP，在需要大量 AP 进行大面积覆盖的公司，使用得比较多，所有 AP 通过以太网连接起来并连到独立的 WLAN 防火墙。无线路由器在 SOHO(Small Office Home Office，家居办公)的环境中使用得比较多，一个 AP 就足够了。无线路由器一般包括了网络地址转换(NAT)协议，以支持 WLAN 用户的网络连接共享。大多数无线路由器包括一个四个端口的以太网转换器，可以连接几台有线的 PC。

(3) 从组网拓扑图上区分

AP 不能直接跟 ADSL MODEM 相连，所以在使用时必须再添加一台交换机或者集线器。大部分无线路由器由于具有宽带拨号的功能，因此可以直接跟 ADSL MODEM 连接进行宽带共享。

注意，有些参考文献上把无线路由器看作无线AP的扩展，所以在网络拓扑图上标注的都是无线AP。

项目回顾

本项目涉及WLAN常用相关协议，组建WLAN相关设备，WLAN组网模式及组网拓扑结构。在任务1中，完成了无线对等网的组建。任务2中，完成无线办室网络组建，重点在无线AP、无线路由器中心设备的配置。

职业资格度量

一、选择题

1. IEEE制定的无线局域网标准是____。(RCNA认证试题)

A. 802.10　　B. 802.11　　C. 802.13　　D. 802.12

2. 校园网在部署无线网络时，采用了符合802.11g标准的无线网络设备，该校园网无线网络部分的最大数据速率为____。(全国计算机技术与软件专业技术资格(水平)网络工程师考试试题)

A. 54 Mbps　　B. 108 Mbps　　C. 11 Mbps　　D. 33 Mbps

3. 在学校学术报告厅内部署了多个无线AP，为了防止信号覆盖形成的干扰，应调整无线AP的____。(全国计算机技术与软件专业技术资格(水平)网络工程师考试试题)

A. SSID　　B. 频道　　C. 工作模式　　D. 发射功率

4. 建立一个家庭无线局域网，使得计算机不但能够连接因特网，而且WLAN内部还可以直接通信，正确的组网方案是____。(全国计算机技术与软件专业技术资格(水平)网络工程师考试试题)

A. AP＋无线网卡　　B. 无线天线＋无线MODEM

C. 无线路由器＋无线网卡　　D. AP＋无线路由器

5. 在WLAN中，下列____是用于对无线数据进行加密的。(RCNA认证试题)

A. SSID隐藏　　B. MAC地址过滤　　C. WEP　　D. 802.1X

二、简答题

1. IEEE 802.11b、IEEE 802.11a和蓝牙标准分别采用什么扩频技术？

2. WLAN中，常用哪些设备？

3. 什么是无线AP？

三、实践题

1. 配置对等网。

2. 配置无线路由器。

项目五　企业网组建

知识目标

了解网络互联概念及相关知识；掌握 IP 地址理论知识；能解释 IP 地址数据报的格式、分片、重组；掌握 IP 协议、路由选择协议。

技能目标

熟练掌握计算机 IP 地址配置；能够运用 IP 地址理论进行 IP 地址规划、划分子网；能够熟练配置 VLAN 间的通信，配置静态路由、动态路由。

项目导入

A 企业根据自身发展需求，决定规划组建企业网络，并接入外网。目前有一座办公大楼、一座研发大楼，研发大楼内设有设计部和测试部。科为公司通过投标并中标。现在，科为公司要求工程师来完成整个项目中的三个任务：(1)规划 IP 地址；(2)配置 VLAN 间通信；(3)配置路由。整个网络的拓扑图简化后如图 5-0-1 所示。

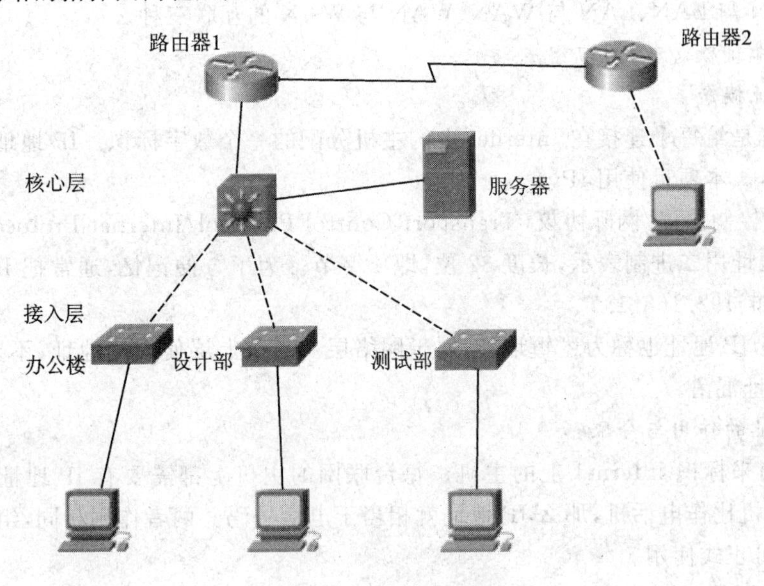

5-0-1　网络拓扑图

任务 1　规划 IP 地址

任务 1-1　配置 IP 地址

一、任务描述

网络组建实施前，需要对网络 IP 地址进行规划。请画出 IP 地址规划表。

二、任务分析

IP规划是企业网络组建中一项很重要的工作，接入层的主机、核心层的交换机、路由器、服务器及VLAN间通信，需要相应的IP地址。IP地址规划正确与否，对以后网络的日常运行与管理都有影响。

本任务中，有办公大楼、研发大楼两座楼宇，研发大楼内有设计部、测试部部门。办公大楼、设计部、测试部分别在不同的VLAN中，要求设计部与测试部VLAN间通信。在规划IP地址时，要考虑分配相应的IP地址。

在拓扑图中的服务器群，只画出一台服务器，只需分配一个IP即可。服务器具体配置在项目六中进行，本项目暂不考虑。

在拓扑图中的办公大楼和生产大楼中的主机，各用一台PC示意。研发大楼中的设计部、测试部各用一台PC示意，IP地址分属于同一个网段中的不同子网，将在任务2中计算具体IP地址。

三、知识准备

（一）网络互联

网络互联（或网络互连）是指将两个以上的计算机网络，通过一定的方法，用一种或多种通信处理设备相互连接，构成更大的网络系统，实现相互通信，共享硬件、软件与数据。网络互联的形式有LAN与LAN、LAN与WAN、WAN与WAN的互联三种。

（二）IP地址概念、作用与组成

1. IP地址概念

IP地址就是给每个连接在Internet上的主机分配的一个数字标识。IP地址分为IPv4与IPv6两个版本。本项目使用IPv4。

按照传输控制协议/网际协议（Transport Control Protocol/Internet Protocol，TCP/IP协议）规定，IP地址用二进制表示，长度32位，即4字节。为了方便记忆，通常把IP地转换为十进制的形式，如：192.168.1.5。

特别强调，IP地址也称为逻辑地址，属于网络层及其以上层使用的地址，不要与数据链路层的MAC地址混淆。

2. IP地址的作用与分配

IP地址用来标识Internet上的主机。每台联网的主机上都需要有IP地址，才能正常通信。如果把主机比作电话机，那么IP地址就相当于电话号码。两者作用相同，组成类似，且都需要申请，方可正式使用。

IP地址由因特网协会的分配域名和地址的互联网委员会（Internet Corporation for Assigned Names and Numbers，ICANN）分配，下有InterNIC负责北美地区，RIPENIC负责欧洲地区和APNIC负责亚太地区。中国互联网络信息中心（China Internet Network Information Center，CNNIC）负责我国IP地址的申请。网络内部的主机地址由本网络的系统管理员分配。因此，IP地址的唯一性与网络内主机IP地址的唯一性确保了IP地址的全球唯一性。

全球IPv4地址数已于2011年2月分配完毕，因而自2011年开始我国IPv4地址总数基本维持不变，截至2013年6月底共计有3.31亿个。IP拥有量的多少，是区分制造与创造的最主要标志，一个国家拥有的IP太少，其产业或者企业在国际分工中就只能扮演初级加工者的角色。

3. IP 地址的组成

IP 地址由网络号和主机号两部分组成，与电话号码的区号与号码类似。可以用公式“IP 地址＝网络号＋主机号”来说明，如图 5－1－1 所示。

电话号码	区号+号码	IP 地址	网络号 ＋ 主机号
	0523-81234567		192. 168. 1. 5

图 5－1－1　电话号码与 IP 地址对照图

为了方便使用，IP 地址采用点分十进制的方法表示，如表 5－1－1所列。如 IP 地址 192.168.1.5。

表 5－1－1　IP 地址组成

字　节	第 4 字节	第 3 字节	第 2 字节	第 1 字节
二进制位	31～24 位	23～16 位	15～8 位	7～0 位
二进制数	11000000	10101000	00000001	00000011
十进制数	192	168	1	5
组成部分	网络号	主机号		

注意，同一个物理网段上的所有主机都使用同一个网络号，该网段上的每一个主机有一个主机号。就是说，电话号码所在的同一个地区的区号都为 0523，该地区中有多个电话号码。表 5－1－1 中，数字 192.168.1 是网络号，数字 5 是该网络中的主机号。

（三）IP 地址分类

为适合不同容量的网络，TCP/IP 协议规定 IP 地址分为 5 种类别，即 A 类～E 类。其中 A、B、C 三类由 Internet NIC 在全球范围内统一分配。

IP 地址分类的特征在第 4 字节。当将 IP 地址写成二进制形式时，A 类地址的第 4 字节的最左第一位固定为 0，B 类地址的最左两位固定为 10，C 类地址的最左三位固定为 110，D 类地址最左四位固定为 1110，E 类地址最左五位固定为 11110，如图 5－1－2 所示。A、B、C 类是最常用的，都是单播，即一对一通信。D 类用于组播，即一对多通信，主要留给因特网体系结构委员会(Internet Architecture Board，IAB)使用。E 类保留以后用。

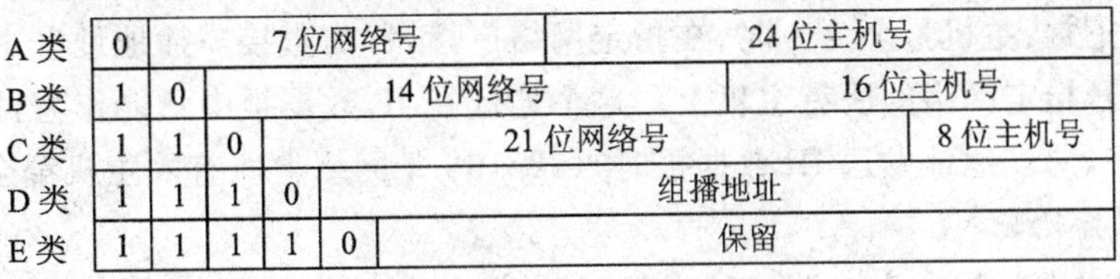

A类　0　7 位网络号　24 位主机号

B类　1　0　14 位网络号　16 位主机号

C类　1　1　0　21 位网络号　8 位主机号

D类　1　1　1　0　组播地址

E类　1　1　1　1　0　保留

图 5－1－2　IP 地址的分类

当我们遇到一个 IP 地址，必须转换成二进制，再按照图 5－1－2 所示进行判断该 IP 地址所在的类别，显然是不方便的。例如，IP 地址 192.168.1.1 的 192 的二进制为 11000000，最左三位是 110，所以 192.168.1.1 属于 C 类 IP 地址。

表 5－1－2 所列为每一种类型的第 4 字节的十进制表示的范围，可以通过十进制直接判断，这就符合我们的习惯。例如，IP 地址 192.168.1.1 的 192 是在范围 192～223 之间，所以 192.168.1.1 属于 C 类 IP 地址。

表 5-1-2 IP 地址分类

网络类别	第4字节十进制范围	最大网络数	每个网络中的最大主机数	举 例
A	1～126	$2^7-2=126$	$2^{24}=16\ 777\ 214$	10.0.0.1
B	128～191	$2^{14}=16\ 384$	$2^{16}=65\ 534$	172.16.0.1
C	192～223	$2^{21}=2\ 097\ 152$	$2^8=254$	192.168.1.1
D	224～239			224.1.1.1
E	240～255			240.1.1.1

注意,A 类最大网络数减 2,因为第 4 字节的最左第一位固定为 0,当网络号为全 0 时(即二进制 00000000,十进制 0),IP 地址是保留地址,代表本网络。当网络号为全 1 时(即二进制 01111111,十进制 127),保留为本地软件环回测试(Loopback Test)本主机用。B～E 类没有这种情况,不需要减 2。

(四) 特殊 IP 地址

特殊 IP 地址一般不使用,如表 5-1-3 所列。

表 5-1-3 特殊 IP 地址

IP 地址		使用场合		含 义
网络号	主机号	源地址	目的地址	
Any	全 0		√	网络地址。代表特定网络
Any	全 1		√	直接广播地址。指定网络广播
全 0	全 0	√		所有网络。路由器指定默认路由
全 1	全 1		√	有限广播地址。本网络广播(路由器不转发)
127	Any	√	√	环回地址。本地软件环回测试

1. 网络地址

当网络号正常、主机号为全 0 时,代表一个特定的网络,称为网络地址。例如,192.168.1.0,网络号为 192.168.1,符合规定,主机号为 0,该 IP 地址即为网络地址,代表这个网络。

2. 直接广播地址

当网络号正常、主机号全为 1 时,在指定网络广播,称为直接广播地址。主机可把 IP 数据报发送到网络号指定网络的所有主机上。这个地址在 IP 数据报中只能作为目的地址。例如,192.168.1.255,向该地址发送 IP 数据报时,192.168.1 网络上所有的主机都会接收到。

3. 有限广播地址

IP 地址的二进制数全为 1,即 255.255.255.255,用于定义整个互联网。但是,所有路由器都阻止这种分组转发,使这样的广播仅限于本网段。例如,当主机不知道本机的网络号时,只能采用有限广播方式,常见用于无盘工作站启动,从 IP 地址服务器获取 IP 地址。

4. 所有网络地址

IP 地址全为 0,即 0.0.0.0,代表所有主机。路由器用 0.0.0.0 地址指定默认路由。

还有一常见用法,该 IP 地址在 IP 数据报中用作源 IP 地址。例如,DHCP 分配 IP 地址时,用户主机为了获得一个可用的 IP 地址,给 DHCP 服务器发送 IP 分组,源地址即为 0.0.0.0,目的地址为 255.255.255.255。

5. 环回地址

127.0.0.0～127.255.255.255 之间的 IP 地址称为环回地址(Loopback Address)，主要用于测试网络协议是否正常工作。例如，使用 ping 127.1.1.1，就可以测试本地 TCP/IP 协议是否正确安装。

另外，可用于网络软件测试和本地进程间通信。例如，在浏览器里输入 127.0.0.1，就是客户进程用环回地址发送 IP 报文给同一台机器上的服务器进程，测试 Web 服务器 IIS 是否已启动。

把环回地址作为目的地址时，该数据包不会向网络上发送，而是直接返回给本机。主机上对应于 IP 地址 127.0.0.1 的接口称为环回接口(Loopback Interface)。

6. 其他特殊 IP 地址

224.0.0.1 特指所有主机，224.0.0.2 特指所有路由器。169.254.0.0/16 特指没有成功申请到 DHCP 服务器上 IP 地址时的地址。可能是 DHCP 服务器发生故障，或响应时间太长而超出了系统规定的时间，Windows 系统会为主机分配这样一个地址。

(五) 公网 IP 地址和私有 IP 地址

前面学习过，IP 地址有专门的机构管理，用户经过申请、批准后方可使用一个 IP 地址。这种 IP 地址可以在 Internet 上使用，称为公网 IP 地址或公用 IP 地址。公网 IP 地址是需要付费使用的。

如果一个局域网内部的主机需要使用 IP 地址，又没有申请，怎么办？在 TCP/IP 协议中规定了一些 IP 地址，可以满足这种需求，称为私有 IP 地址。私有 IP 地址不可以直接连接到 Internet。RFC 1918 规定的私有 IP 地址如下：

在 A 类地址中，私有 IP 地址 10.0.0.0/8(IP 地址的斜线记法，在后面将要学习)，私有 IP 地址范围 10.0.0.1～10.255.255.254。

在 B 类地址中，私有 IP 地址 172.16.0.0/12，私有 IP 地址范围 172.16.0.1～172.31.255.254。

在 C 类地址中，私有 IP 地址 192.168.0.0/16，私有 IP 地址范围 192.168.0.1～192.168.255.254。

私有地址若要在 Internet 上使用，则必须使用网络地址转换或者端口映射技术。

四、工具材料

- 真实岗位：PC、服务器、交换机、路由器等组成网络。
- 虚拟实验：VMware、操作系统，或 Cisco Packet Tracer 软件。

五、任务实施

(一) IP 地址规划

IP 地址规划的步骤：

(1) 分析网络规模，包括相对独立的网段数量和每个网段中可能拥有的最大主机数；

(2) 确定使用公网地址还是私有地址，并根据网络规模确定网络号类别；

(3) 根据可用地址资源进行主机 IP 地址的分配。

注意，同一网络上所有主机的 IP 地址的网络号相同；同一路由器上每个连接具有不同的网络号。

根据本子任务的学习，企业网络在内部可以使用私有 IP 地址，节省费用。在连接到外网时，使用公网地址。在表 5-1-4 所列 IP 地址规划表中填写相应的 IP 地址，子网掩码部分可以暂时不予考虑，与子网划分一同在下一个子任务 1-2 中完成。

表 5-1-4 IP 地址规划表

	设 备	IP 地址	子网掩码	默认网关	备注
	路由器 1	210.29.233.1 172.16.1.1	255.255.255.0		边界路由器
	路由器 2	210.29.233.2 192.168.4.1	255.255.255.0		外网，模拟 Internet
核心层	SwitchA	172.16.1.2	255.255.255.0		
接入层	办公楼 PC1	192.168.1.10	255.255.255.0	192.168.1.1	VLAN10
	设计部 PC2	192.168.2.66	255.255.255.192	192.168.2.65	VLAN20
	测试部 PC3	192.168.2.130	255.255.255.192	192.168.2.129	VLAN30
	外部网络 PC4	192.168.4.10	255.255.255.0	192.168.4.1	

相应的企业网络拓扑图 IP 地址标注如图 5-1-3 所示。

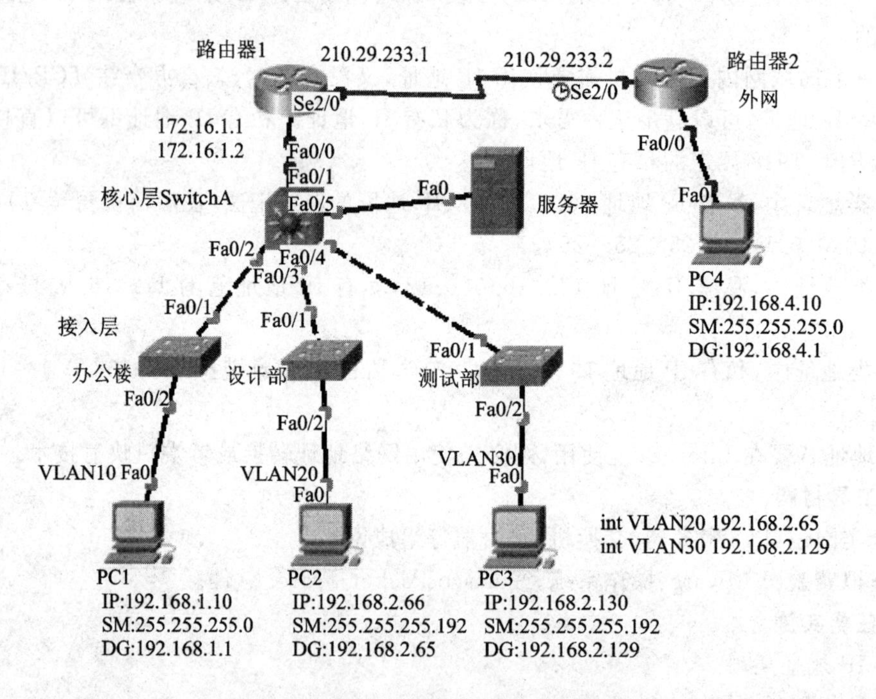

图 5-1-3 企业网络拓扑图 IP 地址标注

(二) IP 地址设置

以在 PC 上配置 IP 地址为例。主要步骤如下：

(1) 在“本地连接”网卡上双击，选择“Internet 协议版本 4(TCP/IPv4)”→属性→进行本机网卡设置，如图 5-1-4 所示。

(2) 选中“使用下面的 IP 地址”，填写 IP 地址、子网掩码和默认网关，例如，PC1 中，分别为 192.168.1.10、255.255.255.0 和 192.168.1.1，如图 5-1-5 所示。

(3) 单击"确定"按钮。

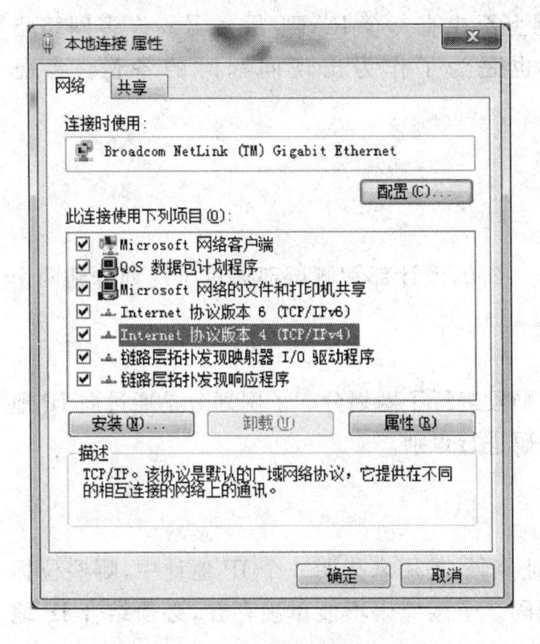

图 5-1-4　本地连接属性

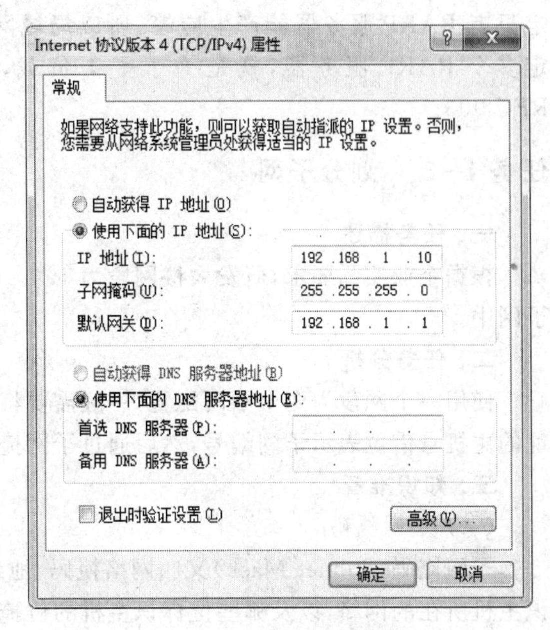

图 5-1-5　IPv4 属性

六、检查评议

检查 IP 规划，以及在设备上的配置。如在 PC 上，可使用 ipconfig 查看 IP 地址配置。

具体评价方式、评价内容及评价标准见附录。

七、拓展提高

知识链接：ARP/RARP

1. ARP

IP 地址是逻辑地址，不能直接进行通信。在物理网络的链路上传送数据帧时，最终仍然是靠 MAC 地址，因为 IP 地址在物理网络中是不能被识别的。如何构建从 IP 地址到 MAC 地址的映射表，并且动态更新，地址解析协议 (Address Resolution Protocol，ARP)很好地解决了这个问题。

将同一局域网上的主机、路由器的 IP 地址解析成 MAC 地址的协议称为 ARP 地址解析协议。ARP 是动态协议，解析过程是自动完成的，用户觉察不到。

每台主机有一专用的 ARP 高速缓存(Cache)，存放所在局域网上的各主机、路由器的 IP 地址到 MAC 地址的映射表。当收到 ARP 应答时，主机就将获得的 IP 地址和 MAC 地址的对应关系作为一项添加到映射表中。当发送报文时，先在映射表中查找对应的项，获得对应的 MAC 地址，直接将报文发送出去。如果没有对应的项，再利用 ARP 解析，获得对应的 MAC 地址。参见 RFC 826。

2. RARP

从 MAC 地址向 IP 地址解析的协议，称为 RARP(Reverse Address Resolution Protocol，反向地址解析协议)。RARP 以与 ARP 相反的方式工作。

RARP发出要反向解析的MAC地址,并希望返回其对应的IP地址,应答包括由能够提供所需信息的RARP服务器发出的IP地址。虽然发送方发出的是广播信息,RARP规定只有RARP服务器能产生应答,所以局域网上至少有一个RARP服务器。许多网络指定多个RARP服务器,既是为了平衡负载,也是为了作为出现问题时的备份。参见RFC 903。

任务1-2　划分子网

一、任务描述

根据企业实际要求,研发大楼网段为192.168.2.0,设计部和测试部通过子网划分到两个子网中。

二、任务分析

使用一个网段为两个子网配置,一般需要将网段进行子网划分。子网划分是通过向IP地址的主机号借位表示子网编号,然后通过子网掩码进行识别。

三、知识准备

(一)子网掩码

子网掩码(Subnet Mask)又叫网络掩码、地址掩码,是用来指明一个IP地址中,哪些位标识主机所在的网络,以及哪些位标识主机的位掩码。子网掩码不能单独存在,必须结合IP地址一起使用。

1985年通过的RFC 950定义,子网掩码是一个32位的二进制数,其对应网络号的部分为1,对应主机号的部分都为0。RFC文档虽然没有规定子网掩码中的1必须是连续的,但却极力推荐1连续写,避免发生错误。

不同类别的网络有相应的子网掩码。A类网络的默认子网掩码为255.0.0.0,B类网络的默认子网掩码为255.255.0.0,C类网络的默认子网掩码为255.255.255.0,如图5-1-6所示。

A类地址	默认子网掩码	网络号	主机号
	255.0.0.0	11111111	00000000 00000000 00000000

B类地址	默认子网掩码	网络号	主机号
	255.255.0.0	11111111 11111111	00000000 00000000

C类地址	默认子网掩码	网络号	主机号
	255.255.255.0	11111111 11111111 11111111	00000000

图5-1-6　默认子网掩码十进制与二进制表示

子网掩码只有一个作用,就是告知主机或路由设备,一个IP地址中哪些是网络号、哪些是主机号。例如,计算IP地址192.168.1.5的网络号时,默认子网掩码为255.255.255.0,先将点分十进制转换为二进制,采用按位与运算。

```
        11000000 10101000 00000001 00000011
按位与  11111111 11111111 11111111 00000000
---------------------------------------------
结果    11000000 10101000 00000001 00000000
```

将结果转换为点分十进制表示,为192.168.1.0,即192.168.1.5所在网络的网络号。

（二）子网划分

Internet 组织机构定义，同一网络中主机处于同一广播域。在同一广播域中有太多节点时，网络会因为广播通信而饱和。为了避免这种情况，一些 IP 地址不能分配。

两级 IP 地址（网络号＋主机号），存在着 IP 地址空间的利用率不高；给每一个物理网络分配网络号时，使得路由表太大，增加路由寻址时间；两级 IP 地址不够灵活不便于管理等缺陷。

解决的办法是，把 IP 网络分成更小的网络，每个子网由路由器界定，并分配一个新的子网网络地址。RFC 950 规定，子网地址通过借用 IP 地址的主机号部分创建，形成三级 IP 地址，即“IP 地址＝网络号＋子网号＋主机号”，这种做法就叫做子网划分。

1. 子网划分方法

子网划分的基本方法是将 IP 地址的主机号，拿出来一部分作为子网的标识，另一部分仍然作为主机号，如图 5－1－7 所示。

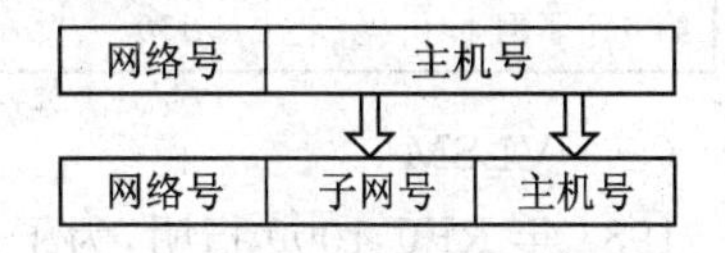

图 5－1－7　子网划分借位

2. 子网获取方法

由于子网的划分，IP 地址不能够简单地区分网络号、子网号及主机号。TCP/IP 通过子网掩码和 IP 地址的“与”运算，获得区分 IP 地址的子网信息。

3. 子网划分步骤

为了便于学习，举例说明。某企业内部 IP 地址 192.168.1.0，子网掩码为 255.255.255.0。由于业务需要，要求划分 4 个子网，每个子网容纳主机数 30 台。子网划分步骤如下：

（1）确定子网号借用的二进制位数

子网号从主机号借位。每借 1 位就会产生 2 个子网，即 2^1 个子网。去除子网地址为全 0、全 1 的子网，那么实际可用子网数为 $2^1-2=0$ 个。如果向主机号借 2 位，可得实际可用子网个数 $2^2-2=2<4$，不能满足需求。该企业选择向主机号借 3 位，可得实际子网个数 $2^3-2=6>4$，满足划分 4 个子网的需求。

（2）确定新的子网掩码

默认子网掩码为：11111111 11111111 11111111 00000000（255.255.255.0）

新的子网掩码：　11111111 11111111 11111111 <u>111</u>00000（255.255.255.<u>224</u>）

（3）确定每个子网拥有的主机数

子网划分确定后，主机位由原来 8 位变为 5 位，每个子网拥有的主机数即为 $2^5-2=30$ 台。

注意，减去的 2 台主机为全 0 与全 1 的主机，因为主机号全 0 代表子网地址，主机号全 1 代表子网广播地址。

（4）确定每个子网的 IP 范围

在子网 IP 中，网络号没有改变，子网号以二进制形式按序编号 001～110，主机号二进制最小为 0 0001，最大为 1 1110，再按照字节转换为十进制数形式，就可以得到每个子网的 IP 范围，如表 5－1－5 所列。

表 5-1-5　子网 IP 地址范围

子网编号	网络号	子网号（二进制）	主机号范围（二进制）	子网号+主机号范围	子网地址	子网广播地址
第 1 个子网	192.168.1	001	0 0001～1 1110	33～62	192.168.1.32	192.168.1.63
第 2 个子网		010		65～94	192.168.1.64	192.168.1.95
第 3 个子网		011		97～126	192.168.1.96	192.168.1.127
第 4 个子网		100		129～158	192.168.1.128	192.168.1.159
第 5 个子网		101		161～190	192.168.1.160	192.168.1.191
第 6 个子网		110		193～222	192.168.1.192	192.168.1.223

（三）VLSM

1987 年 RFC 1009 指明，为了进一步提高 IP 地址资源的利用率，可以使用可变长子网掩码（Variable Length Subnet Mask，VLSM），即在一个网络中可以用不同的子网掩码，划分出不同大小的子网。VLSM 需要路由器上无类别路由协议的支持，如 OSPF、RIPv2、EIGRP 协议。

（四）超　网

超网（Supernetting）是子网划分的反面，把一些小网络组合成一个大网络，即超网。换句话说，超网是把一组连续的有类网络聚合成一个更大的网络。

超网和路由聚合（Route Aggregation）是同一过程的不同名称。路由聚合是为了缩小路由表的大小，加快路由转发的处理过程，减轻路由振荡给网络带来的影响，提高整个互联网的性能。1993 年 RFC 1517～1519 和 1520 提出无类域间路由（Classless Inter-Domain Routing，CIDR 读音“sider”）概念，消除有类别 IP 地址和划分子网的概念，IP 地址采用斜线记法（Slash Notation）或 CIDR 记法，如 192.168.1.5/24 表示网络号 24 位，192.168.1.33/27 表示网络号 27 位。名词“子网掩码”不再使用，而使用“掩码一词”。

四、工具材料

- 真实岗位：PC、服务器、交换机、路由器等组成网络。
- 虚拟实验：VMware、操作系统或 Cisco Packet Tracer 软件。

五、任务实施

本任务中，研发大楼内设有设计部和测试部，整座大楼内网络 IP 地址为 192.168.2.0，默认子网掩码为 255.255.255.0，需要将设计部和测试部划分在两个子网中。子网划分的步骤如下：

（1）确定子网号借用位数

选择向主机号借 2 位，可得实际子网个数 $2^2-2=2\geqslant 2$，满足划分 2 个子网的需求。

（2）确定子网掩码

子网掩码：11111111 11111111 11111111 11000000（255.255.255.192）

（3）确定每个子网拥有的主机数

主机位由原来 8 位变为 6 位，每个子网拥有的主机数即为 $2^6-2=62$ 台。

（4）确定每个子网的 IP 范围

子网号按序以二进制编号 01～10，主机号二进制最小为 00 0001，最大为 11 1110，再按照字节转换为十进制数，得到每个子网的 IP 范围，如表 5-1-6 所列。

表 5-1-6　子网 IP 地址范围

子网编号	网络号	子网号（二进制）	主机号范围（二进制）	子网号+主机号范围	子网地址	子网广播地址
第 1 个子网	192.168.2	01	00 0001～11 1110	65～126	192.168.2.64	192.168.2.127
第 2 个子网		10		129～190	192.168.2.128	192.168.2.191

将第一个子网分配给设计部，第二个子网分配给测试部。在拓扑图中，设计部 PC2 具体配置如下：

IP 地址为 192.168.2.66，子网掩码为 255.255.255.192，默认网关为 192.168.2.65。

测试部 PC3 具体配置如下：

IP 地址为 192.168.2.130，子网掩码为 255.255.255.192，默认网关为 192.168.2.129。

六、检查评议

检查子网划分的每一个步骤的正确性。

具体评价方式、评价内容及评价标准见附录。

七、拓展提高

知识链接：超网合并

企业申请 8 个 C 类网络地址，210.29.233.0/8～210.29.238.0/8，转换成二进制表示，如表 5-1-7 所列。

表 5-1-7　超网合并

网络地址	二进制
210.29.233.0	11010010　00011101 11101001　00000000
210.29.234.0	11010010　00011101 11101010　00000000
210.29.235.0	11010010　00011101 11101011　00000000
210.29.236.0	11010010　00011101 11101100　00000000
210.29.237.0	11010010　00011101 11101101　00000000
210.29.238.0	11010010　00011101 11101110　00000000
相同网络号位	11010010　00011101 11101 *

在二进制一列，从右到左，找出相同的网络号 11010010　00011101 11101000，转换成十进制 210.29.232，超网的网络地址为 210.29.232.0。子网掩码为 255.255.248.0。

任务 2　配置 VLAN 间通信

任务 2-1　配置 VLAN 间通信

一、任务描述

企业网中，为了控制广播流量，提高网络安全性，简化网络管理，需要进行 VLAN 配置，并实现 VLAN 间通信。

二、任务分析

根据需求，将办公大楼、设计部和测试部的网络分别划分到 VLAN10、VLAN20 和 VLAN30 中，现在要求 VLAN20 与 VLAN30 之间通信。VLAN 间的通信需要在网络层上进行。

三、知识准备

VLAN 是在交换局域网的基础上，采用网络管理软件构建的可跨越不同网段、不同网络的端到端的逻辑网络。一个 VLAN 组成一个逻辑子网，即一个逻辑广播域，可以覆盖多个网络设备，允许处于不同地理位置的网络用户加入到一个逻辑子网中。VLAN 工作在 OSI 参考模型的第二层和第三层，VLAN 之间的通信是通过第三层的设备来完成的。

(一) VLAN 间通信为什么需要路由

在 LAN 内的通信，是通过数据帧头中指定通信目标的 MAC 地址来完成的。为了获取 MAC 地址，在 TCP/IP 参考模型中，使用 ARP 协议解析 MAC 地址，是通过广播报文来实现的。如果广播报文无法到达目的地，那么就无从解析 MAC 地址，亦即无法直接通信。当计算机分属不同的 VLAN 时，就意味着分属不同的广播域，自然收不到彼此的广播报文。因此，属于不同 VLAN 的计算机之间无法直接互相通信。为了能够在 VLAN 间通信，需要利用 OSI 参考模型中网络层的 IP 地址信息来进行路由。在网络互连设备中能完成 VLAN 间通信(具有路由功能)的设备主要有路由器和三层以上的交换机。

(二) VLAN 间两种通信方案

在交换机上划分 VLAN 后，VLAN 间的计算机就无法通信。VLAN 间的通信需要借助第三层设备，如路由器或第三层交换机。VLAN 间路由主要有单臂路由和三层交换两种解决方案。三层交换机可以看成是“路由器＋二层交换机”，因为采用了特殊的技术，其数据处理能力比路由器要强大。实际中，单臂路由实现 VLAN 间路由时转发速率较慢，更多的是使用第二种方案。本任务采用的也是第二种方案。

(三) VLAN 间通信原理

三层交换机实现 VLAN 间互相访问的原理是，利用三层交换机的路由功能，通过识别数据报的 IP 地址，查找路由表进行转发。三层交换机利用直连路由可以实现不同的 VLAN 间的访问。

三层交换机给接口配置 IP 地址采用交换虚拟接口(Switch Virtual Interface，SVI)的方式，实现 VLAN 间互连。SVI 是指为交换机中的 VLAN 创建虚拟接口，并且配置 IP 地址。

直连路由是指为三层设备的接口配置 IP 地址，并且激活该端口，三层设备会自动产生该接口 IP 地址所在网段的直连路由信息。

为便于说明三层交换机进行 VLAN 间通信(VLAN 间路由)过程举例如下：

两台主机连接在同一台三层交换机上。主机 PCA 所在网络 192.168.1.0/24，划分在 VLAN10 中。主机 PCB 所在网络 192.168.2.0/24，划分在 VLAN20 中，如图 5－2－1 所示。

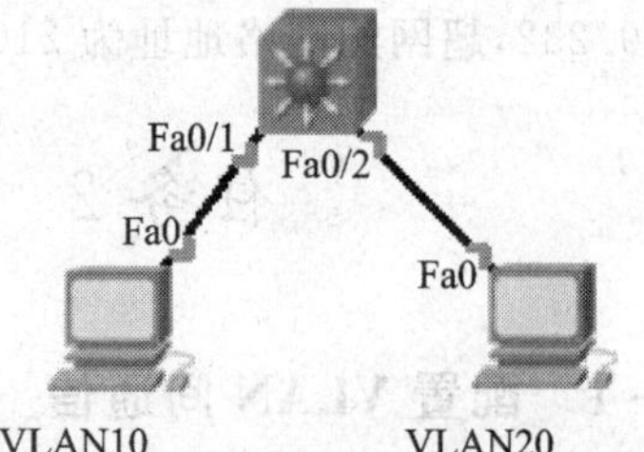

图 5－2－1　VLAN 间通信拓扑图

PCA 向 PCB 发送数据时，针对目标 IP 地址，

PCA 可以判断出通信对象不属于同一个网络，因此，向默认网关发送数据(帧 1)。交换机通过检索 MAC 地址列表后，经由内部汇聚链接，将数据帧转发给路由模块。在通过内部汇聚链路时，数据帧被附加了属于 VLAN10 的 VLAN 识别信息(帧 2)。

路由模块在收到数据帧时，先由数据帧附加的 VLAN 识别信息分辨出其属于 VLAN10，据此判断由 VLAN10 接口负责接收并进行路由处理。因为目标网络 192.168.2.0/24 是直连路由的网络，且对应 VLAN20；因此，接下来就会从 VLAN20 接口经由内部汇聚链路转发回交换模块。在通过汇聚链路时，这次数据帧被附加上属于 VLAN20 的识别信息(帧 3)。

交换机收到这个帧后，检索 VLAN20 的 MAC 地址列表，确认需要将其转发给 PCB 连接的端口。由于端口是通常的访问链接，因此转发前会先将 VLAN 识别信息除去(帧 4)。最终，PCB 成功地收到交换机转发来的数据帧。

四、工具材料

- 真实岗位：PC、服务器、交换机、路由器等组成网络。
- 虚拟实验：VMware、操作系统或 Cisco Packet Tracer 软件。

五、任务实施

在拓扑图 5-1-3 中，实现 VLAN20 与 VLAN30 间通信操作步骤如下：

(一) VLAN 配置

在设计部、测试部交换机上分别划分 VLAN 20 和 VLAN 30，并把 Fa0/5 分别划分到 VLAN20 和 VLAN30

```
Switch>enable                                          ! 在 Switch5 上
Switch#configure terminal
Switch(config)#hostname Switch5                        ! 交换机命名
Switch5(config)#vlan 20                                ! 创建 VLAN20
Switch5(config-if)#name designDepartment
Switch5(config-if)#exit
Switch5(config)#interface fastethernet0/5              ! 划分 Fa0/5 到 VLAN20
Switch5(config-if)#switchport access vlan 20
Switch5(config-if)#exit
```

此时，可以验证结果。

```
Switch5#show vlan id 10                                ! 验证 VLAN
Switch>enable                                          ! 在 Switch6 上
Switch#configure terminal
Switch(config)#hostname Switch6                        ! 交换机命名
Switch6(config)#vlan 30                                ! 创建 VLAN30
Switch6(config-if)#name testDepartment
Switch6(config-if)#exit
Switch6(config)#interface fastethernet0/5              ! 划分 Fa0/5 到 VLAN30
Switch6(config-if)#switchport access vlan 30
Switch6(config-if)#exit
```

此时，可以验证结果。

```
Switch6#show vlan id 20                                ! 验证 VLAN
```

（二）二层交换机 trunk 模式配置

把设计部、测试部交换机上连的端口 Fa0/1 分别定义为 trunk 模式。

```
Switch5#configure terminal                                    ! 在 Switch5 上
Switch5(config)#interface fastethernet0/1                     ! 定义 trunk 模式
Switch5(config-if)#switchport mode trunk
```

此时，可以验证结果。

```
Switch5#show interface fastethernet0/1  switchport            ! 验证模式
Switch6#configure terminal                                    ! 在 Switch6 上
Switch6(config)#interface fastethernet0/1
Switch6(config-if)#switchport mode trunk
```

此时，可以验证结果。

```
Switch6#show interface fastethernet0/1  switchport
```

（三）三层交换机的虚拟接口配置

在核心层交换机上配置 SVI。

```
switch>enable
switch#configure terminal
switch(config)#hostname switchA
switchA(config)#exit
```

此时，可以验证结果。

```
switchA#show interface fastethernet0/3  switchport
switchA#show interface fastethernet0/4  switchport
switchA#configure terminal
switchA(config)#vlan 20                                       ! 创建 VLAN20
switchA(config-if)#name designDepartment
switchA(config-if)#exit
switchA(config)#vlan 30                                       ! 创建 VLAN30
switchA(config-if)#name testDepartment
switchA(config-if)#exit
```

此时，可以验证结果。

```
switchA#show vlan id 20
switchA#show vlan id 30
switchA(config)#interface vlan 20                             ! 配置 SVI
switchA(config-if)#ip address 192.168.2.65 255.255.255.192    ! IP 地址及掩码
switchA(config-if)#no shutdown                                ! 激活
switchA(config-if)#exit
switchA(config)#interface vlan 30                             ! 配置 SVI
switchA(config-if)#ip address 192.168.2.129 255.255.255.192   ! IP 地址及掩码
switchA(config-if)#no shutdown                                ! 激活
switchA(config-if)#end
```

```
switchA(config)# ip routing                              ! 在三层交换机上启用路由功能
```

此时，可以验证结果。

```
switchA# show ip interface                               ! 验证接口状态和配置
switchA# show running-config                             ! 验证当前操作配置
```

(四) VLAN 间通信测试

PC2 和 PC3 分别位于 VLAN20 和 VLAN30 中，测试 VLAN20 和 VLAN30 间通信。把 PC2 和 PC3 的网关分别改为 192.168.2.65 和 192.168.2.129，然后 PC2 和 PC3 相互 ping 通。

按照同样的方法，配置 VLAN10 的 SVI。

六、检查评议

具体评价方式、评价内容及评价标准见附录。

七、拓展提高

知识链接：

(一) 二层交换机上配置 IP 地址和网关的作用

二层交换机可以配置 IP 地址。当二层交换机配置 IP 地址后，在该地址的相同网段内，可利用"Telnet IP 地址"登录连接到交换机，实现远程管理。

如果要跨网段登录另一个网段的二层交换机，则必须给双方的二层交换机都配置指定的默认网关地址。配置了交换机的静态路由后，其他网段对管理 IP 发起请求时交换机可以正常回包响应。该静态路由不参与大网络环境的路由转发，只相当于给交换机配置了一个默认网关的功能。

在三层上给 VLAN 配置 IP 地址，除了可用于远程管理交换机外，还具有 VLAN 间通信的作用。该 IP 地址网段的网关告诉交换机后，网关即成为本网段欲访问其他网段的下一跳地址。

一般要加默认路由 ip route 0.0.0.0 0.0.0.0 x.x.x.x。

(二) 三层交换技术

三层交换技术(也称多层交换技术，或 IP 交换技术)是相对于传统交换概念提出的。传统的交换技术是在数据链路层进行工作，三层交换技术是在网络层实现了数据包的高速转发。三层交换技术＝二层交换技术＋三层转发技术。三层交换技术解决了 LAN 中网段划分之后，网段中子网必须依赖路由器进行管理的局面，解决了传统路由器低速、复杂所造成的网络瓶颈问题。

(三) 三层交换原理

三层交换机是具有三层交换功能的设备，是带有第三层路由功能的第二层交换机，是两者的有机结合。三层交换原理是：

三层交换机中，增加了第三层交换模块，该模块完成路由功能。三层交换机的数据交换仍由第二层交换模块完成。由于三层交换机采用了"一次路由，多次交换"技术，又由于其交换功能主要依赖于硬件实现，所以三层交换机的数据转发速率比传统路由器快。

假设主机 PC1、PC2 通过三层交换机通信，PC1 在发送数据时，把本机 IP 地址(源 IP)与 PC2 的 IP 地址(目的 IP)比较，判断 PC2 是否与自己在同一子网内。若两主机在同一子网内，则进行二层的转发。

若两主机不在同一子网内，那么PC1必须向“默认网关”发出ARP(地址解析)封包，而“默认网关”的IP地址是三层交换机的三层交换模块。当PC1对“默认网关”的IP地址广播出一个ARP请求时，如果三层交换模块在以前的通信过程中已经知道PC2的MAC地址，则向PC1回复PC2的MAC地址。否则三层交换模块根据路由信息向PC2广播一个ARP请求，PC2得到此ARP请求后向三层交换模块回复其MAC地址，三层交换模块保存此地址并回复给PC1，同时将PC2的MAC地址发送到二层交换引擎的MAC地址表中。

此后，当PC1向PC2发送的数据包便全部交给二层交换处理，信息得以高速交换。由于仅仅在路由过程中才需要三层处理，绝大部分数据都通过二层交换转发，因此三层交换机的速度很快，接近二层交换机的速度，同时比相同路由器的价格低很多。

技能链接：单臂路由实现VLAN间通信

如图5-2-2所示为通信拓扑图。

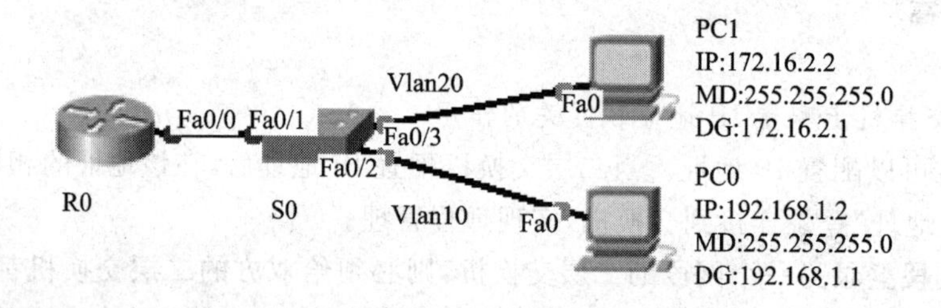

图5-2-2 VLAN间通信拓扑图

实现VLAN10和VLAN20间通信的步骤如下：

(1) 设置两台PC的IP地址和默认网关。

(2) 配置交换机S0。

```
S0>enable
S0#configure terminal
S0(config)#vlan 10
S0(config-vlan)#exit
S0(config)#vlan 20
S0(config-vlan)#exit
S0(config)#interface fastEthernet 0/2
S0(config-if)#switchport mode access
S0(config-if)#switchport access vlan 10
S0(config-if)#exit
S0(config)#interface fastEthernet 0/3
S0(config-if)#swithcport mode access
S0(config-if)#switchport access vlan 20
S0(config-if)#exit
S0(config)#interface fastEthernet 0/1
S0(config-if)#switchport mode trunk
S0(config-if)#end
```

(3) 配置路由器Router1。

```
Router1>enable
```

```
Router1#configure terminal
Router1(config)#interface fastEthernet 0/0
Router1(config-if)#no ip address
Router1(config-if)#no shutdown
Router1(config-if)#exit
Router1(config)#interface fastEthernet 0/0.10
Router1(config-subif)#encapsulation dot1Q 10
Router1(config-subif)#ip address 192.168.1.1 255.255.255.0
Router1(config-subif)#no shutdown
Router1(config-subif)#exit
Router1(config)#interface fastEthernet 0/0.20
Router1(config-subif)#encapsulation dot1Q 20
Router1(config-subif)#ip address 172.16.2.1 255.255.255.0
Router1(config-subif)#no shutdown
Router1(config-subif)#end
Router1#show running-config
```

(4) 测试两台 PC 连通性。

任务 2-2 分析 IP 数据报

一、任务描述

企业网连通后,分析 IP 数据报,查看 IP 数据报格式,为企业网络组建服务。

二、任务分析

在网络层,分析 IP 数据报,需要捕获网络中的 IP 数据报,再分析数据报的格式、内容。IP 数据报格式包括:IP 数据报的版本、首部长度、服务类型、数据报总长度、数据报标识、分段标志、分段偏移值、生存时间、上层协议类型、首部校验和、源 IP 地址和目的 IP 地址等。

三、知识准备

(一) IP 协议

在 TCP/IP 模型中,网络层上有多种协议,其中,IP 协议是最重要的协议之一。与 IP 协议配套使用的还有四个协议,如 ARP 协议、RARP 协议、因特网控制报文协议(Internet Control Message Protocol,ICMP 协议)和因特网组管理协议(Internet Group Management Protocol,IGMP 协议)。在网络层上,IP 协议处于中间,IP 使用 ARP 和 RARP 协议,ARP 和 RARP 协议位置处于下方,靠近下一层;ICMP 和 IGMP 使用 IP 协议,ICMP 和 IGMP 位置处于上方,靠近上层传输层。ICMP 提供网络控制和消息传递功能,ping 命令就是实现该协议的软件。

(二) IP 协议作用

IP 协议用来使互连的计算机网络能够通信,是互连网的核心协议,定义了用以实现面向无连接服务的网络层分组格式,其中包括 IP 寻址方式。不同网络技术(如不同的 LAN 技术、不同的 WAN 技术)的主要区别在数据链路层和物理层。IP 协议能够将不同的网络技术在 TCP/IP 的网络层统一在 IP 协议之下,以统一的 IP 分组传输,提供了对异构网络互联的支持。TCP/IP 体系中的网络层也称为网际层(Internet Layer)或 IP 层。

（三）IP 数据报

IP 协议控制传输的协议单元称为 IP 数据报（IP Datagram，IP 数据报、IP 包或 IP 分组）。IP 协议屏蔽了下层各种物理子网的差异，能够向上层提供统一格式的 IP 数据报。IP 数据报采用数据报分组传输的方式，提供的服务是无连接方式。

IP 数据报的格式能够说明 IP 协议具有什么功能。IPv4 数据报由报头和数据两部分组成，其中，数据是高层需要传输的数据，报头是为了正确传输高层数据而增加的控制信息。报头的前一部分长度固定，共 20 字节，是所有 IP 数据报必须具有的。在首部固定部分的后面是可选字段，长度是可变的。

在 TCP/IP 标准中，各种数据格式常常以 32 位（即 4 字节）为单位来描述，如图 5－2－3 所示。

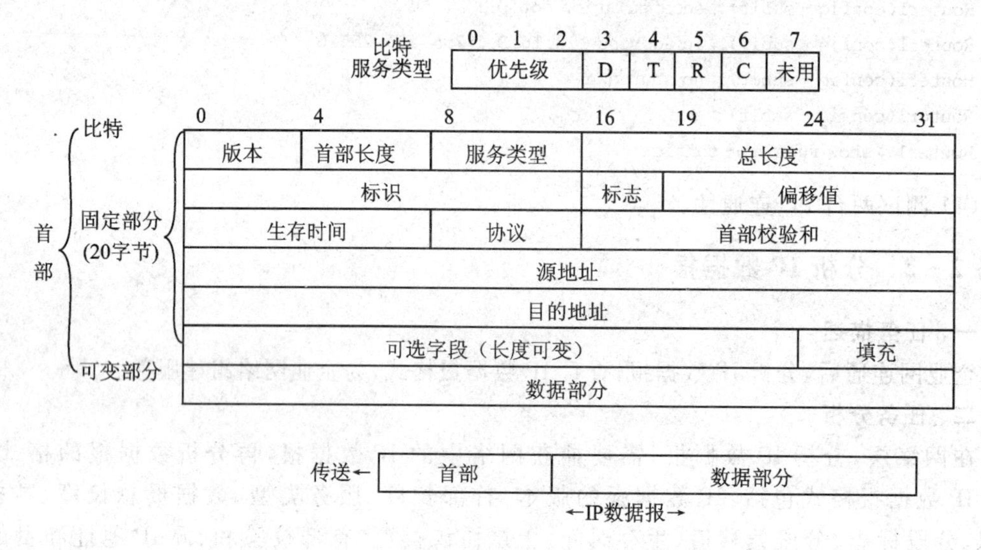

图 5－2－3　IPv4 数据报格式

首部各字段的含义如下：

1. 固定部分中的各字段

（1）版本：占 4 位，指 IP 协议的版本。通信双方使用的 IP 协议版本必须一致。目前广泛使用的 IP 协议版本号为 4（即 IPv4）。IPv6 目前还处于起步阶段。

（2）首部长度：占 4 位，可表示的最大数值是 15 个单位。1 个单位是 32 位（4 字节），图 5－2－3中占 1 行。因此，当 IP 的首部长度为 1111 时（即十进制 15），首部长度最大值 60 字节。当 IP 分组的首部长度不是 4 字节的整数倍时，必须在最后的填充字段加 0 凑足。因此，数据部分永远在 4 字节的整数倍开始，方便于实现 IP 协议。首部长度限制为 60 字节的缺点是有时不够用。但这样做的目的是希望用户尽量减少开销。

最常用的首部长度是 20 字节（即首部长度为 0101），图 5－2－3 中占 5 行，不使用任何选项。

（3）服务类型（Type Of Service，TOS）：占 8 位，用来获得更好的服务。1998 年 IETF 把这个字段改名为区分服务 DS（Differentiated Services）。3 位长度的优先级表示 8 种，4 个标志位 D、T、R 和 C 分别表示要求更低的时延、更高的吞吐量、更高的可靠性和选择更小的路由代价。通常文件传输更注重可靠性，数字声音或图像传输更注重时延。

(4) 总长度:总长度指首部与数据之和的长度,单位为字节。因为总长度字段为 16 位,所以数据报的最大长度为 $2^{16}-1=65\ 535$ 字节(即 64 KB)。

在 IP 层下面的每一种数据链路层都有自己的帧格式,帧格式中的数据字段的最大长度称为最大传送单元(Maximum Transfer Unit,MTU)。当一个数据报封装成链路层的帧时,此数据报的总长度不得超过数据链路层的 MTU 值。以太网中,实际使用的数据报长度很少超过 1 500 字节,有时还被限制在 576 字节。如果长的数据报分片,此时总长度指的是分片后每片的总长度。

(5) 标识 (Identification):占 16 位。IP 软件在存储器中维持一个计数器,每产生一个数据报,计数器就加 1,并将此值赋给标识字段。但这个"标识"并不是序号,因为 IP 是无连接的服务,数据报不存在按序接收的问题。当数据报由于长度超过网络的 MTU 而必须分片时,这个标识字段的值就被复制到所有分片后的数据报的标识字段中。相同的标识字段的值使各分片能正确地重组为原数据报。

(6) 标志 (Flag):占 3 位,但目前只有 2 位有意义。

标志字段中间的一位记为 DF(Don't Fragment)。只有当 DF=0 时,才允许分片。

标志字段中的最低位记为 MF (More Fragment)。MF=1 表示后面"还有分片"的数据报。MF=0 表示若干数据报片中的最后一个。

(7) 片偏移:占 13 位。长分组在分片后,某片在原分组中的相对位置。即相对用户数据字段的起点,该片从何处开始。片偏移以 8 字节为偏移单位。即每个分片的长度一定是 8 字节(64 位)的整数倍。

(8) 生存时间(Time To Live,TTL):占 8 位,表明数据报在网络中的寿命。由发出数据报的源点设置这个字段。其目的是防止无法交付的数据报无休止地在因特网中漫游,消耗网络资源。最初的设计是以秒作为 TTL 的单位,现改为可通过的路由器数的最大值。每通过一个路由器,TTL 值减 1。当 TTL 值为 0 时,就丢弃该数据报。

(9) 协议:占 8 位,协议字段指出此数据报携带的数据是使用何种协议,如 TCP、UDP 或 ICMP 等,以便使目的主机的 IP 层知道应将数据部分上交给哪个处理过程。常用的协议和相应的协议字段值如下:

协议名	ICMP	IGMP	TCP	EGP	IGP	UDP	IPv6	OSPF
协议字段值	1	2	6	8	9	17	41	89

(10) 首部检验和:占 16 位,只检验数据报的首部,不包括数据部分。这是因为数据报每经过一个路由器,都要重新计算首都检验和 (一些字段,如生存时间、标志、片偏移等都可能发生变化)。不检验数据部分可减少计算的工作量。该字段采用累加求补再取其结果补码的校验方法。若数据报正确到达时,检验和为 0。不为 0,则丢弃该数据报。

(11) 源地址:占 32 位。

(12) 目的地址:占 32 位。

2. 可变部分

IP 首部的可变部分就是一个可选字段,支持排错、测量及安全等措施。此字段的长度可变,1～40 字节,取决于所选择的项目。但是,最后用全 0 的填充字段补齐成为 4 字节的整数倍。

增加首部的可变部分是为了增加 IP 数据报的功能，但是，IP 数据报的首部长度可变，会增加每一个路由器处理数据报的开销。实际上可变部分很少使用，IPv6 的 IP 数据报中已取消。

四、工具材料

- 真实岗位：PC、服务器、交换机、路由器等组成网络。
- 虚拟实验：VMware、操作系统或 Cisco Packet Tracer 软件。

五、任务实施

（一）捕获 PDU

根据本项目中的图 5-1-3 所示拓扑图，从 VLAN20 中的 PC2(192.168.2.66)上，ping VLAN30 中的 PC3(192.168.2.130)。

在 Cisco Packet Tracer 软件中，切换后到模拟工作模式，将 Filters 只勾选 ICMP 协议。

然后在 PC2 上 ping PC3，按下"Capture/Forward"按钮，得到图 5-2-4 所示模拟面板。可以看到事件列表。

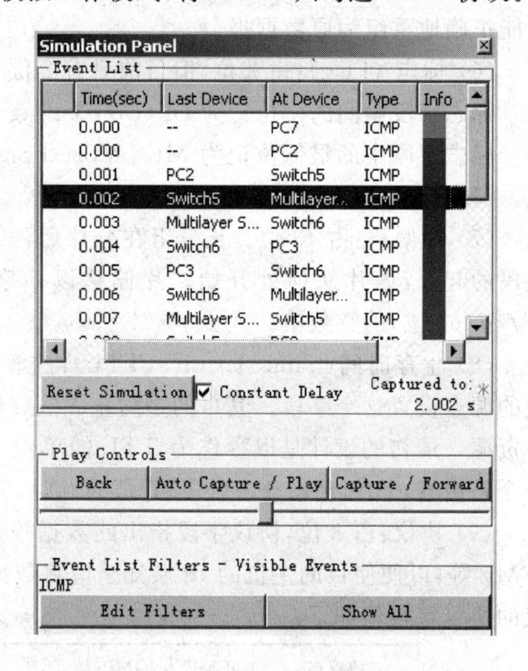

图 5-2-4 带有事件列表的模拟面板

（二）接收和发送 PDU 信息

(1) 在图 5-2-4 所示事件列表中，核心交换机右侧为信息 Info，单击此处，显示如图 5-2-5所示核心交换机上的 PDU 信息。

图中，当前设备为 SwitchA，即核心交换机，源设备为 PC2，目的设备为 192.168.2.130。左侧列为进入端口 Fa0/3 各层 In Layers，右侧列为输出端口 Fa0/4 各层 Out Layers。

(2) 在进入端口 Fa0/3 各层 In Layers 列中，从下层向上层传输数据。

最下层为物理层 Layer1，端口 Fa0/3 接收帧。

(1. FastEthernet0/3 receives the frame.)

数据链路层 Layer2，向高层进程发送 LACP/PAgP 帧，从多层 MAC 表中查找帧源 MAC 地址。帧目的 MAC 地址匹配活动 VLAN 接口的 MAC 地址。帧目的 MAC 地址匹配接收端口 MAC 地址、广播地址或多播地址。设备解封来自以太网帧的 PDU。

(1. Sending a valid LACP/PAgP frame to the higher process.

2. The frame source MAC address was found in the MAC table of Multilayer Switch.

3. The frame destination MAC address matches the MAC address of the active VLAN interface.

4. The frame's destination MAC address matches the receiving port's MAC address, the broadcast address, or a multicast address.

5. The device decapsulates the PDU from the Ethernet frame.)

网络层 Layer3 路由器在 CEF 表中查找目的 IP 地址。

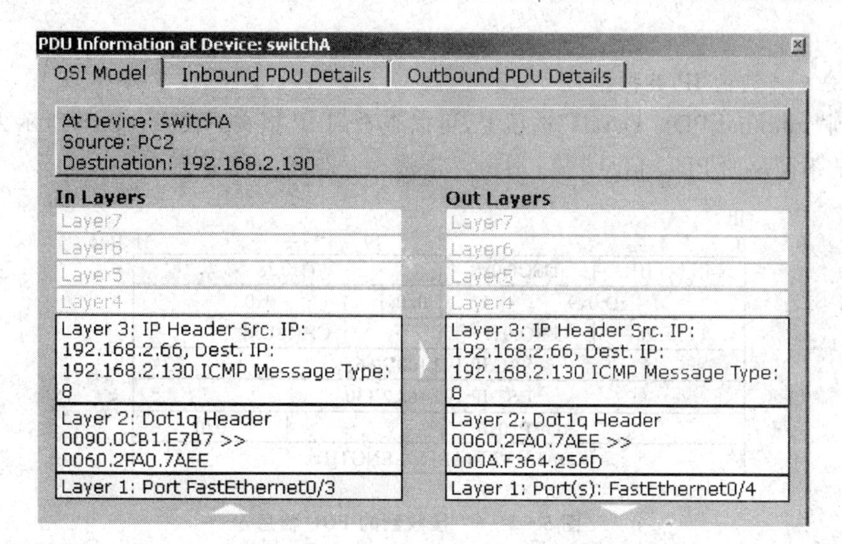

图 5-2-5　核心交换机上的 PDU 信息

(1. The router looks up the destination IP address in the CEF table.)

(3) 经过三层交换机，在输出端口 Fa0/4 各层 Out Layers 列中，从上层向下层传输数据。网络层 Layer3 中，CEF 表中有一目的 IP 地址条目。路由器将分组中 TTL 减 1。

(1. The CEF table has an entry for the destination IP address.

2. The router decrements the TTL on the packet.)

数据链路层 Layer2 下一跳 IP 地址在邻接表中，设备设置帧的目的 MAC 地址。设备封装 PDU 到以太网帧中。多层交换机使用活动 VLAN 接口作为输出 VLAN 号。这是广播帧。多层交换机在 MAC 地址表中查找目的 MAC 地址。输出端口是 trunk 端口，允许输入端口 VLAN 号。多层交换机发送帧到端口。

(1. The next - hop IP address is in the adjacency table. The device sets the frame's destination MAC address to the one found in the table.

2. The device encapsulates the PDU into an Ethernet frame.

3. The Multilayer Switch uses the active VLAN interface as the outgoing VLAN number.

4. This is a unicast frame. Multilayer Switch looks in its MAC table for the destination MAC address.

5. The outgoing port is a trunk port and the incoming port VLAN number is allowed in the trunk. Multilayer Switch sends out the frame to that port.)

物理层 Layer1 的 Fa0/4 端口发送帧。

(1. FastEthernet0/4 sends out the frame.)

(4) 比较。

In Layers 列和 Out Layers 列的网络层中的源 IP 地址、目的 IP 地址及协议类型没有发生变化。

In Layers 列和 Out Layers 列的数据链路层中的源 MAC 地址、目的 MAC 地址发生了变化。

In Layers 列和 Out Layers 列的物理层中的两个端口不同，一个是 Fa0/3，另一个是

Fa0/4。

（三）分析捕获的 IP 数据报

切换到“Inbound PDU Detals”选项卡，可以查看到 IP 报文。图 5－2－6 所示为核心交换机接收到的不同层的 PDU 信息。

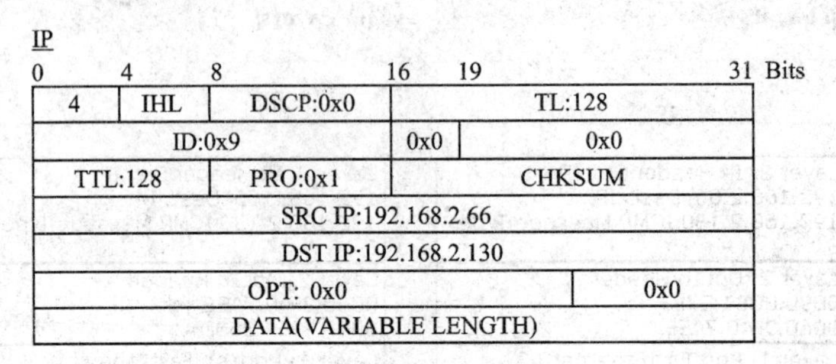

图 5－2－6　接收到的 PDU 信息

切换到“Outbound PDU Detals”选项卡，可以查看到 IP 报文。图 5－2－7 所示为核心交换机发送出的不同层的 PDU 信息。

IP

0	4	8	16	19	31 Bits
4	IHL	DSCP:0x0	TL:128		
ID:0x9			0x0	0x0	
TTL:127		PRO:0x1	CHKSUM		
SRC IP:192.168.2.66					
DST IP:192.168.2.130					
OPT:0x0				0x0	
DATA(VARIABLE LENGTH)					

图 5－2－7　发出的 PDU 信息

图 5－2－6 和图 5－2－7 中，两个 IP 报文内容基本相同，各个字段值，例如，IP 数据报的版本 4，首部长度固定值，数据报总长度 128 字节，数据报标识 9，没有分段及分段偏移值 0，协议类型 1(ICMP 协议)，源 IP 地址 192.168.2.66，目的 IP 地址 192.168.2.130，没有可变部分等。但生存时间 TTL 减 1，由 128 变为 127。

六、检查评议

具体评价方式、评价内容及评价标准见附录。

七、拓展提高

知识链接：IP 数据报的封装、分片与重组

1. IP 数据报的封装

IP 数据报在互联网上传输，要跨越多个网络，所以 IP 数据报最终也要封装成帧传输。在项目一图 1－2－8 中，显示了网络层的 IP 数据报封装进数据链路层的数据帧的过程。

在互联网上，当源主机向目的主机发送数据时，中间网络需要重新封装 IP 数据报。源主机、中间路由器、目的主机在内存中只保留整个 IP 数据报，没有附加帧头信息。只有在物理网络时，才会被封装进一个合适的帧中，进行传输。在整个互联网的传输过程中，帧头并没有累加，目的主机接收到的 IP 数据报与源主机发送时是一样的。

2. IP 数据报的分片

不同网络的数据链路层是不一样的，都有自己的数据帧格式，MTU 也不同。当 IP 数据报被封装进数据链路层的数据帧中时，IP 数据报的总长度不能超过 MTU 值。也就是说，一个 IP 数据报的长度小于或等于一个网络的 MTU 时，才能在这个网络中传输。如表 5-2-1 所列为不同数据链路层协议的 MTU 值。

表 5-2-1　不同数据链路层协议的 MTU 值

协　议	MTU 值	协　议	MTU 值
Hyperchannel	65535	以太网	1500
令牌环(16 Mbps)	17914	X.25	576
令牌环(4 Mbps)	4464	PPP	296
FDDI	4352		

当路由器连接两个不同协议的网络时，两个网络的 MTU 可能不同，从一个网络上接收的 IP 数据报不一定能在另一个网络上发送。例如，从以太网接收，发送到 X.25 网。此时，MTU 1 500＞576，所以，路由器必须把 IP 数据报分成多个较小的部分，即分片。每个分片像正常的 IP 数据报独立路由选择，到达目的主机。

3. IP 数据报的重组

目的主机将接收到的所有分片，根据数据报的标识、偏移、标志等字段，重新组装成完整的原始 IP 数据报的过程，称为 IP 数据报的重组。IP 数据报的重组不是在路由器上，而是在最终的目的主机上。

任务 3　配置路由

任务 3-1　路由器的基本配置

一、任务描述

企业网内部建设已经初步完成，目前需要连接到外网，请在路由器上进行基本配置。

二、任务分析

一般，LAN 要接入 WAN 需要路由器(Router)提供转接服务，路由器可以识别各种网络协议，确保连接的网络主机相互通信。路由器基本配置包括端口上的 IP 地址配置、DCE 与 DTE 的时钟频率配置等。

三、知识准备

(一) 路由器

路由器是工作在网络层的设备，用来连接不同的网络，专门用来转发分组。路由器使用统一的 IP 协议，根据目的网络地址找出下一跳，直到该分组到达目的地为止。

路由器逻辑上由两部分构成，路由选择部分和分组转发部分。路由选择部分根据路由协议建立路由表，并更新和维护。分组转发部分由交换结构、输入端口和输出端口组成，负责将从输入端口收到的分组通过输出端口转发出去。因此，路由器有两个基本功能，即路由选择和交换功能，路由把分组按照路由表从一个网络传送到另一个网络。

（二）路由器分类

按处理能力可分为高端和中低端路由器。按结构可分为模块化和非模块化路由器。按所处网络位置可分为核心和接入路由器。按功能可分为通用和专用路由器。按性能可分为线速和非线速路由器。

通常，高端路由器是模块化结构和线速路由器，用作核心路由器。

（三）路由器的作用

路由器功能强大，是工作在网络层的设备，提供访问控制、优先级服务和负载平衡功能，还具有下列作用：

1. 连接异构网络

路由器有多种网络的接口（端口），例如，以太网口、令牌环口、FDDI 口、ATM 口、串行连接口、SDH 连接口、ISDN 连接口等。通过不同的接口，路由器可以连接异构网络，典型互联方式有 LAN—LAN、LAN—WAN 和 WAN—WAN 等。

路由器是因特网的核心设备，可以将 IP 分组封装到以太网的数据帧中，也可以从以太网的数据帧中解封出 IP 分组。

2. 实现网络的逻辑划分

路由器在物理上扩展网络，在逻辑上划分网络。路由器不同接口连接的网络一定不在同一网段。路由器连接的网络属于不同的冲突域，也属于不同的广播域，路由器可以隔离广播流量。

（四）DCE 与 DTE

数据通信设备或者数据电路端接设备（Data Circuit - terminating Equipment，DCE）：大多数数据处理设备的数据传输能力是很有限的，直接将相隔很远的两个数据处理设备连接起来，是不能进行通信的。必须在数据处理设备和传输线路之间加上 DCE。DCE 和其相应的连接构成了网络终端的接口。DCE 在 DTE 和传输线路之间提供信号变换和编码的功能，负责网络物理链路的建立、保持和终止连接，并且提供用于同步 DCE 设备和 DTE 设备之间数据传输的时钟信号。

数据终端设备（Data Terminal Equipment，DTE）：是具有一定的数据处理能力、发送和接收数据能力的设备，位于用户端。DTE 通过 DCE 连接到数据网络上，并且通常使用 DCE 产生的时钟信号。

路由器就是 DTE 设备。DCE 设备是专用通信设备，如分组交换机。路由器提供 WAN 接口（serial 高速同步串口），使用 V.35 线缆连接 WAN 接口链路。连接时一端为 DCE，一端为 DTE。

EIA - 232 是 DTE 与 DCE 之间的接口标准。

四、工具材料

- 真实岗位：PC、服务器、交换机、路由器等组成网络。
- 虚拟实验：VMware、操作系统或 Cisco Packet Tracer 软件。

五、任务实施

（一）路由器连接

拓扑图 5 - 1 - 3 中，内网边界路由器 Router1，作为企业网的 DTE 设备，连接到外网。本任务拓扑图中，DCE 采用的是路由器 Router2。为便于测试，DTE 与 DCE 间采用 V.35 线缆连接。

（二）路由器基本配置

1. Router1 基本配置

```
Router>enable                                          ! 进入特权状态
Router#configure terminal                              ! 进入全局设置状态
Router(config)#no ip domain-lookup                     ! 配置工作环境,关闭路由器的域名查找,当输错
                                                         命令时不进行 DNS 解析
Router(config)#hostname  Router1                       ! 路由器改名字为 Router1
Router1(config)#interface fastethernet0/0              ! 进入快速以太网 0 模块 0 端口
Router1(config-if)#ip address 172.16.1.1  255.255.255.0   ! 为端口 Fa0/0 配置 IP 地址及掩码
Router1(config-if)#no shutdown                         ! 启用(激活)该端口
Router1(config-if)#exit                                ! 退出该端口配置
Router1(config-if)#interface serial2/0                 ! 进入同步串口 2 模块 0 端口
Router1(config-if)#ip address 210.29.233.1  255.255.255.0   ! 为端口 Se2/0 配置 IP 地址及掩码
Router1(config-if)#no shutdown                         ! 启用(激活)该端口
Router1(config-if)#end                                 ! 退出到特权模式
Router1#copy running-config start-config               ! 把刚才的配置写入缓存中,最后必须加该句,否
                                                         则整个配置无效
Router1#show running-config                            ! 显示所有配置信息
```

2. Router2 基本配置

与 Router1 基本相同,作为 DCE,设置时钟频率。

```
Router>enable                                          ! 进入特权状态
Router#configure terminal                              ! 进入全局设置状态
Router(config)#no ip domain-lookup                     ! 配置工作环境,关闭路由器的域名查找,当输错
                                                         命令时不进行 DNS 解析
Router(config)#hostname  Router2                       ! 路由器改名字为 Router2
Router2(config)#interface fastethernet0/0              ! 进入快速以太网 0 模块 0 端口
Router2(config-if)#ip address 192.168.4.1  255.255.255.0   ! 为端口 Fa0/0 配置 IP 地址及掩码
Router2(config-if)#no shutdown                         ! 启用(激活)该端口
Router2(config-if)#exit                                ! 退出该端口配置
Router2(config-if)#interface serial2/0                 ! 进入同步串口 2 模块 0 端口
Router2(config-if)#ip address 210.29.233.2 255.255.255.0   ! 为端口 Se2/0 配置 IP 地址及掩码
Router2(config-if)#clock rate 128000                   ! 设置时钟频率为 128000
Router2(config-if)#no shutdown                         ! 启用(激活)该端口
Router2(config-if)#end                                 ! 退出到特权模式
Router2#copy running-config start-config               ! 把刚才的配置写入缓存中,最后必须加该句,否
                                                         则整个配置无效
Router2#show running-config                            ! 显示所有配置信息
```

（三）核心交换机三层端口配置

```
switchA(config)#interface FastEthernet0/1              ! 进入端口
switchA(config-if)#no switchport                       ! 启用三层端口
switchA(config-if)#ip address 172.16.1.2  255.255.255.0      ! 配置 IP
```

```
switchA(config-if)# no shutdown                    ! 激活
```

（四）测试连通性

1. 在 Router1 上 ping Router2

```
Router1 # ping 210.29.233.2                        ! 能够通信
```

2. 进入 PC4

```
输入 ping 192.168.4.1                              ! 能够通信
输入 ping 210.29.233.2                             ! 能够通信
输入 ping 210.29.233.1                             ! Request timed out.超时
```

3. 进入 PC1

```
输入 ping 192.168.1.1                              ! 能够通信
输入 ping 172.16.1.2                               ! 能够通信
输入 ping 172.16.1.1                               ! Request timed out.超时
输入 ping 210.29.233.1          ! Reply from 192.168.1.1: Destination host unreachable.不可达
```

注意分析，为什么不能够通信。

六、检查评议

具体评价方式、评价内容及评价标准见附录。

七、拓展提高

知识链接：路由器硬件组成

(1) 中央处理器(CPU)：负责执行路由器操作系统的指令，并执行通过控制台(Console)和 Telnet 连接输入的用户命令。CPU 的处理能力直接影响路由器的处理能力。

(2) 随机存储器(RAM)：存储正在运行的配置或活动配置文件，进行报文缓存等；当大量数据流向同一端口时，RAM 可以提供数据排队所需的空间；在设备操作期间，RAM 还能提供保存路由器配置文件所需的存储空间。路由器断电后，RAM 中内容消失。

(3) 闪存(Flash Memory)：是一种可擦写，可编程类型的 ROM，负责保存 OS 的映像和路由器的微码，只要时间允许，用户可以在闪存中存储多个 OS 映像。通过普通文件传输协议 TFTP 可以将 OS 的映像加载到另一个路由器上。

(4) 非易失性 RAM(NVRAM)：路由器断电后，仍能保持其内容。路由器中没有软盘和硬盘，因此将配置文件保存在 NVRAM 中。

(5) 只读存储器(ROM)：存放路由器启动时首先使用的映像。ROM 中所包含的代码执行加电检测，并负责加载 OS 软件。

(6) 路由器接口：

① LAN 接口。LAN 接口类型如 10Base-T、100Base-T 等。

② WAN 接口。路由器比其他设备的接口种类丰富，常见的有同步串口、异步串口、ISDN 接口、E1 接口。

③ Console 接口。Console 接口在配置过程中写为"interface line 0"，该接口通过 console 线与 PC 的串口相连。控制台串口需要设置一些参数，如波特率、奇偶校验等，建议使用默认值。

任务3－2　配置静态路由

一、任务描述

为了能让企业内网中的PC访问外网，请进行相关路由配置。

二、任务分析

在基本配置完成后，企业网络中的PC访问外网，需要配置相应的路由。本任务采用静态路由配置的方法。

三、知识准备

（一）什么是路由

路由是WAN数据包的寻址方式，是把信息从源主机通过网络传输到目的主机的行为，该行为发生在网络层，在传输路径上，至少有一个中间节点。路由包括确定最佳路径和数据转发。

从用户角度看，在路由中，路由器从一个接口接收到数据报，根据数据报的目的IP地址进行定向，并转发到另一个接口。路由分为静态路由和动态路由。

（二）什么是静态路由

静态路由是指由网络管理员手工配置路由表，并指定每条路径的路由信息，这些路径自身并不改变。当网络的拓扑结构或链路的状态发生变化时，网络管理员需要手工修改。一般情况下，静态路由信息不会广播给其他的路由器。

静态路由优点，一个是简单、高效、可靠，另一个是网络安全保密性高。

静态路由一般适用于小型、拓扑相对稳定的网络环境，网络管理员了解网络的拓扑结构，便于设置正确的路由信息。静态路由的缺点是，不能随着网络的改变自动做出调整，因此，不适用于大型、易变的网络。

（三）什么是路由表

网络通过路由设备连接。当数据发送给另一网络的主机时，中间要经过若干的路由器。当路由器接收到数据，首先解封出网络层IP数据报，解析出其网络号，并判断此数据包发往哪个方向，也就是确定下一个路由器。判断的依据就是路由表。

1. 路由表

所谓路由表，指的是路由器等互联网网络设备上存储的表，该表中存有到达特定网络终端的路径，在某些情况下，还有一些与这些路径相关的度量参数（不同的协议存在差异）。

每个路由器中都保存着一张路由表。路由表中每条路由项都指明数据报到某个子网或某主机应通过路由器的哪个物理地址发送，然后就可以到达该路径的下一个路由器，或者不再经过别的路由器而传送到直接相连的网络中的目的主机。

路由表中的重要信息有信息类型、目的地/下一跳、路由选择度量标准、出站接口等。信息类型指创建路由条目的路由选择协议的类型。目的/下一跳指路由器下一步要传送的地址，告知路由器，到达目的时的最佳路径是把分组发送给哪一个路由器接口。当路由器收到一个分组，就检查其目标地址，尝试将此地址与其“下一跳”相联系。路由选择度量标准用来判别路由的好坏。出站接口指数据被发送出去的接口。

如图5－3－1所示，PC1经过R1和R2，与PC2相互发送数据。

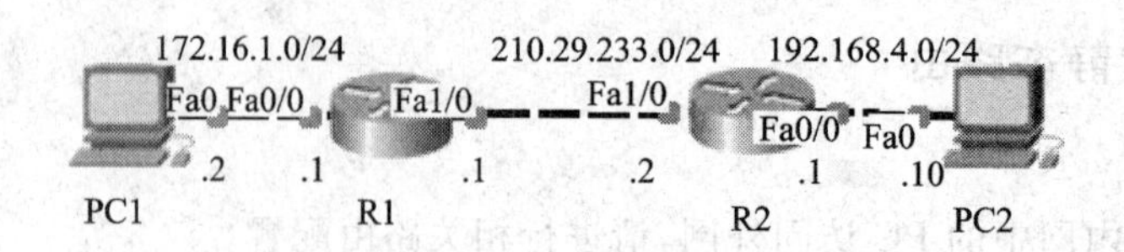

图 5-3-1　路由表学习用拓扑图

在 R1 上、R2 上分别添加静态路由，路由表如图 5-3-2 所示。

R1 路由表		
类型	目的	下一跳
C	172.16.1.0	Fa0/0
C	210.29.233.0	Fa1/0
S	192.168.4.0	Fa1/0

手工添加去往 192.168.4.0，走 Fa1/0 这条路径

R2 路由表		
类型	目的	下一跳
C	192.168.4.0	Fa0/0
C	210.29.233.0	Fa1/0
S	172.16.1.0	Fa1/0

手工添加去往 172.16.1.0，走 Fa1/0 这条路径

图 5-3-2　R1 与 R2 上的路由表

2. 路由表的组成

路由表由一条条路由信息组成。路由表的产生方式一般有三种：直连路由、静态路由和动态路由协议学习产生的路由。

直连路由：接口配置 IP 地址，路由器自动产生该接口所在网段的路由信息。

静态路由：通过手工的方式配置，从而实现网段之间的连接。

动态路由协议学习产生的路由：运行动态路由协议，路由器之间自动互相学习产生路由信息。

3. 路由表中的默认路由

在路由选择过程中，如果路由表没有明确指明一条到达目的网络的路由信息，就会将数据报转发到默认路由指定的路由器。默认路由有助于缩小路由表的长度。默认路由采用 0.0.0.0 作为目的网络，0.0.0.0 作为子网掩码，默认路由器的地址作为下一跳 IP 地址。

路由器中如果既有静态路由，也有动态路由，静态路由优先级最高，当动态路由与静态路由发生冲突时，以静态路由为准。如果路由表中都没有合适的路由，则通过默认路由将数据包传输出去。

4. 路由的分类

根据路由的目的地不同，路由可被划分为：子网路由、主机路由。根据目的地与该路由器是否直接相连，路由又可划分为：直连路由、间接路由。

（四）路由表查看

1. 路由器 Router1 中查看路由表

在图 5-3-1 拓扑图中，查看路由器 Router1 中的路由表，如图 5-3-3 所示。

图中常见代码含义：C-connected 直连路由；S-static 静态路由；R-RIP，O-OSPF 为动态协议路由。

Router1 有两条直连路由：

```
C      172.16.1.0 is directly connected, FastEthernet0/0
C      210.29.233.0/24 is directly connected, Serial2/0
```

```
Router1#show ip route
Codes: C - connected, S - static, I - IGRP, R - RIP, M - mobile, B - BGP
       D - EIGRP, EX - EIGRP external, O - OSPF, IA - OSPF inter area
       N1 - OSPF NSSA external type 1, N2 - OSPF NSSA external type 2
       E1 - OSPF external type 1, E2 - OSPF external type 2, E - EGP
       i - IS-IS, L1 - IS-IS level-1, L2 - IS-IS level-2, ia - IS-IS inter area
       * - candidate default, U - per-user static route, o - ODR
       P - periodic downloaded static route

Gateway of last resort is not set

     172.16.0.0/24 is subnetted, 1 subnets
C       172.16.1.0 is directly connected, FastEthernet0/0
C    210.29.233.0/24 is directly connected, Serial2/0
```

图 5-3-3 路由器中路由表

2. PC1 中查看路由表

PC1 中查看路由表如图 5-3-4 所示。

>netstat -r

```
PC>netstat -r

Route Table
===========================================================================
Interface List
0x1 ........................... PT TCP Loopback interface
0x2 ...00 16 6f 0d 88 ec ...... PT Ethernet interface
===========================================================================
===========================================================================
Active Routes:
Network Destination        Netmask          Gateway       Interface  Metric
          0.0.0.0          0.0.0.0      192.168.1.1    192.168.1.10       1
Default Gateway:       192.168.1.1
===========================================================================
Persistent Routes:
  None
```

图 5-3-4 PC1 中路由表

活动路由为：

Network Destination	Netmask	Gateway	Interface	Metric
0.0.0.0	0.0.0.0	192.168.1.1	192.168.1.10	1

这是一条默认路由。

（五）静态路由配置

在网络结构比较简单，一般到达某一网络所经过的路径唯一的情况下采用静态路由。

建立静态路由命令格式：

ip route [目的网络地址] [子网掩码] [下一跳 IP 地址/本地端口]

在图 5-3-3 中，Router1 有两条直连路由。172.16.1.0 直接连接，下一跳为 FastEthernet0/0；210.29.233.0/24 直接连接，下一跳为 Serial2/0。如果欲与 192.168.4.0/24 连通，需要配置路由。配置命令如下：

```
Router1(config)# ip route 192.168.4.0 255.255.255.0 210.29.233.2
```

由于路由器 Router1 除了与路由器 Router2 相连外，不再与其他路由器相连，所以也可以为其赋予一条默认路由以代替以上的静态路由。

```
Router1(config)#ip route 0.0.0.0 0.0.0.0 serial 2/0
```

只要没有在路由表里找到去特定目的地址的路径，则数据均被路由连接到 serial 2/0 相连接的相邻路由器。

四、工具材料

- 真实岗位：PC、服务器、交换机、路由器等组成网络。
- 虚拟实验：VMware、操作系统或 Cisco Packet Tracer 软件。

五、任务实施

如拓扑图 5-1-3 所示，本任务继续完成连通配置。操作步骤如下：

（一）路由器基本配置

完成各个网络设备的 IP 地址设置，并保证连接的网络端口为 UP 状态。已在任务 3-2 中完成，本任务不再重复，请参考任务 2。

（二）在路由器上进行静态路由配置

1. Router1 的路由配置

```
Router1#configure terminal
Router1(config)#ip route 192.168.4.0 255.255.255.0 210.29.233.2
Router1(config)#ip route 192.168.1.0 255.255.255.0 172.16.1.2
Router1(config)#exit
Router1#show ip route                                        ！验证路由表
     172.16.0.0/24 is subnetted, 1 subnets
C       172.16.1.0 is directly connected, FastEthernet0/0    ！直连路由
S    192.168.1.0/24 [1/0] via 172.16.1.2                     ！静态路由(管理距离 1)
S    192.168.4.0/24 [1/0] via 210.29.233.2                   ！静态路由(管理距离 1)
C    210.29.233.0/24 is directly connected, Serial2/0        ！直连路由
```

2. Router2 的路由配置

```
Router2#configure terminal
Router2(config)# ip route 0.0.0.0 0.0.0.0 210.29.233.1
Router2(config)#exit
Router2#show ip route                                        ！验证路由表
C    192.168.4.0/24 is directly connected, FastEthernet0/0   ！直连路由
C    210.29.233.0/24 is directly connected, Serial2/0        ！直连路由
S*    0.0.0.0/0 [1/0] via 210.29.233.1                       ！默认路由
```

（三）在核心交换机上进行静态路由配置

```
switchA #configure terminal
switchA(config)#ip route 210.29.233.0 255.255.255.0 172.16.1.1
switchA(config)#ip route 192.168.4.0 255.255.255.0 172.16.1.1
```

（四）PC1 与 PC4 连通性测试

在 PC1 上 ping PC4：ping 192.168.4.10

```
PC>ping 192.168.4.10                                         ！连通
```

在 PC4 上 ping PC1：ping 192.168.1.10

```
PC>ping 192.168.1.10                              ! 连通
```

其他的连通性，配置的静态路由与此相似，不再重复。

六、检查评议

具体评价方式、评价内容及评价标准见附录。

七、拓展提高

知识链接：度量值

为了衡量一条路径的优劣，刷新路由表时给每条路径生成一个数字，称之为度量值(Metric)。度量值代表距离，用来在寻找路由时确定最优路由。度量值越小，说明该路径越好。度量值可以由路径的一个因素或多个因素决定，常见的因素如跳数、带宽、延迟、负载、可靠性、开销等。

每一种路由算法在产生路由表时，会为每一条通过网络的路径产生一个度量值。度量值的计算可以只考虑路径的一个特性，也可以综合多个特性产生。一些常用的度量值有：

跳数(Hop Count)：报文要通过的路由器的台数。

带宽(Bandwidth)：数据链路的容量。

时延(Delay)：报文从源端传到目的端的时间。

负载(Load)：网络资源或链路已被使用的部分的大小。

可靠性(Reliability)：网络链路的差错率。

开销(Cost)：根据带宽、费用或其他一些由网络管理员指定的度量方法计算值。

嘀答数(Ticks)：用 IBM PC 的时钟标记的数据链路的延时(大约 55 ms 或 1/8 s)。

MTU：在一条路径上所有链接可接收的最大消息长度(单位为字节)。

技能链接：静态路由配置的两种命令格式

格式一：ip route route [目的网络地址] [子网掩码] [下一跳 IP 地址]
格式二：ip route route [目的网络地址] [子网掩码] [下一跳本地端口]

例如，在 Router1 上，命令可写成：

格式一：Router1(config)# ip route 192.168.4.0 255.255.255.0 210.29.233.2
格式二：Router1(config)# ip route 192.168.4.0 255.255.255.0 Serial2/0

格式一中 210.29.233.2 是邻接路由器 Router2 的端口 Serial2/0 的 IP 地址，格式二中 Serial2/0 是本地路由器 Router1 的本地端口。这两条命令的功能是相同的。

任务 3-3 配置动态路由

一、任务描述

为了便于管理，企业网内部需要启用动态路由协议，请配置。

二、任务分析

上一个任务，已经通过配置静态路由，使得网络能够进行通信，内网 PC1 能够 ping 通外网的 PC4。本任务要求通过动态路由协议实现此功能。

三、知识准备

由于静态路由自身的缺点，20 世纪 90 年代主要的路由算法都是动态路由算法，路由器通过分析收到的路由更新信息来适应网络环境的改变，对路由表做相应的改变。

（一）动态路由

由路由器按指定的协议格式在网络上广播和接收路由信息，通过路由器之间不断交换的路由信息动态地更新和确定路由表，并随时向附近的路由器广播，称为动态路由。

动态路由器通过检查其他路由器的信息，并根据开销、链接等情况自动决定每个数据包的最佳路径。动态路由方式仅需要手工配置第一条或最初少量路径，其他的路径则由路由器自动配置。动态路由配置简单、灵活，成为目前主要的路由类型。

当网络拓扑结构或流量发生变化时，动态路由协议会自动调整路由信息，自行建立到达目标网络的最佳路径。常见的动态路由协议有 RIP、IGRP、EIGRP、OSPF、BGP 等。

（二）自治系统 AS

一个自治系统（Autonomous System，AS）就是处于一个管理机构控制之下的路由器和网络群组。可以是一个路由器直接连接到一个 LAN 上，同时也连到 Internet 上；也可以是一个由企业骨干网互连的多个局域网。在一个自治系统中的所有路由器必须相互连接，运行相同的路由协议，如 RIP、IGRP、EIGRP、OSPF，同时分配同一个自治系统编号。自治系统间的链接使用外部路由协议，如 BGP。

可以将网络划分成多个 AS，每个 AS 是一个区域，AS 划分是一种逻辑划分。划分 AS 主要目的在于方便网络管理，同时减少路由表的路径条目。

动态路由协议分为内部网关协议（IGP）和外部网关协议（EGP）。AS 内部采用的路由协议称为内部网关协议，常用的有 RIP 和 OSPF；用于多个 AS 之间的路由协议称为外部网关协议，常用的有 BGP 和 BGP-4。

（三）动态路由协议的两种类型

1. 距离矢量路由协议

距离矢量路由协议（Distance Vector）用于路由器间路径的建立，要求计算网络跳数。网络跳数，即发送端的路由器开始，到目标网络所在的路由器的数目（发送端到目标网络之间的路由器数目）。属于该类型的协议有 RIP、IGRP、EIGRP。

距离矢量路由协议要求每台路由器将其整个路由表发送给与其直接连接的其他路由器。路由表中的每一条记录都包括目标逻辑地址、相应的网络接口和该条路由的矢量距离。当一个路由器从其相邻处收到更新信息时，会将更新信息与本身的路由表相比较。如果该路由器比较出一条新路由或是找到一条比当前路由更好的路由时，会对路由表进行更新：将从该路由器到邻居之间的矢量距离与更新信息中的矢量距离相加作为新路由的矢量距离。

距离矢量路由协议，会按固定时间在路由器之间相互发送更新路径的广播包，将所有路由器的路径更新。

2. 链路状态路由协议

链路状态路由协议（Link State）用于路由器间路径的建立，按照网络链路状态 LSA 进行网络路径的更新。链路状态包括线路通信速度、线路繁忙程度、线路通信质量、衰减等，进行选择网络路径的考虑。如果链路状态不佳，会考虑选择其他较好的线路。如果哪段或哪个网络状态欠佳，则只更新与该网络相关的路由中的路径，其他路由器及无关网络将不更新。属于该类型的协议有 EIGRP、OSPF。

（四）RIP 路由协议

1. RIP路由协议概念

RIP路由协议(Routing Information Protocol,RIP路由信息协议)是路由器中最早的路由协议。通过RIP路由协议,可以到达网络中所有的路径。

RIP路由协议是距离矢量路由协议,RIP规定metric取值在0～15之间,大于或等于16的跳数被定义为无穷大,即目的网络或主机不可达。RIP路由协议在选择路径时,使用贝尔曼-福特算法确定最佳路径,到达目标网络的跳数最少,则认为网络路径最佳。当网络结构发生变化,RIP路由协议会自动进行路径更新,每隔30秒就会向相邻路由器发送更新广播包。如果180 s后,路由器还没有收到更新广播包,则认为对方线路故障。如果240 s后还未收到更新广播包,则从路由器中删除到对方路由器的路径。RIP通过UDP协议的520端口来进行报文交换。

RIP路由协议有两个版本,即版本1与版本2,功能类似,但版本2支持CIDR与VLSM。

2. 路由环路

距离矢量路由协议容易产生路由循环,信息永远不能到达目的地。RIP协议也会产生路由循环。为了减少路由环路,采取4个机制:

(1)水平分割(Split Horizon)

思想是:如果一条路由信息是从X端口学习到的,那么不在X端口再次发送这条路由。这是保证不产生路由环路的最基本机制。

(2)毒化逆转(Poison Reverse)

思想是:如果一条路由信息无效后,并不立即从路由表中删除,而是将这条信息的metric置为16,即不可达,再将其广播出去。该机制可立即清除相邻路由器之间的任何环路。

(3)触发更新(Trigger Update)

思想是:路由器一旦察觉到网络变化,就尽快甚至是立即发送更新报文,而不等待30 s更新周期结束。相邻路由器也立即应答一个更新报文,不必等到下一个更新周期。这样网络拓扑的变化会最快地传播,减少路由环路的可能。

(4)抑制计时(Holddown Timer)

思想是:一条路由信息无效后,在一定时间内不再接收同一目的地址的路由更新。当一条链路频繁启停时,抑制计时减少了路由的浮动,增加了网络的稳定性。

3. RIP网络协议配置

(1)路由器基本配置。为所有路由器的接口配置IP地址、子网掩码以及时钟频率,并激活。

(2)在全局模式下,进行RIP路由协议配置模式:Router RIP。

(3)在RIP路由协议配置模式下,将RIP路由协议版本更改为version 2(默认version 1)。

(4)在RIP路由协议配置模式下,为路由器指出当前路由器所在的各网络。路由器在多少个网络,就添加多少条network命令。格式为Network网络地址。

四、工具材料

- 真实岗位:PC、服务器、交换机、路由器等组成网络。
- 虚拟实验:VMware、操作系统或Cisco Packet Tracer软件。

五、任务实施

如拓扑图5-1-3所示,本任务采用动态路由协议RIP继续完成连通配置。操作步骤如下:

（一）路由器基本配置

完成各个网络设备的IP地址设置，并保证连接的网络端口为UP状态。已在任务3-2中完成，本任务不再重复。

（二）在路由器上进行动态路由配置

1. Router1 的路由配置

```
Router1#configure terminal
Router1(config)#router rip                                    ！激活 RIP 协议
Router1(config-router)#version 2                              ！指定 RIP 版本 2
Router1(config-router)#network 172.16.0.0                     ！发布直连网段
Router1(config-router)#network 210.29.233.0                   ！发布直连网段
Router1(config-router)#end
Router1#show ip route                                         ！验证路由表
     172.16.0.0/24 is subnetted, 1 subnets
C        172.16.1.0 is directly connected, FastEthernet0/0    ！直连路由
R     192.168.1.0/24 [120/1] via 172.16.1.2, 00:00:20, FastEthernet0/0 ！RIP 路由
R     192.168.4.0/24 [120/1] via 210.29.233.2, 00:00:22, Serial2/0     ！RIP 路由
C     210.29.233.0/24 is directly connected, Serial2/0        ！直连路由
```

2. Router2 的路由配置

```
Router2#configure terminal
Router2(config)#router rip
Router2(config-router)#version 2
Router2(config-router)#network 192.168.4.0
Router2(config-router)#network 210.29.233.0
Router2(config-router)#exit
Router2(config)# ip route 0.0.0.0 0.0.0.0 210.29.233.1
Router2(config)#exit
Router2#show ip route                                         ！验证路由表
R     172.16.0.0/16 [120/1] via 210.29.233.1, 00:00:00, Serial2/0      ！RIP 路由
R     192.168.1.0/24 [120/2] via 210.29.233.1, 00:00:02, Serial2/0
C     192.168.4.0/24 is directly connected, FastEthernet0/0   ！直连路由
C     210.29.233.0/24 is directly connected, Serial2/0        ！直连路由
S*     0.0.0.0/0 [1/0] via 210.29.233.1                       ！默认路由
```

（三）在核心交换机上进行动态路由配置

```
switchA #configure terminal
switchA (config)#router rip
switchA (config-router)#version 2
switchA (config-router)#network 172.16.1.0
switchA (config-router)#network 192.168.1.0
switchA (config-router)#end
switchA #show ip route
     172.16.0.0/24 is subnetted, 1 subnets
C        172.16.1.0 is directly connected, FastEthernet0/1
```

```
C       192.168.1.0/24 is directly connected, Vlan10
R       192.168.4.0/24 [120/2] via 172.16.1.1, 00:00:17, FastEthernet0/1
R       210.29.233.0/24 [120/1] via 172.16.1.1, 00:00:17, FastEthernet0/1
```

（四）PC1 与 PC4 连通性测试

在 PC1 上 ping PC4：

```
PC>ping 192.168.4.10                                            ！连通
```

在 PC4 上 ping PC1：

```
PC>ping 192.168.1.10                                            ！连通
```

其他的连通性，配置的动态路由与此相似，不再重复。

（五）从 PC1 跟踪到 PC4

在主机 PC1 上观察路由：

```
PC>tracert 192.168.4.10
Tracing route to 192.168.4.10 over a maximum of 30 hops:
  1    0 ms       0 ms       0 ms       192.168.1.1
  2    0 ms       0 ms       0 ms       172.16.1.1
  3    32 ms      16 ms      31 ms      210.29.233.2
  4    0 ms       31 ms      32 ms      192.168.4.10
Trace complete.
```

（六）RIP 诊断

1. 在 Router1 下查看 RIP 路由广播信息

```
Router1#debug ip rip

RIP protocol debugging is on
Router1#RIP: received v2 update from 172.16.1.2 on FastEthernet0/0
      192.168.1.0/24 via 0.0.0.0 in 1 hops
RIP: received v2 update from 210.29.233.2 on Serial2/0
      192.168.4.0/24 via 0.0.0.0 in 1 hops
RIP: sending  v2 update to 224.0.0.9 via FastEthernet0/0 (172.16.1.1)
RIP: build update entries
      192.168.4.0/24 via 0.0.0.0, metric 2, tag 0
      210.29.233.0/24 via 0.0.0.0, metric 1, tag 0

Router1#no debug ip rip
RIP protocol debugging is off
```

2. 在 R2 下查看 RIP 路由广播信息

```
R1#debug ip rip
RIP protocol debugging is on
Router2#RIP: sending  v2 update to 224.0.0.9 via FastEthernet0/0 (192.168.4.1)
RIP: build update entries
      172.16.0.0/16 via 0.0.0.0, metric 2, tag 0
      192.168.1.0/24 via 0.0.0.0, metric 3, tag 0
```

```
        210.29.233.0/24 via 0.0.0.0, metric 1, tag 0
RIP: sending  v2 update to 224.0.0.9 via Serial2/0 (210.29.233.2)
RIP: build update entries
        192.168.4.0/24 via 0.0.0.0, metric 1, tag 0
……
R1＃no debug ip rip
RIP protocol debugging is off
```

六、检查评议

具体评价方式、评价内容及评价标准见附录。

七、拓展提高

知识链接：

(一) IGRP 路由协议

IGRP 路由协议(内部网关路由协议)是内部路由协议,同时也是距离矢量路由协议。IGRP 路由协议完全由 Cisco 公司开发,仅限于 Cisco 公司的路由器使用。

与 RIP 路由协议相比,IGRP 路由协议最多支持 255 跳,可支持大型网络。IGRP 路由协议选择最佳路径,从网络路径的带宽、衰减、延迟及通信质量等综合考虑。IGRP 路由协议不支持 CIDR 与 VLSM。

IGRP 路由协议在进行路径更新时,路由器每隔 90 s 向相邻的路由器发送广播,告知当前路由器的接口及所在网络;如果 270 s 仍未收到更新广播,则标识该接口所连接的路径不可用。若 280 s 仍未收到更新广播,则将路径禁用,若 630 s 仍未收到更新广播,则将该路径删除。

IGRP 路由协议配置,自治系统号必须向 CNNIC 申请才行,否则网络不允许接入。

(二) EIGRP 路由协议

EIGRP(增强型内部网关路由协议)是在原 IGRP 路由协议基础上升级,支持 CIDR 与 VLSM。EIGRP 路由协议既是距离矢量路由协议,又是链路状态路由协议,同时具备两种路由协议特点。EIGRP 路由协议完全由 Cisco 公司开发,仅限于 Cisco 公司的路由器使用。

EIGRP 路由协议,最多支持的路由跳数为 110 跳。在网络中选最佳择路径,通过网络的路径的链路速度、衰减、延迟及通信质量等进行综合考虑。

EIGRP 路由协议将网络结构发生变化的部分,通告相邻路由器,其他正常的路径将不发生变化。与 IGRP、RIP 路由协议相比,EIGRP 节省网络带宽,占用的路由器资源较少。

(三) OSPF 路由协议

1. OSPF 路由协议基本思想

OSPF(Open Shortest Path First,开放式最短路径优先协议)是链路状态路由协议。OSPF 路由协议,是由 IETF(Internet 工程任务组)开发的,解决了非 cisco 路由器之间的路径选择。不同品牌路由器的连接,应选择 OSPF。

OSPF 协议基本思想是:互联网上的每个路由器周期性地向其他路由器广播自己与相邻路由器的连接关系,以使各个路由器可以画出一张互联网拓扑图。利用拓扑图和最短路径优先算法,路由器就可以计算出自己到达各个网络的最短路径。

根据拓扑图，路由器按照最短路径优先算法计算出以本路由器为根的 SPF 树，描述了该路由器到达每个网络的路径和距离。通过 SPF 树，路由器就可以生成自己的路由表。

OSPF 从 RIP 路由协议升级过来。RIP 路由协议向网络广播整个路由表，OSPF 向网络广播部分路由表，即更新所发生的网络结构部分。OSPF 路由协议支持可变长型子网掩码 VLSM 及 CIDR。

OSPF 路由协议在选择最佳路径时，结合线路的带宽、延迟、衰减、通信质量等综合考虑。

2. OSPF 路由协议特点

(1)链路状态路由选择算法与距离矢量路由选择算法有很大区别，前者需要了解整个互联网的拓扑结构图，利用拓扑图得到 SPF 树，再由 SPF 树生成路由表；后者不需要了解整个互联网的拓扑结构，通过相邻的路由器即可了解到达每个网络的可能路径。

随着网络规模的不断扩大，网络中交换的路由信息量会成倍增加，路由表的计算也更为复杂，为了解决这个问题，OSPF 主要采用了分层和指派路由器的方法。

(2)OSPF 协议具有收敛速度快，占用网络资源少，支持服务类型线路，提供负载均衡和身份认证等优点，适合于在规模庞大、环境复杂的互联网中使用。

(3)OSPF 支持基于接口的报文验证，支持到同一目的地址的多条等值路由，OSPF 发现的路由可以根据不同的类型有不同的优先级。

3. OSPF 路由协议配置

在配置 OSPF 路由协议时，应将 OSPF 路由协议所在的路由器，均配置在相同的自治系统内。自治系统编号为 0，即表示网络为主干。

路由器基本配置完成后，在全局模式下，输入命令进入 OSPF 路由协议配置模式：

```
router ospf 进程号
```

进程号可以任意，主要用于标识 OSPF 路由协议工作进程，不同路由器的进程可以不一样。

用命令 network 指定路由器各接口所在网络：

```
network  接口所在的网络号  子网掩码通配符  area  所在自治系统号
```

如果接口所用 IP 是经过子网划分，则应添加上子网划分后的网络号。子网掩码通配符主要用于确定所给定的 IP 地址的网络号，通配符可以理解成将子网掩码的二进制各位全部求反，或者是将 255.255.255.255 减去子网掩码可得到对应的通配符。area 所在 AS 号将所有路由器的 OSPF 路由协议，统一设定为自治系统 0 中，表示所有路由器均工作在主干上。例如，network 210.29.234.32 0.0.0.31 area 0。

项目回顾

本项目涉及网络层的相关知识和技能。通过组建企业网，对逻辑地址、子网划分、VLAN 间通信、路由等进行了详细的学习。网络层最重要的协议是 IP 协议，本项目分析了 IP 数据报的格式。强调了 VLAN 间通信发生在网络层上。

路由及配置是本任务的另一重要知识和技能。没有路由，互联网是不能正常通信的。静态路由是学习的基础，动态路由中 RIP 同样是基础，OSPF 在目前应用的路由协议中占有相当重要的地位，是需要进一步学习的内容。

职业资格度量

一、选择题

（1－3 锐捷网络“2011 校园招聘绿色通道”技术考试）

1. 下列哪些路由协议属于链路状态路由协议？（　）

A. RIPv1　　B. OSPF　　C. EIGRP　　D. RIPv2

2. RIP 路由协议是距离矢量路由协议，那么其通过____协议和____端口来进行报文交换。

A. TCP、89　　B. UDP、89　　C. UDP、520　　D. TCP、520

3. 在路由表中 0.0.0.0 代表____。

A. 静态路由　　B. 动态路由　　C. 默认路由　　D. RIP 路由

4. 下列关于 OSPF 协议的说法错误的是____。（华为 3 COM 认证题）

A. OSPF 支持基于接口的报文验证

B. OSPF 支持到同一目的地址的多条等值路由

C. OSPF 是一个基于链路状态算法的边界网关路由协议

D. OSPF 发现的路由可以根据不同的类型而有不同的优先级

5. 网络管理员使用 RIP 路由协议在一个 AS 内实施路由。下列哪两项是该协议的特征？（选二，2012 年 CCNA）

A. 使用贝尔曼－福特算法确定最佳路径

B. 显示确切的网络拓扑图

C. 可以使大型网络快速收敛

D. 定期将完整的路由表发送给所有连接的设备

E. 在复杂网络和分层设计网络中很有用

6. 下面哪一项正确描述了路由协议？（　）

A. 允许数据包在主机间传送的一种协议

B. 定义数据包中域的格式和用法的一种方式

C. 通过执行一个算法来完成路由选择的一种协议

D. 指定 MAC 地址和 IP 地址捆绑的方式和时间的一种协议

7. 路由信息中不包含以下哪些内容？（　）

A. 源地址　　B. 下一跳　　C. 目标网络　　D. 路由权值

8. 关于矢量距离算法以下哪些说法是错误的？（　）

A. 矢量距离算法不会产生路由环路问题

B. 矢量距离算法是靠传递路由信息来实现的

C. 路由信息的矢量表示法是（目标网络，metric）

D. 使用矢量距离算法的协议只从自己的邻居获得信息

9. 如果一个内部网络对外的出口只有一个，那么最好配置____。

A. 缺省路由　　B. 主机路由　　C. 动态路由　　D. 静态路由

10. 一路由器去往同一目的地有多条路由，则决定最佳路由的因素有____。（选二）

A. 路由的优先级　B. 路由的发布者　C. 路由的 metirc 值　D. 路由的生存时间

11. 在 RIP 协议中，计算 metric 值的参数是____。

A. MTU　B. 时延　C. 带宽　D. 路由跳数

12. 下列静态路由配置正确的是____。

A. ip route 129.1.0.0 16 serial 0　B. ip route 10.0.0.2 16 129.1.0.0

C. ip route 129.1.0.0 16 10.0.0.2　D. ip route 129.1.0.0 255.255.0.0 10.0.0.2

13. 以下哪些路由表项要由网络管理员手动配置？（　）

A. 静态路由　B. 直接路由　C. 动态路由　D. 以上说法都不正确

14. RIP 协议是基于____。

A. UDP　B. TCP　C. ICMP　D. Raw IP

15. RIP 协议的路由项在多少时间内没有更新会变为不可达？（　）

A. 90s　B. 120s　C. 180s　D. 240s

16. 在 RIP 中 metric 等于____为不可达？

A. 8　B. 10　C. 15　D. 16

17. 已知某台路由器的路由表中有如下两个表项：

Destination/Mast	protocol	preferen	Metric	Nexthop/Interface
9.0.0.0/8	OSPF	10	50	1.1.1.1/Serial0
9.1.0.0/16	RIP	100	5	2.2.2.2/Ethernet0

如果该路由器要转发目的为 9.1.4.5 的报文，则下列说法中正确的是____。

A. 选择第一项，因为 OSPF 协议的优先级高

B. 选择第二项，因为 RIP 协议的花费值(metric)小

C. 选择第二项，因为出口是 Ethternet0，比 Serial0 速度快

D. 选择第二项，因为该路由项对于目的地址 9.1.4.5 来说，是更精确的匹配

18. 静态路由的缺点____。

A. 管理简单　B. 自动更新路由　C. 提高网络安全性　D. 节省带宽

(19－22CCNA 认证考试)

19. Your junior network administrator wants to know what the default subnet mask is for a Class CIP address. What do you tell him?（　）

A. 255.0.0.0　B. 255.255.0.0　C. 255.255.255.0　D. 255.255.255.255

20. You are designing a network, which needs to support 55 users. You don't plan to extend the segment beyond the current number of users. Which subnet mask would best meet your needs?（　）

A. 255.255.0.0　B. 255.255.255.0　C. 255.255.255.192　D. 255.255.255.160

21. Which of the following IP addresses is not a public IP address that can be routed over the Internet?（　）

A. 2.3.4.5　B. 11.12.13.14　C. 165.23.224.2　D. 172.31.45.34　E. 203.33.45.22

22. Which of the following prompts indicates your router is in Privileged EXEC mode?（　）

A. Router＞　B. Router＃　C. Router＆　D. Router＄

二、判断题

1. RIP 版本 1 是一种有类路由选择协议。 (　)

2. 在 OSPF 中,以太接口的网络类型只能为 broadcast。 (　)

3. 路由聚合可以减轻路由振荡给网络带来的影响。 (　)

4. OSPF 从 RIP 升级过来,是距离矢量路由协议。 (　)

5. 802.1Q 以太网帧要比普通的以太网帧多 4 字节。 (　)

三、实践题

1. 如图 5-0-2 所示,填写路由器 R_G 的路由表项①～④。(2011 年 3 月计算机等级考试四级网络工程师)

目的网络	输出端口
172.19.63.192/30	S0(直接连接)
172.19.63.188/30	S1(直接连接)
①	S0
②	S1
③	S0
④	S1

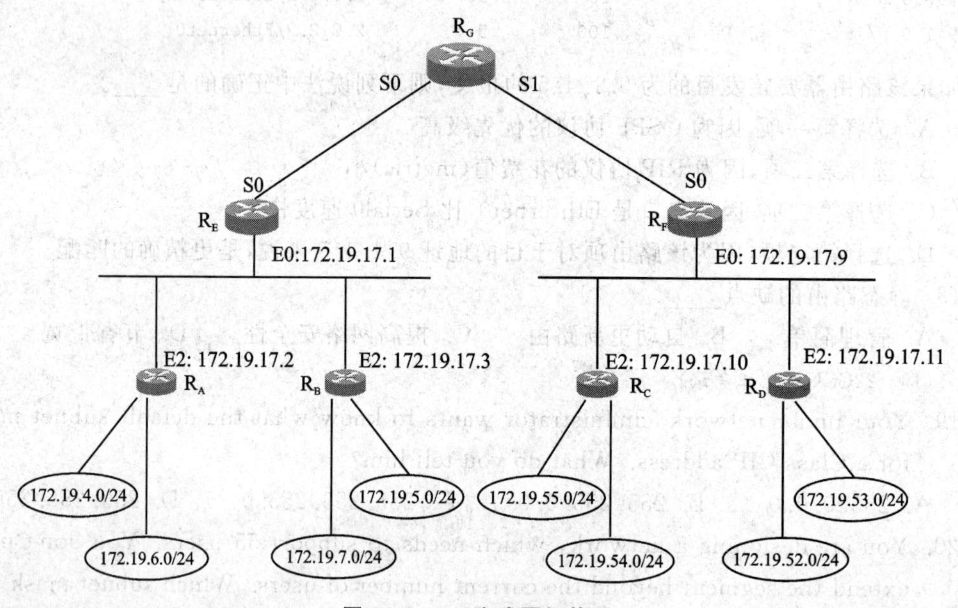

图 5-0-2　实践题拓扑图

2. 请写出路由器 R_G 和路由器 R_E 的 S0 口的 IP 地址。

3. 如果将 172.19.52.128/26 划分 3 个子网,其中前两个子网分别能容纳 10 台主机,第三个子网能容纳 20 台主机。请写出子网掩码及可用的 IP 地址段。(注:请按子网顺序号分配网络地址)。

项目六　服务器架构

知识目标

了解网络操作系统的基本知识；掌握 TCP 协议、UDP 协议；理解 Web 服务、FTP 服务、DNS 服务、DHCP 服务的基本知识。

技能目标

掌握 Windows server 2008 操作系统的安装与管理；掌握 Web 服务、FTP 服务、DNS 服务、DHCP 服务的配置和管理。

项目导入

一个中小型企业网络已布线，设备已经安装到位，测试连接完成。现进一步完成：(1) IP 地址分配。办公室几十台 PC 设置静态 IP 地址，几十台移动笔记本设置动态 IP 地址。(2)提供 Web 服务、FTP 服务。(3)申请域名，提供 DNS 服务。

科为公司继续完成该项目。科为公司要求工程师您来完成其中的三个任务：(1)安装与管理 Windows Server 2008；(2)构建 Intranet 服务；(3)构建与应用 DNS、DHCP 服务。

本项目中企业内网采用私有 IP 地址 192.168.0.0/24。IP 地址规划如下：

192.168.0.1～192.168.0.10 预留出给服务器，192.168.0.254 作为网关；

192.168.0.11～192.168.0.100 固定分配给办公室 PC；

192.168.0.101～192.168.0.200 动态分配给移动笔记本；

其他 IP 地址备用。

任务 1　安装与管理 Windows Server 2008

任务 1-1　安装网络操作系统

一、任务描述

在服务器上安装 Windows Server 2008 网络操作系统，为提供各种服务做好准备。

二、任务分析

服务器上常用的网络操作系统主要有两大系列：UNIX 系列和 Windows 系列。UNIX 系列系统性能和稳定性好，特别是其分支 Linux 不仅开源而且免费，但 UNIX 系列操作系统对管理员要求高，因此大型企业或高要求的企业会选择 UNIX 系列的操作系统。Windows 操作系统采用图形界面，配置简单，对管理员要求低，适合中小型企业。目前 Windows 在服务器端占有的市场份额超过 UNIX。本任务选用 Windows Server 2008 网络操作系统。

本任务计划：

(1)检查设备安装是否到位；

(2)准备安装需要的操作系统；

(3)安装操作系统。

三、知识准备

（一）Windows Server 2008 重大改进

Windows Server 2008 是迄今为止最灵活、最稳定的 Windows Server 操作系统，加入了包括 Server Core、Server Manager、PowerShell 和 Deployment Services 等新功能，并加强了网络和群集技术。Windows Server 2008 采用了全新的代码，核心代码应用了安全开发模式（SDM），系统开级更加安全。

Windows Server 2008 还提供了新的 Web 工具、虚拟化技术、安全性的强化，以及易于部署和管理的特性。

1. Server Core 模式

Server Core 模式是一个重大改进，是一个最小限度的系统安装选项，不包含图形化用户界面，带有命令行模式。Server Core 只包括安全、TCP/IP、文件系统、RPC 等服务器核心子系统，可以安装的服务器角色也只有 DNS、DHCP、文件服务、活动目录、ADLDS（轻型目录服务）、打印、媒体、Web，其他角色不能安装。Server Core 降低攻击表面的影响，增加了服务器的安全性和可用性。并且占用空间和资源较小，服务器角色少，简化了服务器管理。

2. IIS 7

新一代 IIS 7 最大的特点就是模块化，IIS7 在核心层被分割成了 40 多个不同功能的模块，用户可以根据 Web 服务器运行的需要订制安装所需的模块，可以使 IIS 更为精简，减少不必要的组件可以减少受攻击表面，增加了 IIS 的安全性和可用性。

3. ADDS 活动目录服务

ADDS（Active Directory Domain Service，活动目录服务）活动目录有了较大的调整。ADDS 中对活动目录审核功能和密码策略进行了增强，大大提升了活动目录的可操作性和安全性。ADDS 作为一个服务而存在，可以停止、启动，增加了不依赖于活动目录的如 DHCP、流媒体等服务的可用性。只读域控制器 RODC 也是一个重大改进，限制了对活动目录的写入，增强了活动目录的安全性。

4. Hyper - V

在虚拟化技术上有突破性的进展，核心是 Hyper - V。Hyper - V 是一个只有 300 KB 多的小程序，用于连接硬件和虚拟机。Hyper - V 程序非常小，代码非常少，因而减小了代码执行时发生错误的概率，并且 Hyper - V 中不包含任何第三方的驱动，非常精简，所以安全性非常高。这种构架使得虚拟机和硬件之间只通过很薄的一层进行连接，不像 Virtual Server 那样虚拟机和硬件之间需要经过多层的转换，因而虚拟机执行效率非常高。

5. Server Manager

新增加的一个管理控制台功能，可以添加、删除几乎所有的服务器角色和应用，而不再需要通过命令行来操作。全新设计的 Server Manager 简化了服务器的安装、设定及后续管理工作。

PowerShell 是全新的命令行接口，可让系统管理员将跨多部服务器的例行系统管理工作自动化；Deployment Services 则可提供简化且高度安全的方法，通过网络安装快速部署操作系统。

除了上述重大的改变外，在角色应用上也进行了增强，如流媒体服务、终端服务、网络访问保护、驱动器加密、防火墙等。并且具有更好的硬件兼容性，支持的设备更加丰富，可用性更高。

（二）安装 Windows Server 2008 的硬件要求

微软公布的 Windows Server 2008 系统硬件配置要求如下。

- CPU：最低 1.0 GHz x86 或 1.4 GHz x64，推荐 2.0 GHz 以上。
- 内存：最低 512 MB，推荐 2 GB 以上。
- 硬盘：最少 10 GB，推荐 40 GB 以上。
- 光驱：要求 DVD－ROM。
- 显示器：要求至少 SVGA 800×600 以上的分辨率。

四、工具材料

- 真实岗位：安装到位的设备、操作系统安装光盘。
- 虚拟实验：VMware Workstation8.0、Windows Server 2008 安装光盘。

五、任务实施

Windows Server 2008 的安装步骤如下：

（1）将 Windows Server 2008 系统安装光盘放入光驱，系统通过光盘引导后，进入预加载界面。在出现的窗口中选择要安装的语言、时间格式和键盘类型，如图 6－1－1 所示。

（2）单击“下一步”按钮，在打开的界面中选择“现在安装”按钮，如图 6－1－2 所示。

（3）进入“选择要安装的操作系统”界面，选择“Windows Server 2008 Enterprise(完全安装)”。单击“下一步”按钮，打开“请阅读许可条款”界面，选择“我接受许可条款”复选框。

图 6－1－1　选择语言等

图 6－1－2　现在安装界面

（4）单击“下一步”按钮，打开“您想进行何种类型的安装”界面，选择“自定义(高级)”安装，如图 6－1－3 所示。

（5）打开“您想将 Windows 安装在何处”界面，在此窗口中，可通过“驱动器选项(高级)”按钮，对磁盘进行分区操作。这里直接单击“下一步”按钮，如图 6－1－4 所示。

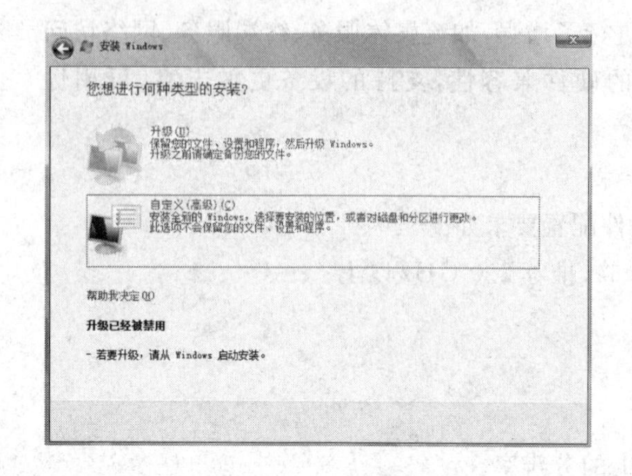

图 6-1-3 “您想进行何种类型的安装”界面

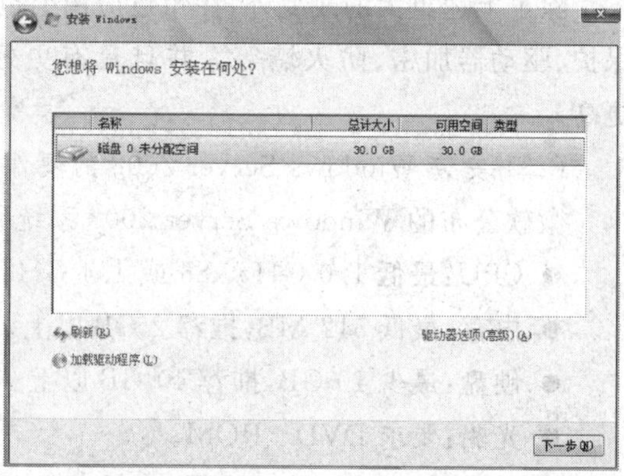

图 6-1-4 “您想将 Windwos 安装在何处”界面

(6) 随后开始安装 Windows Server 2008 Enterprise 版，安装过程如图 6-1-5 所示。安装完成后，自动重启计算机。用户在第一次登录系统需要更改密码，如图 6-1-6 所示。

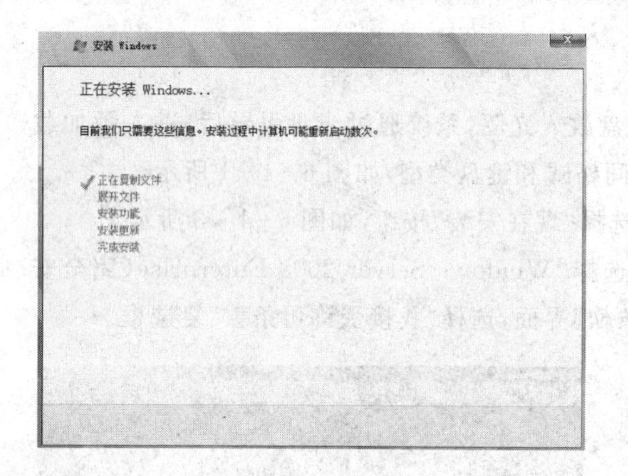

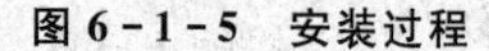

图 6-1-5 安装过程

图 6-1-6 第一次登录

(7) 登录系统后，会自动弹出“初始配置任务”对话框。这里，选中“登录时不显示此窗口”复选框并关闭对话框，如图 6-1-7 所示。若要进行相应的配置，可在系统相应的对话框中设置。到此，Windows Server 2008 安装完成。

六、检查评议

具体评价方式、评价内容及评价标准见附录。

七、拓展提高

知识链接：

(一) Windows 操作系统的发展

Windows 操作系统主要有两个系列，一个系列是 Windows 3.1、Windows 95、Windows 98，直到失败的 Windows ME 为止，这个系列没有再发展。

另一个系列是从 Windows NT 3.1 开始，发展出了后来的 Windows 2000(内部版本 Windows NT 5.0)、Windows XP(内部版本 Windows NT 5.1.2600)、Windows Server 2003(内部版本 Windows NT 5.2)，到失败的 Vista(内部版本 Windows NT 6.0.6000)，Windows Server

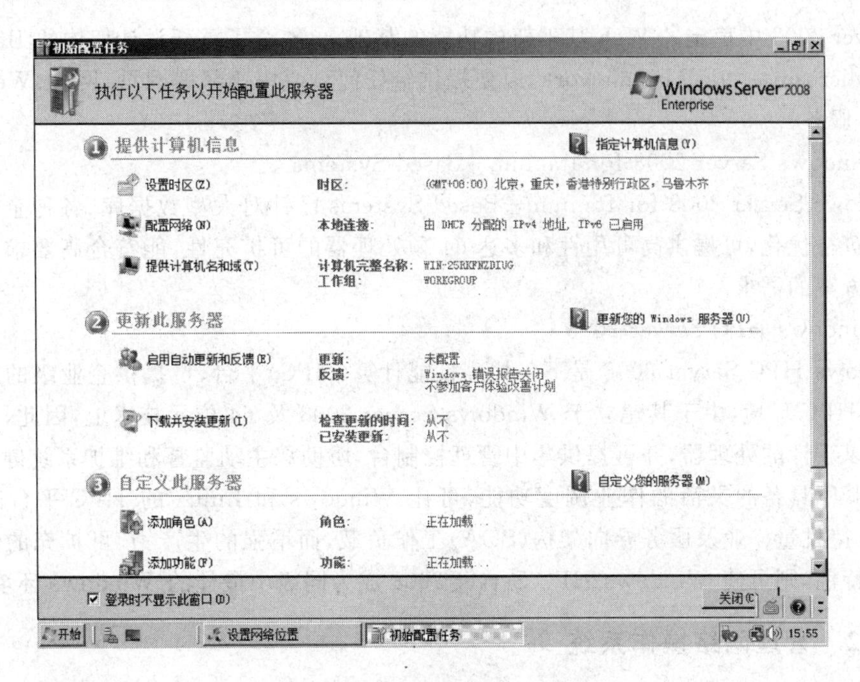

图 6-1-7 初始配置任务窗口

2008(内部版本与 Vista 相同)共享了部分 Vista 的代码。Windows 7(内部版本 Windows NT 6.1.7600)、Windows 8(内部版本 Windows NT 6.2)及 Windows Server 2012(内部版本 Windows NT 6.2)。该系列都是 Windows NT 家族成员。

(二) Windows Server 2008 版本比较

Windows Server 2008 有多个发行版本，支持各种规模的企业对服务器不断变化的需求。

1. Windows Server 2008 Standard

Windows Server 2008 Standard 内置的强化 Web 和虚拟化功能，是专为增强服务器基础架构的可靠性和弹性而设计，亦可节省时间及降低成本。功能强大的工具拥有更好的服务器控制能力，简化设定和管理工作；增强的安全性功能则可强化操作系统，以协助保护数据和网路。

2. Windows Server 2008 Enterprise

Windows Server 2008 Enterprise 可提供企业级的平台，部署企业关键应用。其群集和热添加(Hot-Add)处理器功能，有助于改善可用性。整合的身份管理功能，有助于改善安全性。虚拟化授权权限整合应用程序，则可减少基础架构的成本。因此，Windows Server 2008 Enterprise 能为高度动态、可扩充的 IT 基础架构提供良好的基础。

3. Windows Server 2008 Datacenter

Windows Server 2008 Datacenter 所提供的企业级平台，可在小型和大型服务器上部署企业关键应用及大规模的虚拟化。其群集和动态硬件分割功能，可改善可用性。通过无限制的虚拟化许可授权来巩固应用，可减少基础架构的成本。此外，可支持 2～64 颗处理器。因此，该版本能够提供良好的基础，以建立企业级虚拟化和扩充解决方案。

4. Windows Web Server 2008

Windows Web Server 2008 是特别为单一用途 Web 服务器而设计的系统，建立在 Windows Server 2008 中稳定的 Web 基础架构功能的基础上，整合了重新设计架构的 IIS 7、ASP. NET 和 Microsoft .NET Framework，以便提供给任何企业快速部署网页、网站、Web 应用程序和 Web 服务。

5. Windows Server 2008 for Itanium - Based Systems

Windows Server 2008 for Itanium - Based Systems 已针对大型数据库、各种企业和自订应用程序进行优化，可提供高可用性和多达 64 颗处理器的可扩充性，能符合高要求且具关键性的解决方案的需求。

6. Windows HPC Server 2008

Windows HPC Server 2008 是下一代高性能计算（HPC）平台，可提供企业级的工具给高生产力的 HPC 环境，由于其建立于 Windows Server 2008 及 64 位元技术上，因此，可有效地扩充至数以千计的处理器，并可提供集中管理控制台，协助您主动监督和维护系统健康状况及稳定性。其所具备的灵活的作业调度功能，可让 Windows 和 Linux 的 HPC 平台间进行整合，亦可支持批量作业及服务导向架构（SOA）工作负载，而增强的生产力、可扩充的性能及使用容易等特色，则可使 Windows HPC Server 2008 成为同级中最佳的 Windows 环境。

任务 1-2　管理网络操作系统

一、任务描述

操作系统安装完成后，为了更好地维护与管理服务器，请创建用户账户、组，并将新建用户账户加入组中。

二、任务分析

创建用户账户并管理账户是操作系统管理中的基础性工作。公司请工程师您帮助企业系统管理员完成销售部组的创建，并赋予一定权限；创建用户账户，并添加到销售部组。

本任务计划：

（1）创建用户账户；

（2）创建销售部组。

三、知识准备

（一）账　户

账户用来验证用户，以及管理与用户相关的策略，例如访问权限。管理员创建账户时，通过标识符来区分，可以设置相关密码、组所属关系和权限等信息。账户在计算机内部通过特定的数字 SID 识别。

每个用户都需要有一个账户名和密码才能访问计算机上的资源。用户的账户类型有本地账户、内置帐户和域账户。本地账户用来本地登录，不能访问域内的资源，内置账户用来对计算机进行管理。域账户用来访问域内资源。

（二）本地账户

Windows Server 2008 作为独立服务器时，在计算机操作系统中有两种本地账户：管理员创建的本地账户和内置本地账户。

1. 本地账户

本地账户可以建立在独立服务器系统、成员服务器中。本地账户只能在本地计算机上登录，无法访问其他计算机资源。

2. 内置本地账户

Windows Server 2008 中还有一种账户类型叫内置账户。当系统安装完毕后，系统会在服务器上自动创建内置账户。在独立服务器上或是成员服务器上，内置本地账户有 Adimistartor 和 Guest。

(1)Administrator 拥有最高的权限，可以用来管理计算机与域内的设置，例如建立、更改、删除用户与组账户、设置安全策略、设置用户账户的权限等。可以改名，但是无法删除。

(2)Guest 只有基本的权限，临时用户使用，如偶尔登录或仅登录一次的用户。可以改名，但是无法删除。该账户默认禁用。

匿名访问 Internet 信息服务的内置账户，是访问 WWW 服务器的账户。

(三) 用户组

1. 组的概念

组是权限相同的账户的集合，包括账户、联系、计算机和其他组。管理员通常通过组来对用户的权限进行设置。管理用户和计算机的访问，其访问范围包括网络对象、本地对象、共享、打印机队列和设备等；创建分配表；筛选组策略等。

2. 组的类型

在 Windows Server 2008 独立服务器上的工作组称为本地组。该组的成员是本地账户，这些组账户的信息被存储在本地安全账户数据库(SAM)内。本地组有用户组和系统内置组。

(四) 内置组

Windows Server 2008 在安装时会自动创建一些组，被赋予一些权限，以便管理计算机，这些组称为内置组。主要内置组有：

(1) Administrators 管理员组。对计算机、域有不受限制的完全访问权。可以赋予权限；添加系统组件，升级系统；配置系统参数，如注册表的修改；配置安全信息等权限。

(2) Guests 来宾组。内置的 Guest 账户是该组的成员，在登录时创建临时配置文件；在注销时该配置文件被删除。

(3) Users 用户组。一般用户所在的组，新建的用户自动加入该组。对系统有基本的权限，如运行程序，使用网络；不能关闭 Windows Server 2008；不能创建共享目录和本地打印机。

(4) IIS_IUSRS 组 Internet 信息服务使用的内置组。

(5) Backup Operators 备份操作员组。该组的成员可以备份和还原服务器上的文件，而不管保护这些文件的权限如何。但是该组成员不能更改文件安全设置。

四、工具材料

- 真实岗位：已安装 Windows Server 2008 的服务器。
- 虚拟实验：VMware Workstation 8.0、已安装 Windows Server 2008。

五、任务实施

(一) 本地账户的操作

1. 创建本地账户

创建本地账户 Sandy，设置密码，操作如下：

(1)单击“开始”→“管理工具”→“计算机管理”→“本地用户和组”，打开“本地用户和组”窗口，在窗口中右击“用户”，选择“新用户”菜单，如图 6-1-8 所示。

(2)打开“新用户”窗口，输入如图 6-1-9 所示的内容，单击“创建”即可。

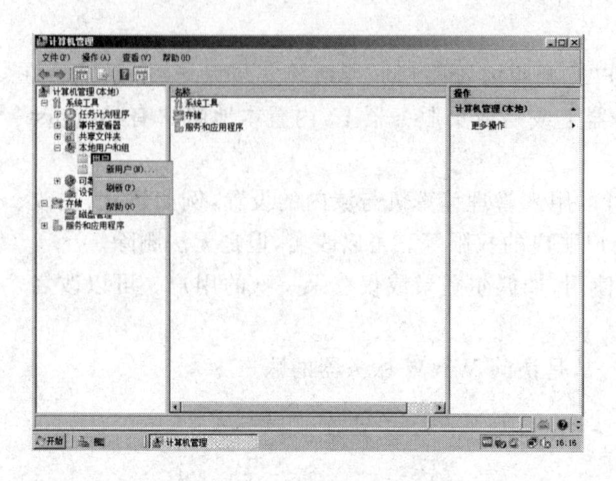

图 6-1-8 计算机管理窗口

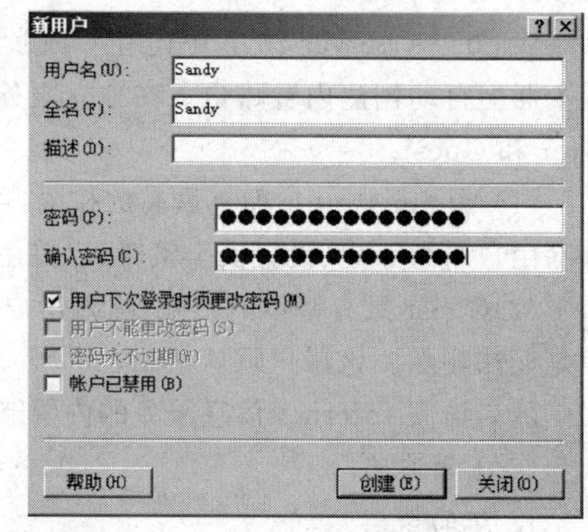

图 6-1-9 创建新用户窗口

2. 更改账户

如果要对已建立的账户更改登录名，则在"计算机管理"→"本地用户和组"→"用户"列表中选择，右击该账户，选择"重命名"，输入新名字，如图 6-1-10 所示。

3. 删除账户

"计算机管理"→"本地用户和组"→"用户"列表中选择，右击该账户，选择"删除"→"是"。

4. 禁用与激活本地账户

当某个用户长期休假，就要禁用该用户的账户，不允许该账户登录。该账户信息会在计算机管理窗口中显示为"×"。禁用"Sandy"账户的步骤如下：

右击"Sandy"账户，选择"属性"，打开如图 6-1-11 所示的窗口，选择"账户已禁用"。如果要重新启用某账户，取消"账户已禁用"复选框即可。

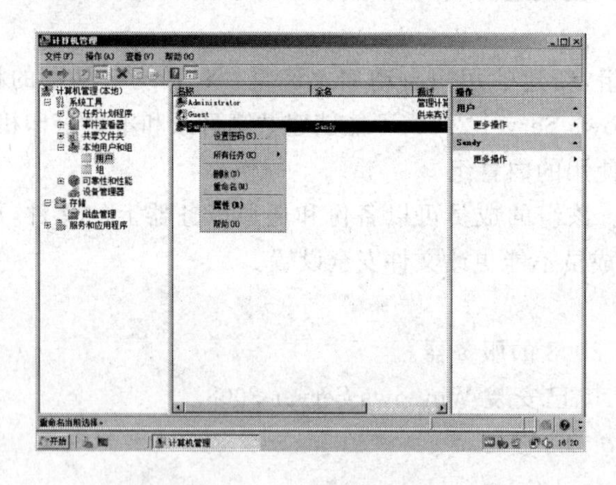

图 6-1-10 重命名菜单

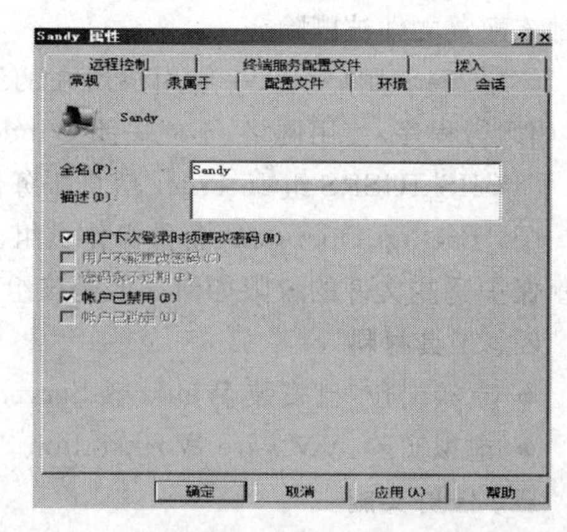

图 6-1-11 修改账户属性

(二) 本地组的操作

1. 创建本地组

建立销售部组 XS，并将本地账户 Sandy 添加到该组中，步骤如下：

(1)单击"开始"→"管理工具"→"计算机管理"→"本地用户和组"→"组"，右击"组"，选择

“新建组”,打开“新建组”窗口。

(2)在“新建组”窗口中,输入组名、组的描述,如图 6－1－12 所示。

(3)单击“添加”按钮打开如图 6－1－13 所示的窗口,输入用户名或者通过查找选择用户名,单击“确定”按钮。

(4)回到图 6－1－12 所示的窗口,单击“创建”按钮完成创建工作。

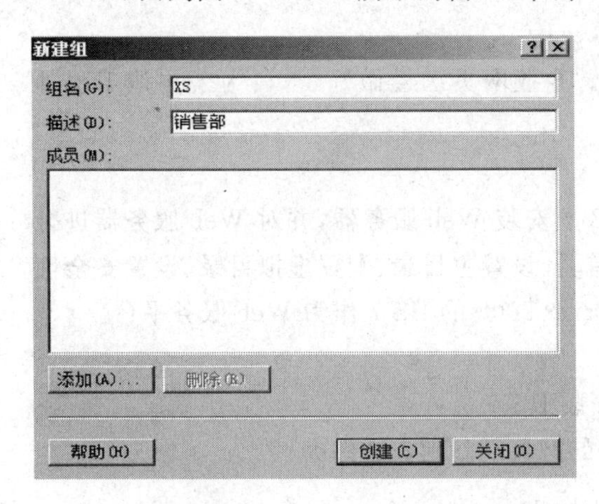

图 6－1－12　新建组窗口

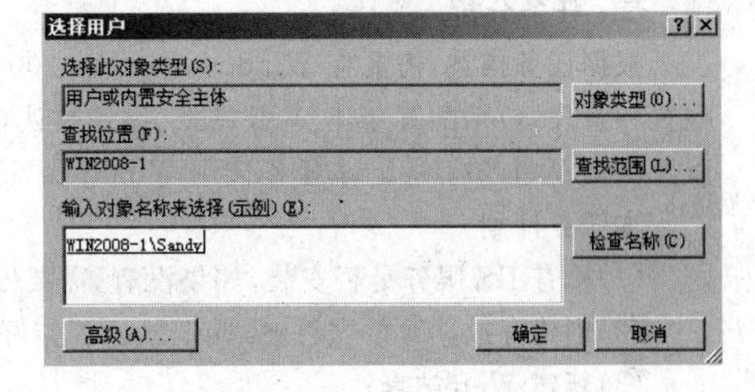

图 6－1－13　选择用户窗口

2. 管理本地组

在“计算机管理”窗口右边的组列表中,右击选定的组,选择菜单中的相关命令可以删除组,更改组名等。

六、检查评议

具体评价方式、评价内容及评价标准见附录。

七、拓展提高

知识链接:

(一) 域用户账户

域用户账户建立在域控制器的活动目录数据库内。用户可以利用域用户账户来登录域,并访问网络上的资源。当用户利用域用户账户登录时,由域控制器来检查所输入的账户与密码是否正确。将用户账户建立在某台域控制器内后,该账户数据会被自动复制到同一个域内的其他所有域控制器中。因此,当该用户登录时,此域内的所有域控制器都可以负责审核。

(二) 活动目录

活动目录是一种目录服务,存储有关网络对象的信息(例如,用户、组和计算机账户、打印机等共享资源),使管理员与用户方便地查找和使用网络信息。活动目录将结构化数据存储作为目录信息逻辑和分层组织的基础。

(三) 域与组织单位

域是目录服务的基本管理单位,用户只要在域内有一个账户,就可以漫游网络。每个域都有安全界限。域又分成组织单位 OU,组织单位是一个逻辑单位,是域中一些用户和组账户、文件与打印机等资源对象的集合。特定域的系统管理员有权设置仅属于该域的策略。每一个组织单位可以有自己的管理员并指定其管理权限,从而实现对资源和用户的分级管理。

任务2　构建 Intranet 服务

任务 2-1　架设和管理 Web 服务器

一、任务描述

Windows Server 2008 在服务器上安装完备。企业网页已经做好了，科为公司请工程师帮助企业架设和配置 Web 服务。

二、任务分析

根据任务描述，需要在 Windows Server 2008 上安装 Web 服务器，并对 Web 服务器进行配置和管理，包括配置新建 Web 站点、设置默认首页、设置主目录、配置虚拟目录、设置安全性以及测试 Web 站点等。本任务选用 Windows Server 2008 的 IIS 7 作为 Web 服务平台。

本任务计划：

(1)检查 IIS 服务是否安装，如果没有，需要安装 IIS；

(2)创建存放网页的文件夹，并把已经制作好的网页复制到该文件夹；

(3)新建 Web 站点；

(4)配置 Web 站点。

三、知识准备

Web 网页的访问使用应用层的 HTTP 协议。HTTP 协议建立在传输层的 TCP 协议基础上。TCP 协议一般应用在可靠性要求高的地方，支持的常见应用层协议有：HTTP、FTP、SMTP、Telnet 等。

（一）TCP 协议功能

TCP(Transmission Control Protocol，传输控制协议)是一种面向连接的、可靠的、端到端的传输层通信协议，数据发送之前，先建立连接通道。TCP 协议由 IETF 的 RFC 793 规范定义。TCP 在 IP 报文的协议号是 6。

TCP 协议的主要功能是提供 IP 环境下的数据可靠传输。完成对数据报的确认、流量控制和网络拥塞；自动检测数据报，并提供错误重发的功能；将接收的数据报按照原来发送的顺序进行排序，并对重复数据进行选择；控制超时重发，自动调整超时值；提供自动恢复丢失数据的功能。

（二）TCP 协议报文格式

TCP 协议报文为了实现可靠的传输，采用了特殊的报文格式，报头格式中固定部分占 5 行，每行 32 位长(4 字节)，共 20 字节，如图 6-2-1 所示。图中各字段意义如下：

<table>
<tr><th colspan="9">32 比特 (0~31)</th></tr>
<tr><td colspan="8">源端口</td><td>目的端口</td></tr>
<tr><td colspan="9">顺序号</td></tr>
<tr><td colspan="9">确认号</td></tr>
<tr><td>报头长</td><td>保留</td><td>URG</td><td>ACK</td><td>PSH</td><td>RST</td><td>SYN</td><td>FIN</td><td>窗口大小</td></tr>
<tr><td colspan="8">校验和</td><td>紧急指针</td></tr>
<tr><td colspan="9">可选项 (0个或多个32位字)</td></tr>
<tr><td colspan="9">数据</td></tr>
</table>

图 6-2-1　TCP 报头格式

(1) 源端口、目的端口:都是 16 位(2 字节)。分别表示发送方和接收方进程对应的端口号。端口号和 IP 地址构成套接字(Socket)地址。源端和目的端的套接字合起来唯一地表示一条连接。网络应用程序在通信时直接向套接字发送和接收数据。

(2) 序列号:32 位(4 字节)。序列号表示数据部分第一个字节的序列号。

(3) 确认号:32 位(4 字节)。希望收到的下一个数据报的序列号。

序列号和确认号可以表示 $0 \sim 2^{32}-1$ 字节的范围。

(4) TCP 协议数据报报头长:4 位。表示 TCP 报文头的长度。长度以 32 位(4 字节)为单位计算。所以如果选项部分的长度不是 4 字节的整数倍,则要加上填充(padding)。

(5) 保留域:6 位,留着扩展使用,设置为 0。

(6) 6 个标志位。有很重要的作用,TCP 的连接、断开和传输都受到标志位的控制。

① URG(urgent)为紧急数据标志位,和第五行的紧急指针配合使用。如果为 1,则表示本数据报中包含紧急数据。此时紧急数据指针表示的值有效。表示在紧急数据之后的第一个字节的偏移值(即紧急数据的总长度)。

② ACK(acknowledge)确认标志位。如果 ACK 为 1,则确认号有效。否则,确认号无效,接收端可将其忽略。

③ PSH(push)标志位。如果 PSH 为 1,要求发送方的 TCP 协议软件马上发送该数据报,接收方在收到数据后也应该立即上交给应用程序,不必等到缓冲区装满。

④ RST(reset)复位标志位。用来复位一条连接。RST 标志置位的报文称为复位报文。一般情况下,如果 TCP 收到的一个报文明显不是属于该主机上的连接,则向远端发送一个复位报文。可用于复位由于主机崩溃或其他原因而出现的错误的连接。还可以用于拒绝非法的数据报或拒绝连接请求。

⑤ SYN(synchronous)同步标志位。用来建立连接,让连接双方同步序列号。如果 SYN＝1 而 ACK＝0,则表示该数据报为连接请求;如果 SYN＝1 而 ACK＝1 则表示接受连接。

⑥ FIN(finish)断开标志位。表示发送方已经没有数据要传输了,希望释放连接。

(7) 窗口大小:16 位。表示从被确认的字节开始,还可以连续发送的字节数。接收方通过设置该窗口值的大小,可以调节源端发送数据的速度,从而实现流控。

(8) 校验和(checksum):16 位。TCP 协议提供的一种检错机制,确保高可靠性。校验头部、数据和伪 TCP 头部之和。

(9) 紧急指针位:16 位。和 URG 配合使用。

(10) 可选项(options):0 或多个 32 位字。包括最大 TCP 载荷,窗口比例、选择重发数据报等选项。

① 最大 TCP 载荷:允许每台主机设定其能够接受的最大的 TCP 载荷能力。在建立连接期间,双方均声明其最大载荷能力,并选取其中较小的作为标准。如果一台主机未使用该选项,那么其载荷能力默认设置为 536 字节。

② 窗口比例:允许发送方和接收方商定一个合适的窗口比例因子。这一因子使滑动窗口最大能够达到 232 字节。

③ TCP 协议数据报头选择重发数据报:这个选项允许接收方请求发送指定的一个或多个数据报。

（三）TCP 协议三次握手

应用层向传输层发送 8 位字节表示的数据流，TCP 把数据流分割成适当长度的报文段（通常受该计算机所在网络的 MTU 的限制），再传给 IP 层。

TCP 协议是基于连接的协议，在正式收发数据前，必须和对方建立可靠的连接。一个 TCP 连接必须要经过三次握手才能建立起来。TCP 协议通过三个报文段完成连接的建立，这个过程称为三次握手（Three－way Handshake），如图 6－2－2 所示。

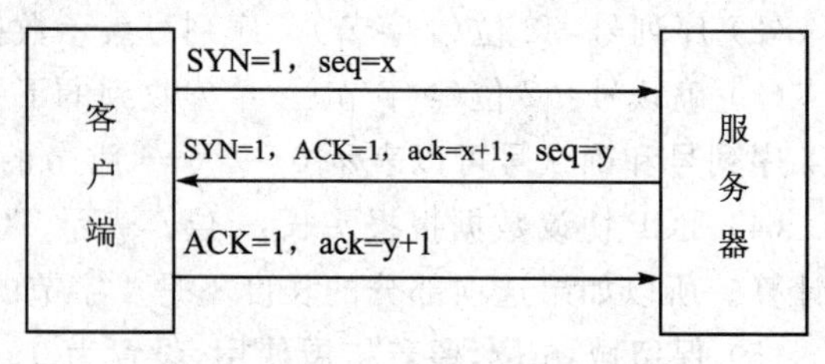

图 6－2－2　TCP 协议三次握手

（1）第一次握手（客户端→服务器）

客户端发送带 SYN 标志的 TCP 报文（sequence number＝x）到服务器，并进入 SYN_SEND 状态，等待服务器确认；

（2）第二次握手（服务器→客户端）

服务器收到报文，确认客户的 SYN（ack＝x＋1），同时也发送自己的 SYN（sequence number ＝y），即带 ACK 和 SYN 标志的 TCP 报文，表示对客户端报文的回应，询问客户端是否准备好进行数据通信。此时服务器进入 SYN_RECV 状态；

（3）第三次握手（客户端→服务器）

客户端收到服务器的 SYN＋ACK 包，向服务器发送确认包 ACK（ack＝y＋1），此包发送完毕，客户端和服务器进入 ESTABLISHED 状态，完成三次握手。

（四）Web 服务器的工作原理

Web 服务器的工作有四个步骤：连接、请求、应答及关闭连接。

（1）连接是 Web 服务器和其浏览器之间建立起来的一种连接。查看连接过程是否实现，用户可以找到和打开 socket 虚拟文件，这个文件的建立意味着连接成功建立。

（2）请求是 Web 的浏览器运用 socket 文件向服务器提出各种请求。

（3）应答是运用 HTTP 协议，把在请求过程中所提出来的请求，传输到 Web 服务器，进而实施任务处理，然后运用 HTTP 协议把任务处理的结果传输到 Web 浏览器，同时在 Web 浏览器上面显示所请求的界面。

（4）关闭连接是当应答过程完成后，Web 服务器和浏览器之间断开连接的过程。

四、工具材料

● 真实岗位：已安装 Windows Server 2008 系统的服务器。

● 虚拟实验：VMware Workstation 8.0、Windows Server 2008 安装光盘

五、任务实施

安装 IIS 服务器之前，计算机需要配置静态的 IP 地址。IIS 服务器静态 IP 地址参数如下：IP 地址为 192.168.0.1；子网掩码为 255.255.255.0；默认网关为 192.168.0.254；DNS 地址为 192.168.0.1。

（一）IIS 服务器的安装与启动

1. IIS 服务器的安装

（1）单击“开始”→“管理工具”→“服务器管理器”命令，打开“服务器管理器”控制台。在“服务器管理器”控制台中单击左侧窗格中“角色”节点。然后单击控制台右侧“添加角色”按

钮，打开“添加角色向导”页面。单击“下一步”按钮，在打开的“选择服务器角色”对话框中，选中“Web 服务器(IIS)”复选框，如图 6－2－3 所示。

(2)单击“下一步”按钮，打开“Web 服务器(IIS)”对话框，显示 Web 服务器(IIS)简介和注意事项。单击“下一步”按钮，打开“选择角色服务”对话框，可以看到 IIS 除了提供 Web 服务之外，还可提供管理工具、FTP 发布服务等功能，这里选择所有的角色功能，如图 6－2－4 所示。

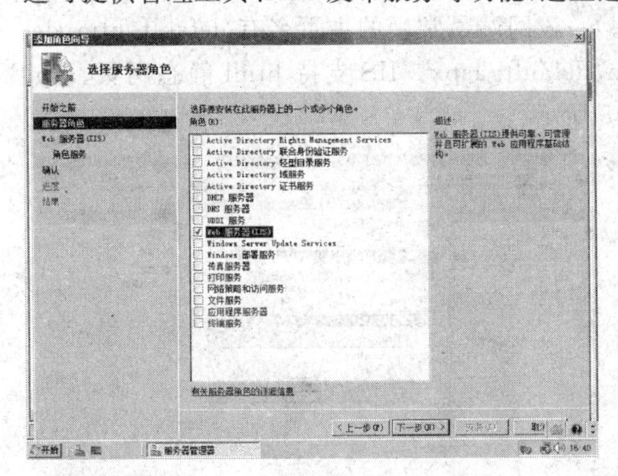

图 6－2－3　选择 Web 服务器角色

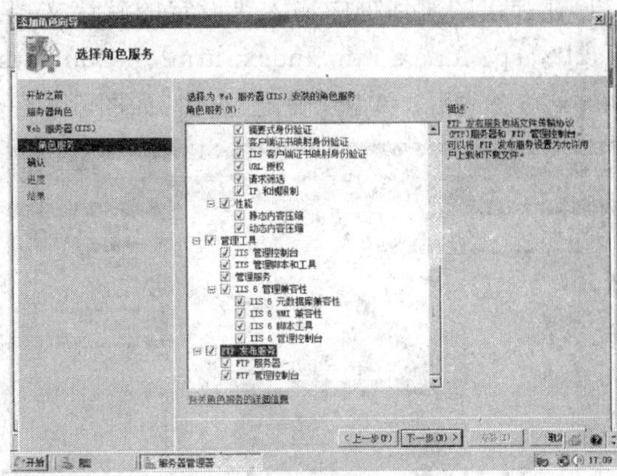

图 6－2－4　选择角色功能

(3)单击“下一步”按钮，打开“确认安装选择”对话框，显示将要安装的 Web 服务器(IIS)角色信息。单击“安装”按钮，开始安装 IIS 角色，如图 6－2－5 所示。

(4)安装完毕，打开“安装结果”对话框，显示已安装的 Web 服务器(IIS)角色信息。单击“关闭”按钮，完成 Web 服务器(IIS)角色的安装，如图 6－2－6 所示。

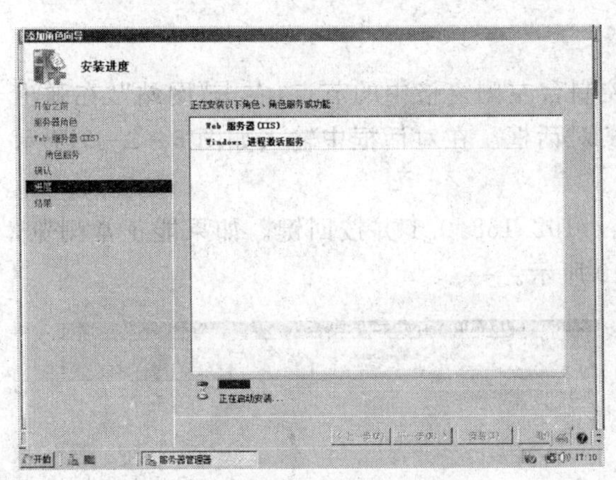

图 6－2－5　开始安装角色

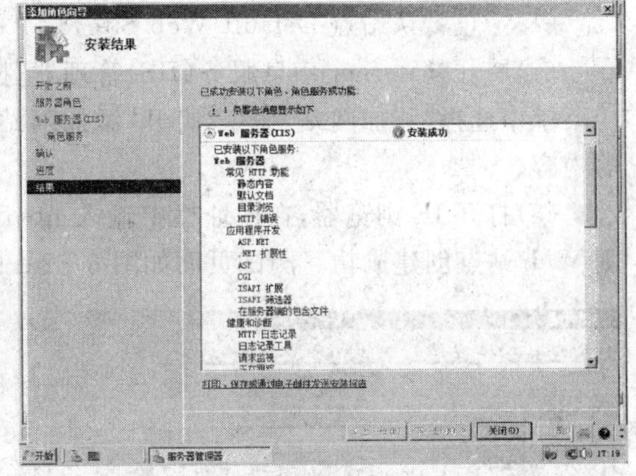

图 6－2－6　已安装的 Web 服务器角色

2. IIS 服务器的启动与停止

单击“开始”→“管理工具”→“Internet 信息服务(IIS)管理器”，打开“Internet 信息服务(IIS)管理器”控制台。展开控制台左侧窗格中的节点，右击 IIS 服务，在弹出的菜单中选择“启动”或“停止”命令，即可启动或停止 IIS 服务。

(二) Web 服务器的配置

1. 设置站点的默认主页

网页已存放在 c:\myweb 文件夹下，主页为 index. htm。首先设置站点的默认主页，即通常所说的主页。其设定步骤如下：

（1）单击“开始”→“管理工具”→“Internet 信息服务(IIS)管理器”，打开“Internet 信息服务(IIS)管理器”控制台。单击左侧窗格中的服务器“WIN2008－1”（计算机名）→在功能视图中找到“默认文档”图标，如图 6-2-7 所示。

（2）双击“默认文档”图标，打开“默认文档”功能视图，单击右侧“操作”窗格中的“添加”按钮，在弹出的对话框中输入要设定的默认文档。一般网站最常用的主页名有 default. htm、default. asp、index. htm、index. html、iisstar. htm、default. aspx。IIS 支持 html 静态网页、asp、aspx 动态网页。单击“确定”按钮，如图 6-2-8 所示。

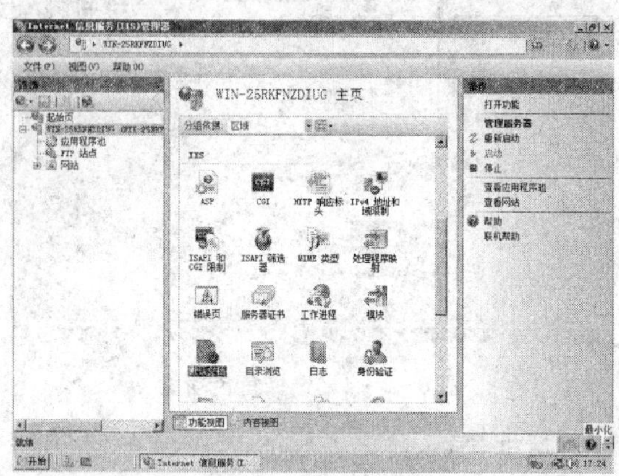

图 6-2-7　默认文档图标

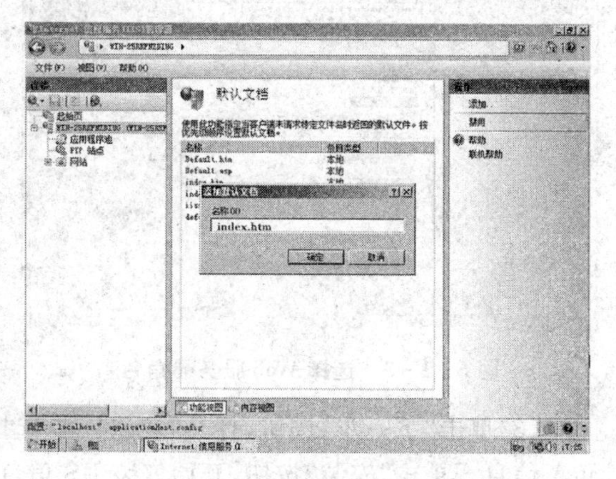

图 6-2-8　添加默认文档

2．创建 Web 站点

创建 Web 站点步骤：

（1）停止默认站点 Default Web Site。

（2）展开“Internet 信息服务(IIS)管理器”控制台左侧窗格中的节点，右击“网站”，在弹出的菜单中选择“添加网站”命令，打开“添加网站”对话框。在对话框中输入如图 6-2-9 所示的内容。

（3）打开 IE 浏览器，在地址栏中输入 http://192.168.0.1 并按回键。如果能正常浏览，则 Web 站点创建成功。测试页面如图 6-2-10 所示。

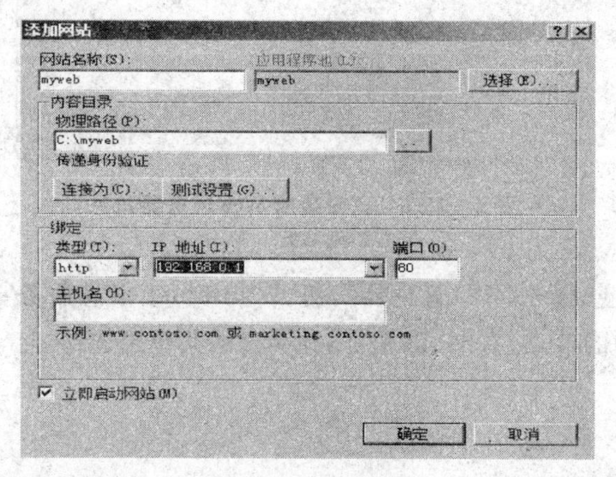

图 6-2-9　添加网站

图 6-2-10　IE 测试 Web 站点

3. 创建虚拟目录

Web 站点的内容一般存放在主目录中，特殊情况下，也可以存放在主目录以外的目录中，即虚拟目录。虚拟目录用浏览器显示时就像位于主目录中一样。

例如，创建虚拟目录 products，物理路径 C:\products。将文件 index.htm 保存到文件夹下，操作步骤为：

(1)单击“开始”→“管理工具”→“Internet 信息服务(IIS)管理器”，右击控制台左侧窗格中的“myweb”站点，在弹出的菜单中选择“添加虚拟目录”命令，打开“添加虚拟目录”对话框。

(2)在“添加虚拟目录”对话框中的“别名”文本框中输入“products”。物理路径输入“C:\products”，如图 6-2-11 所示，单击“确定”按钮。

(3)打开浏览器，在地址栏中输入“http://192.168.0.1/products”并按回键。即可访问该站点的虚拟目录，如图 6-2-12 所示。

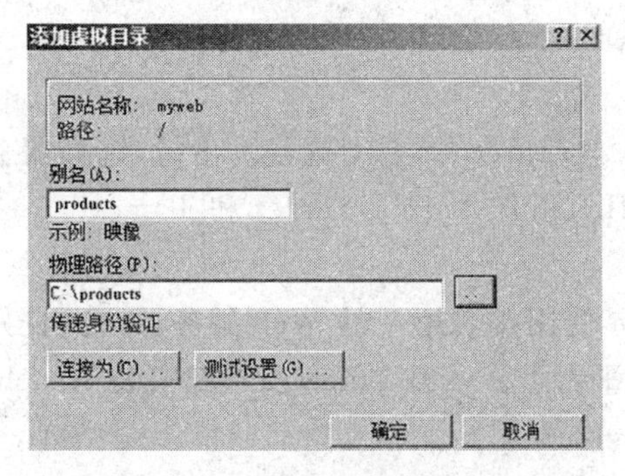

图 6-2-11　添加虚拟目录

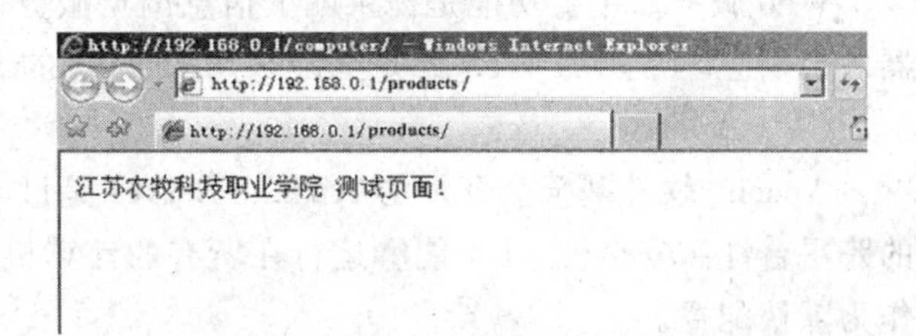

图 6-2-12　IE 测试虚拟目录

4. 配置 Web 站点安全性

(1)启用 Windows 身份验证

在“Internet 信息服务(IIS)管理器”控制台中，单击左侧窗格中的“myweb”站点，在功能视图中双击“身份验证”图标，打开“身份认证”界面。选择“匿名身份认证”，单击控制台右侧“操作”窗格中的“禁用”按钮，界面如图 6-2-13 所示。

在“身份认证”界面，选择“Windows 身份验证”，单击控制台右侧“操作”窗格中的“启用”按钮，即可启用 Windows 身份验证方法。

打开 IE 浏览器，在地址栏中输入 http://192.168.0.1 并按回车键访问该站点，弹出对话框，要求输入能够访问该站点的账号及密码，如图 6-2-14 所示。

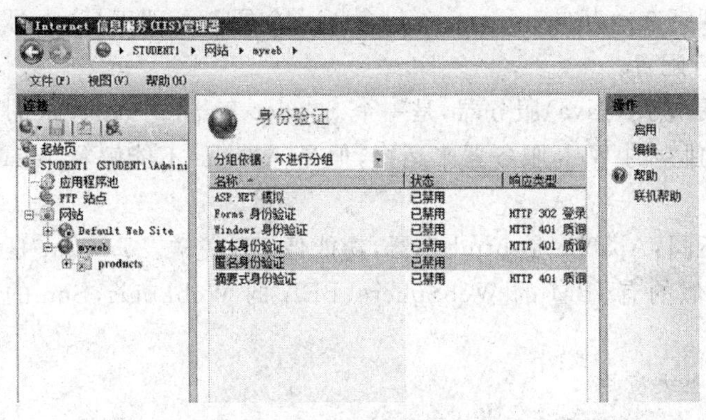

图 6-2-13　禁用匿名身份认证

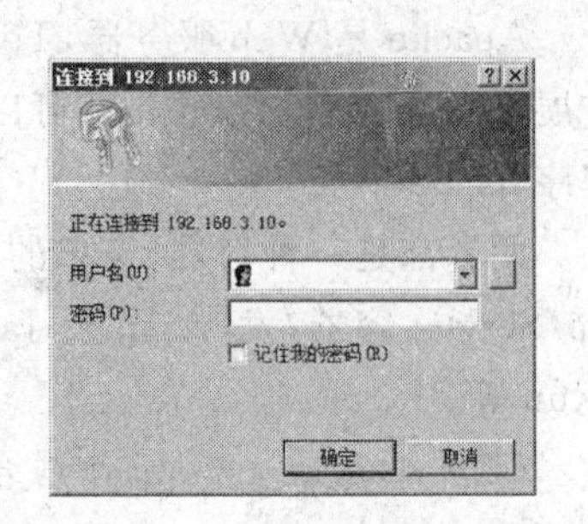

图 6-2-14　带账号及密码的网站访问

(2)设置 Web 站点限制连接数与带宽

打开"Internet 信息服务(IIS)管理器"控制台。单击左侧窗格中的"myweb"站点,在右侧"操作"窗格中单击"配置"区域的"限制"按钮,打开"编辑网站限制"对话框。

在"编辑网站限制"对话框中可以限制客户连接的带宽,也可以设置站点的最大连接数,如图 6-2-15 所示。

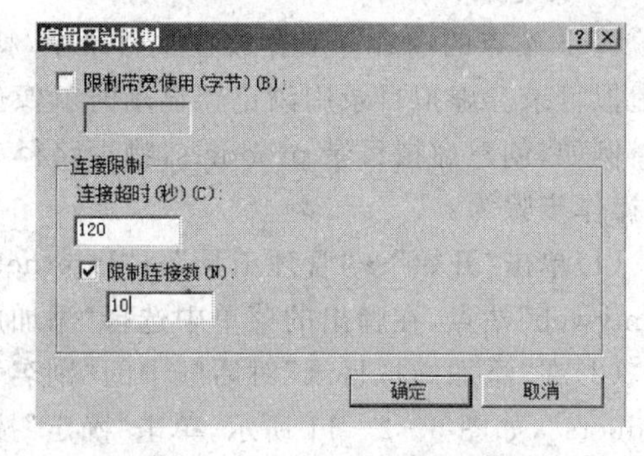

图 6-2-15　编辑网站限制

六、检查评议

具体评价方式、评价内容及评价标准见附录。

七、拓展提高

知识链接:

Web 服务器主要功能是提供网上信息浏览服务。当 Internet 上浏览器发出请求时,服务器才会响应。常用的 Web 服务器除了 Microsoft 的 IIS,还有 Apache Server 和 Tomcat。

(一) Apache Server

Apache 软件基金会开发的 Apache Server 是世界使用排名第一的 Web 服务器。其良好的跨平台性和安全性,几乎能够运行在所有的计算机平台上。一般 Linux 发布都安装 Apache 作为默认配置。

Apache Server 是普通服务器,本身只支持 html 静态网页。通过插件可以支持 php。

(二) Tomcat Server

Tomcat 是开源服务器,由 Apache 软件基金会下属的 Jakarta 项目,按照 Sun Microsystems 提供的技术规范,开发的一个 Servlet 容器,实现了对 jsp/Servlet 的支持,并提供了作为 Web 服务器的一些特有功能。

由于 Tomcat 本身也内含了一个 HTTP 服务器,也可以被视作一个单独的 Web 服务器。Tomcat 支持 jsp、cgi、php 等。

Apache、Nginx 和 Tomcat 并称为网页服务三剑客,可见其应用广泛。

(三) Apache Server 与 Tomcat 区别

Tomcat 和 Apache Web 服务器是不同的。Apache Web Server 是一个用 C 语言实现的 HTTP Web Server,与 Tomcat 不是捆绑在一起的。Tomcat 包含了一个配置管理工具,也可以通过编辑 XML 格式的配置文件进行配置。

Apache 是 Web 服务器,Tomcat 是应用(Java)服务器,是一个 Servlet 容器,是 Apache 的扩展。Apache 和 Tomcat 都可以做为独立的 Web 服务器来运行,但是 Apache 不能解释 Java 程序(jsp/Servlet)。

两者都是一种容器,发布的东西不同:Apache 是 html 容器,功能像 IIS 一样。Tomcat 是 jsp/Servlet 容器,发布 jsp 及 Java,类似的有 IBM 的 WebSphere、BEA 的 WebLogic,Sun 的 JRun 等。

(四) Apache+Tomcat 结合的企业级应用

Apache 与 Tomcat 连通,单向 Apache 连接 Tomcat,通过 Apache 访问 Tomcat 资源。

(1) Apache主要用来解析静态文本,如html。Tomcat也能,但Apache能大大提高效率,尤其并发数较大的企业级应用。

(2) Tomcat用来解析jsp/Servlet等,所有的客户请求先发送到Apache。如果请求是静态,则由Apache解析,并把结果返回给客户端;如果是动态请求,如jsp,Apache会把解析工作交给Tomcat,由Tomcat解析,结果仍是通过Apache返回给客户端,这样达到分工合作,实现负载均衡,提高整个企业级应用的性能。

任务2-2　架设和管理FTP服务器

一、任务描述

为了对办公文档进行集中管理,实现资源共享,请在IIS上架设FTP服务器,员工需要时,根据权限,直接到服务器上存取。

二、任务分析

在服务器上架设FTP服务,员工可以上传与下载文档,共享资源。根据网络规划,在内部架设FTP服务器。在IIS上架设FTP服务器,采用图形界面,管理简单,对管理员要求低,适合中小型企业。本任务选用Windows Server 2008的IIS 7作为FTP服务平台。

本任务计划:

(1) 创建FTP站点;

(2) 配置FTP站点。

三、知识准备

FTP协议是应用层协议,需要传输层TCP协议的支持。在前面任务中已经学习过TCP通过三次握手建立连接。TCP连接成功后,为保证可靠的数据传输,采取了多种机制。TCP连接终止时,则采用四次挥手。

(一) TCP可靠传输机制

TCP给每字节一个序号,不仅保证不发生丢包,而且保证接收端按序接收包。当接收端接收到字节后,会发回一个相应的确认(ACK);如果发送端在合理的往返时延(Round-Trip Time,RTT)内未收到确认,就认为丢失了,那么对应的数据将会被重传。TCP用校验和函数来检验数据是否有错误,在发送和接收时都要计算和校验。

(1) TCP建立连接之后,是全双工的,通信双方可以同时进行数据的传输。在保证可靠性上,采用超时重传和捎带确认机制。

(2) 在流量控制上,采用滑动窗口协议,滑动窗口大小可变。协议中规定,对于窗口内未经确认的分组需要重传。

(3) 在拥塞控制上,采用广受好评的TCP拥塞控制算法(Additive Increase Multiplicative Decrease,AIMD算法)。该算法主要包括三个主要部分:加性增,乘性减;慢启动;对超时事件做出反应。

(二) TCP连接的终止

所谓四次挥手(Four-Way Wavehand)指断开一个TCP连接时,需要客户端和服务端总共发送4个包以确认连接的断开。终止TCP连接要经过四次挥手(Four-Way Wavehand),这是由TCP的半关闭(half-close)造成的。因为TCP连接是全双工的,每个方向都必须单独进行关闭。当一方完成数据发送后就能发送一个FIN来终止这个方向的连接。收到FIN只意味着这一方向上没有数据流动，另一方向上仍能发送数据。首先进行关闭的一方将执行主动关闭，而另一方执行被动关闭。如图 6-2-16 所示，客户端、服务器中首先发起 TCP 连接终止的为主动方，另一方为被动方。

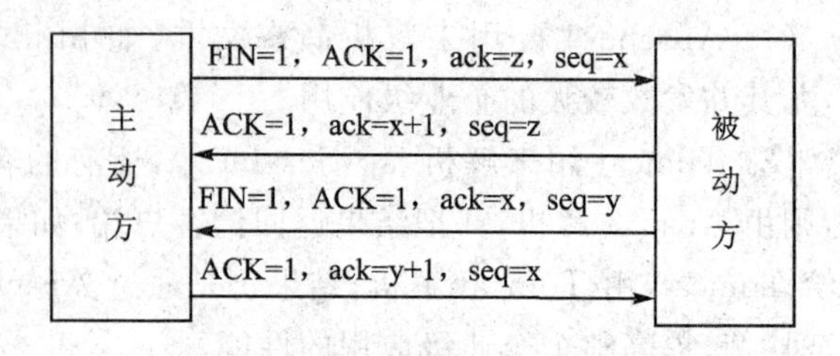

图 6-2-16 TCP 协议四次挥手

具体过程如下：

(1) 第一次挥手(主动方→被动方)

TCP 主动方发送 FIN 包，用来关闭主动方到被动方的数据传送。主动方进入 FIN_WAIT_1 状态。

(2) 第二次挥手(被动方→主动方)

被动方收到 FIN 包，发回一个 ACK 包给主动方，确认序号为收到的序号+1。与 SYN 相同，一个 FIN 占用一个序号。被动方进入 CLOSE_WAIT 状态。

(3) 第三次挥手(主动方→被动方)

被动方发送一个 FIN 给主动方，用来关闭被动方到主动方的数据传送，被动方进入 LAST_ACK 状态。

(4) 第四次挥手(被动方→主动方)

主动方收到 FIN 后，主动方进入 TIME_WAIT 状态，接着发送一个 ACK 给被动方，确认序号为收到序号+1，被动方进入 CLOSED 状态，完成四次挥手。

(三) FTP 两种模式

FTP 服务器是在互联网上提供文件存储空间的计算机，依照 FTP 协议提供服务。FTP (File Transfer Protocol，文件传输协议)是专门用来传输文件的协议。按照 FTP 服务器的工作方式，FTP 分为主动模式和被动模式。

1. 主动模式 FTP

主动模式(Active 模式)是由客户端指定端口，服务器主动连接。主动模式采用 PORT 方式，也是 FTP 的 Standard 模式。Standard 模式 FTP 的客户端发送 PORT 命令到 FTP 服务器。

主动模式 FTP 工作过程如下：

客户端从一个任意的非特权端口 N(N＞1024)连接到 FTP 服务器的命令端口(TCP 21 端口)，建立连接通道，通过这个通道发送命令。客户端需要接收数据时在这个通道上发送 PORT 命令。PORT 命令包含了客户端用什么端口接收数据。然后客户端开始监听端口 N+1，并发送 FTP 命令“PORT N+1”到 FTP 服务器。接着服务器从自己的数据端口(TCP 20 端口)连接到客户端指定的数据端口(N+1)，与客户端建立一个新的连接用来传送数据。

连接过程如图 6-2-17 所示。标注的序号含义如下：

(1) 客户端的命令端口与 FTP 服务器的命令端口(21)建立连接，并发送命令 PORT 1027。

(2) FTP 服务器给客户端的命令端口返回一个 ACK。

(3) FTP 服务器发起一个从自己的数据端口(20)到客户端指定的数据端口(1027)的连接。

(4) 客户端给服务器端返回一个 ACK。

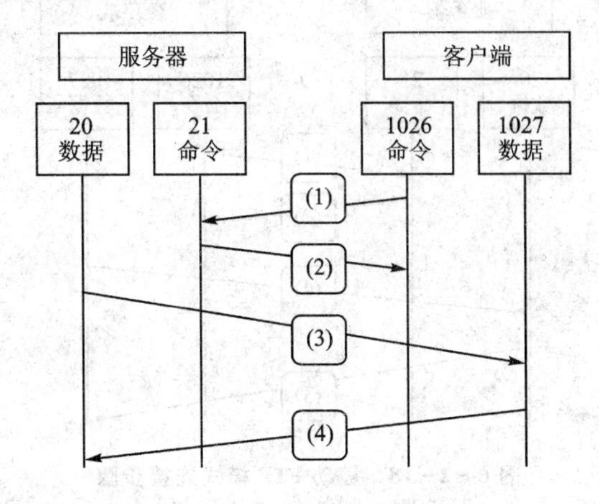

图 6-2-17　主动 FTP 模式连接步骤

主动模式 FTP 的主要问题在于客户端。FTP 的客户端并没有实际建立一个到服务器数据端口的连接,只是简单的告诉服务器自己监听的端口号,服务器再回来连接客户端这个指定的端口。

主动模式 FTP 对于服务器的要求较高,对于客户端的防火墙来说,从外部系统主动建立到内部客户端的连接,通常会被阻塞的。如果进行内外机器映射,则须同时映射控制端口和数据传输端口。由于数据端口是由客户端随机指定的,并不固定,这加大建立连接的难度。

2. 被动模式 FTP

为了解决从服务器到客户端的数据端口的入方向连接被防火墙过滤掉的问题,提出被动模式。命令连接和数据连接都由客户端发起的 FTP 连接,称为被动模式(Passive,PASV)。客户端发送 PASV 命令到 FTP 服务器,服务器启用被动模式,指定数据端口,并等待客户端发起连接。被动模式在一定程度上减轻了服务器的压力。

被动模式 FTP 工作过程如下:

在建立控制通道时与主动模式类似。建立 FTP 连接时,客户端打开两个任意的非特权本地端口(N＞1024 和 N＋1)。第一个端口连接服务器的 21 端口,但与主动模式的 FTP 不同,客户端不会提交 PORT 命令让服务器回连其数据端口,而是提交 PASV 命令。FTP 服务器打开一个任意的非特权端口 P(1024＜P＜5000)端口,并发送 PORT P 命令给客户端,通知客户端在 P 端口上传送数据。FTP 服务器不需要新建一个与客户端的连接。然后客户端发起从本地端口 N＋1 到服务器的端口 P 的连接用来传送数据。

连接过程如图 6-2-18 所示。标注的序号含义如下:

(1) 客户端的命令端口与服务器的命令端口(21)建立连接,并发送命令 PASV。

(2) 服务器返回命令 PORT 2024。

(3) 客户端发起一个从自己的数据端口到服务器端指定的数据端口(2024)的数据连接。

(4) 服务器给客户端的数据端口返回一个 ACK。

四、工具材料

- 真实岗位:已安装 Windows Server 2008 系统的服务器。
- 虚拟实验:VMware Workstation 8.0、Windows Server 2008 安装光盘。

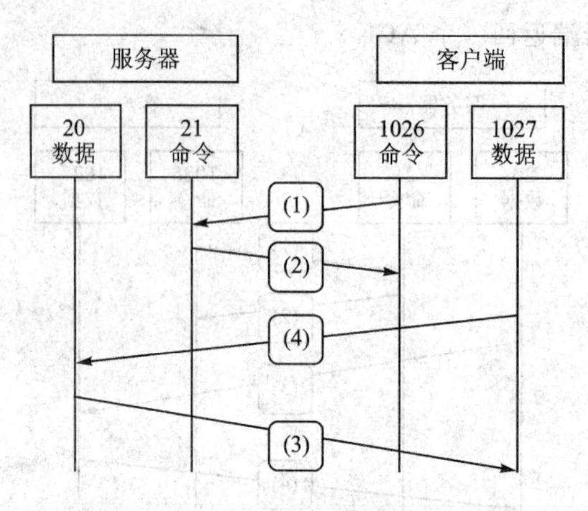

图 6-2-18　被动 FTP 模式连接步骤

五、任务实施

Windows Server 2008 中的 IIS 提供了 FTP 服务，在默认情况下 FTP 服务没有安装，需要管理员手工安装。任务 2 在安装 Web 服务时已将 FTP 服务一并安装了，安装过程参考 IIS 服务器的安装，这里不再赘述。

（一）FTP 服务器的创建、测试与配置

1. FTP 服务器的创建

创建 C:\myftp 文件夹，作为 FTP 的主目录，操作步骤如下：

(1) 单击"开始"→"管理工具"→"Internet 信息服务(IIS)管理器"，打开"Internet 信息服务(IIS)管理器"控制台。展开控制台左侧窗格中的节点，右击"FTP 站点"，在弹出菜单中选择"新建"→"FTP 站点"命令，打开"FTP 站点创建向导"页面。

(2) 单击"下一步"按钮，打开"FTP 站点描述"对话框。在文本框中输入站点名称，这里输入"myftp"，如图 6-2-19 所示。

(3) 单击"下一步"按钮，打开"IP 地址和端口设置"对话框。在"输入此 FTP 站点使用的 IP 地址"文本框中，输入本机的静态 IP 地址"192.168.0.1"。FTP 默认 TCP 端口是 21 端口，如图 6-2-20 所示。

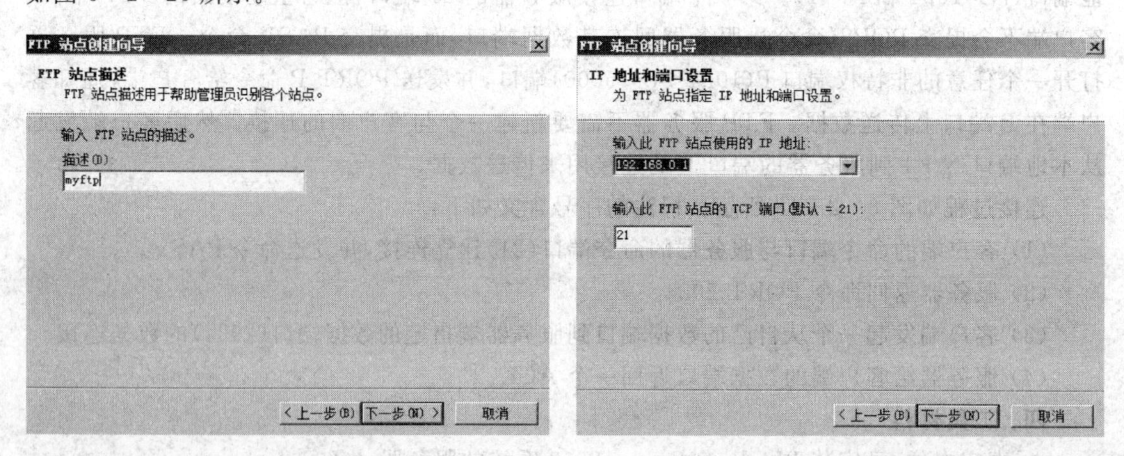

图 6-2-19　"FTP 站点描述"对话框　　图 6-2-20　"IP 地址和端口设置"对话框

(4) 单击“下一步”按钮，打开“FTP 用户隔离”对话框。这里选择“不隔离用户”单选按钮，以实现 FTP 站点的匿名访问。

(5) 单击“下一步”按钮，打开“FTP 站点主目录”对话框。在对话框的“路径”文本框中输入 FTP 站点的主目录。这里输入“C:\myftp”，如图 6－2－21 所示。

(6) 单击“下一步”按钮，打开“FTP 站点访问权限”对话框，这里选择“读取”、“写入”两个复选框，使客户端能够下载与上传，如图 6－2－22 所示。

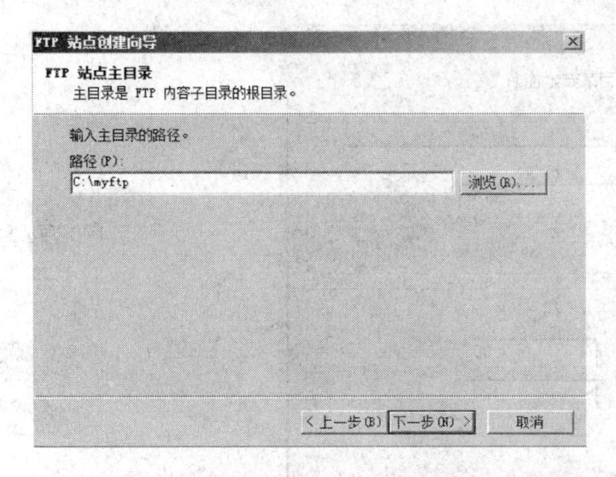

图 6－2－21　“FTP 站点主目录”对话框

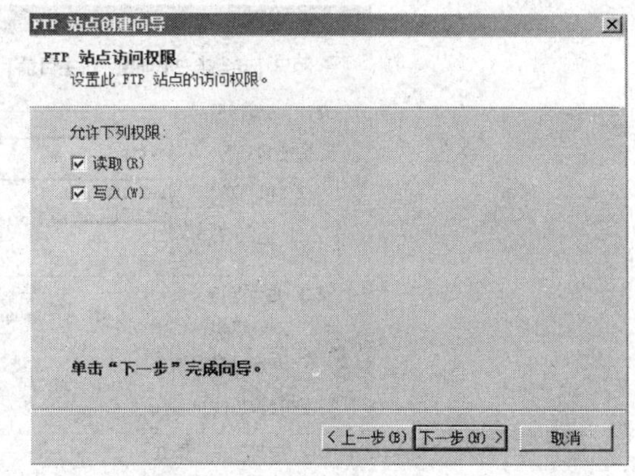

图 6－2－22　“FTP 站点访问权限”对话框

(7) 单击“下一步”按钮，打开“已完成 FTP 站点创建向导”对话框。单击“完成”按钮，结束 FTP 站点的创建。

2. FTP 服务器的测试

FTP 站点创建完成后，该站点处于“停止”状态，右击该站点，在弹出菜单中选择“启动”命令，启动该站点 FTP 服务，如图 6－2－23 所示。

打开 IE 浏览器，在地址栏输入 ftp://192.168.0.1 并按回车键，若打开如图 6－2－24 所示的页面，表明 FTP 站点创建成功。

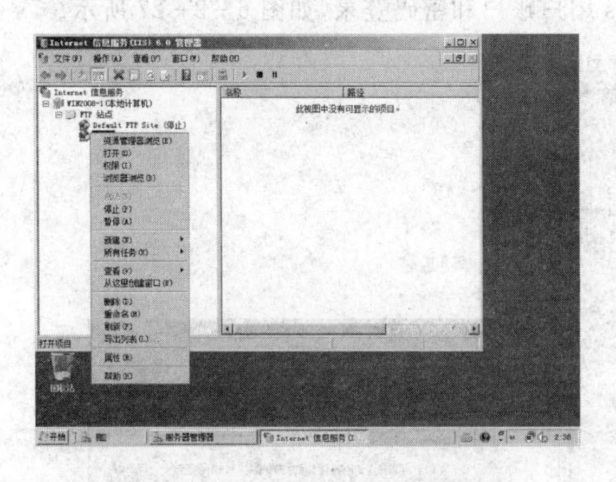

图 6－2－23　启动该站点 FTP 服务

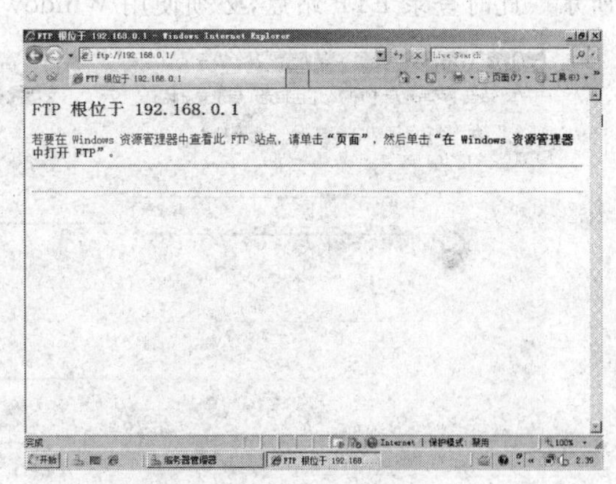

图 6－2－24　IE 访问 FTP 站点

3. FTP 服务器的配置

(1) 限制用户连接数

单击“开始”→“管理工具”→“Internet 信息服务(IIS)管理器”，打开“Internet 信息服务(IIS)管理器”控制台。展开控制台左侧窗格中的节点，右击“FTP 站点”，在弹出菜单中选择“属性”命令，打开“myftp 属性”对话框。

在“FTP 站点”选项卡中，选择“连接数限制为”单选框，在其后的文本框中输入最大的客户端连接数。这里输入“30”，意味着该 FTP 站点最多有 30 个客户端连接，如图 6-2-25 所示。

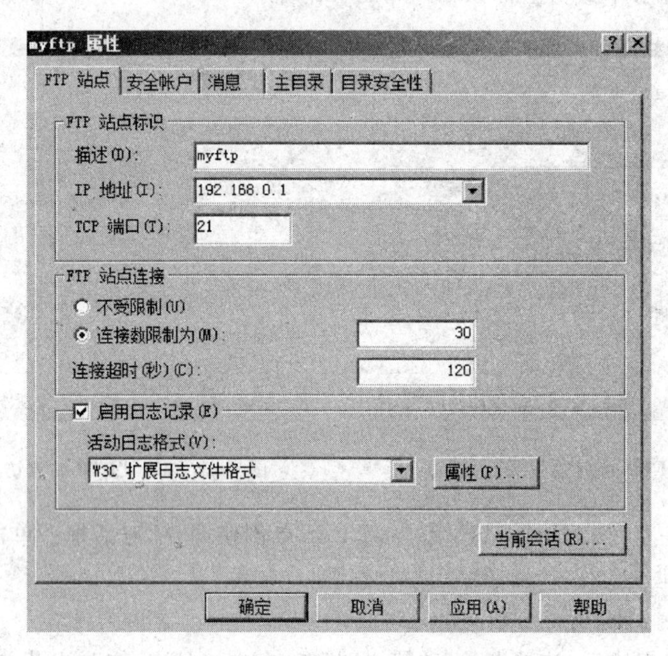

图 6-2-25 限制用户连接数

(2) 验证用户身份

在“myftp 属性”对话框的“安全帐户”选项卡中，去掉“允许匿名登录”选择，图 6-2-26 所示。此时登录 FTP 站点，必须使用 Windows 用户账户和密码登录，如图 6-2-27 所示。

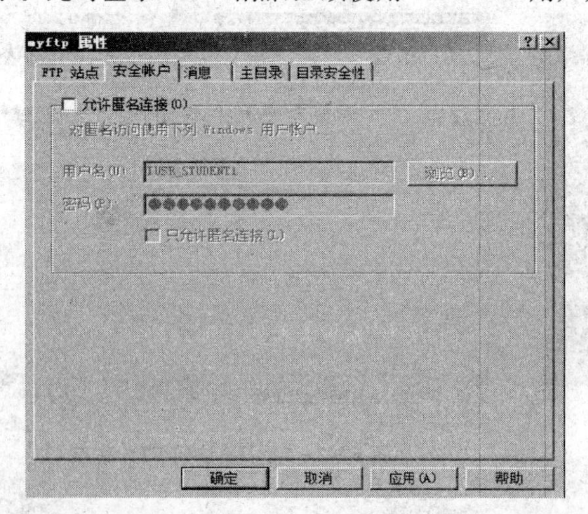

图 6-2-26 “安全帐户”选项卡

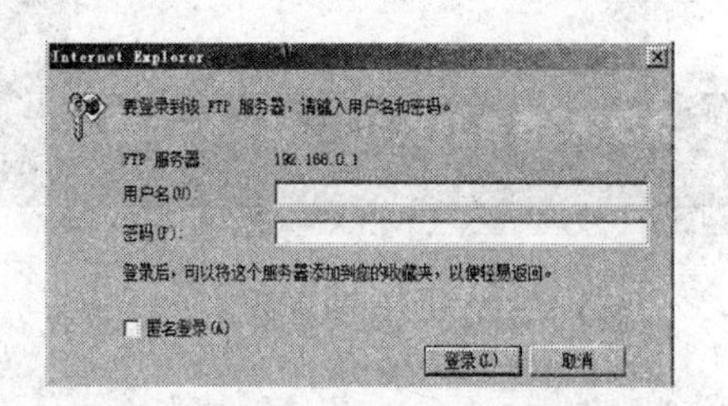

图 6-2-27 用户账户和密码登录

(3) 限制特定 IP 地址访问

在"FTP 属性"对话框的"目录安全性"选项卡中,选择"授权访问"单选按钮,然后单击"添加"按钮,打开"拒绝访问"对话框。在"拒绝访问"对话框中,设置被拒绝登录 FTP 站点的 IP 地址。可以是单个的 IP 地址,也可以是一个地址段,如图 6-2-28所示。

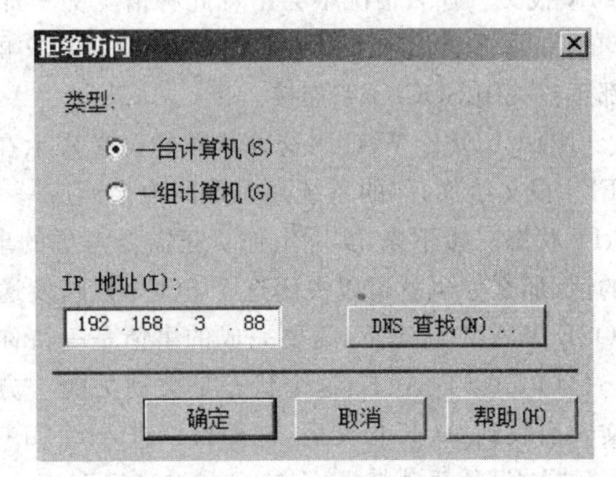

图 6-2-28 "拒绝访问"对话框

六、检查评议

具体评价方式、评价内容及评价标准见附录。

七、拓展提高

知识链接:

(一) TCP 连接建立和终止时的状态含义

(1) CLOSED:表示初始状态。

(2) LISTEN:表示服务器端的某个 SOCKET 处于监听状态,可以接受连接了。

(3) SYN_RCVD:这个状态表示接收到了 SYN 报文,在正常情况下,这个状态是服务器端的 SOCKET 在建立 TCP 连接时的三次握手会话过程中的一个中间状态,很短暂,基本上用 netstat 很难看到这种状态,因此,在这种状态下,收到客户端的 ACK 报文后,服务器会进入到 ESTABLISHED 状态。

(4) SYN_SENT:这个状态与 SYN_RCVD 相呼应。当客户端 SOCKET 执行 CONNECT 连接时,首先发送 SYN 报文,因此,客户端会随即进入到 SYN_SENT 状态,并等待服务端发送三次握手中的第 2 个报文。SYN_SENT 状态表示客户端已发送 SYN 报文。

(5) ESTABLISHED:表示连接已经建立了。

(6) FIN_WAIT_1:FIN_WAIT_1 和 FIN_WAIT_2 状态的本质都是表示等待对方的 FIN 报文。两种状态的区别是:FIN_WAIT_1 状态实际上是当 SOCKET 在 ESTABLISHED 状态时,想主动关闭连接,向对方发送了 FIN 报文,此时该 SOCKET 即进入到 FIN_WAIT_1 状态。当对方回应 ACK 报文后,则进入到 FIN_WAIT_2 状态。在实际的正常情况下,无论对方何种情况下,都应该马上回应 ACK 报文,所以 FIN_WAIT_1 状态一般比较难见到,FIN_WAIT_2 状态常可以用 netstat 看到。

(7) FIN_WAIT_2:该状态下的 SOCKET,表示半连接,即一方要求关闭连接,但另外一方告诉它:"我暂时还有数据传给你,请稍后再关闭连接"。

(8) TIME_WAIT:表示收到了对方的 FIN 报文,并发送出了 ACK 报文,就等 2MSL (Maximum Segment Lifetime,报文最大生存时间)后即可回到 CLOSED 可用状态。如果 FIN_WAIT_1 状态下,收到了对方同时带 FIN 标志和 ACK 标志的报文时,可以直接进入到 TIME_WAIT 状态,而无须经过 FIN_WAIT_2 状态。

(9) CLOSING:这种状态比较特殊,属于一种比较罕见的例外状态。正常情况下,当发送 FIN 报文后,按理说是应该先收到(或同时收到)对方的 ACK 报文,再收到对方的 FIN 报文。但是 CLOSING 状态表示发送 FIN 报文后,并没有收到对方的 ACK 报文,反而也收到了对方的 FIN 报文。什么情况下会出现此种情况呢？那就是如果双方几乎在同时关闭一个 SOCKET 的话，那么就出现了双方同时发送 FIN 报文的情况，也即会出现 CLOSING 状态，表示双方都正在关闭 SOCKET 连接。

(10) CLOSE_WAIT：这种状态的含义表示在等待关闭。当对方关闭一个 SOCKET 后发送 FIN 报文给你，你的系统毫无疑问地会回应一个 ACK 报文给对方，此时则进入到 CLOSE_WAIT 状态。接下来，实际上你真正需要考虑的事情是，你是否还有数据发送给对方，如果没有的话，那么你也就可以关闭这个 SOCKET，发送 FIN 报文给对方，也即关闭连接。所以你在 CLOSE_WAIT 状态下，需要完成的事情是等待你去关闭连接。

(11) LAST_ACK：这个状态是被动关闭一方在发送 FIN 报文后，最后等待对方的 ACK 报文。当收到 ACK 报文后，也即可以进入到 CLOSED 可用状态。

(二) FTP 两种模式比较

主动模式 FTP 对 FTP 服务器的管理有利，但对客户端的管理不利。因为 FTP 服务器企图与客户端的高位随机端口建立连接，而这个端口很有可能被客户端的防火墙阻塞掉。

被动模式 FTP 对 FTP 客户端的管理有利，但对服务器的管理不利。因为客户端要与服务器建立两个连接，其中一个连到一个高位随机端口，而这个端口很有可能被服务器端的防火墙阻塞掉。

被动模式 FTP 解决了客户端的许多问题，但同时给服务器带来了更多的问题。最大的问题是需要允许从任意远程终端到服务器高位端口的连接。所以，FTP 服务器管理员需要指定 FTP 服务器使用的端口范围，减小服务器高位端口的暴露，不在这个范围的任何端口会被服务器的防火墙阻塞，减少了危险。

(三) FTP 客户端两种模式的支持

大多数 FTP 客户端默认使用被动模式(PASV 方式)，少数 FTP 客户端不支持被动模式。许多人习惯用 Web 浏览器作为 FTP 客户端，大多数浏览器只在访问 ftp://这样的 URL 时才支持被动模式，IE 浏览器默认使用主动模式(PORT 方式)。

在大部分 FTP 客户端的设置里，能够找到“PASV”或“被动模式”，极少见到“PORT”或“主动模式”等字眼。因为取消 PASV 方式，就意味着使用 PORT 方式。常用 FTP 客户端被动模式 FTP 设置如下：

(1) IE 浏览器：“工具”→“Internet 选项”→“高级”→“设置”→“使用被动 FTP”。

(2) CuteFTP：“Edit”→“Setting”→“Connection”→“Firewall”→“PASV Mode”或“File”→“Site Manager”→在左边选中“站点”→“Edit”→“Use PASV mode”。

CuteFTP 默认先使用被动模式连接(可以在全局设置中修改)，如果被动传输失败，会自动尝试使用主动模式。

(3) FlashGet：“工具”→“选项”→“代理服务器”→“直接连接”→“编辑”→“PASV 模式”。

(4) FlashFXP：“选项”→“参数选择”→“代理/防火墙/标识”→“使用被动模式”，或“站点管理”→“对应站点”→“选项”→“使用被动模式”，或“快速连接”→“切换”→“使用被动模式”。

(四) 匿名 FTP

匿名 FTP 是用户无需成为注册用户，即可连接到 FTP 服务器下载文件的一种机制。FTP 服务器维护着一个特殊的账号 anonymous，供匿名用户登录。

匿名 FTP 连接时，要求输入 anonymous，口令可以是任意的字符串，习惯上，用自己的 E-mail 地址作为口令,使系统维护程序能够记录下来谁在存取文件。

FTP 服务器提供匿名 FTP 服务时,会指定某些目录向公众开放,允许匿名存取。作为一种安全措施,大多数匿名 FTP 主机都允许用户下载文件,限制上传文件。

任务 3　构建与应用 DNS、DHCP 服务

任务 3-1　架设和配置 DNS 服务器

一、任务描述

公司已经申请了域名 spring. com. cn。完成 Web 服务器与 FTP 服务器架设后,继续架设 DNS 服务器,实现域名和 IP 地址之间的解析。

二、任务分析

在 Internet 应用服务中,IP 地址不便于记忆,可以借助 DNS 简化服务的使用。在 DNS 服务器上,需要配置 DNS 服务器,添加资源记录等。

本任务计划:

(1) DNS 服务器的安装与启动;

(2) 正向查找区域的创建;

(3) 反向查找区域的创建;

(4) 添加资源记录。

三、知识准备

DNS 协议位于应用层,传输层的 UDP 协议支持 DNS 协议。

(一) UDP 协议的功能

UDP 协议(User Datagram Protocol,用户数据报协议)是一种无连接的传输层协议,提供面向事务的简单不可靠信息传输服务。IETF RFC 768 是 UDP 的正式规范。UDP 在 IP 报文的协议号是 17。UDP 支持的应用层协议主要有 DNS(域名系统)、NFS(网络文件系统)、SNMP(简单网络管理协议)、TFTP(通用文件传输协议)等。

UDP 不提供流量控制、差错恢复功能,报文传输顺序的检查与排序由应用层完成。但是,UDP 资源消耗小,处理速度快,在可靠性要求不高,传输经济方面得到应用,是分发信息的理想协议。如 RIP 协议中修改路由表、Progressive Networks 公司的 RealAudio audio－on－demand protocol 协议、VoIP、即时通信 ICQ 和 QQ 也都运行在 UDP 之上。

(二) UDP 协议的报文格式

每个 UDP 报文分 UDP 报头和 UDP 数据两部分。报头由四个 16 位长(2 字节)字段组成,分别表示报文的源端口、目的端口、报文长度以及校验和,如图 6-3-1 所示。

32 比特	
0～15	16～31
源端口	目的端口
数据报长度	校验和
数据	

图 6-3-1　UDP 报头格式

(1) 源端口、目的端口:都是 2 字节,存放端口号,有效范围 0～65 535。一般来说,大于 49151 的端口号都代表动态端口。

(2) 数据报长度:2 字节,包括报头和数据部分的总字节数。报头的长度是固定的,可变长度的是数据部分(又称为数据负载)。数据报最大长度为 65 535 字节。实际应用会

受到限制,有时会降低到 8 192 字节。

(3) 校验和:2 字节。校验和首先在数据发送方通过特殊的算法计算得出,传递到接收方后,再重新计算。如果某个数据报在传输过程中被第三方篡改,或由于线路噪音等原因受到损坏,发送和接收方的校验计算值不相符,那么,UDP 会把损坏的数据报丢弃,或者给应用程序发送警告信息。

(三) UDP 协议的特性

(1) UDP 不建立连接,使用尽最大努力交付,服务器不需要维持复杂的链接状态表,可同时向多个客户机传输相同的消息。

(2) UDP 对应用层交付的数据,只添加首部,向下交付给 IP 层。既不拆分,也不合并,因此,应用程序需要选择合适的报文大小。

(3) UDP 报文头部很短,只有 8 字节,相对于 TCP 的 20 字节的额外开销很小,速度快。

(4) 吞吐量不受拥塞控制算法的调节,只受应用程序生成数据的速率、传输带宽、源端和终端主机性能的限制。

(四) DNS 概念

DNS (Domain Name System,域名系统)由解析器和域名服务器组成。域名服务器是指保存该网络中所有主机的域名和对应 IP 地址,并具有将域名与 IP 地址相互转换功能的服务器。其中,域名必须对应一个 IP 地址,而 IP 地址不一定有域名。在使用中,域名服务器为 C/S 模式中的服务器方,主要有两种形式:主服务器和转发服务器。将域名映射为 IP 地址的过程称为域名解析。

(五) 域名结构

DNS 结构采用分层的原则,类似目录树的等级结构。分为根域、顶级域、二级域和主机,如图 6-3-2 所示。

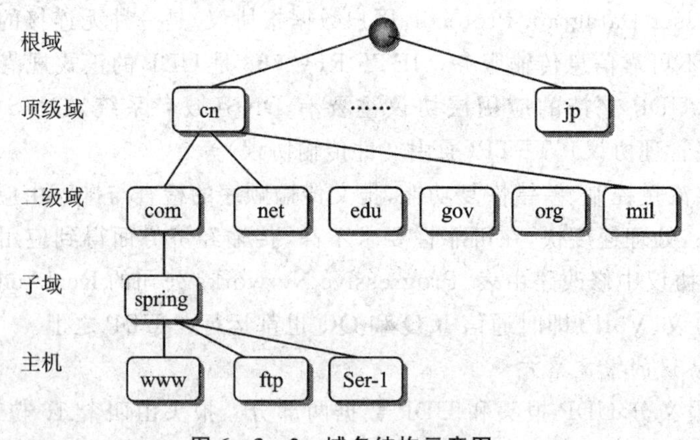

图 6-3-2 域名结构示意图

1. 根　域

根域是 DNS 的最上层,当下层的任何一台 DNS 服务器无法解析一个 DNS 名称时,可以向根域的 DNS 寻求协助。理论上,只要所查找的主机按规定注册,那么无论位于何处,从根域的 DNS 服务器往下层查找,一定可以解析出其 IP 地址。

2. 顶级域

顶级域名包括两大类:国家及地区代码顶级域名(Country Code Top - Level Domain,

ccTLD)与通用顶级域名(Generic Top-Level Domain,gTLD)。ccTLD中的顶级域的命名以ISO3116所定制的国家码来区分,例如,cn为中国,jp为日本,kr为韩国等,如图6-3-2所示。但在美国,很少用"us"来当成顶级域名,而是省略,直接用二级域名。ccTLD中的二级域名可以看作gTLD中的顶级域名。读者请注意。

3. 二级域

二级域是整个DNS中最重要的部分,以"组织性质"来区分,有com、net、edu、gov、org、mil等。com表示商业组织,net表示网络组织,edu表示教育机构,gov表示政府组织,org表示非赢利组织,mil表示军事部门等。在二级域名之下,供所有人申请,例如:". spring. com. cn"。

4. 主　机

最后一级是主机,由各个域内部自行建立,不需要通过公共管理域名的机构。例如可以在". spring. com. cn"域下再建立"www. spring. com. cn"、"ftp. spring. com. cn"等主机。

(六) 资源记录类型

资源记录类型如表6-3-1所列。

表6-3-1　域名服务器资源记录类型

资源记录	说　明
SOA(起始授权机构)	定义该域中的主域名服务器,指定区域的起点。其所包含的信息有区域名、区域管理员电子邮件地址,以及指示辅助服务器如何更新区域数据文件的设置等
NS(名称服务器)	指定负责给定区域的名称服务器。表示某区域的主域名服务器和SOA中指定的该区域的主服务器和辅助服务器
A(主机)	列出了区域中FQDN到IP地址的映射。特定主机名的IP地址是名称解析的重要记录
CNAME(别名)	多个名字映射到单一主机(主机名的别名),便于用户访问
PTR(指针)	相对于A资源记录,PTR记录把IP地址映射到FQDN
MX(邮件交换器)	列出了负责接收发到域中的电子邮件的主机名
SRV(服务)	列出了哪些服务器正在提供特定的服务

(七) 查询模式

DNS客户端查询时,将欲访问的域名发送给DNS服务器,由服务器查询DNS数据库,并将对应的IP地址反馈给客户端。DNS查询模式有两种,即递归查询和迭代查询。

1. 递归查询

递归查询(Recursive query)是指DNS客户端发出查询请求后,如果本地服务器没有所需的数据,则本地服务器会向根服务器发出查询请求,根服务器向顶级域名服务器发出查询请求。依此类推,查询结果的返回,依照相反的顺序,由本地服务器给客户端。一般由DNS客户端提出的查询请求都是递归查询方式,如图6-3-3所示。

2. 迭代查询

迭代查询(Iterative query)多用于DNS服务器之间的查询。当DNS客户端向本地服务器提出查询请求后,如果本地服务器内没有所需要的数据,本地服务器会向根域服务器提出查

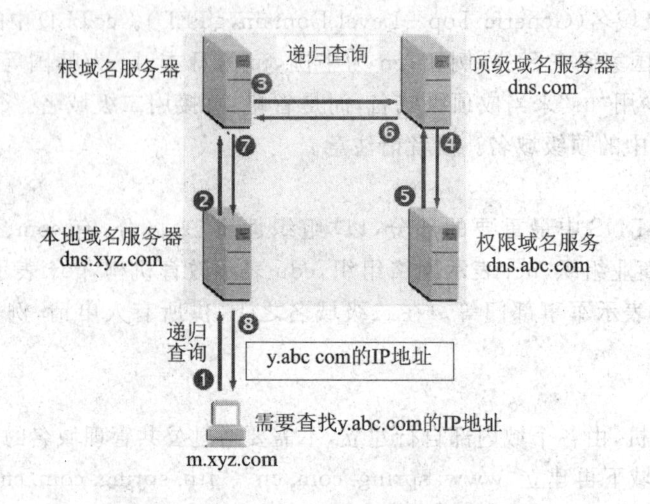

图 6-3-3 本地域名服务器递归查询

询请求，根域服务器返回顶级域名服务器的 IP 给本地服务器，本地服务器再向顶级域名服务器提出查询请求。依此类推，直到找到对应的 IP 为止。本地服务器通知客户端，如图 6-3-4所示。

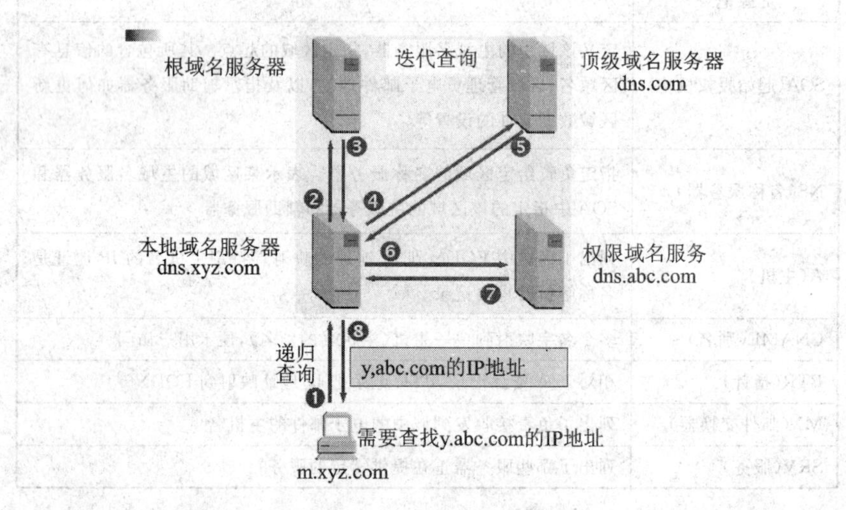

图 6-3-4 本地域名服务器迭代查询

主机向本地域名服务器的查询一般都是递归查询，本地域名服务器向根域服务器查询时，优先采用迭代查询。

（八）正向查询和反向查询

由 DNS 客户端提出的主机域名查询对应的 IP 地址称为正向查询，是最常用的查询。

反向查询依据 DNS 客户端提供的 IP 地址来查询对应的主机名。由于 DNS 名字空间中域名与 IP 地址之间无法建立直接对应关系，所以必须在 DNS 服务器内创建一个反向查询的区域，该区域名称的最后部分为 in－addr. arpa。反向查询会占用大量的系统资源，会给网络带来不安全，通常不提供。

四、工具材料

● 真实岗位：已安装 Windows Server 2008 系统的服务器。

● 虚拟实验：VMware Workstation 8.0、Windows Server 2008 安装光盘。

五、任务实施

（一）DNS 服务器的安装与启动

1. DNS 服务器的安装

（1）在 Windows Server 2008 中，单击“开始”→“管理工具”→“服务器管理器”命令，打开“服务器管理器”控制台。单击“服务器管理器”控制台左侧窗格中“角色”节点，如图 6-3-5 所示。

（2）在右侧窗格中单击“添加角色”按钮，打开“添加角色向导”界面。单击“下一步”按钮，在打开的“选择服务器角色”对话框中，选中“DNS 服务器”复选框，如图 6-3-6 所示。

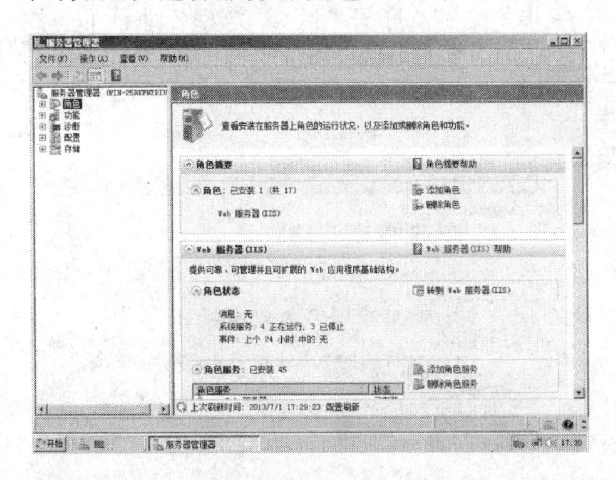

图 6-3-5　“服务器管理器”控制台“角色”节点

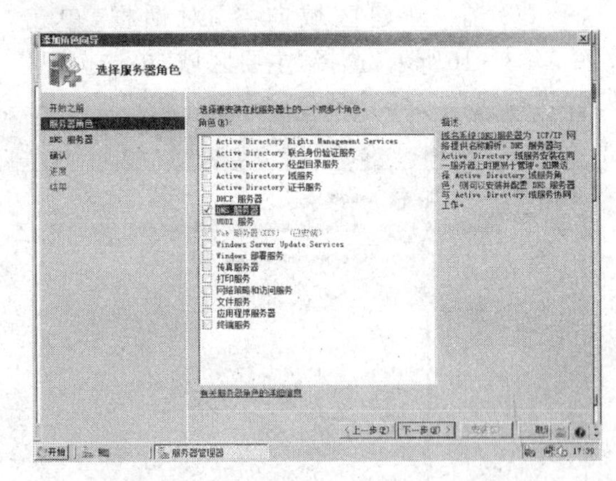

图 6-3-6　“选择服务器角色”对话框

（3）单击“下一步”按钮，打开“DNS 服务器”对话框。该对话框显示的是 DNS 服务器简介和注意事项。单击“下一步”按钮，打开“确认安装选择”对话框，如图 6-3-7 所示。

（4）单击“安装”按钮，开始安装 DNS 服务器，安装完成后出现如图 6-3-8 所示“安装结果”对话框。单击“关闭”按钮，完成 DNS 服务器的安装。

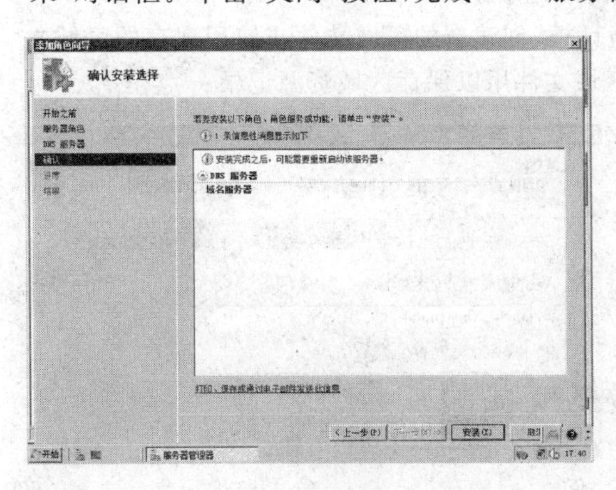

图 6-3-7　“确认安装选择”对话框

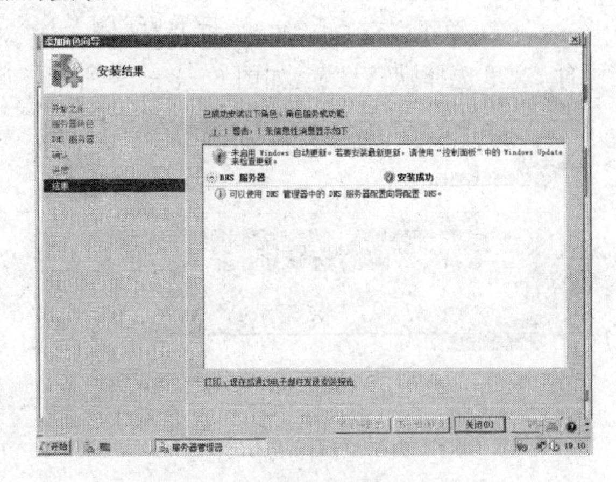

图 6-3-8　“安装结果”对话框

2. DNS 服务器的启动和停止

在 Windows Server 2008 中，单击“开始”→“管理工具”→“DNS”命令，打开“DNS 管理器”

控制台。在“DNS管理器”控制台左侧窗格中，右击服务器“WIN2008－1”，在弹出的快捷菜单中选择“所有任务”→“启动”命令，就可以启动DNS服务器，若想停止DNS服务器，可在以上步骤中选择“所有任务”→“停止”命令。

（二）DNS服务器的配置

1. 正向主要区域的创建

（1）单击“开始”→“管理工具”→“DNS”命令，打开“DNS管理器”控制台，展开左侧窗格中的服务“WIN2008－1”节点。

（2）右击“正向查找区域”，在弹出的快捷菜单中选择“新建区域”命令，如图6-3-9所示，打开“新建区域向导”。

（3）在“新建区域向导”对话框，单击“下一步”按钮，打开“区域类型”对话框，如图6-3-10所示，选择“主要区域”单选按钮。

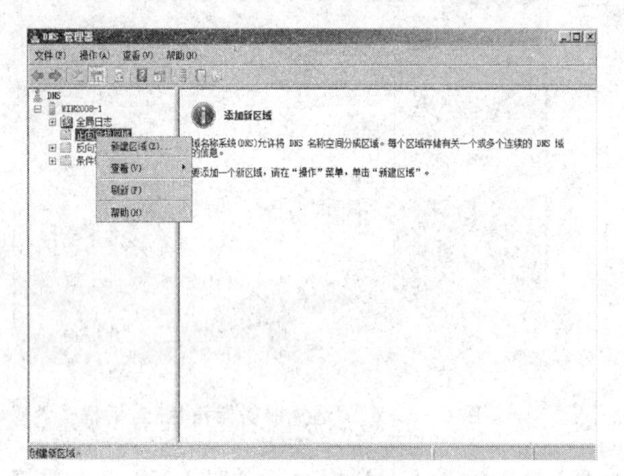

图6-3-9 右击“正向查找区域”

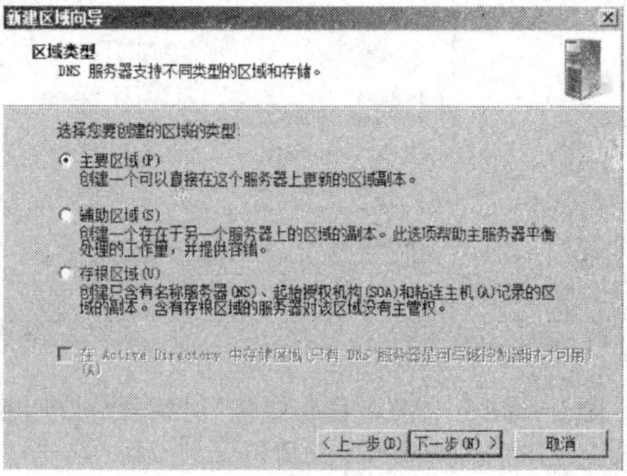

图6-3-10 选择“主要区域”

（4）单击“下一步”按钮，打开“区域名称”对话框，输入正向主要区域的名称。区域名称以域名表示，这里输入“spring. com. cn”，如图6-3-11所示。

（5）单击“下一步”按钮，打开“区域文件”对话框，创建新的区域文件或使用现存的区域文件，这里选择默认设置，如图6-3-12所示。区域文件用以保存区域资源记录。

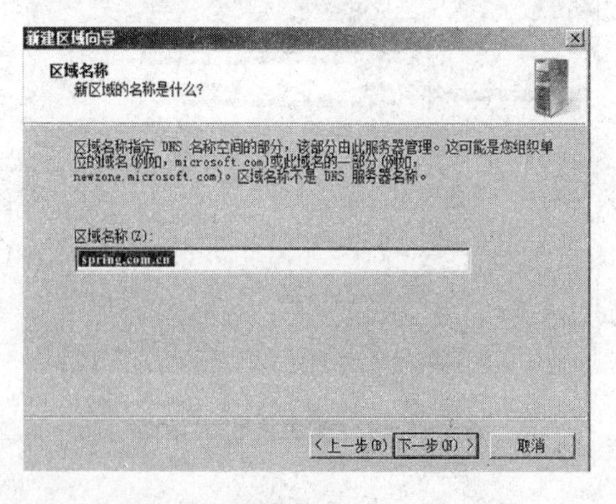

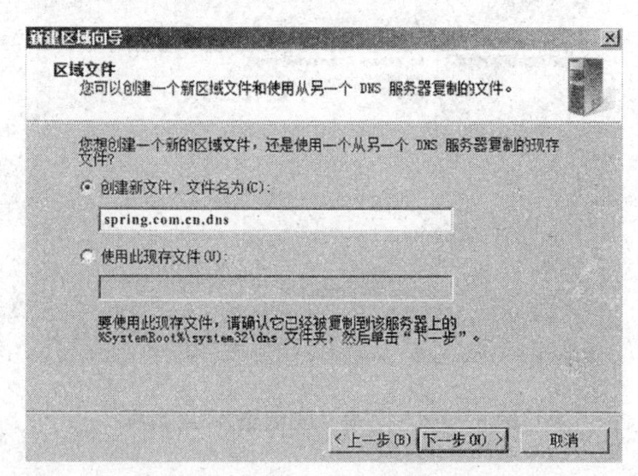

图6-3-11 “区域名称”对话框

图6-3-12 “区域文件”对话框

(6) 单击“下一步”按钮，打开“动态更新”对话框，选择默认选项，即“不允许动态更新”单选框，如图 6-3-13 所示。

(7) 单击“下一步”按钮，打开“正在完成新建区域向导”对话框，然后单击“完成”按钮，结束正向主要区域的创建。返回“DNS 管理器”控制台，单击左侧窗格中的“正向查找区域”→“spring.com.cn”，可以查看区域资源记录，如图 6-3-14 所示。

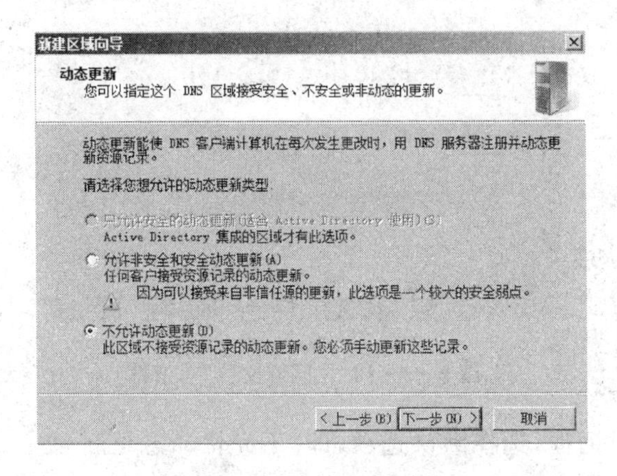

图 6-3-13　“动态更新”对话框

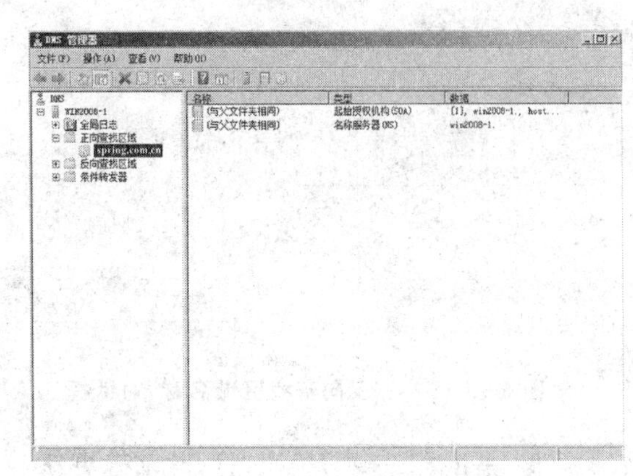

图 6-3-14　查看区域资源记录

2. 反向主要区域的创建

(1) 单击“开始”→“管理工具”→“DNS”命令，打开“DNS 管理器”控制台，展开左侧窗格中的服务“WIN2008-1”节点。右击“反向查找区域”，在弹出的快捷菜单中选择“新建区域”命令，打开“新建区域向导”，如图 6-3-15 所示。

(2) 在“新建区域向导”对话框，单击“下一步”按钮，打开“区域类型”对话框，选择“主要区域”单选按钮。

(3) 单击“下一步”按钮，打开“反向查找区域名称”对话框，选择“IPv4 反向查找区域”单选框，如图 6-3-16 所示。

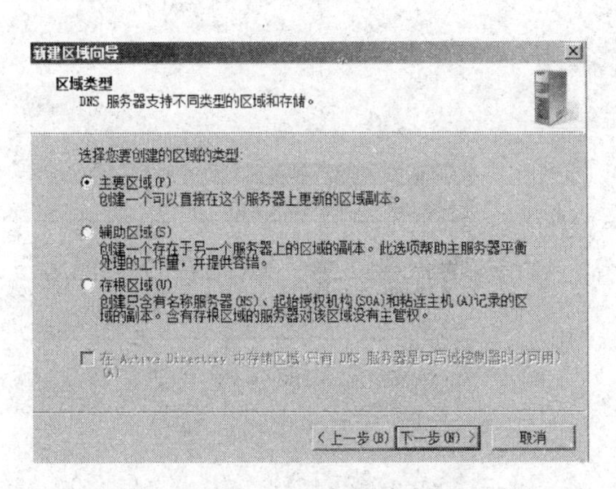

图 6-3-15　“新建区域向导”对话框

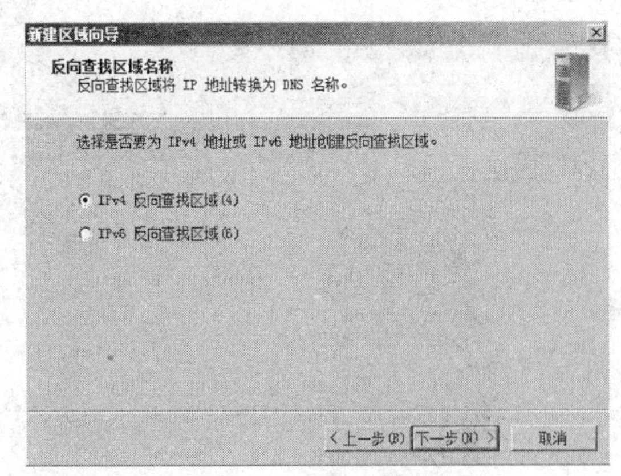

图 6-3-16　“反向查找区域名称”对话框

(4) 单击“下一步”按钮，在“反向查找区域名称”对话框中输入反向查找区域的网络 ID。这里在“网络 ID”文本框中输入“192.168.0”，如图 6-3-17 所示。

(5) 单击“下一步”按钮，打开“区域文件”对话框，这里选择默认选项“创建新文件，文件名为(C)”选项，在编辑框内键入“0.168.192.in-addr.arpa.dns”，如图 6-3-18 所示。

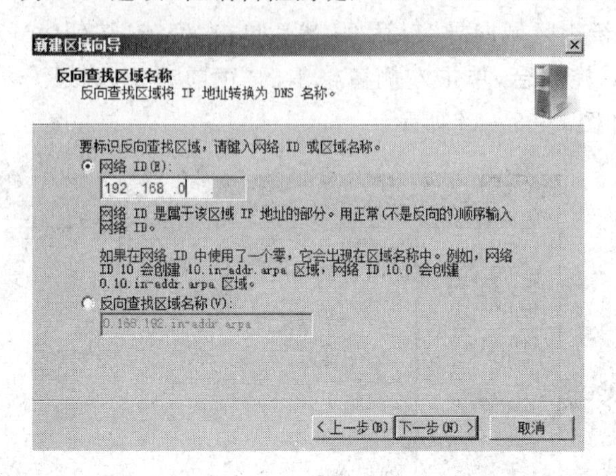

图 6-3-17 “反向查找区域名称”对话框

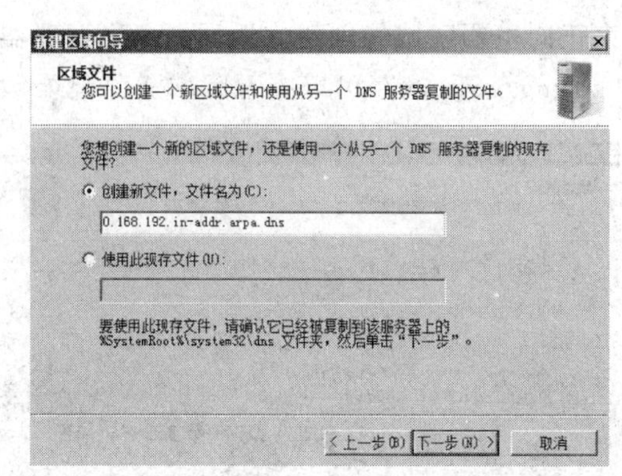

图 6-3-18 “区域文件”对话框

(6) 单击“下一步”按钮，打开“动态更新”对话框，选择默认选项，即“不允许动态更新”单选框。

(7) 单击“下一步”按钮，打开“正在完成新建区域向导”对话框，然后单击“完成”按钮，结束反向主要区域的创建。

3. 资源记录的创建与测试

(1) 新建主机记录

单击“开始”→“管理工具”→“DNS”命令，打开“DNS 管理器”控制台，展开左侧窗格中的服务器和正向查找区域节点。右击区域“spring.com.cn”，在弹出的菜单中，选择“新建主机”命令，如图 6-3-19 所示。在打开的“新建主机”对话框中，输入名称和 IP 地址，同时选择“创建相关的指针(PTR)记录”，如图 6-3-20 所示。这里名称输入“www”，IP 地址输入“192.168.0.1”。

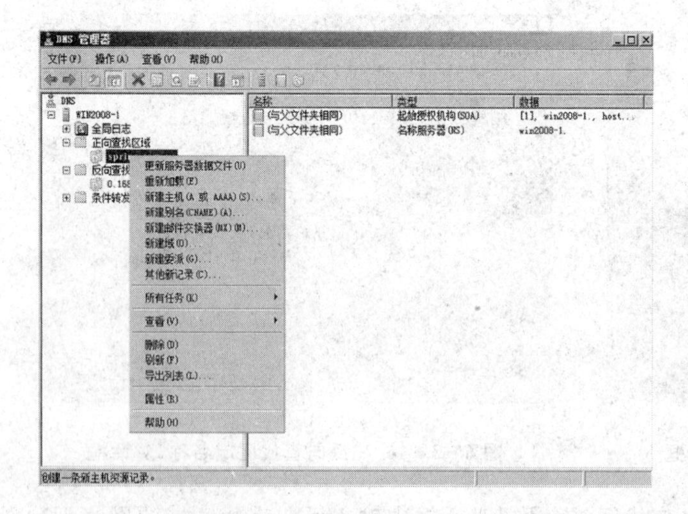

图 6-3-19 “新建主机”命令

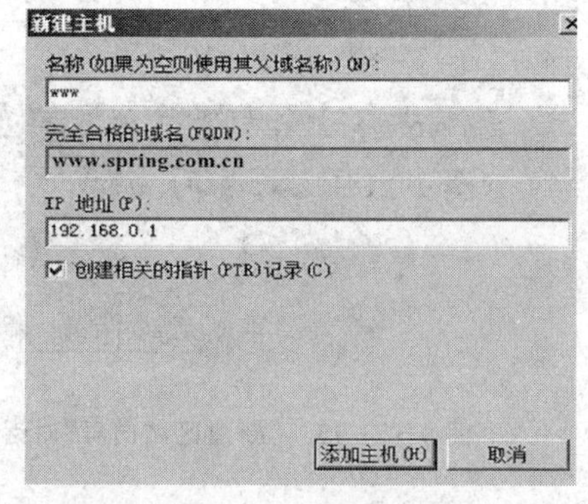

图 6-3-20 “新建主机”对话框

单击“添加主机”按钮，出现“成功创建了主机记录”界面，单击“确定”按钮，结束主机记录的创建。

也可先添加主机记录，再添加别名记录。重复同样的步骤，添加 ftp、mail 等主机记录。

(2) 新建条件转发器

DNS 服务器将自己无法解析的 DNS 查询转发给网络外的 DNS 服务器。DNS 条件转发器的配置如下：

在“DNS 管理器”控制台的左侧窗格中，右击“条件转发器”，在弹出的菜单中选择“新建条件转发器”命令，如图 6-3-21 所示。在打开的“新建条件转发器”对话框中输入转发的 DNS 域名，等网络验证之后，单击“确定”按钮，如图 6-3-22 所示。

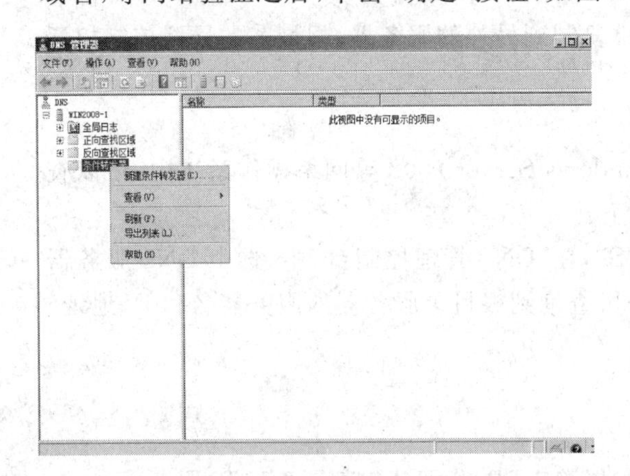

图 6-3-21 “新建条件转发器”命令

图 6-3-22 “新建条件转发器”对话框

(3) DNS 服务器的测试

DNS 服务器的测试一般使用 ping 命令和 nslookup 命令。单击“开始”→“运行”命令，在“运行”对话框中输入“cmd”，按回车键。在打开的命令提示符后，输入相应的测试命令。

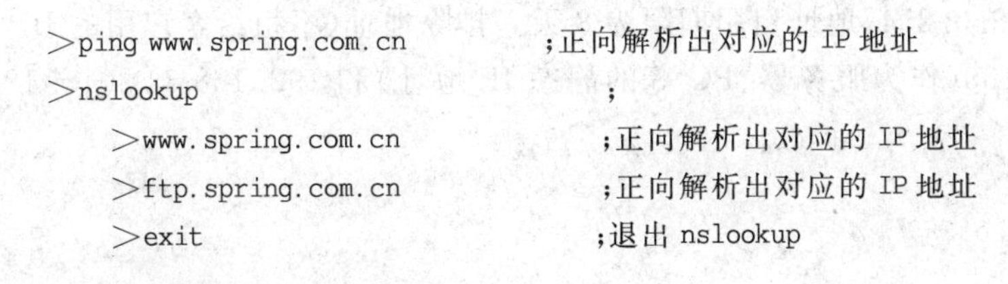

```
>ping www.spring.com.cn          ;正向解析出对应的 IP 地址
>nslookup                        ;
    >www.spring.com.cn           ;正向解析出对应的 IP 地址
    >ftp.spring.com.cn           ;正向解析出对应的 IP 地址
    >exit                        ;退出 nslookup
```

六、检查评议

具体评价方式、评价内容及评价标准见附录。

七、拓展提高

知识链接：

(一) DNS 根域服务器

根域服务器主要用来管理互联网的主目录，全世界只有 13 台。1 个主根域服务器，放置在美国。其余 12 个均为辅根域服务器，其中 9 个放置在美国，欧洲 2 个，亚洲 1 个，位于日本。所有根域服务器均由美国政府授权的 ICANN(Internet Corporation for Assigned Names and Numbers，互联网名称与数字地址分配机构)统一管理，负责全球互联网根域服务器、域名体系和 IP 地址等的管理。

根域名服务是世界上域名服务器的基础，任何域名解析都要经过这13台根域服务器获得顶级索引。从理论上说，根域服务器负责管理世界各国的域名信息，一个域名首先经过根域数据库的解析后，才能转到顶级域名服务器进行解析。

（二）我国域名镜像服务器

我国在2003年有了第一个域名镜像服务器——F根镜像，这是由ISC和中国电信共同建立的。2005年，I根的管理机构Autonomica在CNNIC设立了我国第二个根镜像服务器。2006年，原中国网通与美国Verisign公司开通J根的镜像服务器。此外，CNNIC于2012年又部署了国内第一个L根镜像节点。这4个根的镜像节点也成为我国境内DNS查询请求最主要的根域名服务节点。

尽管如此，镜像仅是把一个服务器上的文件复制到另外的服务器，根域名的最终控制权还被美国垄断。

（三）查询操作系统中的根域服务器

目前全世界的独立根域服务器信息，在Windows Server 2008等网络操作系统中，可以查看到。在Windows Server 2008中操作过程如下：

通过"开始"→"程序"→"管理工具"→"DNS"，在"DNS管理控制台"中，选中DNS服务器的"计算机名"，右击选中"属性"→"根提示"，即可查询到根目录服务器的服务器名和IP地址。

任务3-2　架设和配置DHCP服务器

一、任务描述

为了满足笔记本电脑移动办公，避免频繁配置静态IP，公司请您部署DHCP服务。

二、任务分析

企业移动办公，经常采用从网络自动获取IP地址的方法，不需每次都要配置不同的静态IP地址。为了实现该需求，需要在企业内部架设DHCP服务器。

本任务中，重点在于完成WIN2008-1服务器上的DHCP部署。规划IP地址如下：地址池为192.168.0.1～192.168.0.254，地址租用期限为8天。排除地址（不租给客户用的IP）为192.168.0.1～192.168.0.100（作为服务器、PC等的静态IP地址）和192.168.0.201～192.168.0.254（备用）。

本任务计划：

（1）安装DHCP服务器；

（2）创建DHCP作用域；

（3）激活作用域；

（4）测试DHCP。

三、知识准备

（一）DHCP协议

DHCP(Dynamic Host Configuration Protocol，动态主机分配协议）是应用层协议，主要作用是给申请动态IP地址的客户端分配一个临时IP地址，简化主机IP地址分配管理。

传输层的UDP协议支持DHCP。DHCP报文是UDP用户数据报的数据，加上UDP头部、IP数据报头部，以及以太网的MAC帧的头部和尾部，才能在链路上传送。

客户端获取IP地址时，DHCP服务器从地址池里临时分配一个IP地址给客户端。每次客户端获得的IP地址可能不一样,因为客户端不在网络上的时候,服务器会收回IP地址,再分配给申请IP的其他客户端。这样有效节约IP地址资源,提高IP地址的使用率。

(二)名称解释

1. 作用域

作用域是用于网络IP地址的完整、连续范围。通常定义提供DHCP服务的单独物理子网。为服务器提供管理IP地址的分配,以及与客户相关的配置方法。

2. 排除地址范围

作用域内从DHCP服务中排除的IP地址范围。确保不提供给DHCP客户机。

3. 地址池

在定义DHCP作用域,并应用排除范围之后,剩余的地址范围。

4. 租约期限

指DHCP客户端,从DHCP服务器获得的完整的TCP/IP配置后,对该TCP/IP配置的使用时间。

(三) DHCP工作原理

DHCP客户端从DHCP服务获得TCP/IP配置信息的工作过程分为四步,如图6-3-23所示。DHCP客户端UDP 68端口与服务器UDP 67端口通信。

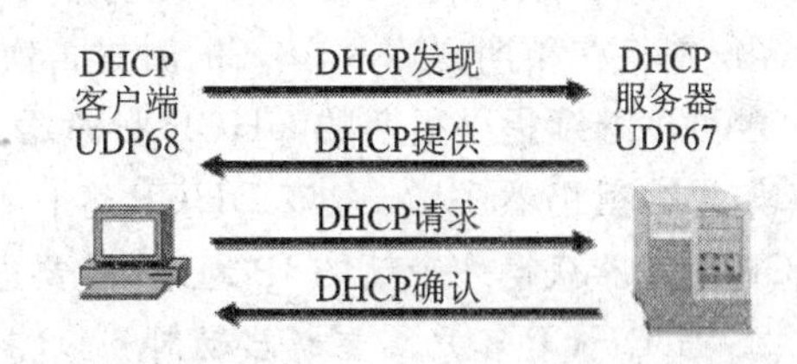

图6-3-23 DHCP工作过程

1. 第一步 DHCP发现(DHCP Discover)

当计算机自动获取IP地址时,既不知道自己的IP地址,也不知道DHCP服务器的IP地址。使用0.0.0.0作为自己的IP地址,255.255.255.255作为服务器的IP地址,广播发送DHCP发现信息,发现信息中包括网卡的MAC地址和NetBIOS名称。

当发送第一个DHCP发现信息后,DHCP客户端等待1 s时间。如果没有DHCP服务响应,DHCP客户端将分别在第9 s、第13 s和第16 s时重复发送DHCP发现信息。如果仍然没有得到DHCP服务器的应答,将每隔5 s再广播一次发现信息,直到得到一个应答为止。同时客户端将自动从Microsoft保留IP地址段(169.254.0.1～169.254.255.254)中选择一个作为自己的IP地址。所以,即使在网络中没在DHCP服务器,计算机之间仍然可能通过网上邻居发现彼此。

2. 第二步 DHCP提供(DHCP Offer)

当DHCP服务器收到DHCP发现信息后,就从IP地址池中选取一个没有出租的IP地址,并保留,再利用广播方式提供给DHCP客户端。

如果网络中有多台DHCP服务器都收到了DHCP客户端的DHCP发现信息,同时这些DHCP服务器都广播一个应答信息给该DHCP客户端时,则DHCP客户端将从收到应答信息的第一台DHCP服务器中获取IP地址及其配置。

提供应答信息是DHCP服务器发给DHCP客户端的第一个响应,包含IP地址、子网掩码、租用期(以小时为单位)和提供响应的DHCP服务器的IP地址。

3. 第三步 DHCP请求(DHCP Request)

当DHCP客户端收到第一个应答信息后,将以广播方式发送DHCP请求信息给网络中所有的DHCP服务器。既通知已选择的DHCP服务器，也通知没有被选中的DHCP服务器，以便这些DHCP服务器释放原本保留的IP地址，供其他DHCP客户端使用。在DHCP请求信息中包含所选择DHCP服务器的IP地址。

4. 第四步 DHCP应答(DHCP ACK)

一旦被选择的DHCP服务器接收到DHCP客户端的DHCP请求信息后，就将已保留的IP地址标识为已租用，并以广播方式发送DHCP应答信息给DHCP客户端。该DHCP客户端在接收DHCP应答信息后，IP地址的获得过程完成，并利用该IP地址与网络中的其他计算机进行通信。

(四) IP租约的更新与释放

1. 当IP地址的租期超过一半时

当IP地址的租期到达一半的时间时，DHCP客户端会向DHCP服务器发送(非广播方式)一个DHCP请求信息，以便续租该IP地址。当续租成功后，DHCP客户端将开始一个新的租用周期。

而当续租失败后，DHCP客户端仍然可以继续使用原来的IP地址及其配置，但是该DHCP客户端将在租期到达87.8%的时候再次利用广播方式发送一个DHCP请求信息，以便找到一台可以继续提供租期的DHCP服务器。

如果续租仍然失败，则该DHCP客户端会立即放弃其正在使用的IP地址，以便重新向DHCP服务器获得一个新的IP地址(需要进行完整的4个过程)。

2. 当DHCP客户端重新启动时

不管IP地址的租期有没有到期，当每一次启动DHCP客户端时，都会自动利用广播的方式，给网络中所有的DHCP服务器发送一个DHCP请求信息，以便请求该DHCP客户端继续使用原来的IP地址及其配置。如果此时没有DHCP服务器对此请求应答，而原来DHCP客户端的租期还没有到期时，DHCP客户端还是继续使用该IP地址。

四、工具材料

- 真实岗位：已安装Windows Server 2008系统的服务器。
- 虚拟实验：VMware Workstation 8.0、Windows Server 2008安装光盘。

五、任务实施

(一) DHCP服务器的安装与启动

1. DHCP服务器的安装

(1) 在Windows Server 2008中，单击“开始”→“管理工具”→“服务器管理器”命令，打开“服务器管理器”控制台。单击左侧窗格中“角色”节点，在右侧窗格中单击“添加角色”按钮，打开“添加角色向导”界面。

(2) 单击“下一步”按钮，在打开的“选择服务器角色”对话框中，选中“DHCP服务器”复选框，如图6-3-24所示。

(3) 单击“下一步”按钮，打开“DHCP服务器”对话框。该对话框显示的是DHCP服务器简介和注意事项。

(4) 单击“下一步”按钮，打开“选择网络连接绑定”对话框，默认绑定到当前DHCP服务器的IP地址。

(5) 单击“下一步”按钮，打开“指定IPv4 DNS服务器设置”对话框，在文本框中设置父域、

DNS 服务器的 IPv4 地址，如图 6-3-25 所示。

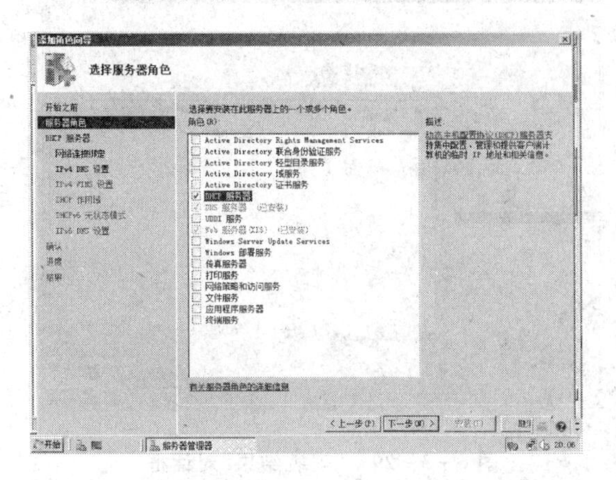

图 6-3-24　“选择服务器角色”对话框

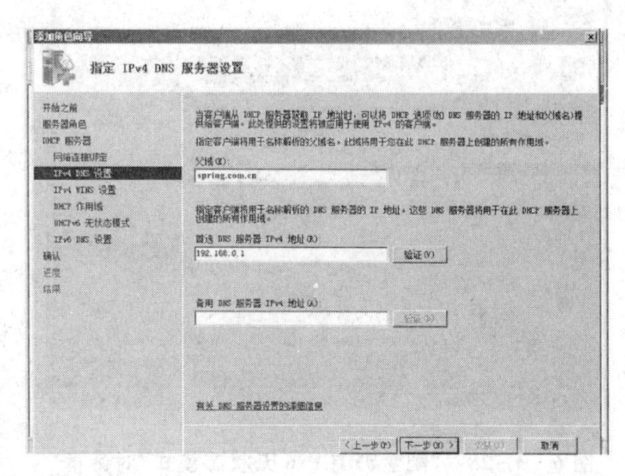

图 6-3-25　“指定 IPv4 DNS 服务器设置”对话框

(6) 单击“下一步”按钮，打开“指定 IPv4 WINS 服务器设置”对话框，可以指定网络中是否需要 WINS 服务，选择“此网络上的应用程序不需要 WINS”单选框，如图 6-3-26 所示。

(7) 单击“下一步”按钮，打开“添加或编辑 DHCP 作用域”对话框，可以添加 DHCP 的作用域。如果不添加作用域，也可以在 DHCP 服务安装完成后，在 DHCP 服务控制台添加，如图 6-3-27 所示。

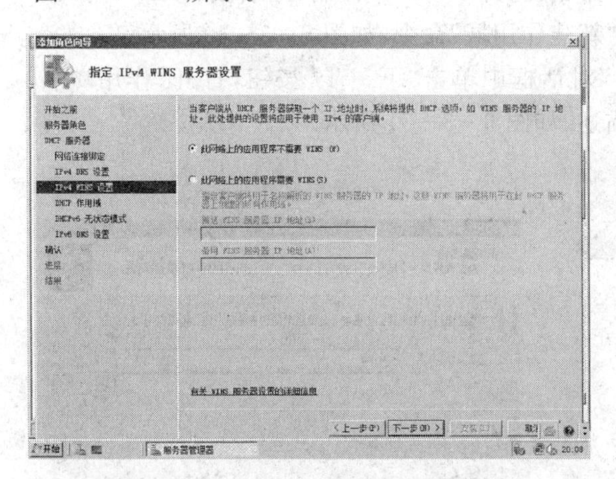

图 6-3-26　“指定 IPv4 WINS 服务器设置”对话框

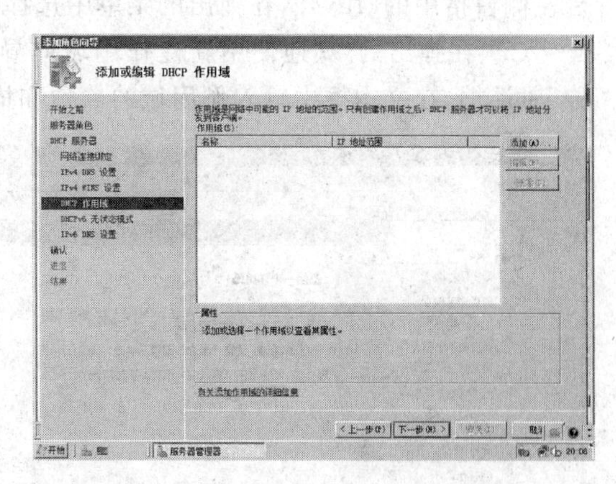

图 6-3-27　“添加或编辑 DHCP 作用域”对话框

(8) 单击“下一步”按钮，打开“配置 DHCPv6 无状态模式”对话框，可以设置 DHCP 服务器是否启用支持 IPv6 客户端的 DHCPv6 协议，这里选择“对此服务器禁用 DHCPv6 无状态模式”，如图 6-3-28 所示。

(9) 单击“下一步”按钮，打开“确认安装选择”对话框，显示该 DHCP 服务器的配置信息，核对无误后，单击“安装”按钮，安装完成后出现“安装结果”对话框，如图 6-3-29 所示。单击“关闭”按钮，完成 DHCP 服务的安装。

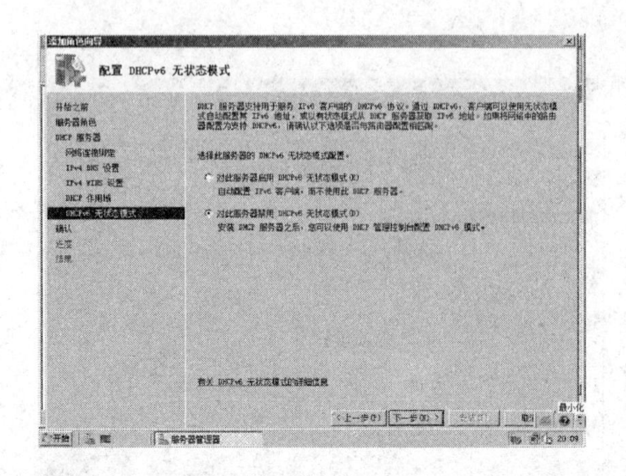

图 6-3-28 “配置 DHCPv6 无状态模式”对话框

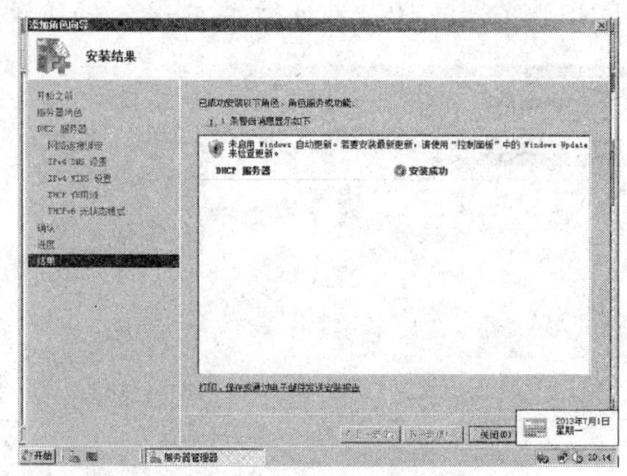

图 6-3-29 “安装结果”对话框

2. DHCP 服务器的启动和停止

在 Windows Server 2008 中,单击“开始”→“管理工具”→“DHCP”命令,打开“DHCP”控制台。在“DHCP”控制台左侧窗格中,右击服务器“WIN2008－1”,在弹出的快捷菜单中选择“所有任务”→“启动”或“停止”命令,就可以启动或停止 DHCP 服务器。

(二) DHCP 服务器的配置

1. 创建 DHCP 作用域

(1) 单击“开始”→“管理工具”→“DHCP”命令,打开“DHCP”控制台,右击“DHCP”控制台左侧窗格中的“IPv4”,在弹出的菜单中选择“新建作用域”命令,如图 6-3-30 所示。

(2) 在弹出的“欢迎使用新建作用域向导”对话框中单击“下一步”按钮,打开“作用域名称”对话框,在文本框中输入作用域的名称和描述,如图 6-3-31 所示。

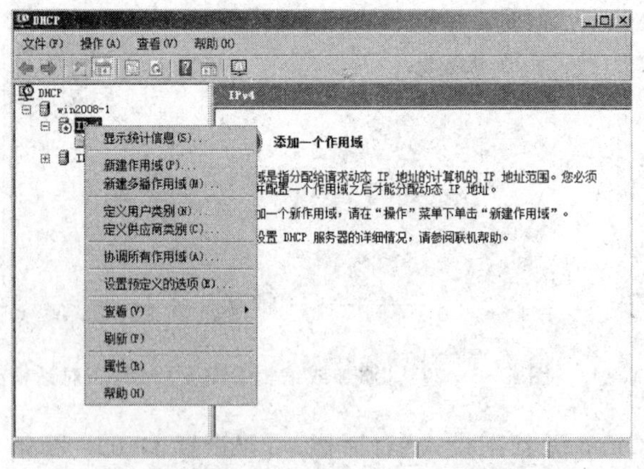

图 6-3-30 “新建作用域”命令

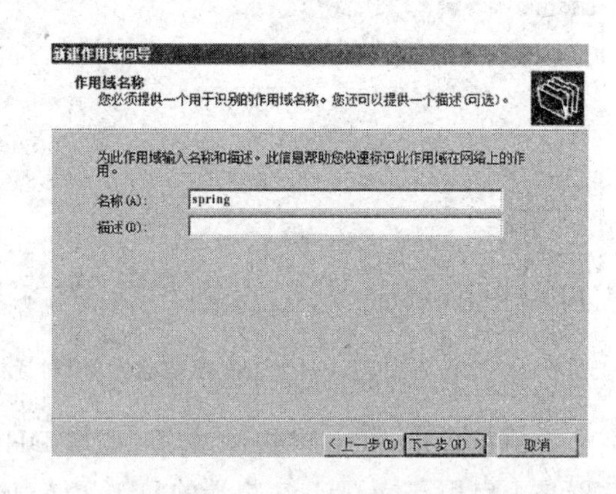

图 6-3-31 “作用域名称”对话框

(3) 单击“下一步”按钮,打开“IP 地址范围”对话框。在“起始 IP 地址”和“结束 IP 地址”的文本框中输入相应的 IP 地址(192.168.0.1～192.168.0.254)。子网掩码默认为 255.255.255.0,默认长度为 24,如图 6-3-32 所示。

(4) 单击“下一步”按钮,打开“添加排除”对话框,可以将作用域中不分配给客户机的 IP

地址排除，既可以排除单个 IP 地址，也可以排除连续的地址段。如图 6-3-33 所示，输入连续地址段 192.168.0.1～192.168.0.100、192.168.0.201～192.168.0.254，单击“添加”按钮。即从 DHCP 地址池中排除了 192.168.0.1～192.168.0.100、192.168.0.201～192.168.0.254。

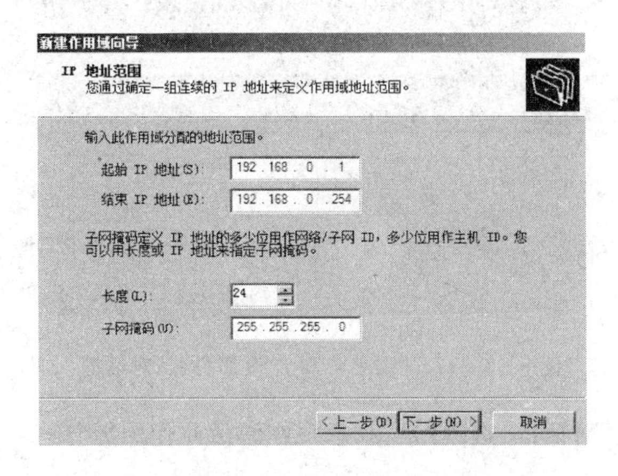

图 6-3-32　“IP 地址范围”对话框

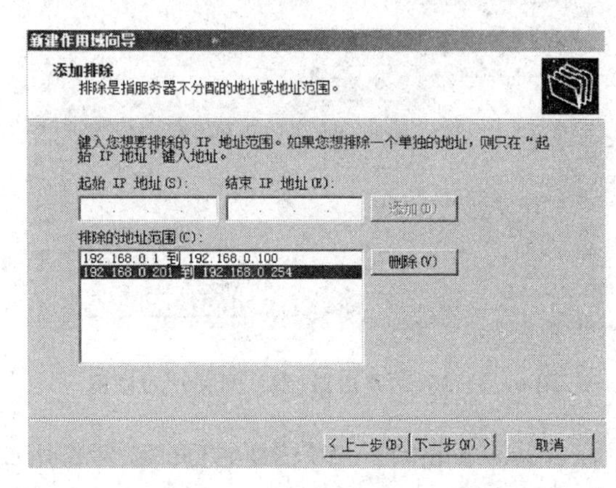

图 6-3-33　“添加排除”对话框

(5) 单击“下一步”按钮，打开“租约期限”对话框，可以设置 IP 地址租给客户机使用的时间期限，默认是 8 天，也可以根据具体需求进行调整，如图 6-3-34 所示。

(6) 单击“下一步”按钮，打开“配置 DHCP 选项”对话框，选择“是，我想现在配置这些选项”单选按钮，如图 6-3-35 所示。

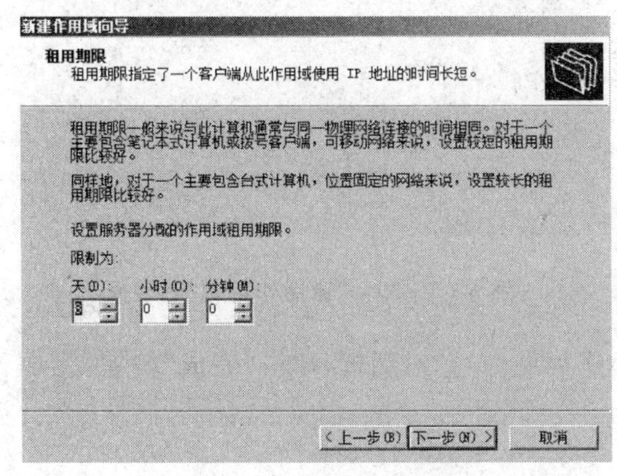
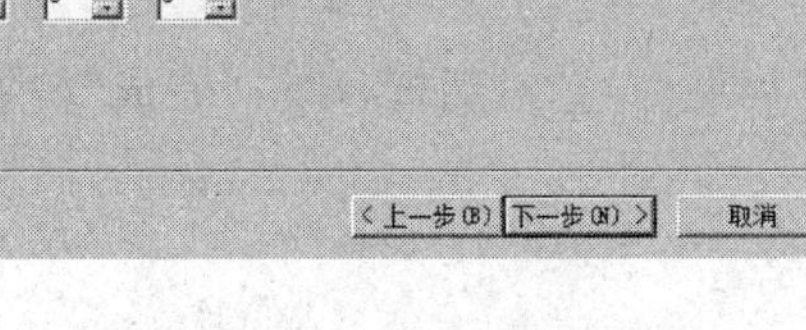

图 6-3-34　“租约期限”对话框

图 6-3-35　“配置 DHCP 选项”对话框

(7) 单击“下一步”按钮，打开“路由器(默认网关)”对话框，在这个对话框的文本框中，输入网关的 IP 地址 192.168.0.254，单击“添加”按钮，如图 6-3-36 所示。

(8) 单击“下一步”按钮，打开“域名称和 DNS 服务器”对话框，在这个对话框的“父域”文本框中，输入父域的域名“spring.com.cn”。在 DNS 的 IP 地址文本框中输入 DNS 的 IP 地址 192.18.0.1，如图 6-3-37 所示。

(9) 单击“下一步”按钮，打开“WINS 服务器”对话框，WINS 用来登记 NetBIOS 计算机名，并在需要的时候将其解析为 IP 地址。由于网络中没有配置 WINS 服务器，这里不填写，如图 6-3-38 所示。

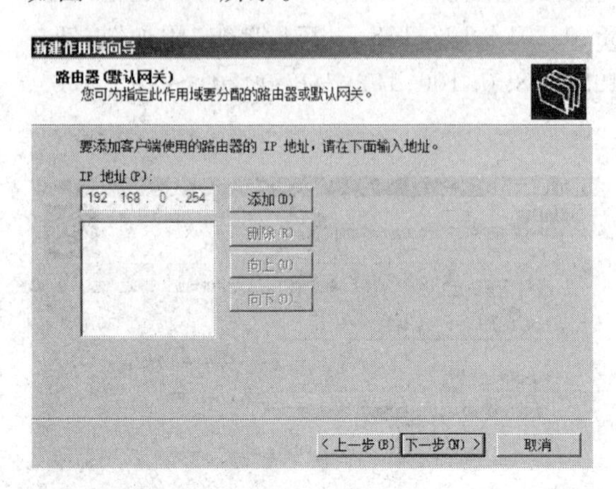

图 6-3-36 “路由器(默认网关)”对话框

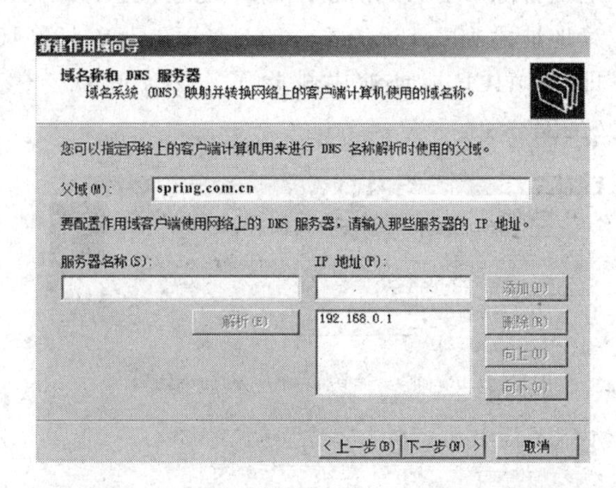

图 6-3-37 “域名称和 DNS 服务器”对话框

(10) 单击“下一步”按钮，打开“激活作用域”对话框，选择“是，我想现在激活此作用域”单选按钮，如图 6-3-39 所示。

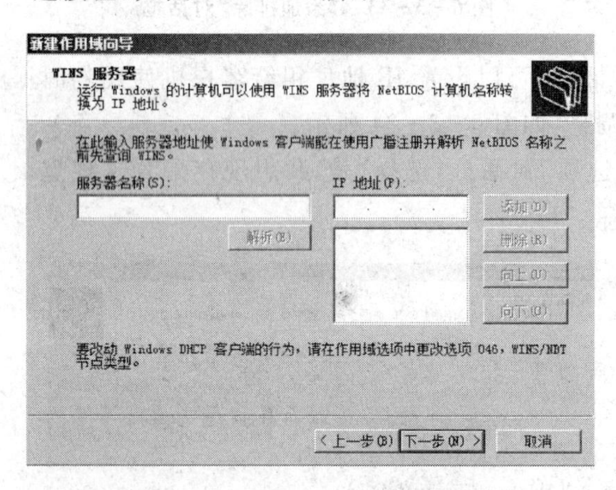

图 6-3-38 “WINS 服务器”对话框

新建作用域向导
激活作用域
作用域激活后客户端才可获得地址租用。
您想现在激活此作用域吗?
是，我想现在激活此作用域(Y)
否，我将稍后激活此作用域(O)
<上一步(B) 下一步(N)> 取消

图 6-3-39 “激活作用域”对话框

(11) 单击“下一步”按钮，打开“正在完成新建作用域向导”对话框，单击“完成”按钮，完成作用域的创建。

2. DHCP 客户端的配置与测试

(1) DHCP 客户端的配置

在客户端“控制面板”中，打开“本地连接属性”→“Internet 协议版本 4(TCP/IP)属性”，将 TCP/IP 地址设置为“自动获得 IP 地址”。

(2) DHCP 的测试

在客户端中，单击“开始”→“运行”→输入“cmd”，按回车键→打开命令提示符界面。在命令提示符下，输入“ipconfig /all”后按回车键，可以查看当前本机的网络连接配置。输入“ipconfig /renew”后按回车键，可以更新 IP 地址。输入“ipconfig /release”后按回车键，可以释放 IP 地址。

```
>ipconfig /all          ;查看本机获取的 IP 地址等信息。
>ipconfig /renew        ;重新获取 IP 地址等。
>ipconfig /release      ;释放 IP 地址等。
```

六、检查评议

具体评价方式、评价内容及评价标准见附录。

七、拓展提高

知识链接：

（一）跨网段 DHCP

跨网段 DHCP 是指一台 DHCP 服务器给多个子网提供 IP 地址配置信息，从而节约资源、提高网络的管理效率。启用 Windows server 2008 服务器系统内置的中继代理功能，可以实现一个子网的 DHCP 服务器为多个不同子网提供 IP 地址分配服务。

（二）DHCP 中继代理的工作原理

DHCP 客户机获取 IP 地址是通过网络广播方式进行的，但广播消息是不能跨越子网的，因此，在另一个网络的客户机不能获得 DHCP 服务器的 IP 地址。DHCP 中继代理可以解决这个问题。安装了 DHCP 中继代理的计算机称为 DHCP 中继代理服务器，其承担不同子网间的 DHCP 客户机和服务器的通信任务。

中继代理将其连接的其中一个物理接口（如网卡）上广播的 DHCP/BOOTP 消息中转到另一物理接口连接的其他子网。实现单一 DHCP 服务器的多个网络服务。具体工作原理如下：

（1）DHCP 客户机广播一条消息。

（2）DHCP 中继代理服务器把收到报文的接口对应的 IP 地址放到消息的 giaddr（网关地址）域中，然后单目广播至 DHCP 服务器。

（3）DHCP 服务器给中继代理返回应答，应答包括客户机所请求相同的 giaddr 域。

（4）中继代理从 giaddr 域中 IP 地址对应的接口中广播应答，转发给 DHCP 客户端。

项目回顾

本项目涉及到网络操作系统 Windows Server 的安装与使用，重点在于 WWW、FTP、DNS、DHCP 服务的配置和管理。

在基本知识上，应用了 TCP、UDP 协议、HTTP 协议、FTP 协议、DNS 域名解析、DHCP 协议。

职业资格度量

一、选择题

1. 安装 DNS 服务器时，一般要求该服务器 IP 地址设置____。

   A. 自动获取 IP 地址　　B. 与网关 IP 地址一致

   C. 与域控制器 IP 地址一致　　D. 静态 IP 地址

2. DHCP 服务器可以向 DHCP 客户端分配____。

A. 计算机名　B. 用户账号　C. 共享资源　D. IP 地址

3. 如果要限制用户对 Web 站点的访问,可以启用____。

A. Cookies 功能　B. ActiveX 功能　C. 活动脚本　D. Windows 身份验证

4. 当用户浏览网页没有指定文档名时,Web 服务器会把事先设定的文档返回给用户,这个文档就是____。

A. PHP 文档　B. HTML 文档　C. 默认文档　D. ASP 文档

5. ________可能会造成两台或两台以上的计算机使用相同的 IP 地址,因而产生 IP 地址冲突、用户无法正常访问网络。

A. 自动获取 IP 地址　B. 服务器分配 IP 地址

C. IP 与 MAC 地址绑定　D. 手工配置 IP 地址

二、简答题

1. 安装 Windows Server 2008 的最低硬件要求是什么?

2. DHCP 服务器有什么作用?

3. 什么是 Web 站点的虚拟目录?

三、实践题

1. 某小型企业申请了域名 jsa.com.cn,企业内部的局域网段为 10.1.1.1～10.1.1.255,并且拥有自己的 Web 服务器(地址 10.1.1.1,域名 www.jsa.com.cn)和 FTP 服务器(地址 10.1.1.2,域名 ftp.jsa.com.cn)。完成如下任务:

(1) 安装 DNS 服务器。

(2) 配置 DNS 服务器。

(3) 新建主机、PTR 记录。

(4) 用 nslookup 测试服务器。

2. 为某公司配置 DHCP 服务器,要求如下:

(1) 安装 DHCP 服务器。

(2) 新建作用域 sz.com.cn。

(3) IP 地址的范围是 10.1.1.1～10.1.1.254,掩码长度为 24 位。

(4)排除地址范围 10.1.1.1～10.1.1.5(服务器使用地址)和 10.1.1.254(网关使用地址)。

(5)租用期限为 24 小时。

项目七 局域网管理与安全

知识目标

理解网络管理相关概念，了解网络管理标准 SNMP，掌握 SNMP 系统的组成结构。理解网络安全的重要性，掌握端口的概念，了解防火墙的概念，以及计算机病毒相关知识。

技能目标

掌握常用的网络管理命令及相关软件的基本操作技能，能够对网络进行配置、故障、性能、安全、计费管理，具备基本网络管理的能力，能解决一般的网络管理问题。

项目导入

科为网络有限公司完成了 A 企业的网络建设项目，并已经验收交接。现在 A 企业提出，请科为网络有限公司对 A 企业的网络进行网络管理。

网管管理涉及硬件、软件维护、网络安全、数据备份、故障排除、网络优化等。为方便学生学习，本项目选取三个任务请工程师您来完成。(1)安装与使用 SNMP 服务；(2)使用网络扫描工具；(3)安装和设置防火墙、防病毒软件。简化后的网络拓扑图如图 7-0-1 所示。

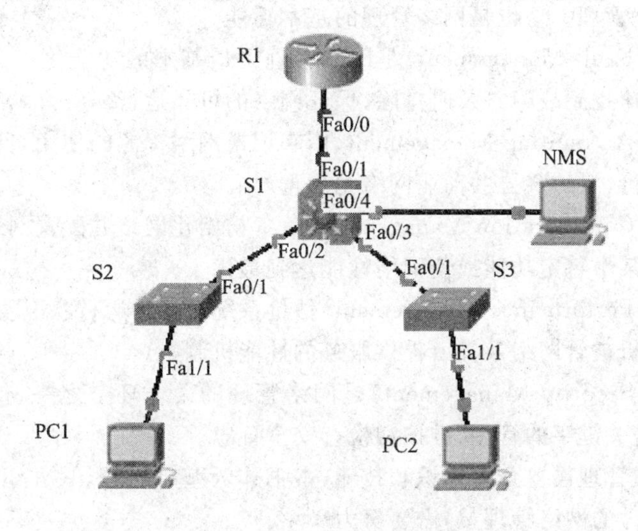

图 7-0-1 网络拓扑图

任务1 安装与使用 SNMP 服务

任务 1-1 安装 SNMP

一、任务描述

网络管理中，A 企业选用主流的 AT-SNMPc 网络管理软件。请安装相关网络管理协议和 AT-SNMPc 软件。

二、任务分析

本任务中,分析诸多因素,决定选用主流的 AT-SNMPc 网络管理软件。在网络管理之前,需要在网络管理站和被管设备上,进行网络管理协议和软件安装准备工作。

本任务主要安装相应的网络管理协议和 AT-SNMPc 软件。网络管理协议是进行网络管理的基础。网络管理协议选用主流的 SNMP,需要安装和配置。

本任务计划:

(1) 被管设备 SNMP 配置;

(2) 被管主机、管理工作站 SNMP 服务安装;

(3) 被管主机、管理工作站 SNMP 服务配置;

(4) 安装 AT-SNMPc 网络管理系统。

三、知识准备

(一) 网络管理的相关概念

1. 网络管理的定义

网络管理是指通过监视网络和控制网络,维持网络长时间、可靠、高效、安全运行。当出现故障时,及早发现和排除,发挥网络应用效益的过程。

2. 网络管理的功能

ISO 在 ISO/IEC 7498-4 文档中定义了网络管理五大功能:故障管理、计费管理、配置管理、性能管理和安全管理。这也是网络管理的基本功能。

(1) 故障管理(Fault Management)是网络管理中最基本的功能之一。网络出现问题时,网络管理员必须迅速找到故障并及时排除,保证网络的可靠运行。

(2) 计费管理(Accounting Management)用来记录网络资源的使用,目的是控制和监测网络操作的费用和代价,对一些公共商业网络尤为重要。

(3) 配置管理(Configuration Management)负责初始化网络并配置网络,以使其提供网络服务。目的是实现某个特定功能或使网络性能达到最优。

(4) 性能管理(Performance Management)估价系统资源的运行状况及通信效率等系统性能。包括监视和分析被管网络及其所提供服务的性能机制。

(5) 安全管理(Security Management)是网络管理的薄弱环节之一,包括对授权机制、访问控制、加密和加密关键字的管理、维护和检查安全日志。

由此可见,网络管理需要众多知识和技能,本书作为基础教程,只介绍基本知识和基本技能。要成为一名优秀的网络管理员,需要努力。

(二) 网络管理协议

1. CMIP 协议

公共管理信息协议(Common Management Information Protocol,CMIP)是由 ISO 制定的系列标准,基于 OSI 七层参考模型,功能强大。其中,ISO7498-4 定义了开放系统互连管理的体系结构;ISO9595 定义了公共管理信息服务(Common Management Information Service,CMIS);ISO9596 定义了公共管理信息协议。这三个标准与国际电报电话咨询委员会(International consultative committee on telecommunications and Telegraph,CCITT)的 X.700、X.710、X.720 相对应。由于 ISO 标准过于复杂,目前还没有完全支持 ISO 标准的产品,所以没有得到广泛应用。

2. SNMP 协议

简单网络管理协议(Simple Network Management Protocol,SNMP)是 IETF 制定的、具有协议独立性的标准,可以使用在传输协议如 IP、IPX、AppleTalk 等上。对 Internet 进行网络管理时,因为 Internet 运行在 TCP/IP 协议栈之上,所以 SNMP 运行在 TCP/IP 协议栈之上。SNMP 属于应用层协议,在传输层支持方面,基于无连接的 UDP,每次报文一次传输即结束,通信时无需建立连接,由应用程序验证成功与否。SNMP 的原则是简单易行,是目前应用最广泛的 TCP/IP 网络管理框架,已成为事实上的工业标准。

SNMP 有三个版本,1990 年 5 月请求评议 RFC(Request For Comments)1157 定义了 SNMPv1;1993 年发布了 SNMPv2,1996 年发布的 SNMPv2c 是 SNMPv2 的修改版本;1998 年 1 月 RFC 2271－2275 定义了 SNMPv3,在 SNMPv2 基础之上增加了安全和管理机制。SNMPv3 包含 SNMPv1、SNMPv2 所有功能在内的体系框架,包含验证服务和加密服务在内的全新的安全机制,同时还规定了一套专门的网络安全和访问控制规则。

SNMP 的基本功能包括监视网络性能、检测分析网络差错和配置网络设备等。在网络正常工作时,SNMP 可实现统计、配置和测试等功能。当网络出故障时,可实现各种差错检测和恢复功能。

(三) SNMP 网络管理模型

网络管理模型由四个要素组成:管理工作站、被管代理、网络管理信息库和公共网络管理协议。SNMP 网络管理模型图如图 7－1－1 所示。

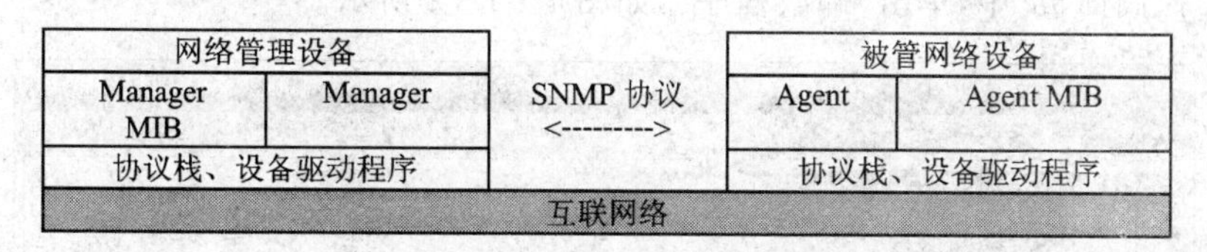

图 7－1－1 SNMP 网络管理模型

管理工作站(Network Manager)NMS:是一个控制台程序,包括数据分析、故障恢复的管理应用程序;监视和控制网络的接口;网络设备的信息库。

被管代理(Managed Agents)agent:驻留在被监控的网络部件或设施,包括工作站、服务器、网卡、网桥、集线器和路由器中,跟踪被管理设备的状态,并且向管理工作站报告所在设备的当前状态信息。

网络管理信息库(Management Information Base,MIB):RFC1213 定义了 MIB－II。该标准定义了端口统计信息及系统自身描述信息。MIB－II 的主要目的是为 TCP/IP 提供通用管理信息,并不包含厂家自身定义的信息。

公共网络管理协议(Network Management Protocol)SNMP:定义管理工作站和被管代理间的通信方法,规定 MIB 存储结构、关键字的含义及事件的处理方法,是最重要的要素。

四、工具材料

- 真实岗位:管理机、交换机、PC、服务器、AT－SNMPc 网络管理软件。
- 虚拟实验:VMware、AT－SNMPc 网络管理软件。

五、任务实施

(一) 被管设备 SNMP 配置

网络设备安装并运行 SNMP 代理程序,才能被管理。下面举例将路由器 SNMP 信息设置为只读,并设置认证为 public。配置命令如下:

```
Router(config)#snmp-server community public ro    !设置 SNMP 的社区名为 public。ro 只读 read-only。rw 读写 read-write。
Router(config)#snmp-server trap-source fastEthernet0/1    !以 fa0/1 端口为监控源,如果不输入此行,将以设备自身的 Router ID 作为监控源。
Router(config)#snmp-server contact public@163.com    !设置管理者的邮箱地址。
Router(config)#snmp-server host 192.168.3.5 public    !设置接收通知的管理站 IP 地址为 192.168.3.5,并设置社区名为 public。
Router(config)#snmp-server enable traps    !启动代理发出通知功能
```

(二) 被管主机、管理工作站 SNMP 服务安装与配置

各节点主机需要在平台上安装 SNMP 协议,提供拓扑发现的基本信息。

1. SNMP 服务安装

通过 SNMP 监控 Windows 主机,需要在被监控主机上安装 SNMP 的 Windows 组件。Windows SNMP agent 能对 SNMP 的请求进行应答并能够主动发送 Traps,Traps 按照支持的 MIB 由 SNMP 事件 Agent 来产生。在 Windows 7 中安装 SNMP 服务的过程如下。

(1) 在"控制面板"中,单击"卸载程序",如图 7-1-2 所示。

图 7-1-2 控制面板-程序

(2) 在"程序和功能"窗口的左栏中,单击"打开或关闭 Windows 功能",如图 7-1-3 所示。

(3) 在弹出的"Windows 功能"对话框中,勾选"简单网络管理协议(SNMP)",其余保持不动,然后单击"确定",如图 7-1-4 所示。根据提示完成余下的安装步骤。

2. SNMP 服务配置

(1) 完成 SNMP 服务的安装后,右击"计算机",选择"管理",如图 7-1-5 所示。

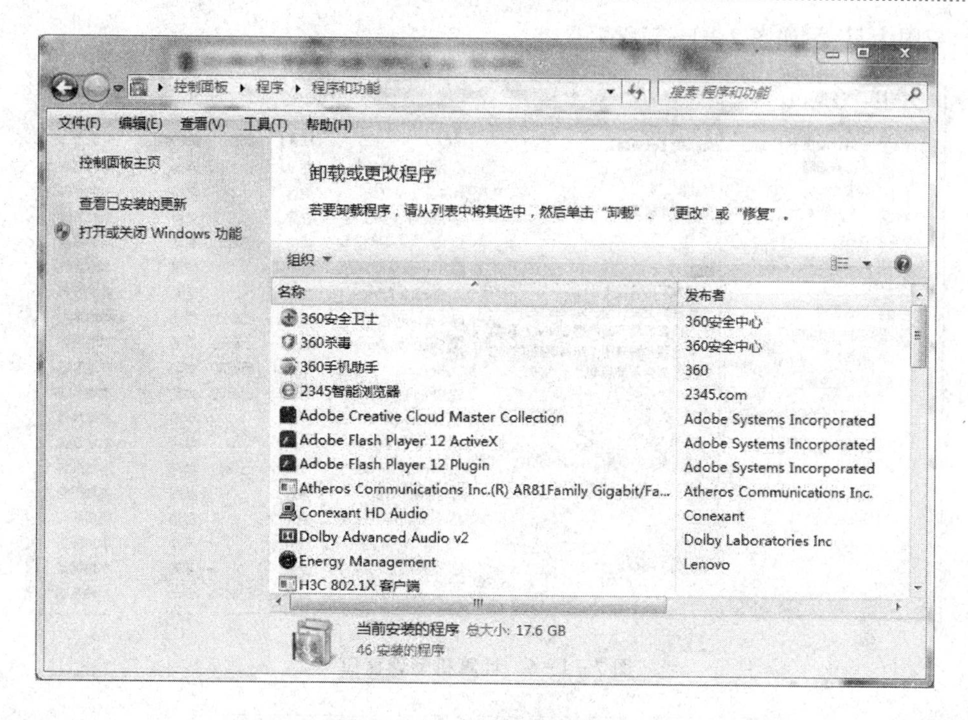

图 7-1-3　程序和功能窗口

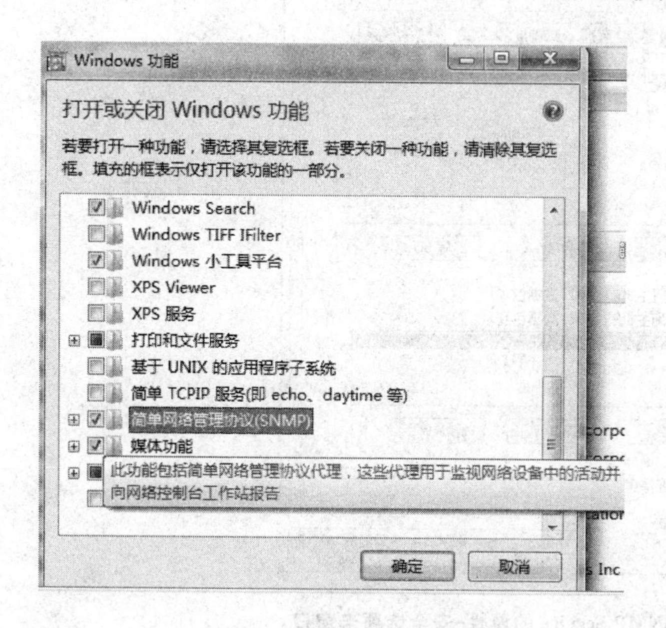

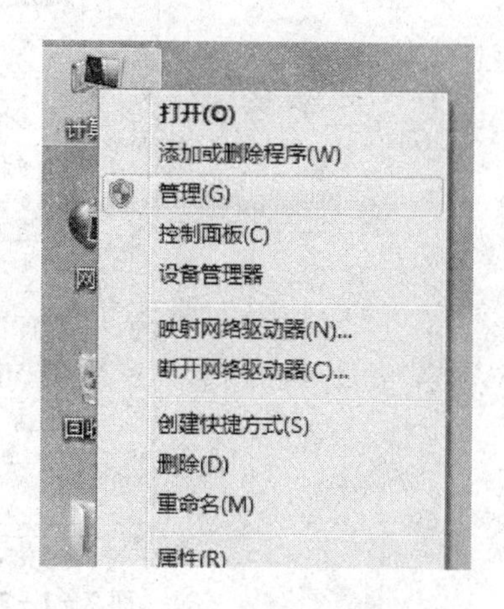

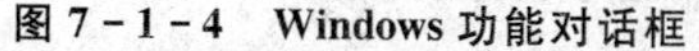
图 7-1-4　Windows 功能对话框

图 7-1-5　计算机-管理菜单

(2) 在弹出的“计算机管理”窗口的左侧导航栏中，单击“服务”，右侧出现“SNMP Service”项，如图 7-1-6 所示。

或者，在“开始”菜单“运行”中输入 services. msc，找到“SNMP Service”。

(3) 双击“SNMP Service”项，在弹出的“SNMP Service 的属性”窗口中，切换到“安全”选项卡中，添加“接受的社区名称”和接收哪些主机发出的 SNMP 数据包。如，添加社区名称

public,权限为只读,如图 7-1-7 所示。

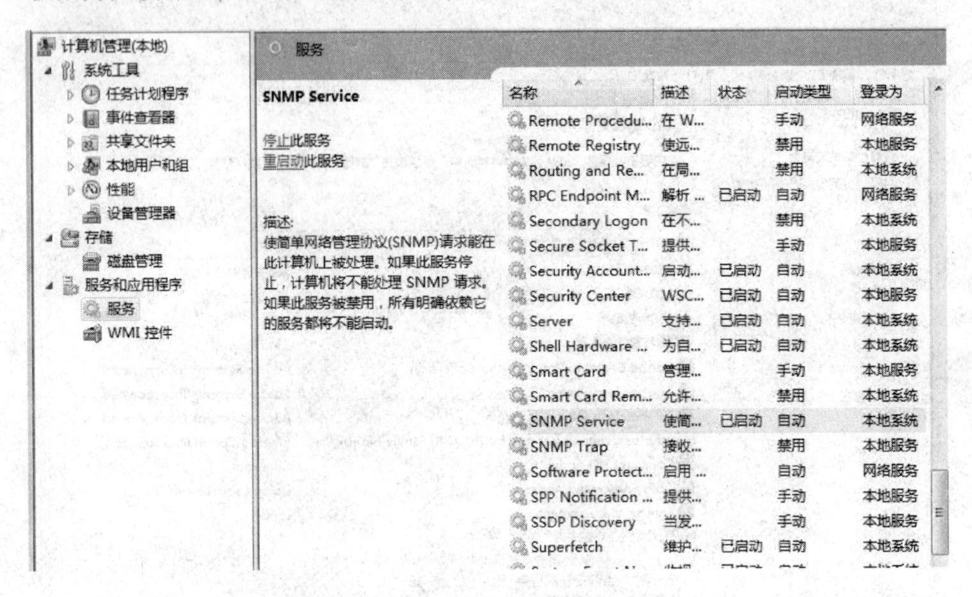

图 7-1-6　计算机管理窗口

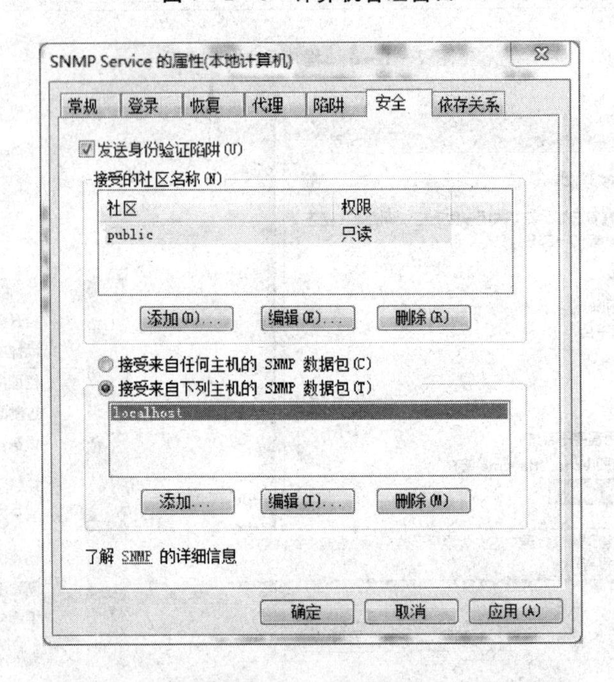

图 7-1-7　SNMP Service 的属性-安全选项卡窗口

因为 SNMP 消息是以明文的形式发送的,很容易被截获到,所以设定 SNMP 服务的安全非常重要。默认情况下,SNMP 的访问密码是 public,并且允许所有主机查询。

接收的社区名称:社区名在通信过程中相当于密码。SNMP 代理接收的数据中的社区名,如果不在这里的设置列表中,SNMP 代理会产生一个认证 trap 消息。如果这里没有定义社区名,则代理会拒绝所有的 SNMP 请求。SNMP service 要求至少要配置一个默认的社区名称 public。社区名可以添加、改变、删除。

权限:每个社区名还可以设置相应的权限,使代理对不同的社区有不同的权限处理。如,可以配置代理对一个社区有读权限,对另一个社区有读/写权限等。

接收来自任何主机的 SNMP 数据包:这个选项是默认选中的,SNMP 代理会接收来自任何管理主机的 SNMP 数据包。

接收来自下列主机的 SNMP 数据包:指定主机的 SNMP 数据包会被接收,提供安全性。

至此,被监控端的 Windows 主机的 SNMP 服务配置完成。

(三) AT - SNMPc 网络管理系统安装

AT - SNMPc(Allied Telesyn - SNMP Castle Rock Computing)是安奈特公司的网络管理系统,为商业软件。试用版与正式版的功能是相同的。购买了正式的许可,在试用版中输入此许可号后,即成为正式版。根据购买的许可类型,SNMPc 自动识别是工作组版还是企业版。本项目以试用版为例介绍安装步骤。

(1) 在网络中,至少有一台已启用了 SNMP 服务的设备(最好是路由器或交换机),知道此设备和安装 SNMPc 计算机的 IP 地址。下载 SNMPc 软件后,以管理员权限登录 Windows,运行 AT - SNMPc7 - CN eval. exe,单击“下一步”按钮开始安装。

(2)选择 SNMPc 网络管理系统的安装组件。有服务器、控制台、轮询器三个组件可选择。如果本机是管理机,用于管理网络中的其他设备,应该安装服务器组件;如果本机是被管理端,应该安装客户端组件。这里是第一次安装,选择“服务器”选项,包括本地控制台与轮询代理,如图 7 - 1 - 8 所示。

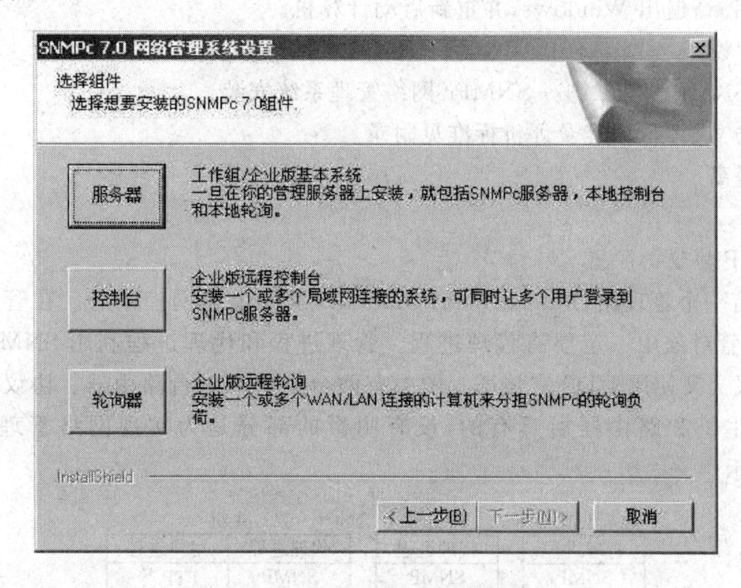

图 7 - 1 - 8 安装组件选择

(3) 选择安装程序的目的地位置,默认为 c:\program files\snmpc network manager。单击“下一步”按钮。

(4) 在“发现种子”窗口,输入网络中一个 SNMP 设备的 IP 地址、子网掩码和社区名。该设备最好为已经启用了 SNMP 管理协议的网络核心设备,如路由器。这里的社区名具有读/写或只读权限。发现种子是用于网络发现的起始点。输入完毕后,单击“下一步”按钮,如图 7 - 1 - 9所示。

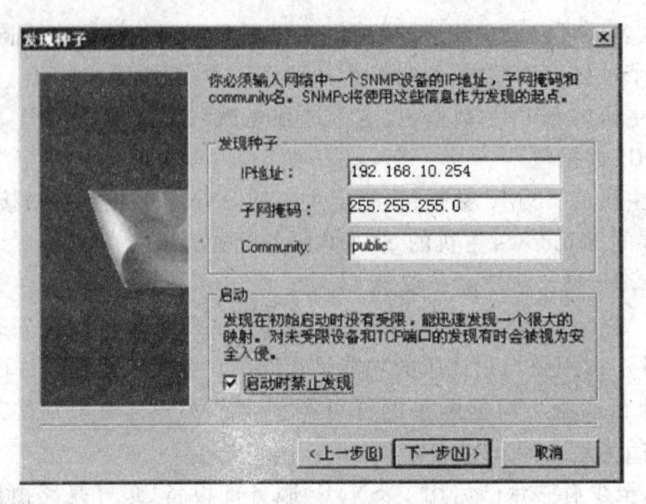

图 7-1-9　发现种子窗口

在启动组，复选框用于禁止在首次启动系统时自动发现网络。

(5) 选择程序文件夹，单击“下一步”按钮。

(6) 复制文件到目的文件夹，安装控制台组件。

(7) 完成 SNMPC 程序的全部安装工作，弹出“SNMPC 网络管理系统组件已经成功安装完成”提示信息。

安装完毕后，请退出 Windows，并重新启动计算机。

六、检查评议

能够完成 SNMP 协议、AT - SNMPc 网络管理系统安装。

具体评价方式、评价内容及评价标准见附录。

七、拓展提高

知识链接：

(一) SNMP 协议的位置

整个系统有一个管理站(Management Station)，实际上是网控中心。在管理站内运行管理进程，每个被管对象中一定要有代理进程。管理进程和代理进程利用 SNMP 报文进行通信，而 SNMP 报文又使用 UDP 来传送。图中有两台主机和一台路由器。协议栈中带有阴影的部分是原来主机和路由器所具有的，没有阴影的部分是为实现网络管理而增加的，如图 7-1-10所示。

管理站	路由器	主机	
管理进程	代理进程	代理进程	用户进程
SNMP	SNMP	SNMP	FTP 等
UDP	UDP	UDP	TCP
IP	IP	IP	
网络接口	网络接口	网络接口	
Internet			

图 7-1-10　SNMP 协议的位置

(二) MIB 中的对象标识

管理信息库 MIB 指明了网络元素所维持的变量(即能够被管理进程查询和设置的信息)，

给出一个网络中所有可能的被管理对象的集合的数据结构。SNMP 的 MIB 采用和 DNS 相似的树型结构，称为对象命名树（object naming tree）。根在最上面，没有名字，如图 7－1－11 所示。

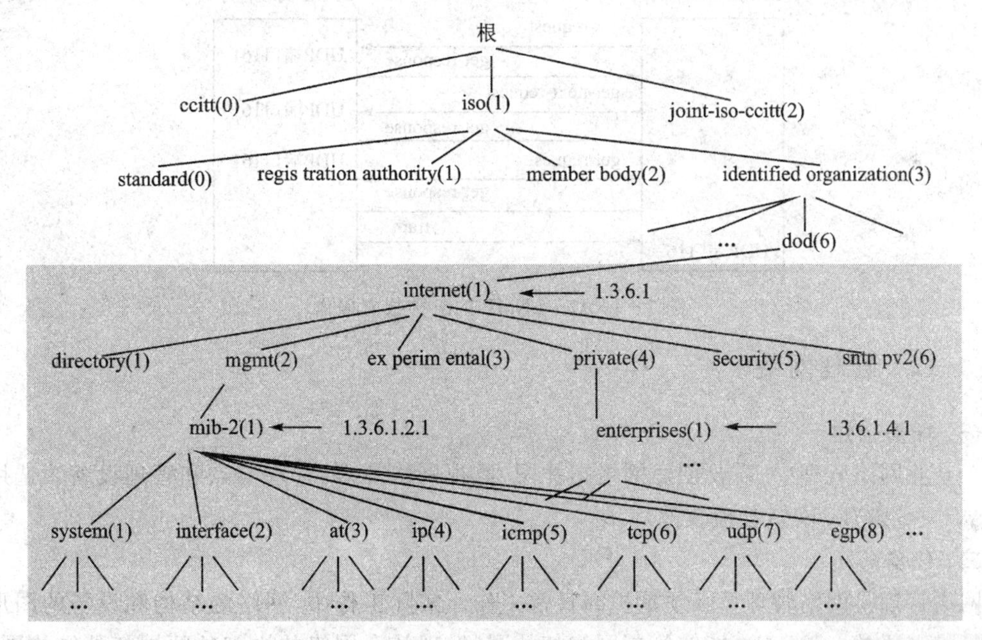

图 7－1－11　MIB 的对象命名举例

顶级对象有三个，即 iso、国际电信联盟（International Telecommunication Union，ITU－T，原 CCITT）和这两个组织的联合体。在 iso 的下面有 4 个节点，其中的一个（标号 3）是 identified organization（被标识的组织）。在其下面有一个 dod（Department of Defense，美国国防部）的子树（标号 6），再下面就是 internet（标号 1）。当只讨论 internet 中的对象时，可只画出 internet 以下的子树（图中带阴影的虚线方框），并在 internet 节点旁边标注上{1. 3. 6. 1}。

在 internet 节点下面的第二个节点是 mgmt（管理）（标号 2）。再下面是 mib－2（标号 1），原先的节点名是 mib。1991 年定义了新的版本 MIB－II，其标识为{1. 3. 6. 1. 2. 1}，或{Internet(1) . 2. 1}。这种标识为对象标识符。

MIB 中的对象{1. 3. 6. 1. 4. 1}，即 enterprises（企业），其所属节点数已超过 3 000。例如 ibm 为{1. 3. 6. 1. 4. 1. 2}，cisco 为{1. 3. 6. 1. 4. 1. 9}等。各厂家可以定义自己的产品的被管理对象名，使其能用 SNMP 进行管理。

（三）SNMP 的五种协议数据单元

SNMP 规定了五种协议数据单元 PDU（也就是 SNMP 报文），用来在管理进程和代理之间的交换。

get－request 操作：从代理进程处提取一个或多个参数值；

get－next－request 操作：从代理进程处提取紧跟当前参数值的下一个参数值；

set－request 操作：设置代理进程的一个或多个参数值；

get－response 操作：代理进程返回的一个或多个参数值，是前三种操作的应答。

trap 操作：代理进程主动发出的报文，通知管理进程有某些事情发生。

前三种操作是管理进程向代理进程发出的，后两种操作是代理进程发给管理进程的。注意，在代理进程端是用公认端口 161 接收 get 或 set 报文，而在管理进程端是用公认端口 162 来接收 trap 报文，如图 7-1-12 所示。

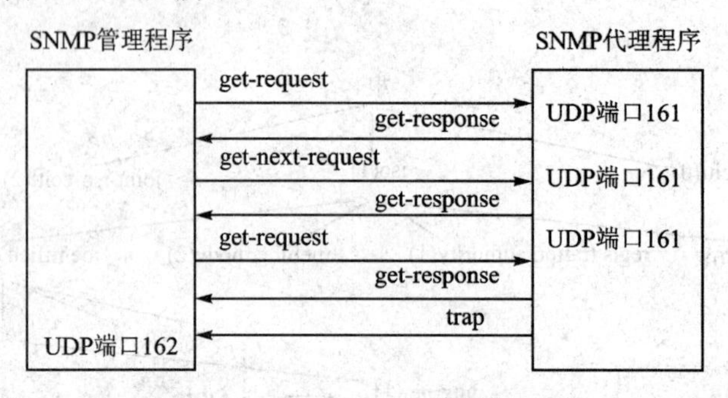

图 7-1-12 SNMP 的五种报文操作

任务 1-2 管理网络

一、任务描述

A 企业网络管理中，需要创建网络拓扑图，监视网络节点，管理节点和管理设备。选用主流的 AT-SNMPc 网络管理软件。

二、任务分析

网络管理是网络管理员必须承担的日常工作。实际工作中，网络的结构和设备的图形化管理是最需要的。SNMPc 能够绘制网络拓扑图，发现整个网络的详细的两层拓扑结构图，通过后期的加工设置，绘制出实用的网络拓扑结构图。SNMPc 具有监视网络节点、管理节点和管理设备的功能，能够完成本任务。

本任务计划：

(1) 登录 SNMPc。

(2) 创建网络拓扑图。

(3) 监视网络节点。

(4) 管理节点。

(5) 管理设备。

三、知识准备

(一) 网络管理系统

1. 概　述

(1) 常用网络管理系统

目前流行的网络管理系统，有 HP 公司的 OpenView、AT 公司的 SNMPc、CA 公司的 Unicenter、Sun 公司的网络管理系统、Cisco 公司的 Cisco Works、IBM 公司的 Tivoli NetView 及锐捷公司的 StartView 等。在拓扑发现、管理和成本控制等方面，SNMPc 比较优秀。

(2) SNMPc 主要功能

支持多厂商设备；支持安全的 SNMP v3；支持网络拓扑结构生成；具有监控设备、服务器、应用服务(TCP)的性能；支持重叠私有 IP 地址的远程轮询及高级智能事件管理；可定制 MIB 表和创建 MIB 表达式，提供长期网络趋势统计报告；WEB 方式远程 JAVA 控制台，可作为 Windows 服务后台运行。

2. SNMPc 总体结构

SNMPc 是通用的分布式网络管理系统，从逻辑上来说，包括服务器组件、采集代理组件、控制台组件三种组件，如图 7－1－13 所示。

(1) 服务器组件(Server)：整个 SNMPc 网管系统的基础平台，用于存储统一的网络管理数据，一般只需要一台服务器。

(2) 采集代理组件(Polling Agent)：也称为轮询组件。在网络中，可以分布式地安装多个采集代理组件，用于采集和轮询远程子网，使得 SNMPc 可以扩展管理非常庞大的网络。在简单网络中，可以不安装采集代理组件。

(3) 控制台组件(Console)：用于访问存储在服务器组件上的统一的网络管理数据，可以在 SNMPc 服务器上安装，更多的是在多个远程计算机上进行安装。从多台控制台上查看和管理的网管数据，统一存储在 SNMPc 服务器上，保证网管数据的统一性。

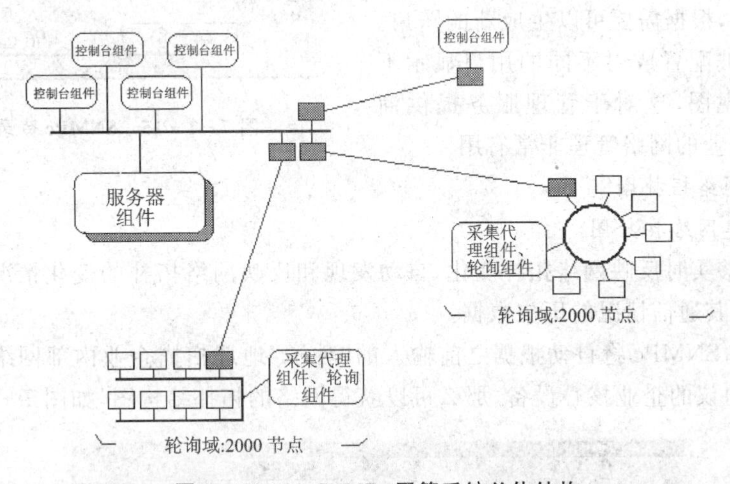

图 7－1－13　SNMPc 网管系统总体结构

(二) SNMPc 管理控制台界面

界面上部依次为标题栏、菜单栏、工具栏。左侧为选择窗口，右侧为视图窗口，下部为事件日志和状态栏。在视图窗口的右侧一列为拓扑结构图编辑工具，如图 7－1－14 所示。

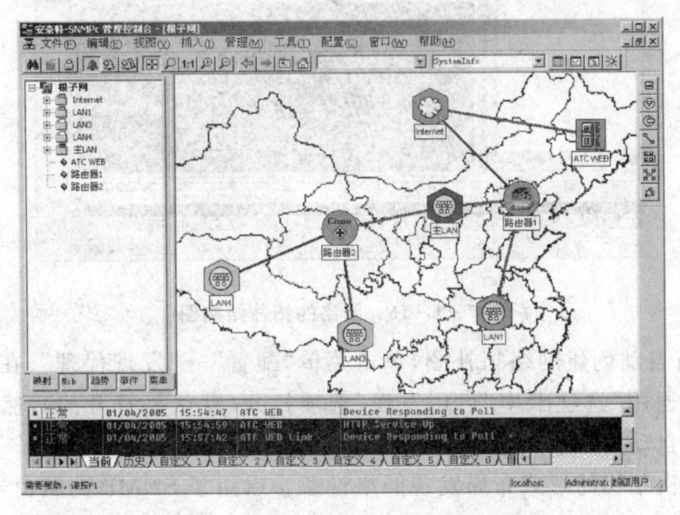

图 7－1－14　SNMPc 管理控制台界面

四、工具材料

- 真实岗位:管理机、交换机、PC、服务器、AT - SNMPc 网络管理软件。
- 虚拟实验:VMware、AT - SNMPc 网络管理软件。

五、任务实施

(一) 登录 SNMPc

(1) 选择“开始→所有程序→SNMPc 网络管理系统→启动系统”,启动 SNMPc。

(2) 在桌面任务栏上,出现 SNMPc 小图标,在其上右击,选择“登录服务器”。

(3) 在 SNMPc 管理控制台登录窗口,初始默认输入服务器 IP 地址为 localhost,用户名为 Administrator,密码为空。只需按“确定”,如图 7 - 1 - 15 所示。

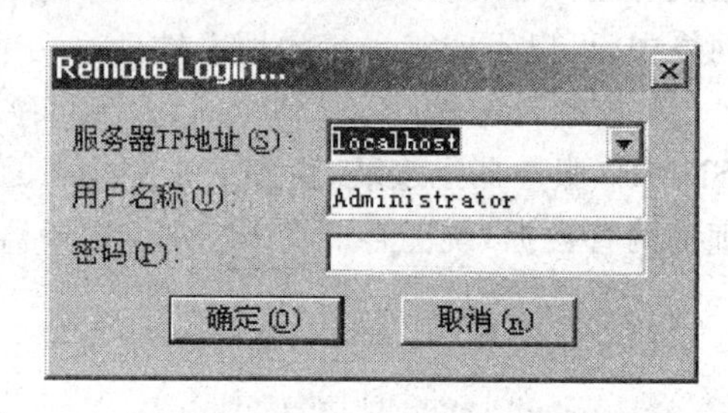

图 7 - 1 - 15　SNMPc 登录窗口

登录成功后,根据需要可以生成新的账户。SNMPc 也可以被配置成对不同的用户显示不同的映射拓扑视图,这对于管理服务提供商(MSP)和大型企业的网络管理非常有用。

(二) 创建网络拓扑图

1. 自动创建网络拓扑图

SNMPc 能够实时反映网络拓扑变化,自动发现和反映网络拓扑的变化情况和通信情况,保留网络拓扑及其通信情况的历史数据。

(1) 登录后,SNMPc 将自动根据之前输入的“种子”地址扫描企业内部网络,如果“种子”是开启 SNMP 协议的企业核心设备,那么可以获得网络的拓扑结构图,如图 7 - 1 - 16 所示。

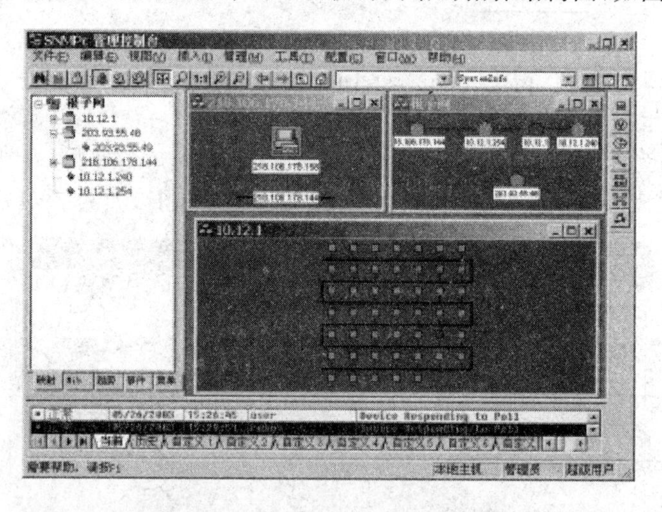

图 7 - 1 - 16　网络的拓扑结构图

(2) 如果没有自动创建网络拓扑图,单击菜单“配置”→“发现代理”,在“发现/轮询代理…”对话框中,将“通用”选项卡中“启用发现”选项打开(默认是打开的),然后,单击“重新启动”,SNMPc 开始自动发现节点,如图 7 - 1 - 17 所示。

SNMPc 以层次结构的形式布局发现网络设备。启用了 SNMP 的路由器在顶层显示,其他 TCP/IP 设备根据 IP 地址在相应的子网中显示。设备图标用颜色表示设备状态:绿色表示

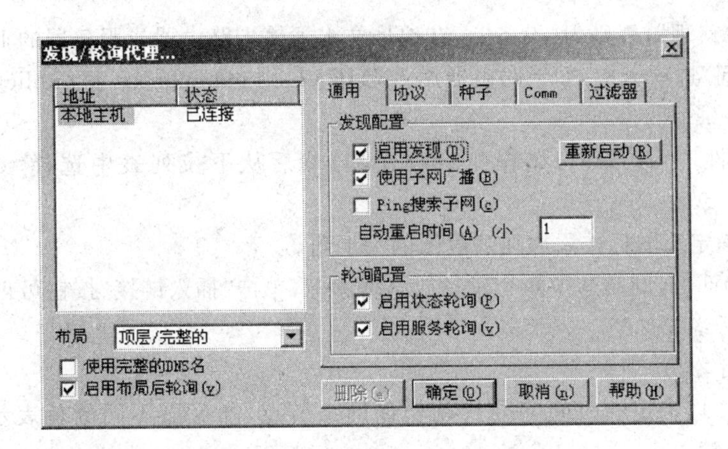

图 7-1-17　发现/轮询代理对话框

设备对轮询请求正常响应;红色表示设备对轮询没有响应。

所有图标都是以 IP 地址信息为名称的,可修改其名称,以便更好地管理,同时左侧选择窗口也将显示出所有网段信息。视图窗口中的拓扑图可以保存成图片格式的文件。

2. 手工添加设备

SNMPC 自动扫描拓扑结构是建立在开启 SNMP 协议基础上,在实际网络中有的设备,特别是服务器不可能都开启 SNMP 协议,因此需要手工添加。通过自定义添加设备,可以为已经生成的网络拓扑图添加一个新设备,让拓扑图更加接近实际网络结构。以添加一台路由器为例。

(1) 单击菜单"插入"→"映射对象"→"设备",或在控制台右侧的编辑工具栏中选择"添加设备对象"按钮,打开映射对象属性对话框,如图 7-1-18 所示。

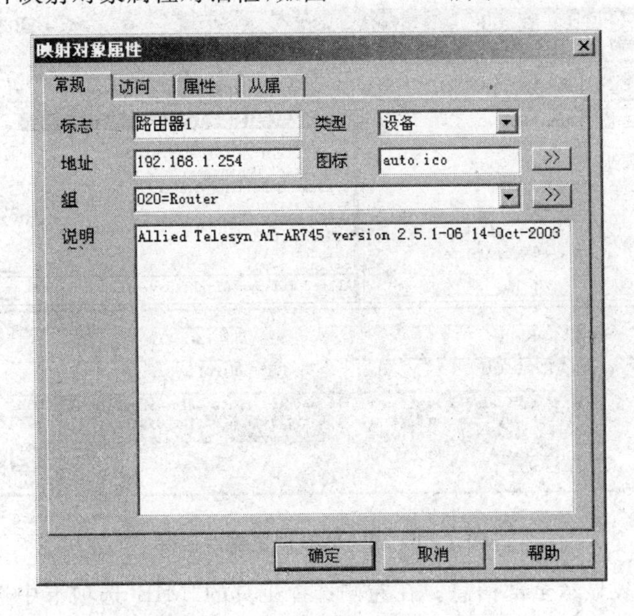

图 7-1-18　映射对象属性对话框

(2) 在"常规"选项卡中,输入设备的标志,选择设备图标。对于类型,如果对象为 SNMPc

代理，那么选择“代理”，否则为“设备”。在地址文本框输入路由器或服务器的 IP 地址。

(3) 在“访问”选项卡中，如果路由器用 SNMP v1，则 community 为 public(许多路由器默认的)。

(4) 在“属性”选项卡中，选择执行程序项，然后从下拉列表中选择 telnet. exe 代替 auto. exe。

(5) 单击“确定”，图标被添加在映射图的左上角。

(6) 按住 Ctrl 键，同时选中两个设备或网络图标，单击“插入链接”按钮可创建链接。

(三) 监视网络节点

1. 自动定时轮询

SNMPc 通常以特定的时间间隔自动轮询网络节点，然后以不同颜色表示节点的状态。绿色表示节点正常。

2. 手工执行轮询

管理员可以向指定节点发送轮询。选中节点，单击“工具”→“轮询对象”命令，可以看到轮询结果。

3. 查看事件日志

SNMPc 检测到错误，记录在事件日志中。单击“视图”菜单→“事件记录工具”，在窗体下部显示当前的日志文件。

(四) 管理节点

1. 显示 MIB 表

单击“工具”菜单→“MIB 浏览”，可以从 MIB 表中显示多个表实体，图 7-1-19 所示为显示 sysDescr 变量的例子。

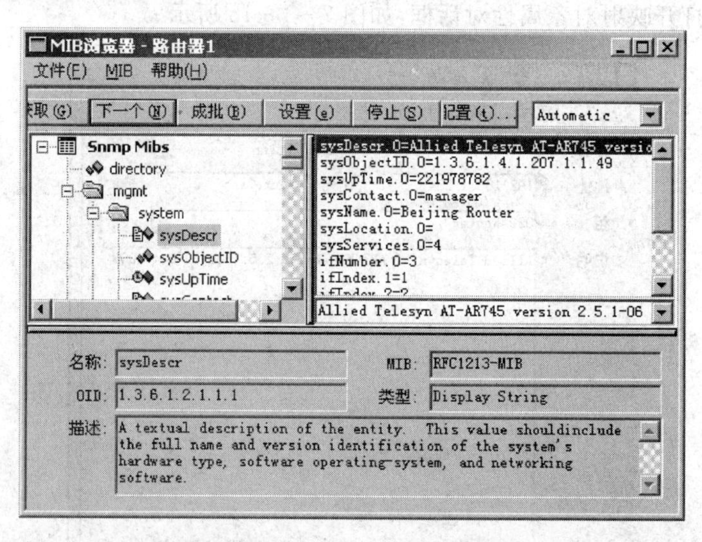

图 7-1-19 MIB 浏览器对话框

可以使用 MIB 表显示全部信息。在左侧选择工具的“MIB”选项卡中选择要观察的变量，并在视图窗口的拓扑图或“映射”选项卡中选择要观察的对象，然后在“视图”菜单选择“MIB 表”选项，可以得到所需的全部信息。

2. 编辑表实体

单击选中表实体，单击“编辑”按钮打开“编辑表实体”对话框。可以对字段对应的值进行修改。通过“设置 set”按钮，将相应的值保存到对应的节点设备中。

3. 查看统计

在左侧选择工具的“MIB”选项卡中，选择观察的变量，并在视图窗口的拓扑图或“映射”选项卡中选择要观察的对象，然后在“视图”菜单选择“MIB 图表”选项，可以图形形式实时显示表实体。

或者在 MIB 表中选择所要显示的项目，单击“图表”按钮打开图表窗体，实时显示表实体。

（五）设备管理

在网络拓扑结构图上，通过双击路由器图标，自动建立 Telnet 连接，实现管理路由交换设备的功能。

在设备图标上右击，显示设备菜单，包括“属性、视图、工具；系统、交换机、路由器、服务器”等菜单项。SNMPc 可以管理各厂家设备，只要求设备启用 SNMP。例如要管理一个 Windows 2008 服务器，就必须先安装 Microsoft 的 SNMP 代理。

当鼠标指向弹出菜单中“路由器”选项，下级菜单包括“端口信息、端口使用情况、端口利用率；地址表、路由表、ARP 表”等子选项，如图 7-1-20 所示。

图 7-1-20　显示设备弹出式菜单

六、检查评议

能够创建网络拓扑图，监视网络节点，管理节点和管理设备。

具体评价方式、评价内容及评价标准见附录。

七、拓展提高

知识链接：SNMPc 中集成 Cisco 等厂家网管软件

对于主要网络设备是 Cisco 和 HuaWei 的用户，需要在 SNMPc 中集成 Cisco 和 HuaWei 的网管软件，即安装 Cisco View 和 Quid View。Cisco View 是 Cisco Works Windows(CWW) 中的一个组件，Quid View 是 HuaWei iManager Quid View LAN 中的一个组件。

集成后，便能够在 SNMPc 的拓扑图中显示厂家的设备图标，双击设备图标自动打开厂家的网管软件，打开设备的面板图进行管理。

技能链接：网络管理常用行命令

1. 网络状态监视命令

(1) ipconfig：查询网络接口的参数或状态；

(2) nslookup：域名解析。

2. 网络路由监视命令

(1) netstat：分析通信状态，检查 TCP 连接状态，统计接口收发分组情况用于统计吞吐量，显示设备路由表；

(2) arp:设备内存储的 IP 地址与 MAC 地址对应表；

(3) tracert:了解路由的具体情况；

(4) route 操纵网络路由表；

(5) pathping 是 tracert 与 ping 命令的结合。

3. 网络流量监视命令

ping:观察网络的丢包率、延迟,了解网络流量。

任务2　使用网络扫描工具

任务2-1　扫描和关闭服务、端口

一、任务描述

网络运行中,预防网络安全威胁,要求管理员扫描端口,关闭不需要的端口,提高网络的安全性。

二、任务分析

网络安全在企业网络管理中越来越重要,会遇到许多网络入侵安全事件,严重的给企业造成不可挽回的重大损失。在入侵过程中,端口就显得尤其重要。管理员通过扫描端口,关闭不需要的端口,减少黑客入侵的可能性。

本任务计划:

(1) 扫描端口;

(2) 关闭端口。

三、知识准备

(一) 网络安全概述

网络安全指网络中的硬件、软件和数据不受自然和人为因素的威胁和危害,包括机密性、完整性、可用性、可控制性和可审查性五个基本要素。病毒、木马及黑客入侵等对网络安全危害较大,但是,对网络造成危害通常借助端口。默认状态下,Windows 会打开多个服务端口,黑客常常利用这些端口实施入侵,因此掌握端口方面的知识,是网络安全管理必备的技能。

服务器端口数几万个,但是实际上常用的端口才几十个,未定义的端口相当多。因此,黑客程序可以采用某种方法,定义一个特殊的端口达到入侵的目的。

(二) 端　口

1. 端口介绍

计算机之间通信是通过端口进行的,但是,随着计算机网络技术的发展,原来物理上的接口(如键盘、鼠标、网卡、显示卡等输入/输出接口)已不能满足网络通信的要求。TCP/IP 协议作为网络通信的标准协议,引入端口概念,一台计算机与另一台计算机通信通过端口进行。

例如,访问一个 Web 站点时,Windows 就会在客户端打开一个端口,然后去连接 Web 服务器的一个端口。一台服务器可以建立 Web 服务器和 FTP 服务器而不相互干扰的原因,是服务利用了不同的端口。如 Web 服务采用 80 号端口,FTP 服务采用 21 号端口。

2. 端口分类

根据 TCP/IP 协议规定,共有 256×256(65536)个端口,这些端口可以分类。

按照端口号划分为三大类：公认端口、注册端口、动态端口。

(1) 公认端口

端口(Well Known Ports)(0～1023)已有明确的定义，对应 Internet 上常见的一些服务，不可重新定义。每一个打开的端口，代表一个系统服务。例如 80 端口代表 Web 服务 HTTP 通信，21 端口对应着 FTP，23 端口则是 Telnet 服务专用，25 对应 SMTP，110 对应 POP3 等。这些端口通常不会被像木马这样的黑客程序利用。

(2) 注册端口

端口(Registered Ports)(1024～49151)多数没有明确地定义服务对象，不同程序可根据实际需要自己定义，例如，远程控制软件和木马程序中都会有这些端口的定义。记住这些常见的程序端口在木马程序的防护和查杀上是非常有必要的。

当需要与别人通信时，Windows 会从 1024 起，在本机上分配一个动态端口，如果 1024 端口未关闭，再需要端口时就会分配 1025 端口供使用，依此类推。

(3) 动态端口

动态端口(Dynamic and/or Private Ports)(49152～65535)通常没有捆绑系统服务，使用时允许 Windows 动态分配。实际上，有些较为特殊的程序，特别是一些木马程序就非常喜欢使用用这些端口，因为这些端口常常不引起注意，容易隐蔽。

按服务方式划分，端口分为两大类：

(1) TCP 协议端口

连接方式是直接与接收方连接，发送信息后，可以确认信息是否到达，这种方式大多采用 TCP 协议。对应使用这种通信协议的服务所提供的端口，为 TCP 协议端口。

(2) UDP 协议端口

不直接与接收方连接，只管把信息放在网上发出去，而不管信息是否到达，是无连接方式。这种方式采用 UDP 通信协议。对应使用这种通信协议的服务所提供的端口，为 UDP 协议端口。

(三) 为什么关闭端口

黑客通过工具扫描别人的计算机上的常用端口和指定端口，如果端口是开放的，就可以知道计算机提供了什么服务，可以采取相应的探测方式获得口令。

作为网络管理员，如果事先能够判断本网络上的计算机开放了哪些端口，在不需要提供相应服务的前提下，可以将其关闭，那么，就可以做到预防为主，不给黑客留下进入的通道，提高网络的安全性。

四、工具材料

- 真实岗位：已经运行的 LAN、TCPView 软件。
- 虚拟实验：VMware、TCPView 软件。

五、任务实施

(一) 查看本机开放的端口

在默认状态下，Windows 会打开很多端口。查看本机打开了哪些端口，有哪些远程计算机正在与本机连接，可以使用以下两种方法。

利用 netstat 命令

Windows 提供了 netstat 命令，能够显示当前的 TCP/IP 网络连接情况。操作方法如下：

选择“开始”→“程序”→“附件”→“命令提示符”，进入DOS窗口，输入命令：

>netstat -an 回车

显示本机连接情况及打开的端口，如图7-2-1所示。

```
Active Connections

  Proto  Local Address          Foreign Address        State
  TCP    0.0.0.0:135            0.0.0.0:0              LISTENING
  TCP    0.0.0.0:445            0.0.0.0:0              LISTENING
  TCP    127.0.0.1:1025         0.0.0.0:0              LISTENING
  TCP    192.168.1.3:139        0.0.0.0:0              LISTENING
  UDP    0.0.0.0:445            *:*
  UDP    0.0.0.0:1060           *:*
  UDP    0.0.0.0:1062           *:*
  UDP    0.0.0.0:1208           *:*
  UDP    0.0.0.0:1267           *:*
  UDP    0.0.0.0:1280           *:*
```

图7-2-1 显示本机连接情况及打开的端口

其中，Local Address代表本机IP地址和打开的端口号，Foreign Address是远程计算机IP地址和端口号，State表明当前TCP的连接状态，LISTENING是监听状态，表明本机正在打开135端口监听，等待远程电脑的连接。

如果在DOS窗口中输入命令：

>netstat -nab

那么，将显示每个连接都是由哪些程序创建的。本机在135端口监听，就是由svchost.exe程序创建的，该程序一共调用了四个组件(WS2_32.dll、RPCRT4.dll、rpcss.dll、svchost.exe)完成创建工作，如图7-2-2所示。

```
Proto  Local Address          Foreign Address        State           PID
TCP    0.0.0.0:135            0.0.0.0:0              LISTENING       820
c:\windows\system32\WS2_32.dll
C:\WINDOWS\system32\RPCRT4.dll
c:\windows\system32\rpcss.dll
C:\WINDOWS\system32\svchost.exe
-- 未知组件 --
[svchost.exe]

TCP    0.0.0.0:445            0.0.0.0:0              LISTENING       4
[System]

TCP    127.0.0.1:1025         0.0.0.0:0              LISTENING       1704
[alg.exe]
```

图7-2-2 显示本机连接详细信息

如果发现本机打开了可疑的端口，可以用该命令查看其调用了哪些组件，然后再检查各组件的创建时间和修改时间，如果发现异常，就可能是中了木马。

注意：只有安装了TCP/IP协议，才能使用netstat命令。

(二)关闭本机不用的端口

默认情况下Windows有很多端口是开放的，一旦上网，黑客将通过这些端口连上，因此，应该关闭不用的端口。如TCP139、445、593、1025端口；UDP123、137、138、445、1900端口；TCP 2513、2745、3127、6129端口是一些流行病毒的后门端口，以及远程服务访问端口3389。

关闭端口的方法如下：

(1) 137、138、139、445 端口：都是为共享而开放的，应该禁止别人共享你的机器，所以要把这些端口全部关闭。方法是：在控制面板中，单击"系统→硬件→设备管理器"，单击"查看"菜单→"显示隐藏的设备"，双击"非即插即用驱动程序"，找到并双击 NetBios over Tcpip，如图 7－2－3所示。在打开的"NetBios over Tcpip 属性"窗口中，单击选中"常规"标签下的"不要使用这个设备(停用)"，单击"确定"按钮后，重新启动系统，如图 7－2－4 所示。

图 7－2－3　设备管理器对话框

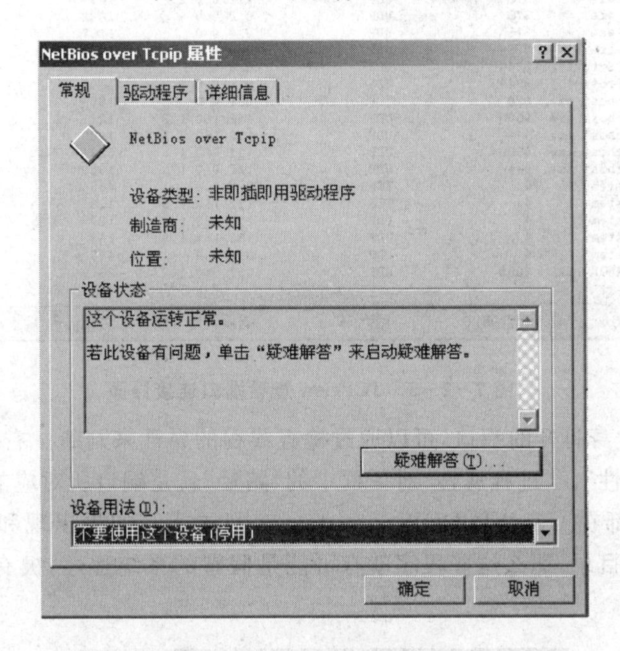

图 7－2－4　设置不使用设备

(2) 关闭 UDP123 端口：在控制面板中，双击"管理工具"→"服务"，停止 Windows Time 服务即可。关闭 UDP 123 端口，可以防范某些蠕虫病毒。

(3) 关闭 UDP1900 端口：在控制面板中，双击"管理工具"→"服务"，停止 SSDP Discovery Service 服务即可。关闭这个端口，可以防范 DDoS 攻击。

(4) 关闭其他端口：在控制面板中，双击"管理工具"→"本地安全策略"，选中"IP 安全策略，在本地计算机"，创建 IP 安全策略来关闭。或者用网络防火墙来关闭。

(三) 使用端口监视类工具 TCPView

端口监视类工具能查看本机打开了哪些端口，如著名的 TCPView、Port Reporter、网络端口查看器、流光等。以 TCPView 为例说明。

TCPView 是 sysinternals. com 开发的免费、绿色软件，不需要安装，是查看端口和线程的工具，能够显示打开的端口及其对应的进程名和进程路径，并可以关闭连接端口。

TCPView 启动后，可以密切监视本机端口连接情况，确保本机的网络安全。一旦木马在内存中运行，一定会打开某个端口；一旦黑客进入计算机，就有新的线程。TCPView 静态表示端口和线程。

使用步骤如下：

(1) TCPView 运行后，界面中显示本机打开的端口和线程，并直接显示端口对应的程序图标，容易识别端口是哪一个程序打开的。每一行显示详细的参数信息，如进程名、进程 ID、连接使用的协议、本地地址和端口号、远程地址和端口号、状态、发送封包、发送字节、接收封包、接收字节。状态行，显示统计数据，如图 7-2-5 所示。

TCPView - Sysinternals: www.sysinternals.com

文件(F) 选项(O) 进程(P) 视图(V) 帮助(H)

进程	PID	协议	本地地址	本地端口	
QQ. exe	376	UDP	127. 0. 0. 1	1439	*
QQ. exe	376	UDP	0. 0. 0. 0	2682	*
QQ. exe	376	UDP	0. 0. 0. 0	1267	*
QQ. exe	376	UDP	0. 0. 0. 0	1523	*
QQProtect...	3344	UDP	0. 0. 0. 0	2702	*
QQProtect...	3344	UDP	0. 0. 0. 0	1208	*
svchost. exe	820	TCP	0. 0. 0. 0	135	C
svchost. exe	860	UDP	192. 168. 1. 3	123	*
svchost. exe	944	UDP	192. 168. 1. 3	1900	*
svchost. exe	860	UDP	127. 0. 0. 1	123	*
svchost. exe	944	UDP	127. 0. 0. 1	1900	*
System	4	TCP	0. 0. 0. 0	445	C
System	4	TCP	192. 168. 1. 3	139	C
System	4	UDP	192. 168. 1. 3	137	*
System	4	UDP	192. 168. 1. 3	138	*
System	4	UDP	0. 0. 0. 0	445	*
WINWORD. EXE	3000	UDP	127. 0. 0. 1	2679	*

终端: 35 已连接: 0 监听: 4 时间等待 0 关闭等待 0

图 7-2-5 TCPview 查看端口连接界面

(2) 对于系统本身打开的端口，可以通过检查线程的属性来判断。右击某一线程，在弹出菜单中选择“进程属性”。“进程属性”对话框中的“路径”就是端口所对应的程序在硬盘上的路径。通常系统文件都在 C:\WINDOWS\system32 目录下。如果出现和系统程序相似的名字，文件又不在系统目录，那么这些程序就有可能是假冒的系统程序，极有可能是木马、病毒，如图 7-2-6 所示。

图 7-2-6 端口对应的程序

另外，如果发现不熟悉的程序打开端口，也可以利用网络搜索，看看这些程序的作用。如果搜索不到，极有可能是木马、病毒。对于这些端口，可通过右键菜单直接关闭。

六、检查评议

能够查看本机端口使用情况，并能够关闭不需要开启的端口。

具体评价方式、评价内容及评价标准见附录。

七、拓展提高

知识链接：常用端口号

在网络安全中，了解常用应用服务及端口号是网络管理员的一项基本功。如 HTTP 协议代理服务器常用端口号为 80、8080、3128、8081、9080；SOCKS 代理协议服务器常用端口号 1080。常用应用服务对应的端口号如表 7-2-1 所列。

表 7-2-1　常用应用服务对应的端口号一览表

端　口	服　务	说　明
21	FTP	FTP 服务器所开放的端口，用于上传、下载。最常见的攻击者用于寻找打开 anonymous 的 FTP 服务器的方法。这些服务器带有可读/写的目录。木马 Doly Trojan、Fore、Invisible FTP、WebEx、WinCrash 和 Blade Runner 开放 21/TEP 端口
22	SSH	PcAnywhere 建立的 TCP 和这一 22/TCP 端口的连接可能是为了寻找 SSH。这一服务有许多弱点，如果配置成特定的模式，许多使用 RSAREF 库的版本就会有不少的漏洞存在
23	Telnet	远程登录，入侵者在搜索远程登录 UNIX 的服务。大多数情况下扫描这一端口是为了找到机器运行的操作系统。还有使用其他技术，入侵者也会找到密码。木马 Tiny Telnet Server 就开放这个 23/TCP 端口
25	SMTP	SMTP 服务器所开放的端口，用于发送邮件。入侵者寻找 SMTP 服务器是为了传递他们的 SPAM。入侵者的帐户被关闭，他们需要连接到高带宽的 E-MAIL 服务器上，将简单的信息传递到不同的地址。木马 Antigen、Email Password Sender、Haebu Coceda、Shtrilitz Stealth、WinPC、WinSpy 都开放这个 25/TCP 端口
53	DNS	Domain Name Server 服务器所开放的端口，入侵者可能是试图进行区域传递（TCP），欺骗 DNS(UDP)或隐藏其他的通信。因此防火墙常常过滤或记录此端口
69	TFTP	许多服务器与 bootp 一起提供这项服务，便于从系统下载启动代码。但是常常由于其错误配置，使入侵者能从系统中窃取任何文件。也可用于系统写入文件。69/UDP
80	HTTP	用于网页浏览。木马 Executor 开放 80/TCP 端口
110	POP3	Post Office Protocol - Version3 服务器开放 110/TCP 端口，用于接收邮件，客户端访问服务器端的邮件服务。POP3 服务有许多公认的弱点。关于用户名和密码交换缓冲区溢出的弱点至少有 20 个，这意味着入侵者可以在真正登陆前进入系统。成功登陆后还有其他缓冲区溢出错误
137、138、139	NETBIOS Name Service	其中 137、138 是 UDP 端口，当通过网上邻居传输文件时用这个端口。而 139 通过这个端口进入的连接试图获得 NetBIOS/SMB 服务。这个协议被用于 windows 文件、打印机共享和 SAMBA 也用于 WINS Regisrtation

续表 7-2-1

端　口	服　务	说　明
161	SNMP	SNMP 允许远程管理设备。所有配置和运行信息储存在数据库中，通过 SNMP 可获得这些信息。许多管理员的错误配置将被暴露在 Internet。Cackers 将试图使用默认的密码 public、private 访问系统，可能会试验所有可能的组合。SNMP 包可能会被错误的指向用户的网络
162	SNMP Trap	SNMP Trap(SNMP 陷阱)
443	Https	网页浏览端口，能提供加密和通过安全端口 443/TCO443/UDP 传输的另一种 HTTP
1024	Reserved	是动态端口的开始，许多程序并不在乎用哪个端口连接网络，而请求系统为分配下一个闲置端口从端口 1024 开始分配，即第一个向系统发出请求的分配到 1024 端口。重启机器，打开 Telnet，再打开一个窗口运行 netstat -a 将会看到 Telnet 被分配 1024 端口。SQL session 也用此端口和端口 5000
1080	SOCKS	这一协议以通道方式穿过防火墙，允许防火墙后面的人通过 IP 地址访问 INTERNET。理论上应只允许内部的通信向外到达 INTERNET。但是由于错误的配置，会允许位于防火墙外部的攻击穿过防火墙。WinGate 常会发生这种错误，在加入 IRC 聊天室时常会看到这种情况
1433	SQL	Microsoft 的 SQL 服务开放 1433/TCP 1433/UDP 端口
4000	QQ 客户端	腾讯 QQ 客户端开放此端口
8000	OICQ	腾讯 QQ 服务器端开放此端口

任务 3　安装和设置防火墙、防病毒软件

任务 3-1　安装和配置个人防火墙

一、任务描述

网络管理中，防止黑客、木马的入侵，需要在用户机上安装和配置 360 防火墙。

二、任务分析

通常企业为了维护内部网络的安全，在内网和 Internet 间设立防火墙。内网对于来自 Internet 的访问，采取有选择的接收方式。如允许或禁止一类具体的 IP 地址访问，某一类具体的应用。防火墙一般安装在路由器上保护内网，也可以安装在一台主机上，保护这台主机不受侵犯。本任务就是要求在一台主机上安装和配置 360 防火墙。

本任务计划：

(1) 安装 360 防火墙；

(2) 配置 360 防火墙。

三、知识准备

(一) 防火墙概念

防火墙(FireWall)是一种隔离控制技术，在企业内网和不安全的外网(如 Internet)之间设置屏障，阻止对信息资源的非法访问，也可以阻止重要信息从企业网络上被非法输出。

如果在一台主机上有需要禁止的信息或危险的用户，那么，可以在防火墙上设置，过滤掉从该主机发出的包。如果一个企业只是使用电子邮件和 WWW 服务器向外部提供信息，那么

可以在防火墙上设置，只有这两类应用的数据包可以通过。

（二）防火墙功能

防火墙通过相关的安全策略来控制（允许、拒绝、监视、记录）进出网络的访问行为。一般具有三种功能：

（1）配置安全策略，限制外网用户进入内网，过滤某些服务和包括黑客在内的用户；

（2）限制内网用户访问外网某些主机和服务；

（3）监控审计网络存取和访问。

（三）防火墙的核心技术

1. 包过滤

最常用的技术。工作在第三层网络层，根据数据包头中的 IP、端口、协议等确定是否允许数据包通过。只能进行类似，如允许或不允许用户从外部网用 Telnet 登录的操作。

2. 应用代理

另一种主要技术。工作在第七层应用层，内外网的主机通过代理服务器间接连接，应用代理程序实现对应用层数据的检测和分析。如，内网的一个用户想要远程登录到外网一台主机，代理服务器会接收用户请求，决定是否允许其到远程的连接，之后，建立自身与外网主机、自身与用户之间的 Telnet 会话。

3. 状态检测

工作在第二～四层，控制方式与包过滤同，但处理的对象不是单个数据包，而是整个连接。通过设置的规则表和连接状态表，综合判断是否允许数据包通过。

4. 完全内容检测

需要很强的性能支撑，既有包过滤的功能，也有应用代理的功能。工作在第二～七层，不仅分析数据包头信息、状态信息，而且对应用层协议进行还原和内容分析，有效防范混合型安全威胁。

网络安全策略常用方法是默认拒绝，没有被明确允许的即为禁止。

（四）防火墙分类

防火墙分为企业防火墙和个人防火墙两种。企业防火墙应用在企业网络的安全方面，个人防火墙应用在连入网络的单台主机安全方面。本任务重点在个人防火墙。

个人防火墙是安装在单台主机系统里的软件，把主机和网络分隔开。防火墙能检查进入、离开的所有数据包，从而决定拦截这个包还是将其放行。在不妨碍正常连网的同时，阻止网络上的其他用户、黑客对该主机进行非法访问。个人防火墙是单台主机防范黑客的重要手段之一。

常用个人防火墙有 360 个人防火墙、天网个人防火墙、Windows 自带个人防火墙。

四、工具材料

- 真实岗位：PC、360 木马防火墙。
- 虚拟实验：VMware、360 木马防火墙。

五、任务实施

（一）安装 360 木马防火墙

360 木马防火墙属于云主动防御安全软件，不会给本地用户造成过多负担，还能保持较高的拦截率和智能性。360 木马防火墙的基本工作原理为：如果某一程序的动作触发了主防规则，360 木马防火墙则会进行云端查询，在黑名单的直接弹窗提示，在白名单的直接放行，不在黑白名单的未知程序，则转由云端的行为分析器（其中包括云端 QVM 人工智能引擎）来判断此程序的动作是否有危害。

云主动防御因为其本身的规则框架优势，再加上单步拦截的安全性，云端分析的人性化，满足了绝大部分用户的要求，而且拦截木马的能力相当高（联网情况下）。

360 木马防火墙与网络防火墙两者有差别。网络防火墙是对程序联网访问的限制（即传统防火墙，简称为防火墙）；木马防火墙，则是对木马（或者说是恶意程序）的防御。

360 木马防火墙是随 360 安全卫士一起安装的，从 360 官方网站免费下载，按提示安装即可。这里不再详述。

（二）运行 360 木马防火墙

1. 打开 360 木马防火墙

在“360 安全卫士”右侧，单击“木马防火墙”图标，打开“360 木马防火墙”窗口。

2. 查看防护状态

在“360 木马防火墙”窗口，可以看到入口防御、隔离防御、系统防御设置的状态。在窗口右侧，弹窗模式可以设置为智能模式、手动模式、自动处理模式三种。智能模式只在发现风险、高危行为时弹窗提示，适合绝大部分用户。手动模式对所有侦测到的系统行为都弹窗提示，适合熟悉电脑操作的用户。自动处理模式智能处理电脑所有行为，不弹窗打扰，适合不熟悉操作的用户，如图 7-3-1 所示。

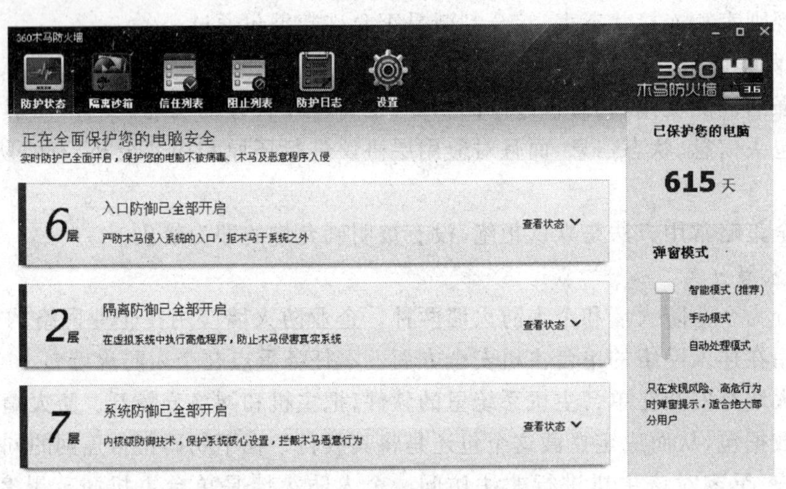

图 7-3-1 360 防火墙主界面

(1) 在入口防御区，严防木马侵入系统的入口，拒木马于系统之外。单击“查看状态”按钮，可以查看防火墙设置的状态，如图 7-3-2 所示。

(2) 在隔离防御区，在虚拟系统中执行高危程序，防止木马侵害真实系统。单击“查看状态”按钮，可以查看防火墙设置的状态，如图 7-3-3 所示。

(3)在系统防御区，内核级防御技术，保护系统核心设置，拦截木马恶意行为。单击“查看状态”按钮，可以查看防火墙设置的状态，如图 7-3-4 所示。

（三）设置 360 木马防火墙

单击“设置”，弹出“360 木马防火墙-设置”对话框，包括入口防御、隔离防御、系统防御、应

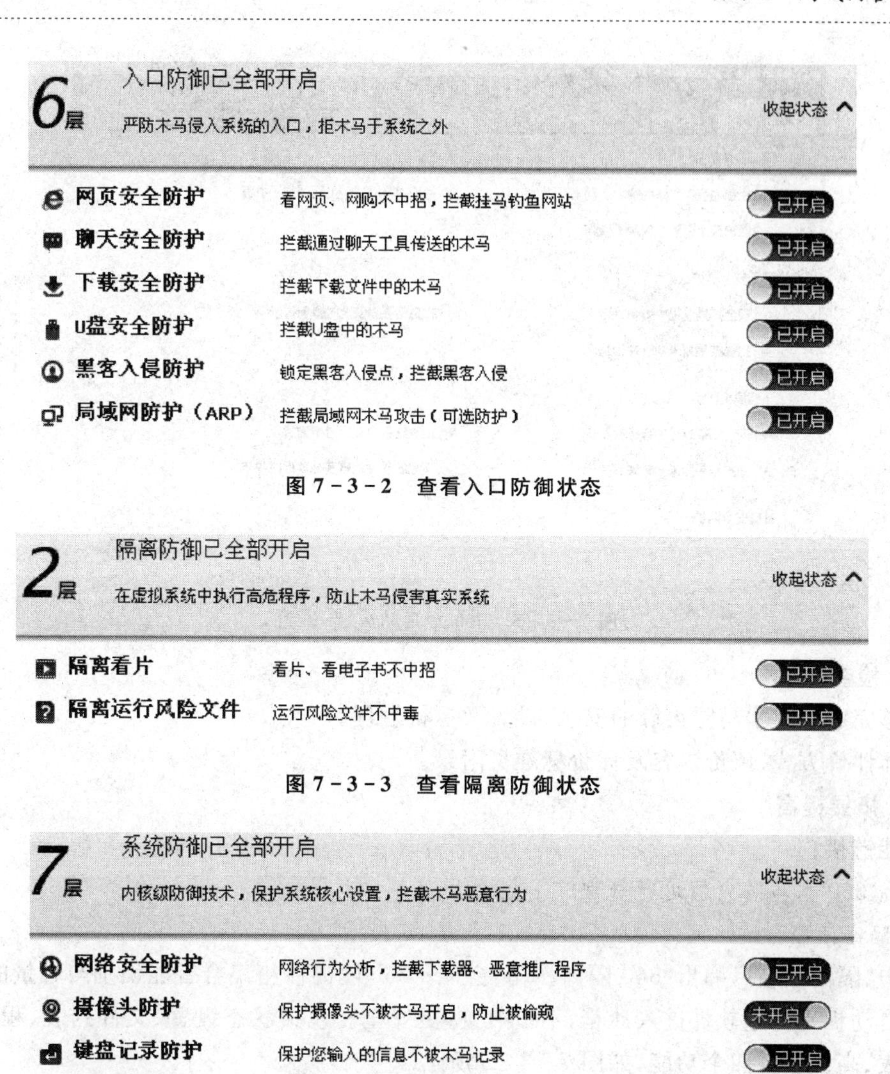

图 7-3-2　查看入口防御状态

图 7-3-3　查看隔离防御状态

图 7-3-4　查看系统防御状态

用防护、高级设置五部分，如图 7-3-5 所示。

(1)“入口防御”选项卡，包括网页安全防护、聊天安全防护、下载安全防护、U 盘安全防护。

(2)“隔离防御”选项卡，包括隔离看片、隔离运行风险文件。

(3)“系统防御”选项卡，包括驱动防护、网络安全防护、摄像头防护。

(4)“应用防护”选项卡，浏览器防护、输入法防护、桌面图标防护。

(5)“高级设置”选项卡，包括 360 自我保护、主动防御服务。

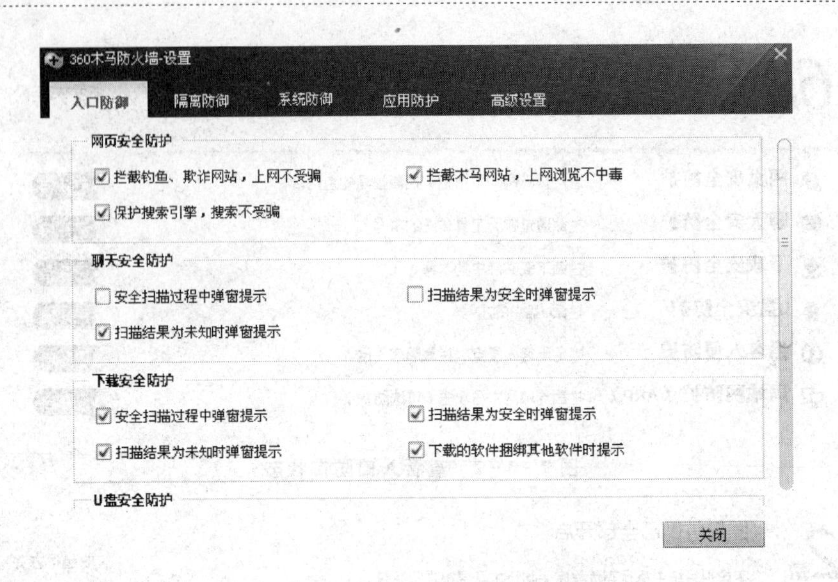

图 7-3-5　360 木马防火墙-设置

六、检查评议

能够完成360木马防火墙的安装、设置及运行管理。

具体评价方式、评价内容及评价标准见附录。

七、拓展提高

技能链接：

(一) 360木马防火墙运行管理

1. 隔离沙箱

单击“隔离沙箱”，弹出“360隔离沙箱”窗口。360隔离沙箱集合智能识别与轻量的虚拟化技术。自动识别特定软件进入沙箱，不留痕迹，更安全。包括状态设置、文件列表、程序列表、例外列表、高级设置四个功能，如图7-3-6所示。

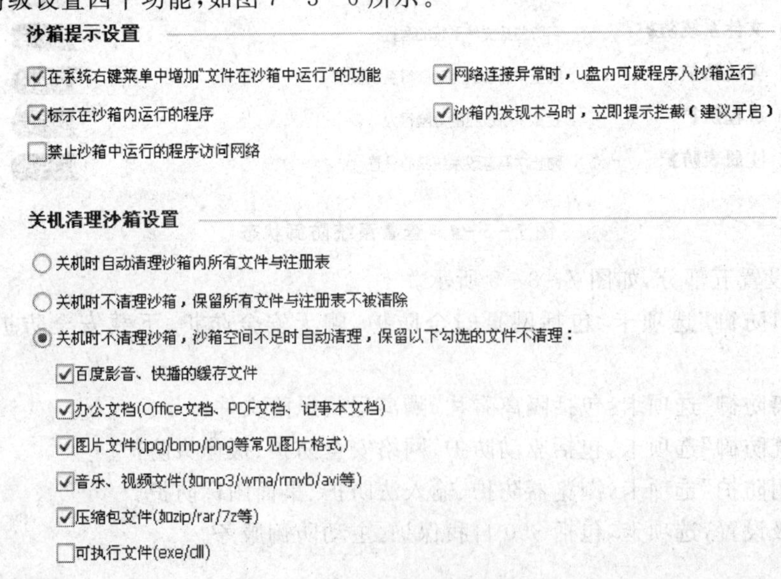

图 7-3-6　隔离沙箱高级设置

2. 信任列表

单击“信任列表”选项卡，出现“信任的程序和文件”。在窗口右下角，有“添加其他程序/文件到信任列表”、“从信任列表中移除已选程序/文件”两个按钮，可以对信任程序/文件进行添加/移除，如图 7－3－7 所示。

图 7－3－7　信任列表

3. 阻止列表

单击“阻止列表”选项卡，出现“阻止的程序和文件列表”。可以管理不信任的程序和操作。如果不希望自动阻止某程序或操作，可以从列表中移除，如图 7－3－8 所示。

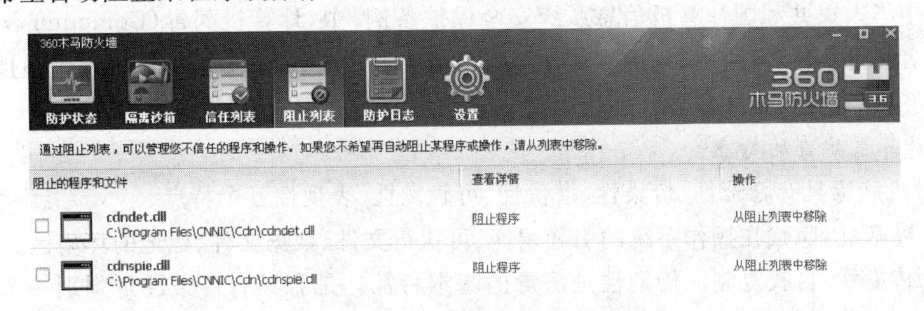

图 7－3－8　阻止列表

4. 防护日志

单击“防护日志”选项卡，可以查看防火墙的工作记录，包括系统防护日志、网页安全防护、开关防护日志，也可以复制、清空防护日志，如图 7－3－9 所示。

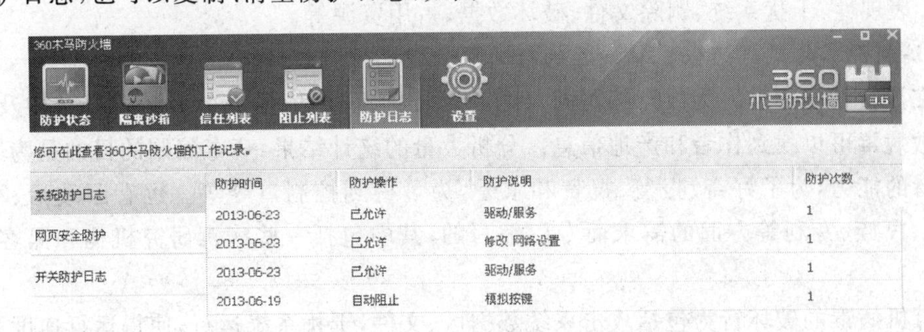

图 7－3－9　防护日志

（二）Windows7 自带防火墙

Windows7 本身带有防火墙的功能，通过控制面板进行设置。这方面资料很多，请读者阅读。

任务 3－2　安装和配置杀毒软件

一、任务描述

网络管理中，需要预防病毒、查杀病毒，要求在用户机上安装和配置 360 杀毒软件。

二、任务分析

病毒自从 20 世纪 80 年代末进入我国以来，已经造成了很大危害。在日常的网络管理中，病毒的预防、查杀是网络安全管理的重要组成部分之一。本任务要求在单台主机上安装和配置 360 杀毒软件。

本任务计划：

(1) 安装 360 杀毒软件；

(2) 配置 360 杀毒软件。

三、知识准备

病毒相关知识：

1. 计算机病毒概念

在《中华人民共和国计算机信息系统安全保护条例》中，计算机病毒(Computer Virus)指“编制或者在计算机程序中插入的破坏计算机功能或者破坏数据，影响计算机使用并且能够自我复制的一组计算机指令或者程序代码”。

2. 计算机病毒的特点

计算机病毒具有隐蔽性、传染性、潜伏性、可触发性、表现性五个特点。

(1) 隐蔽性：隐藏在操作系统的引导扇区、可执行文件、数据文件、标记的坏扇区。

(2) 传染性：自我复制。传染性是病毒的基本特征。是否具有传染性是判别一个程序是否为计算机病毒的最重要条件。

(3) 潜伏性：定期发作。有些病毒像定时炸弹一样，发作之前，不易被发现。

(4) 可触发性：控制条件包括日期、时间、标识、计数器等，诱使病毒实施感染或进行攻击。病毒的触发机制就是用来控制感染和破坏动作的频率的。

(5) 表现性：干扰系统、删除文件、破坏数据、占用资源等。

3. 编制计算机病毒的依据和病毒的行为

现在流行的病毒是人为故意编写的，计算机病毒的理论依据是冯·诺依曼结构及信息共享。多数病毒可以找到作者和产地信息。分析大量的统计结果，病毒编制的目的是为了表现、证明编者的能力，为了好奇、报复、祝贺和求爱，为了得到控制口令等。也有因政治、军事、经济、宗教、民族、专利等方面的需求而专门编写的，其中包括一些病毒研究机构和黑客的测试病毒。

计算机病毒的破坏行为包括攻击系统数据区、文件，干扰系统运行，使得运行速度下降；攻击磁盘、内存、CMOS、键盘、喇叭，扰乱屏幕显示，干扰打印机等。

4. 计算机木马和病毒的区别

木马不具有自我复制性即传染性，不会像病毒那样自我复制、刻意感染其他文件。木马的主要意图不是为了破坏用户的系统，而是为了监视并窃取系统中的有用信息，如密码、账号，常与黑客有关系。

5. 防火墙和杀毒软件的区别

防火墙和杀毒软件并不是同一种类的东西，防火墙是抵御网络攻击的工具，杀毒软件是清除计算机病毒的工具。虽然都是在计算机上安装，但是针对的目标却不同，而且防火墙是没有杀毒功能的。

6. 常见杀毒软件

国际著名防杀毒软件，如卡巴斯基 Kaspersky、McAfee 公司产品、诺顿 Norton；国内防杀毒软件，如 360、江民、金山毒霸、瑞星、趋势。

四、工具材料

- 真实岗位：连接入网的 PC、360 杀毒软件。
- 虚拟实验：VMware、360 杀毒软件。

五、任务实施

（一）安装 360 杀毒软件

360 杀毒软件整合了 360 云查杀引擎、系统修复引擎、QVM II 人工智能引擎、小红伞引擎、BitDefender 引擎五大引擎。为主机提供完善的病毒防护体系，查杀能力出色，误杀率远远低于其他杀软。360 杀毒独有的技术体系对系统资源占用少，对系统运行速度的影响小。

360 杀毒软件与 360 安全卫士一样是免费的，从 360 官方网站免费下载，按照提示信息安装即可。这里不再详述。

（二）配置 360 杀毒软件

1. 打开主界面

单击状态栏右侧 360 杀毒软件图标，打开 360 杀毒软件主界面。在界面中部，列出快速扫描、全盘扫描和自定义扫描三种扫描方式，单击其一图标开始扫描病毒，如图 7-3-10 所示。

图 7-3-10　360 杀毒软件主界面

在下方，依次为：

- 系统性能：列出 CPU 和内存的使用率；
- 隔离威胁对象：对象的统计数据，并可查看隔离区；

- 五种引擎启动状态和设置按钮；
- 宏病毒查杀按钮；
- 状态栏：程序版本、病毒库日期，并有检查更新按钮。

2. 查看日志

单击“日志”菜单，弹出“360 杀毒-日志”对话框，包括病毒扫描、实时防护、病毒免疫、产品升级、文件上传、系统性能六种日志，如图 7-3-11 所示。

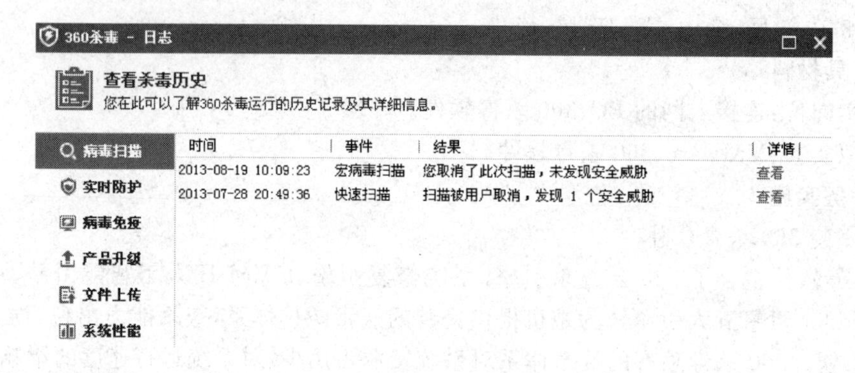

图 7-3-11　360 杀毒-日志对话框

3. 设置杀毒软件

单击“设置”菜单，弹出“360 杀毒-设置”对话框，包括常规设置、升级设置、多引擎设置、病毒扫描设置、实时防护设置、文件白名单、免打扰设置、异常提醒、系统白名单。

(1) 常规设置

包括常规选项、自保护状态、定时查毒三个选项组，如图 7-3-12 所示。

(2) 多引擎设置

360 杀毒内含五大领先的查杀引擎，已经默认设置最佳组合。也可以根据自己的主机配置及查杀需求进行设置，如图 7-3-13 所示。

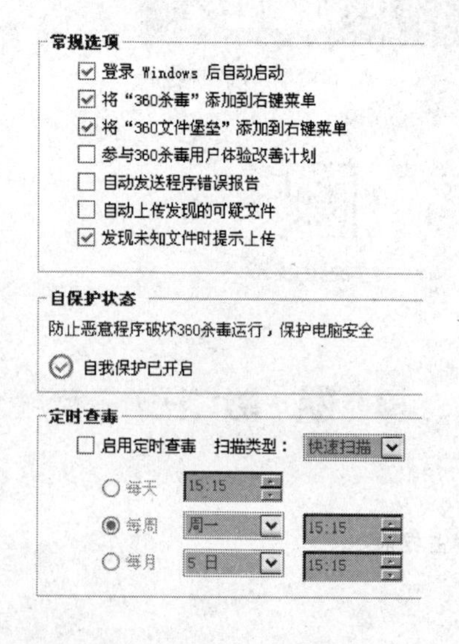

图 7-3-12　常规设置

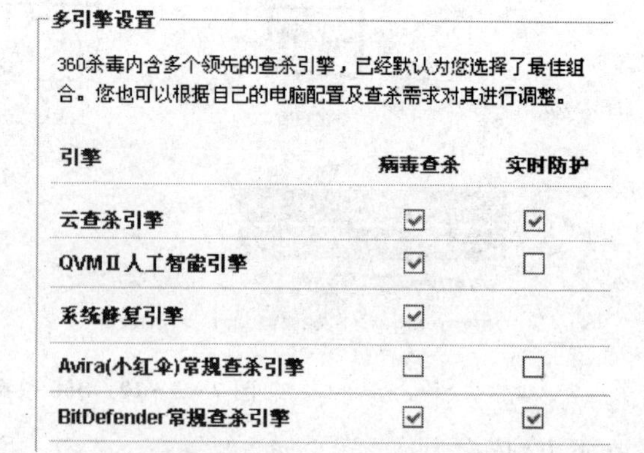

图 7-3-13　多引擎设置

（3）病毒扫描设置

包括需要扫描的文件类型、发现病毒时的处理方式、其他扫描选项三个选项组，如图 7－3－14所示。

（4）实时防护设置

包括防护级别设置、监控的文件类型、发现病毒时的处理方式、其他防护选项四个选项组，如图 7－3－15 所示。

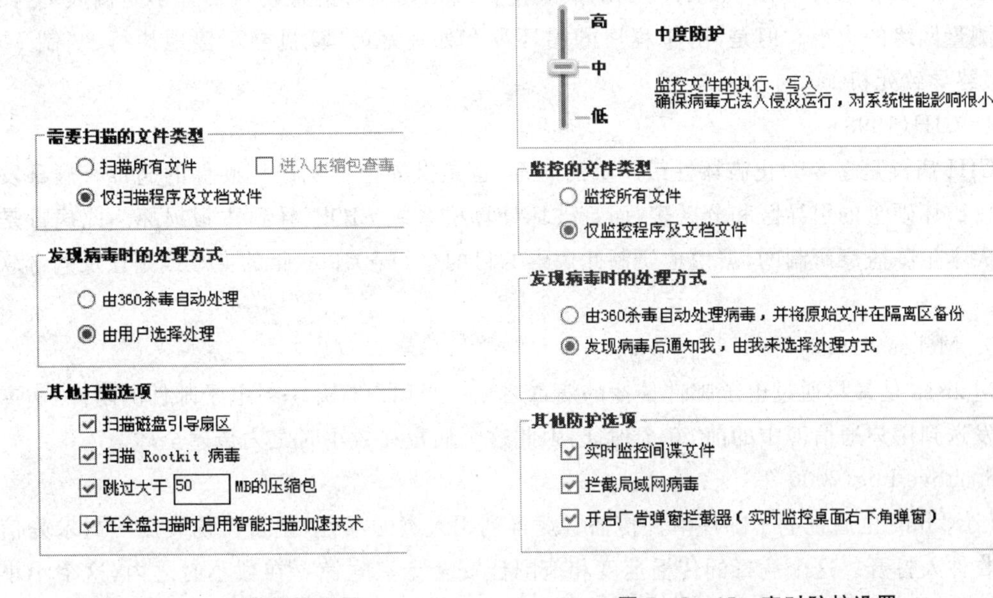

图 7－3－14　病毒扫描设置　　　　**图 7－3－15　实时防护设置**

六、检查评议

能够安装 360 杀毒软件，能够配置 360 杀毒软件并进行正常杀毒。

具体评价方式、评价内容及评价标准见附录。

七、拓展提高

知识链接：

（一）我国计算机网络安全法律法规

- 《中华人民共和国计算机信息系统安全保护条例》
- 新《刑法》
- 《计算机病毒防治管理办法》
- 《计算机病毒防治产品评级准则》
- 我国的技术标准
- 《计算机信息系统安全专用产品分类原则》
- 《计算机病毒防治产品评级准则》

（二）病毒史上的典型病毒

1. Elk Cloner(1982 年)

被看作攻击个人计算机的第一款全球病毒，通过苹果 Apple II 软盘传播。病毒被放在一个游戏磁盘上，可以被使用49次。在第50次使用的时候，不运行游戏，取而代之的是打开一个空白屏幕，并显示一首短诗。

2. Brain(1986年)

Brain是第一款攻击运行微软操作系统DOS的病毒，可以感染360K软盘，该病毒会填充满软盘上未用的空间，而导致软盘不能再被使用。

3. Morris(1988年)

Morris病毒程序利用系统存在的弱点入侵。Morris设计的最初目的并不是搞破坏，而是用来测量网络的大小。但是，由于程序的循环没有处理好，计算机会不停地执行、复制Morris，最终导致死机。

4. CIH(1998)

CIH病毒是迄今为止破坏性最严重的病毒，也是世界上首例破坏硬件的病毒。病毒发作时不仅破坏硬盘的引导区和分区表，而且破坏计算机系统BIOS，导致主板损坏。此病毒是由台湾大学生陈盈豪研制的，据说他研制此病毒的目的是纪念1986年的灾难或是让反病毒软件难堪。

5. Melissa(1999年)

Melissa是最早通过电子邮件传播的病毒之一。当用户打开一封电子邮件的附件，病毒会自动发送到用户通信簿中的前50个地址，因此这个病毒在数小时之内传遍全球。

6. Love bug(2000年)

Love bug也通过电子邮件附件传播。病毒利用人类的本性，把自己伪装成一封求爱信来欺骗收件人打开。这个病毒的传播速度和范围让安全专家吃惊。在数小时之内，这个小小的计算机程序征服了全世界范围之内的计算机系统。

7. 红色代码(2001年)

被认为是史上最昂贵的计算机病毒之一，这个自我复制的恶意代码“红色代码”利用微软IIS服务器中的一个漏洞。该蠕虫病毒具有一个更恶毒的版本，被称作红色代码II。这两个病毒除了可以修改网站外，被感染的系统性能还会严重下降。

8. Nimda(2001年)

尼姆达(Nimda，“admin”的倒置))是历史上传播速度最快的病毒之一，在上线之后的22分钟之后就传遍了世界，成为传播最广的病毒。最终引起了整个网络的通信减缓。

9. 冲击波(2003年)

冲击波病毒的英文名称是Blaster，亦叫做Lovsan或Lovesan。利用Windows中的一个缺陷，对系统端口进行疯狂攻击，可导致系统崩溃。

10. 振荡波(2004年)

振荡波是又一个利用Windows缺陷的蠕虫病毒，可导致计算机崩溃并不断重启。

11. 熊猫烧香(2007年)

熊猫烧香会使所有程序图标变成熊猫烧香，并使它们不能应用。

12. 扫荡波(2008年)

同冲击波和振荡波一样，也是个利用漏洞从网络入侵的程序。而且正好在黑屏事件，大批用户关闭自动更新以后，这更加剧了这个病毒的蔓延。这个病毒可导致被攻击者的机器被完全控制。

13. 母马下载器(2009 年)

中毒后会产生 1 000～2 000 不等的木马病毒，导致系统崩溃，短短 3 天变成 360 首杀榜前 3 名。

14. 鬼影(2010 年)

鬼影是 2010 年出现的可以感染硬盘主引导记录的病毒，该病毒直接在 Windows 下改写硬盘分区表而闻名。特点基本为改写硬盘主引导记录(MBR)，释放驱动程序，替换系统文件，干扰或阻止杀毒软件运行，恶意修改主页，下载多种盗号木马。

15. BMW(Bios Rootkit)(2011 年)

鬼影 4 代病毒，全球首例可刷写 BIOS 的 BMW 木马(国际厂商命名为 Mebromi)，感染电脑主板的 BIOS 芯片和硬盘 MBR(主引导区)，再控制 Windows 系统文件加载恶意代码，使受害用户无论重装系统、格式化硬盘，甚至换掉硬盘都无法将其彻底清除。

项目回顾

本项目涉及网络安全与管理方面的知识和技能。SNMP 协议是网络管理工业标准，应用极其广泛。采用 SNMP 标准的网管软件也较为流行，本项目选取了 AT－SNMPc 系统进行网络管理。

本项目还运用了端口、防火墙及计算机病毒相关知识，并选取 360 木马防火墙和 360 杀毒软件进行安全方面的防护。达到了项目的要求。

职业资格度量

一、选择题

1. 在 Internet 上有许多协议，下面的选项中能正确表示协议层次关系的是______。(2005 年全国计算机技术与软件专业技术资格(水平)网络工程师考试试题)

A.

SNMP	POP3
UDP	TCP
IP	

B.

SNMP	POP3
TCP	ARP
IP	

C.

SMTP	Telnet
TCP	SSL
IP	UDP
ARP	

D.

SNMP	Telnet
TCP	UDP
IP	LLC
MAC	

图 7－0－2　单选 1

2. FTP 使用的传输层协议为 TCP，FTP 的默认的控制端口号为____。(2010 年全国计算机技术与软件专业技术资格(水平)网络工程师考试试题)

A. 80　　B. 25　　C. 20　　D. 21

3. SNMP 采用 UDP 提供数据报服务，这是由于____。(2010 年全国计算机技术与软件专业技术资格(水平)网络工程师考试试题)

A. UDP 比 TCP 更加可靠　　B. UDP 数据报文可以比 TCP 数据报文大

C. UDP 是面向连接的传输方式　　D. 采用 UDP 实现网络管理不会太多增加网络负载

4. SNMP 协议实体发送请求和应答报文的默认端口号是____。(2010 年全国计算机技术与软件专业技术资格(水平)网络工程师考试试题)

A. 160　　B. 161　　C. 162　　D. 163

5. 下列行为不属于网络攻击的是____。(2010 年全国计算机技术与软件专业技术资格(水平)网络工程师考试试题)

A. 连续不停 Ping 某台主机　　B. 发送带病毒和木马的电子邮件

C. 向多个邮箱群发一封电子邮件　　D. 暴力破解服务器密码

6. 包过滤防火墙通过____来确定数据包是否能通过。(2010 年全国计算机技术与软件专业技术资格(水平)网络工程师考试试题)

A. 路由表　　B. 0ARP 表　　C. NAT 表　　D. 过滤规则

7. 在 Windows 命令行下输入:telnet 10.1.1.1,想 telnet 到交换机进行远程管理,请问该数据的源端口号和目的端口号可能为____。(2009 年锐捷网络工程师认证试题)

A. 1025,21　　B. 1024,23　　C. 23,1025　　D. 21,1022

二、简答题

1. 简述网络管理的五大功能。

2. 端口分哪几类?

3. 简述防火墙概念。

三、实践题

1. 在 Windows 中运行什么命令后得到如下图所示的结果?该命令的作用是什么?(2010 年全国计算机技术与软件专业技术资格(水平)网络工程师考试试题)

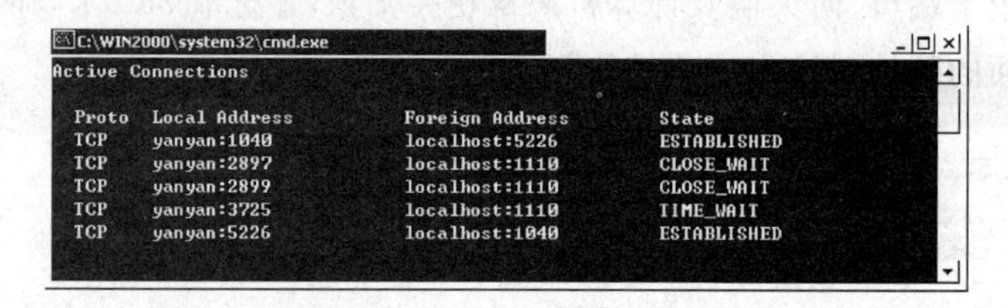

图 7-0-3　实践 1

2. 对被管设备交换机进行 SNMP 配置。

项目八 Internet 接入

知识目标

了解广域网概念、Internet 概念；掌握接入 Internet 的几种常用技术相关知识。

技能目标

掌握常用 Internet 接入技术。

项目导入

企业员工在家可以上 Internet，及时查看企业网站、收发邮件等，获取与企业工作有关的信息。本项目包括两个任务，请工程师您来完成。(1) ADSL 接入；(2) FTTx＋LAN 接入。

任务1 ADSL 接入

一、任务描述

企业员工家庭已有带网卡的计算机一台，安装电话机一部，请通过 Internet 接入技术，连接上网。

二、任务分析

本任务中，家庭已有计算机和电话，可以通过 ADSL 接入技术上 Internet。ADSL 接入需要网卡，计算机中已安装好了，另外需要 ADSL Modem，ISP 服务人员会提供并配置完成。

本任务计划：

(1) 安装 ADSL 设备；

(2) 建立 ADSL 宽带连接。

三、知识准备

(一) 广域网、因特网和接入网

1. 广域网

广域网(Wide Area Network，WAN)是一种用来实现不同地区的局域网或城域网的互连，可提供不同地区、城市和国家之间的计算机通信的远程计算机网。广域网技术主要体现在 OSI 参考模型的下三层。常见广域网，如公用电话交换网(PSTN)、分组交换网(X.25)、数字数据网(DDN)、帧中继(Frame Relay)等。

2. 因特网

因特网(Internet，国际互联网)是覆盖全球的最大的广域网，以 TCP/IP 网络协议连接全球各个国家、各个地区、各个机构的计算机网络。提供创建、浏览、获取、搜索和信息交流等服务。我国互联网十大主干网如表 8-1-1 所列。

表8-1-1　我国互联网十大主干网一览表

序　号	名　称	序　号	名　称
1	中国公用计算机互联网(CHINANET,中国电信网)	6	中国卫星集团互联网(CSNET)
2	中国网通公用互联网(CNCNET,包含金桥网 CHINAGBN)	7	中国科技网(CSTNET)
3	中国移动互联网(CMNET)	8	中国教育和科研计算机网(CERNET)
4	中国联通互联网(UNINET)	9	中国国际经济贸易互联网(CIETNET)
5	中国铁通互联网(CRCNET)	10	中国长城互联网(CGWNET)

中国互联网络信息中心(CNNIC)公布,截至2013年6月30日,我国网民数量5.91亿,手机网民数量4.64亿,国际出口带宽数量2 098 150 Mbps,如表8-1-2所列。

表8-1-2　主要骨干网络国际出口带宽数

国际出口带宽数/Mbps	
中国电信　1,118,249	中国联通　677,205
中国移动　244,594	中国教育和科研计算机网　35,500
中国科技网　22,600	中国国际经济贸易互联网　2
	合计 2,098,150

3. 接入网

接入网指本地交换机(即端局)与用户端设备之间的连接部分,通常包括用户线传输系统、复用设备、数字交叉连接设备和用户(或网络)接口设备。

Internet是为了让位于不同地理位置的计算机网络连接在一起,接入是为了让单一地域的计算机网络连接到Internet上。

4. Internet接入技术

Internet接入技术是用户与Internet间连接方式和结构的总称。根据接入后数据传输速率,Internet接入方式可分为宽带接入和窄频接入。

宽带(Boardband)是指在同一传输介质上,利用不同的频道进行多重传输,并且速率在1.54 Mbps以上。宽带接入主要有ADSL接入、有线电视网接入、光纤接入、无线宽带接入、电力线通信接入等。窄频接入主要有电话拨号接入、手机上网等。

(二) 拨号接入

拨号接入方式是用户计算机通过调制解调器(Modem)和公用电话交换网(Public Switched Telephone Network,PSTN)相连,再通过ISP接入Internet。实施容易,费用低廉。缺点是受电话线及相关接入设备的限制,带宽只有9,600 bps～56 kbps(V.92标准),传输速度低,线路可靠性差。目前,这种接入方式几乎没有网民使用。

(三) ADSL接入

1. ADSL介绍

ADSL(Asymmetric Digital Subscriber Line,非对称数字用户环路)接入是宽带接入技术中最常用的一种,利用现有的电话用户线,采用先进的复用技术和调制技术,使得高速的数字信息和电话语音信息在一对电话线的不同频段上同时传输，为用户提供宽带接入的同时，维持用户原有的电话业务及质量不变。ADSL 高速下行（从网络到用户）速率可达 8 Mbps，上行（从用户到网络）速率可达 1 Mbps。

ADSL 最大特点是不需要改造信号传输线路，完全利用普通铜质电话线作为传输介质，配上专用的 Modem 即可实现数据高速传输。ADSL 采用点对点的拓扑结构，用户可独享高带宽，广泛用于高速 Internet 接入。

2. ADSL 接入 Internet 原理

ADSL 的接入主要由中央交换局端模块和远端模块组成。中央交换局端模块包括 ADSL Modem 和接入多路复合系统，处于中心位置的 ADSL Modem 被称为 ATU－C(ADSL Transmission Unit－Central)。接入多路复合系统、中心 Modem 通常被组合成一个接入节点，也称作"DSLAM"(DSL Access Multiplexer)，如图 8－1－1 所示。

远端模块由用户 ADSL Modem 和滤波器（分离器）组成，用户端 ADSL Modem 通常被称为 ATU－R(ADSL Transmission Unit－Remote)。

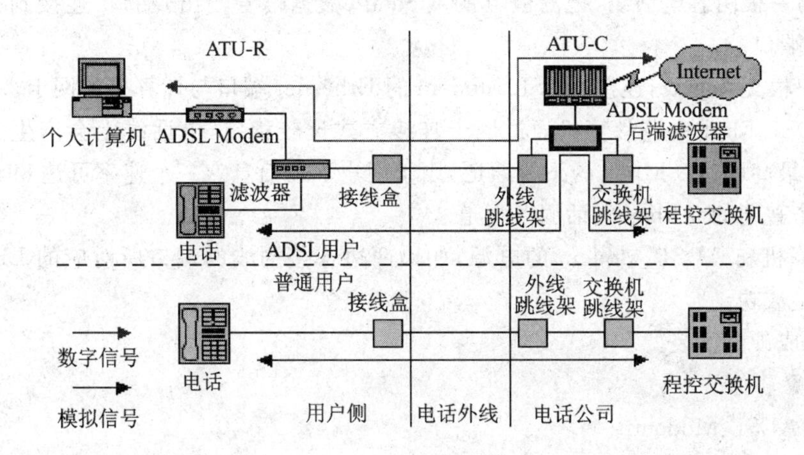

图 8－1－1 ADSL 接入 Internet 原理

四、工具材料

真实岗位：PC、网卡、ADSL Modem、滤波器、一根带 RJ45 头的交叉双绞线（如果是 USB 接口的 ADSL Modem，则不需要网线）、两根带 RJ11 头的电话线。

五、任务实施

（一）安装设备

1. ADSL 局端设备的安装

ADSL 安装包括局端线路调整和用户端设备安装。在局端方面，由 ISP 在用户原有的电话线中串接入 ADSL 局端设备，只需几分钟。

2. ADSL 用户端设备的安装

用户端的 ADSL 设备连接图，如图 8－1－2 所示。安装步骤如下。

(1) 电话入户线连接滤波器的 LINE（电话入户线）端口；

ADSL Modem 由于采用了高频通道，所以与电话同时使用时，必须使用滤波器来分离语音信号和 ADSL 需要的高频信号。

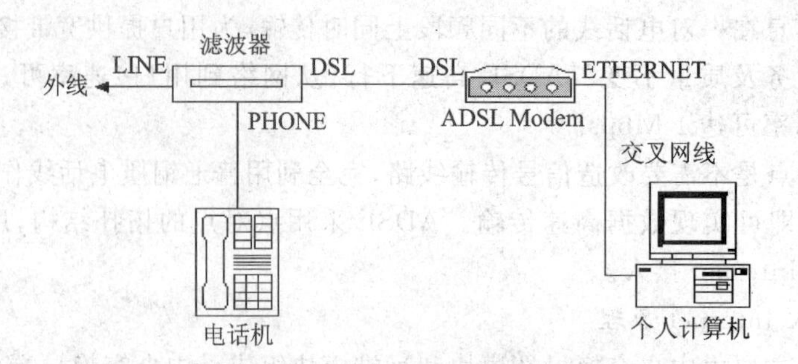

图 8-1-2　ADSL 设备连接示意图

注意：滤波器和外线之间不能有其他的电话设备，任何分机、传真机、防盗器等设备的接入都将造成 ADSL 的严重故障，甚至 ADSL 完全不能使用。分机等设备只能连接在滤波器分离出的语音端口后面。

(2) 用一根两芯电话线，把滤波器的 PHONE(电话信号输出)端口，连接到电话机上。

(3) 用另一根两芯电话线，把滤波器的 Modem(数据信号输出)端口，连接到 ADSL Modem 的 DSL 端口。

(4) 用一根交叉网线，连接 ADSL Modem 的 Ethernet 端口与计算机的网卡。

一般 ADSL Modem 与计算机通过网卡连接方式比较稳定，电话线上会产生三个信息通道，一个速率最高可达 8 Mbps 的下行通道，用于用户下载信息。一个速率可达 896 kbps 的上行通道。一个普通的 4 kbps 电话服务通道。

打开计算机和 ADSL Modem 的电源，如果两边连接网线的端口所对应的 LED 都亮了，说明硬件连接成功。

至此，完成硬件安装。

(二) 配置软件

1. 设置 ADSL Modem

(1) ADSL Modem 的 IP 地址默认值为 192.168.10.1，在设置参数前需要将 PC 的网卡 IP 改为与 ADSL 的以太网 IP 同一网段，192.168.10.＊。

网卡的 IP 地址设置好后，运行安装光盘中的“adsl 配置程序.exe”文件，如图 8-1-3 所示。

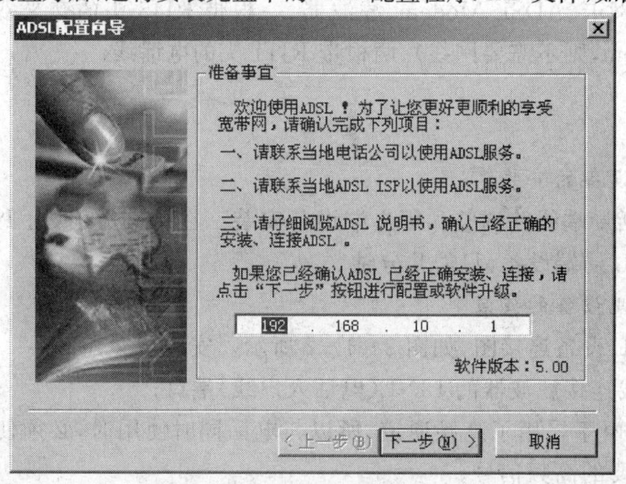

图 8-1-3　ADSL 配置向导

(2) 填好 IP 地址后，单击“下一步”。当程序与 ADSL 连接成功后，程序会读出当前 ADSL 的状态与参数，如图 8－1－4 所示。

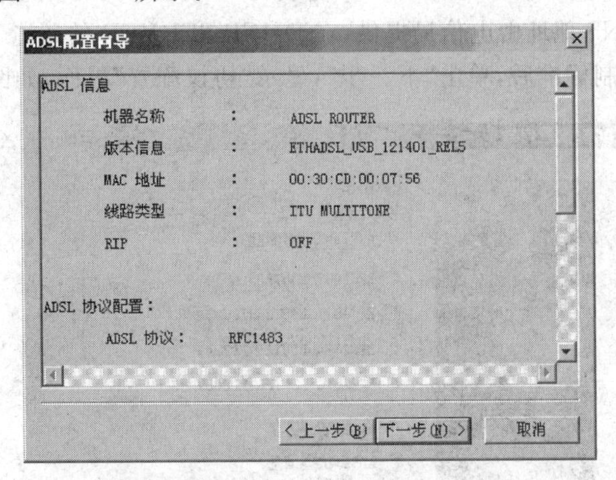

图 8－1－4　当前 ADSL 的状态与参数

(3) 单击“下一步”，显示“选择配置方式”界面，如图 8－1－5 所示。

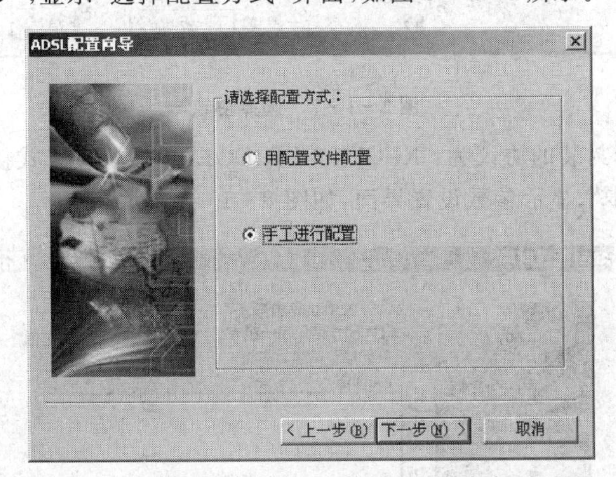

图 8－1－5　选择配置方式

(4) 单击“下一步”，显示“调制标准设置”界面，如图 8－1－6 所示。

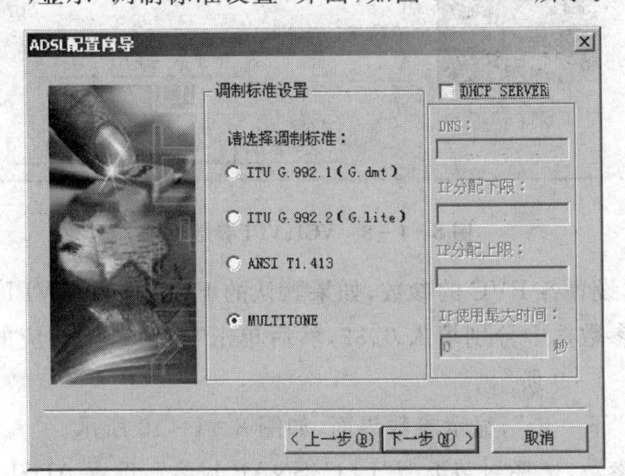

图 8－1－6　调制标准与 IP 分配范围设置

ADSL2110EH ROUTER 支持 DHCP SERVER，选中后可在 IP 分配下限、IP 分配上限中填入 DHCP 分配的起止地址，这样 ADSL 连接的 PC 机，即可不用设置 IP 地址，而实现 IP 地址的自动分配。DNS 地址由电信局提供，在 DHCP SERVER 的环境下 DNS 必须配置。

（5）正确选择调制标准后，单击“下一步”，显示“协议配置”界面，如图 8－1－7 所示。

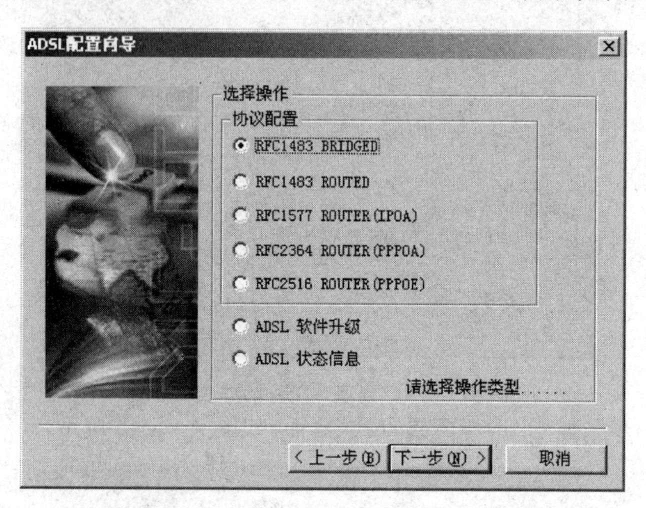

图 8－1－7　选择协议

在此界面应选择封装的协议为：RFC1483 BRIDGE：单机桥接方式接入。

（6）单击“下一步”，显示参数设置界面，如图 8－1－8 所示。

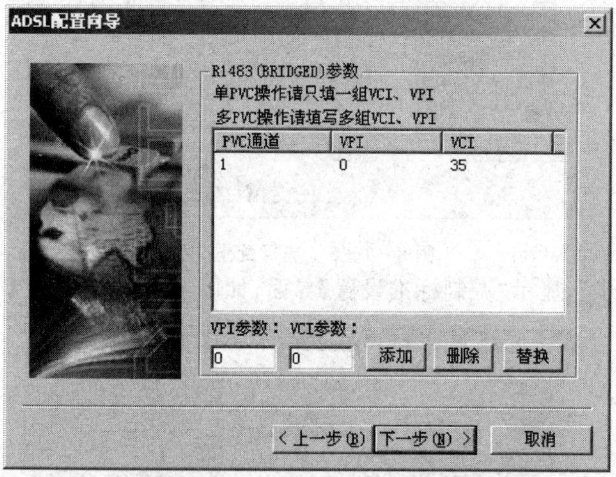

图 8－1－8　VCI、VPI 参数设置

在此对话框中可设置各 PVC 的参数，如果默认的 PVC 通道的 VPI、VCI 值不是 0、32，则在 VPI 参数和 VCI 参数框中分别填入 0、32，然后单击“替换”，则相应的 VPI、VCI 参数的值会改为 0、32，如图 8－1－9 所示。

（7）完成后单击“下一步”，显示参数界面，如图 8－1－10 所示。

在此界面，设置参数，选择封装类型“LLC/SNAP 封装”，设置 ADSL 以太网 IP 地址、子网掩码（一般默认即可）。

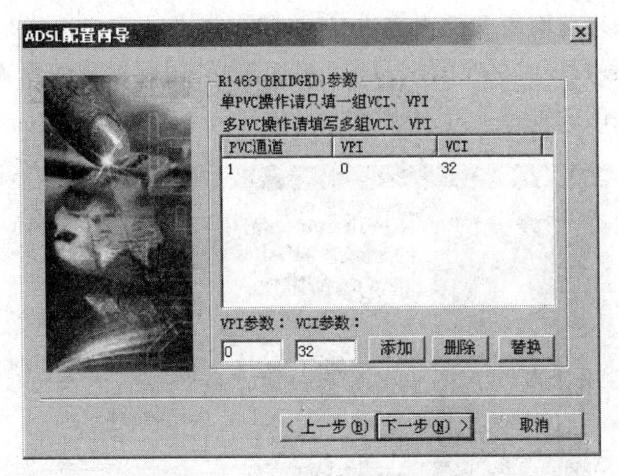

图 8-1-9 VCI、VPI 参数设置

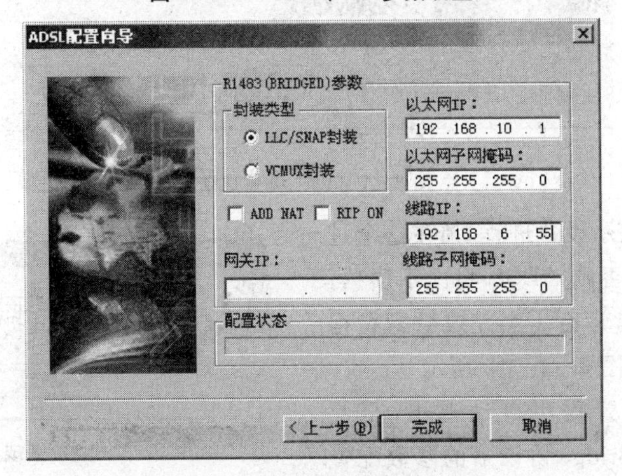

图 8-1-10 IP 地址配置

(8) 以上各项参数正确填写完成后单击"完成",配置程序将自动完成对 ADSL 的配置,显示配置确认界面,如图 8-1-11 所示。

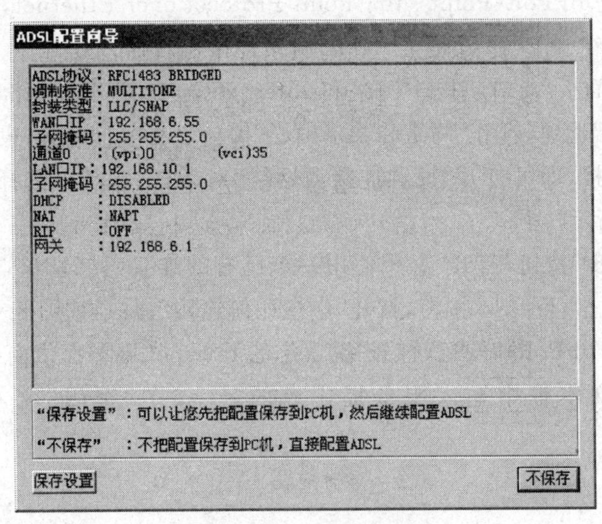

图 8-1-11 确认配置

这一界面是将用户前面所配的内容再显示一次，以及让用户选择是否保存此配置，若保存，则下一次进入配置程序时可在图 8－1－5 界面选择“用配置文件配置”，调用保存的文件，即可实现与此次同样的配置。单击“不保存”，显示如图 8－1－12 所示。

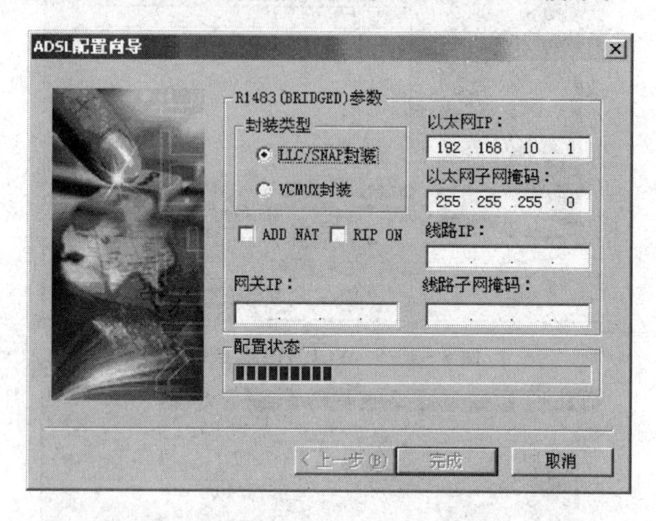

图 8－1－12　设置 ADSL

(9) 配置状态显示设置进程，请在这个过程尽量保证不断电，否则 ADSL 将由于读/写参数错误而无法正常运行。当完成后配置程序会提示消息框，如图 8－1－13 所示。

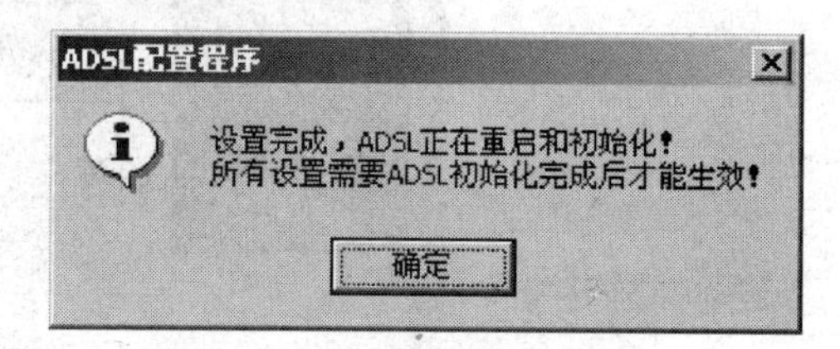

图 8－1－13　完成 ADSL 配置

单击“确定”配置程序自动退出，至此 ADSL 在 RFC1483Bridge 协议下的参数配置完成。

2. 建立宽带连接

ADSL 使用的是 PPPoE(Point－to－Point Protocol over Ethernet，以太网上的点对点协议)虚拟拨号软件。在 win7 系统建立 ADSL 宽带连接，步骤如下。

(1) 打开“控制面板”窗口，单击“网络和 Internet”选项，打开“网络和 Internet”窗口。选择“网络和共享中心”选项，打开“网络和共享中心”窗口。在“更改网络设置”区域中单击“设置新的连接或网络”链接，即可打开“设置连接或网络”对话框，在其中选择“连接到 Internet”选项，如图 8－1－14 所示。

(2) 单击“下一步”按钮，打开“您想使用一个已有的连接吗?”窗口，在其中勾选“否，创建新连接”单选钮。单击“下一步”按钮，打开“您想如何连接”窗口，如图 8－1－15 所示。

(3) 单击“宽带(PPPoE)”按钮，打开“键入您的 Internet 服务提供商(ISP)提供的信息”对话框，在“用户名”文本框中输入服务提供商的名字，在“密码”文本框中输入密码，如图 8－1－16所示。

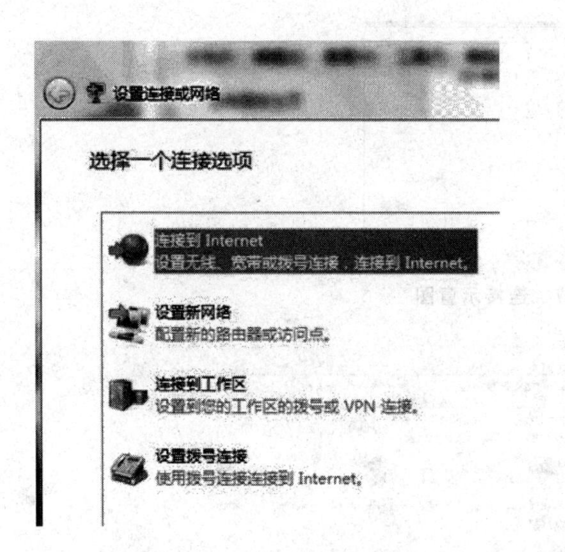

图 8-1-14 Internet 选项

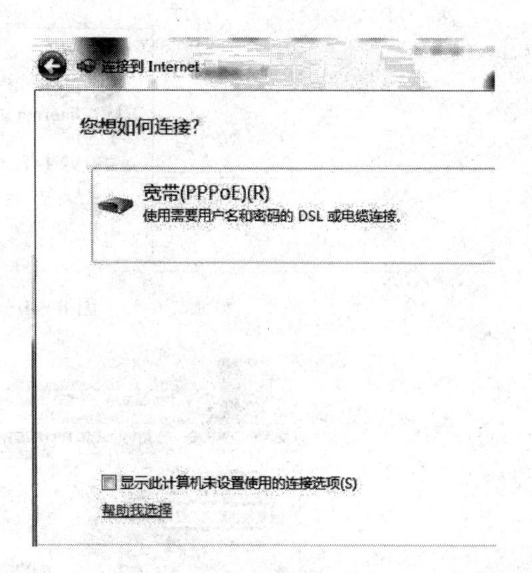

图 8-1-15 想如何连接

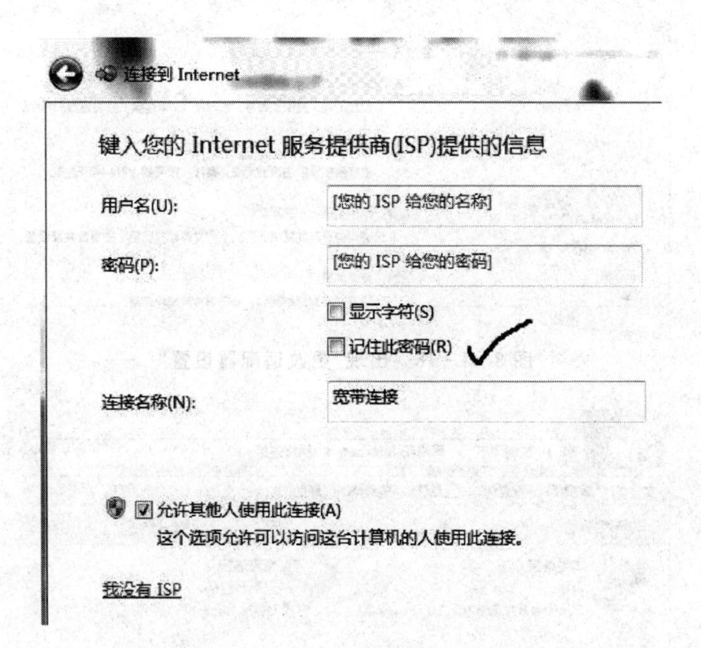

图 8-1-16 输入 ISP 提供的信息

到这里建立连接已经完成了，单击“连接”就可以连接到 ADSL 网络了。

(4) 如果想要在桌面快速连接，须手动建立。单击桌面右下角的网络图标，看到“宽带连接”，如图 8-1-17 所示。

(5) 单击“打开网络和共享中心”，出现如图 8-1-18 所示界面。

(6) 单击左上角“更改适配器设置”，如图 8-1-19 所示。

看到宽带连接后，直接用鼠标按住左键或右键拉拖到桌面。

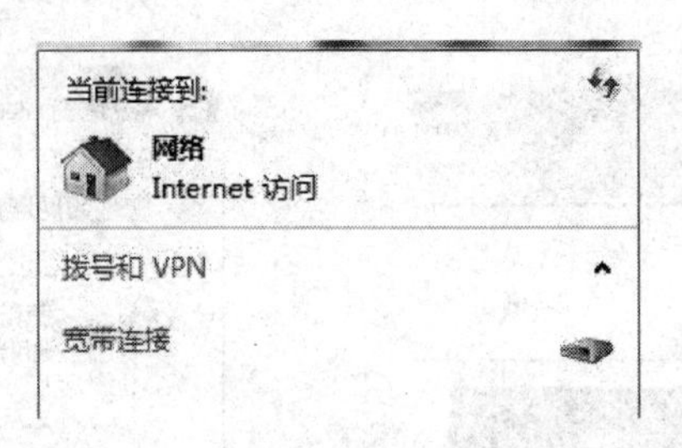

图 8-1-17　连接示意图

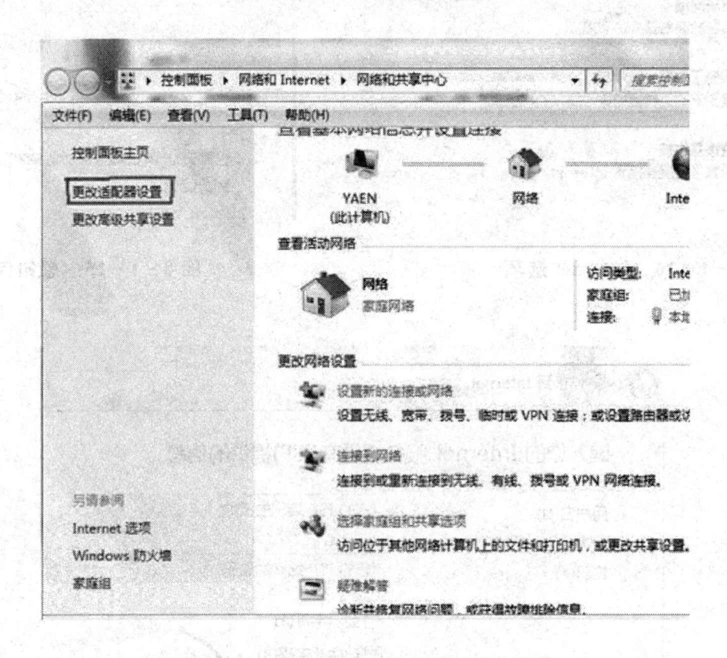

图 8-1-18　出现“更改适配器设置”

图 8-1-19　创建宽带连接

六、检查评议

能够安装 ADSL Modem，创建宽带连接。

具体评价方式、评价内容及评价标准见附录。

七、拓展提高

知识链接：

(一) 有线电视网接入

有线电视网(Cable Television，CATV)覆盖面广，早期有线电视电缆是单向的同轴电缆。

目前，为了提高传输距离和信号质量，使用双向的 HFC(Hybrid Fiber Coax，混合光纤同轴电缆网)进行了替代。HFC 技术是指主干网采用光纤接到 ISP，从 ISP 到用户端则采用有线电视网的同轴电缆，这样传输的效果与光纤传输一样。

有线电视网接入，需要专用的 Cable Modem(电缆调制解调器)，所以也称为 Cable Modem 接入。是基于 HFC 基础设施的接入技术，利用了现有的有线电视传输介质，以频分复用方式将话音、数据和 CATV 模拟信号复接，在接收端再还原为数字信号。这种工作机制，仅使用了电缆带宽的空闲的一部分来传送数据。HFC 理论上下行速率可以达到 3～40 Mbps，上行速率可达 128 kbps～10 Mbps。

Cable Modem 的特点是，连接速率快，成本低，提供了非对称的专线连接，不受连接距离的限制。

(二) ADSL 接入与有线电视网接入的比较

有线电视网的 HFC 接入采用分层树型结构，其优势是带宽比较高(10 MHz)，但这种技术本身是一个较粗糙的总线型网络，用户要和邻近用户分享有限的带宽，当一条线路上用户激增时，其单个用户的速度将会减慢。而 ADSL 接入在网络拓扑结构上较为先进，每个用户都有单独的一条线路与 ADSL 局端相连，其结构可以看作是星型结构，数据传输带宽是由每一用户独享的。

任务 2 FTTx+LAN 接入

一、任务描述

员工家庭已有带网卡的计算机，所在的小区已组建了小区局域网，请您帮助家庭接入 Internet。

二、任务分析

本任务中，员工家庭已有了带网卡的计算机，并且光纤到小区，ISP 组建了小区以太网，可以采用局域网接入技术接入 Internet。

本任务计划：

(1) 设备的安装；

(2) 网络参数的设置。

三、知识准备

(一) FTTx+LAN 相关知识

1. 光纤接入网

光纤接入网(Optical Access Network，OAN)是指从业务节点到用户终端之间全部或部分采用光纤通信。光纤接入网的接入方式，是以接入网的主干系统与配线系统的交接点——光网络单元(Optical Network Unit，ONU)的所在位置来划分的，这些位置接近用户，其中有光纤到路边(Fiber To The Curb，FTTC)、光纤到大楼(Fiber To The Building，FTTB)、光纤到小区(Fiber To The Zone，FTTZ)和最终的光纤到户(Fiber To The Home，FTTH)等几种。目前，最流行的是 FTTB 和 FTTH 两种。

光纤接入网可通过光传输系统将其远端设备 ONU 放置在小区、大楼和路边等更接近用户的地方，从而缩小铜线的铺设半径，有利于宽带业务的引入。光纤接入网可独立于交换机进行升级，灵活性高，有利于向宽带网过渡。

2. FTTB+LAN 接入方式

FTTB+LAN（光纤＋局域网）是从城域网光纤到小区中心交换机，中心交换机和楼道交换机以百兆光纤或五类网络线相连，楼道内采用综合布线，为用户实现宽带接入Internet，如图 8-2-1 所示。FTTZ+LAN 为楼内的每个用户提供 10 MHz 带宽接入，实现“千兆到小区，百兆到大楼，十兆到桌面”。

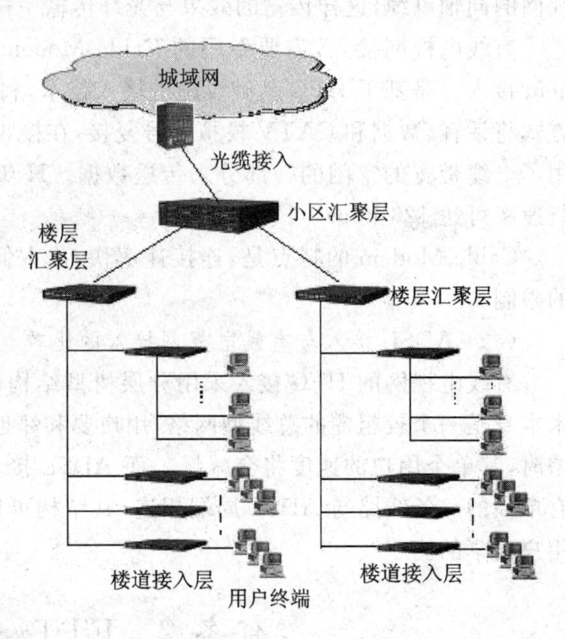

图 8-2-1　FTTZ+LAN 接入

FTTX+LAN 方式采用星型网络拓扑，楼道内共用 ONU 设备，用户共享带宽。多用户共享一条上联接口，每用户的可保证带宽有限。当同时上网的用户比较多时，用户使用效果满意度将降低。

3. FTTH 接入方式

FTTH 指光纤直接入户，如图 8-2-2 所示。光纤通信具有容量大，质量高，性能稳定，防电磁干扰和保密性强等优点。光纤宽带网以 2～10 Mbps 作为最低标准入户，将会取代 ADSL 成为接入 Internet 的最优方式。

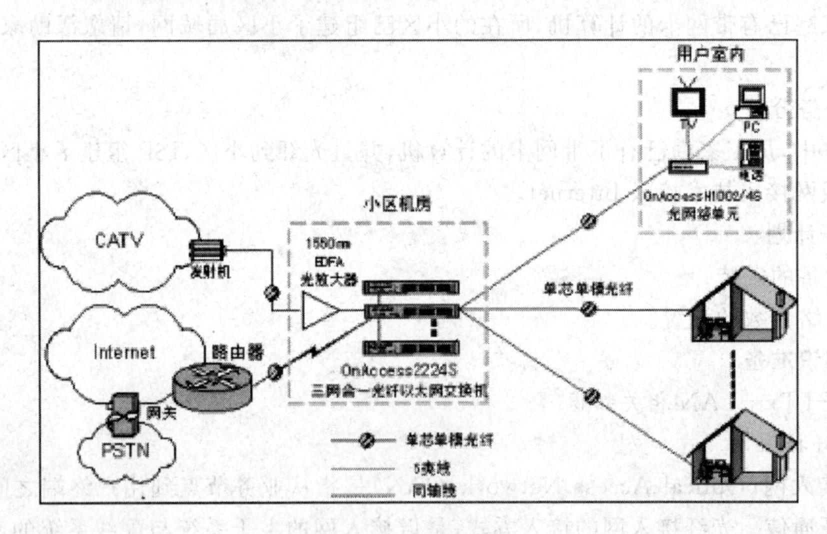

图 8-2-2　FTTH 接入

四、工具材料

真实岗位：带网卡的 PC、双绞线。

五、任务实施

（一）FTTB+LAN 接入

FTTB+LAN 接入，ISP 将光缆接到小区，甚至从小区机房铺设光缆至住户单元楼，楼内布线采用五类双绞线至入户，双绞线总长度一般不超过 100 m。

LAN 接入利用以太网技术，用户端需要完成的只是设置计算机网络参数，连入 LAN 即可。

（二）FTTH 接入

FTTH 接入，ISP 将光缆接到楼内的每一户。

在用户端，ISP 安装好光纤接入设备 ONU，如 ZTE 中兴 ZXA10 F460、华为 EchoLife HG850e 等，这是 EPON 综合接入设备，具有家庭网关功能，也称为光 Modem。光 Modem 在断网情况下设置，设置方法与 ADSL Modem 类似。

设备连通后，在计算机上创建宽带连接，拨号入网即可。

六、检查评议

能够通过 FTTx 接入 Internet。

具体评价方式、评价内容及评价标准见附录。

七、拓展提高

知识链接：

（一）无线接入

无线接入技术（也称空中接口）是无线通信的关键问题，是指通过无线介质将用户终端与网络节点连接起来，实现用户与网络间的信息传递。无线信道传输的信号应遵循一定的协议，这些协议即构成无线接入技术的主要内容。无线接入技术与有线接入技术的一个重要区别在于可以向用户提供移动接入业务。

无线接入又分为固定接入和移动接入。

（二）电力线接入

电力线网络（Power Line Network）是一个有着 10 年以上历史的网络接入技术。电力线通信接入，主干速度可以达到数百兆，最终用户速度可达到 11 Mbps。

电力线上网（Power Line Communication，PLC）接入技术主要是指利用电力线传输数据和话音信号的一种通信方式。电力线上网的核心产品是调整电力调制解调器，该调制解调器又称电力猫。

电力线接入有两种流行的接入方式，一是直接通过电力线、USB/以太网（RJ45）接口的电力线网络适配器、PC 连接的方式；二是通过电力线、电力线 Modem、以太网适配器连接的方式。后者对于设备和资源的共享有比较大的优势。

电力线接入方式最大的好处是不用重新布线，同时还能完成某些无线网络无法完成的功能。一般来说无线网络的有效工作范围约为 50～100 m，之后要进行信号增益。电力线接入方式则不用，在 300 m 内都可无增益使用，降低了设备成本。

项目回顾

本项目涉及 Internet 接入的诸多概念和技术，ADSL、光纤接入是本项目的重点。FTTB、TFFH 是 FTTx 中比较流行的接入方法。

职业资格度量

一、选择题

1. 以下关于接入 Internet 的叙述，____是不正确的。(2009 年下半年系统集成项目管理工程师考试试题)

   A. 以终端的方式入网，需要一个动态的 IP 地址

   B. 通过 PPP 拨号方式接入，可以有一个动态的 IP 地址

   C. 通过 LAN 接入，可以有固定的 IP 地址，也可以用动态分配的 IP 地址

   D. 通过代理服务器接入，多个主机可以共享一个 IP 地址

2. 对 ADSL 叙述错误的是____。(某省电信行业竞赛试题)

   A. 简称非对称数字用户线路

   B. 传输介质是电话铜线

   C. 最大上传速度可达 1 Mbps、最大下载速度 8 Mbps

   D. 最大传输距离为 6～8 km

3. 属于 PON 接入技术描述范畴的有____。

   A. GPRS　　B. FTTx　　C. ONU　　D. CDMA

4. ADSL 的不对称是指____。

   A. 上行线路长度不同　　B. 下行线路粗细不同

   C. 上下行速率不同　　D. 上下行信号电压不同

5. 接入____是光纤接入的终极目标。

   A. FTTH　　B. FTTP　　C. FTTB　　D. FTTC

二、简答题

1. 什么是广域网？
2. 什么是接入网？
3. 什么是 Internet 接入技术？

三、实践题

1. ADSL 用户端需要进行哪些安装和设置？
2. FTTH 用户端需要进行哪些安装和设置？

项目九　网络深度应用

知识目标

掌握 NAT、VPN 的基本理论知识，能够理解 NAT 网络地址转换、VPN 虚拟专用网的作用和用途。了解 IPv6 的基本概念，了解其特点和作用。

技能目标

掌握使用 Windows server 2008 配置 NAT 网络地址转换、VPN 虚拟专用网。使用 Windows 7 安装 IPv6 协议，配置 IPv6；测试连通性。

项目导入

企业网络接入 Internet 需要配置 NAT。企业员工需要在外访问企业网络内部的资源，需要配置 VPN。IPv6 是下一个版本，需要试用。本项目需完成三个任务：(1)配置 NAT 网络地址转换；(2)构建 VPN 虚拟专用网；(3)体验 IPv6 网。

任务 1　配置 NAT 网络地址转换

任务 1-1　NAT 认识

一、任务描述

企业网络内部使用的是私有 IP 地址，连接 Internet，需要配置 NAT。

二、任务分析

Windows Server 2008 拥有强大的网络功能，可以实现 NAT 服务。本任务中，通过 Windows Server 2008 配置 NAT 服务。

本任务计划：

(1) NAT 服务器配置；

(2) NAT 端口映射；

(3) NAT 测试。

三、知识准备

(一) NAT

网络地址转换(Network Address Translation，NAT)属于接入广域网(WAN)技术，是一种将内网私有地址转化为公网 IP 地址的转换技术，被广泛应用于各种类型 Internet 接入方式和各种类型的网络中。

(二) NAT 主要作用

借助于 NAT，私有地址的 LAN 向公网发送数据包时，私有地址被转换成公网 IP 地址，修改 IP 报文的源 IP 地址和目的 IP 地址，IP 地址校验则在 NAT 处理过程中自动完成。NAT

解决 IP 地址不足的问题,也可以隐藏、保护内网计算机,避免来自外网的攻击。

（三）NAT 实现方式

NAT 实现方式有三种,即静态转换、动态转换和端口多路复用。

1. 静态转换(Static NAT)

静态转换是指将内网的私有 IP 地址转换为公网 IP 地址,IP 地址对是一对一的,固定不变。某个私有 IP 地址只转换为某个公有 IP 地址。借助于静态转换,可以实现外部网络对内部网络中某些特定设备(如服务器)的访问。

2. 动态转换(Dynamic NAT)

动态转换是指将内网的私有 IP 地址转换为公网 IP 地址时,IP 地址是不确定的,是随机的,所有被授权访问上 Internet 的私有 IP 地址可随机转换为任何指定的公网 IP 地址。也就是说,只要指定哪些内部地址可以进行转换,用哪些公网地址作为外部地址时,就可以进行动态转换。动态转换可以使用多个公网地址集。当 ISP 提供的公网 IP 地址略少于内网的计算机数量时。可以采用动态转换的方式。

3. 端口多路复用(Port address Translation,PAT)

端口多路复用是指改变外出数据包的源端口并进行端口转换,即端口地址转换。采用端口多路复用方式,内部网络的所有主机均可共享一个公网 IP 地址实现对 Internet 的访问。因此,目前网络中应用最多的就是端口多路复用方式。

四、工具材料

- 真实岗位:组网的服务器、客户机、Windows Server 2008、Windows 7。
- 虚拟实验:VMware、Windows Server 2008。

五、任务实施

（一）网络拓扑

NAT 网络拓扑图如图 9-9-1 所示。使用 Windows Server 2008 配置 NAT 服务器,使内网的主机可以连接到 Internet。通过端口的映射配置,使外网的 PC 可以远程控制内网的 Web 站点。

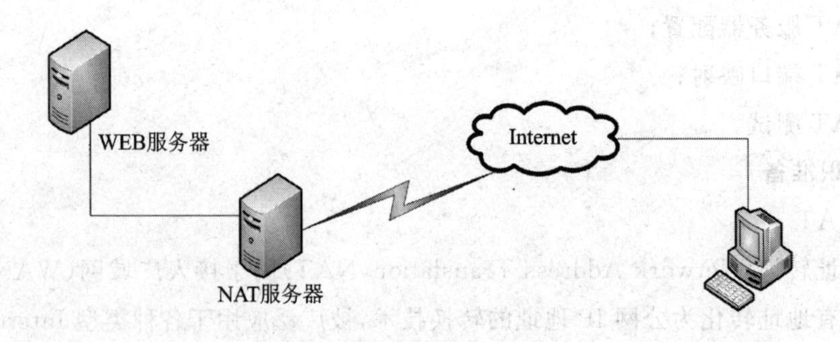

图 9-1-1 NAT 网络拓扑图

NAT 服务器外网 IP 地址 192.168.122.20/24(注:本处没有采用公网地址,只是体验。如果连接 Internet,必须是公网 IP 地址。其余相同),网关 192.168.122.1,DNS221.228.255.1。内网 IP 地址 192.168.3.1/24。

Web 服务器 IP 地址 192.168.3.10/24，网关 192.168.3.1。

外网 PC IP 地址 192.168.122.18/24，网关 192.168.122.1，DNS221.228.255.1。

（二）NAT 服务器配置

NAT 服务器端配置步骤如下：

（1）单击“开始”→选择“管理工具”→“服务器管理”。在“选择服务器角色”对话框中勾选“网络策略和访问服务”复选框，单击“下一步”按钮，如图 9-1-2 所示。

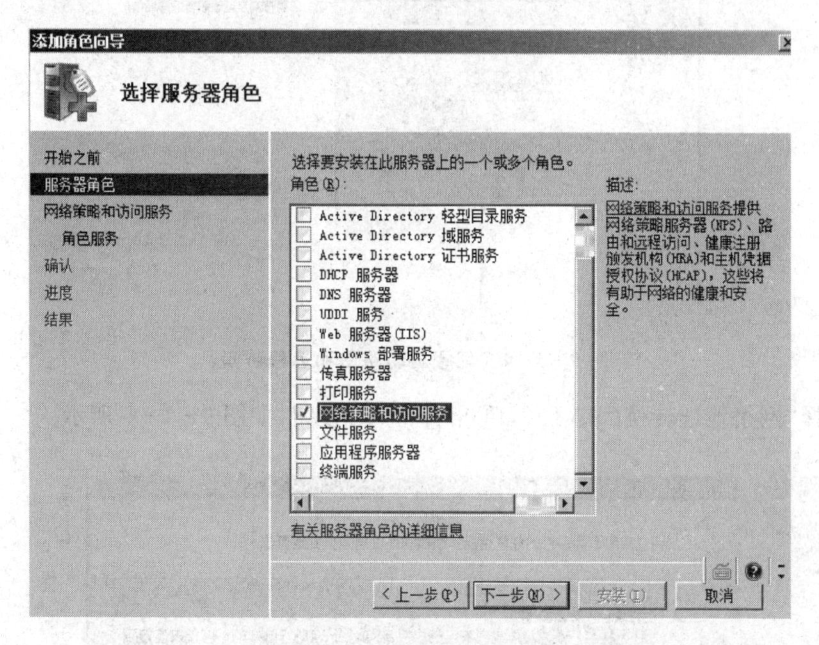

图 9-1-2　选择服务器角色

（2）在“选择角色服务”对话框中，选择角色服务，勾选“路由和远程访问服务”及其关联服务，如图 9-1-3 所示。单击“安装”按钮，完成 NAT 服务的安装。接下来就是配置服务。

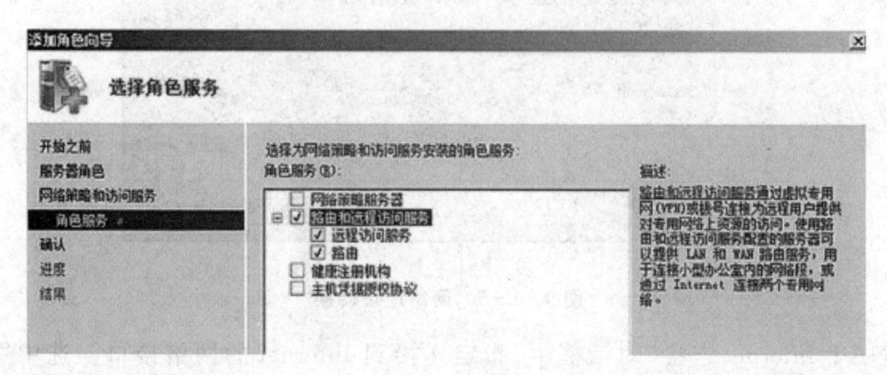

图 9-1-3　选择角色服务对话框

（3）打开“服务器管理器”→展开“角色”选择下方“网络策略和访问服务”。这时“路由和远程访问服务”是被禁用的，显示红色停止标识。右击“路由和远程访问服务”，选中“配置并启用路由和远程访问”，弹出“路由和远程访问服务器安装向导”对话框，如图 9-1-4

和图 9-1-5 所示。

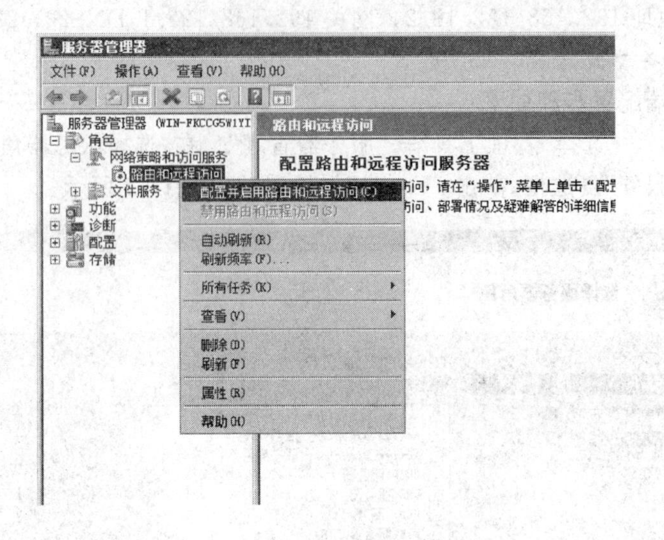

图 9-1-4 配置启动路由和远程访问

(4) 选择“网络地址转换(NAT)”,单击“下一步”按钮,如图 9-1-5 所示。

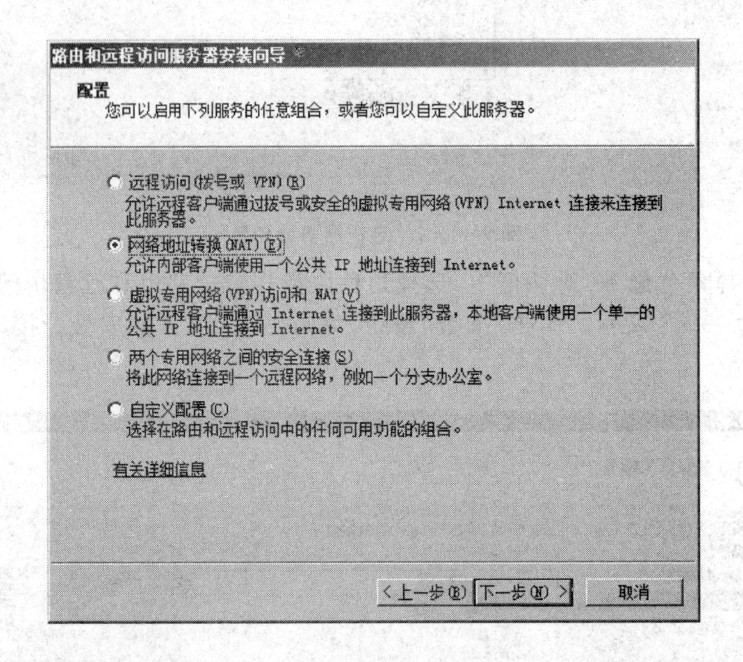

图 9-1-5 网络地址转换

在“NAT Internet 连接”对话框中,指定连接到 Internet 的网络接口。选中“使用此公共接口连接到 Internet”,选中“外网”网络接口,单击“下一步”按钮,如图 9-1-6 所示。

(5) 设置完成,出现对话框如图 9-1-7 所示。单击“完成”按钮即可完成 NAT 服务的配置和启用。

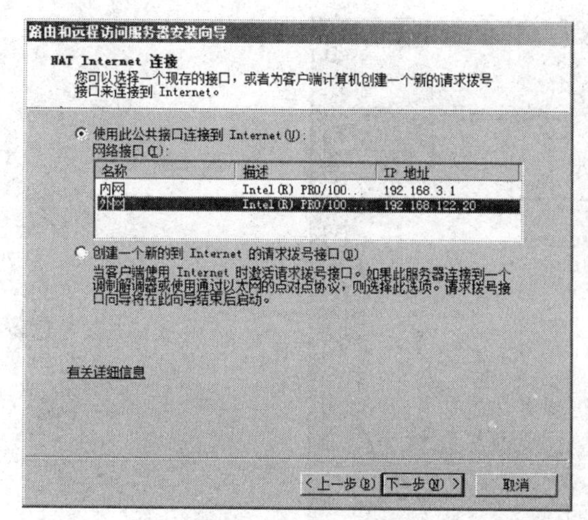

图 9-1-6　选择连接到 Internet 的网络接口

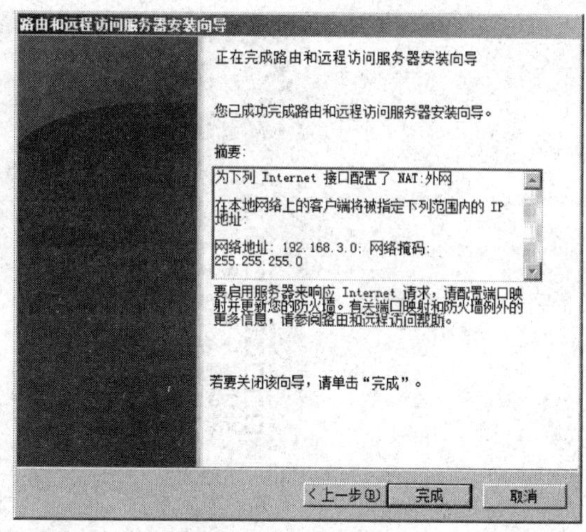

图 9-1-7　NAT 安装完成

（三）NAT 端口映射

(1) 在 NAT 服务器上"路由和远程访问"选项中，单击"IPv4"下的"NAT"，然后在中间区域中右击"外网"，在弹出菜单中选择"属性"命令，如图 9-1-8 所示。

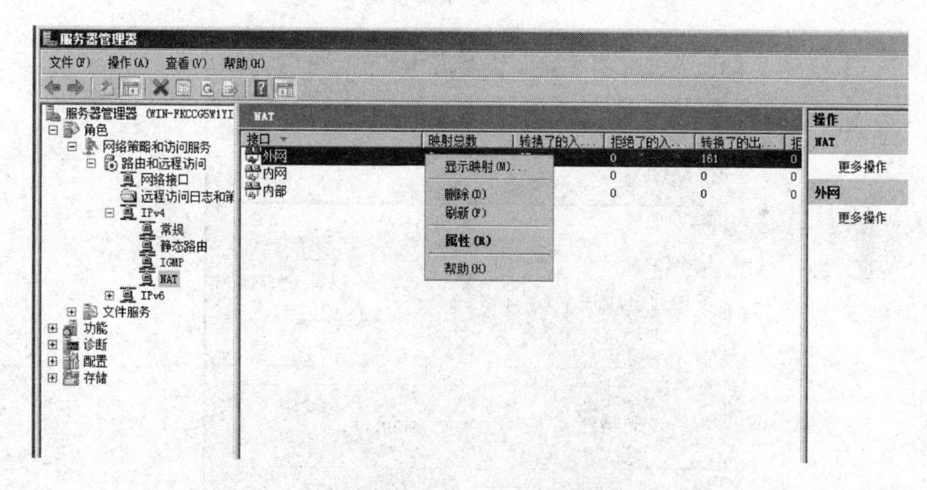

图 9-1-8　外网属性启动

(2) 在弹出的"外网 属性"中，在"服务和端口"选项卡中，可以直接勾选服务，进行配置。例如，开放内网的服务器供外网的用户访问。本任务中，已经在内网建立了 Web 服务器，IP 地址 192.168.3.10/24。当勾选"Web 服务器"时，弹出一个"编辑服务"窗口，在"公用地址"栏中系统会默认选择"在此接口"，在"专用地址"栏中输入内网 Web 服务器的 IP 地址，然后单击"确定"按钮，返回到"外网 属性"窗口，继续单击"确定"按钮。

此处选择"服务和端口"选项卡，单击"添加"按钮，如图 9-1-9 所示。

(3) 在弹出的"添加服务"对话框中，将传入端口的 8000 端口映射到 192.168.3.10 的 3389 端口，单击"确定"按钮，如图 9-1-10 所示。

(4) 单击"确定"按钮，关闭"添加服务"和"外网 属性"窗口。

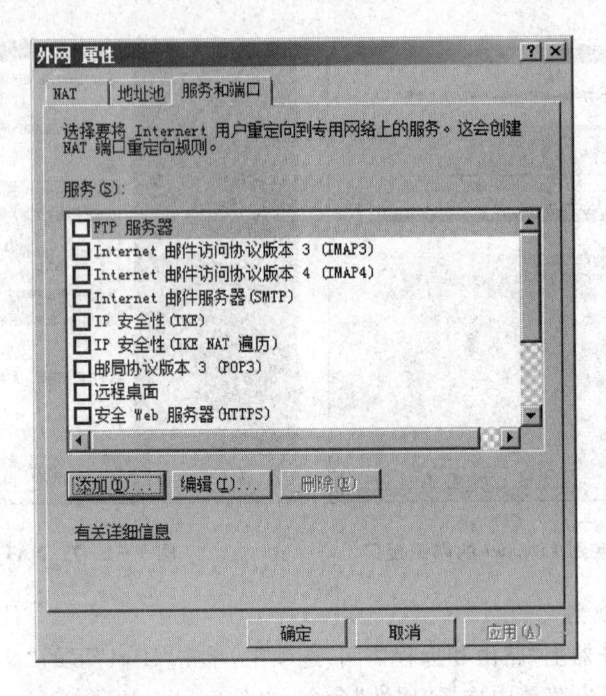

图 9-1-9 添加协议

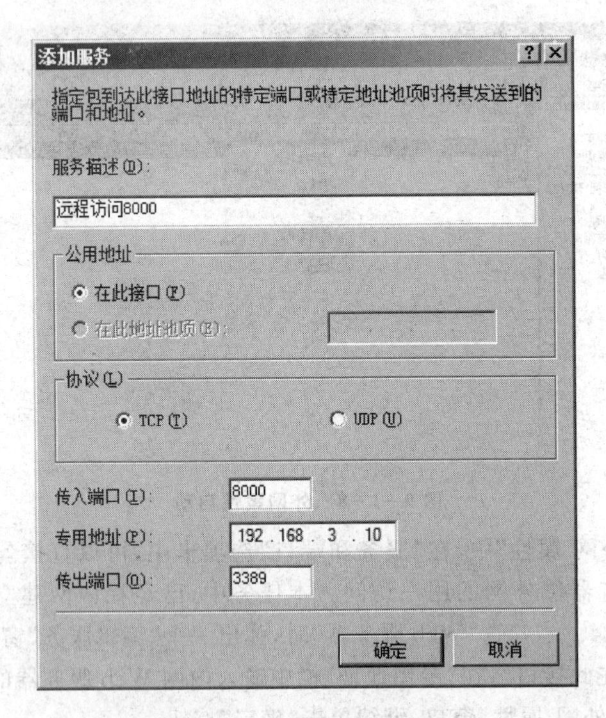

图 9-1-10 添加远程访问服务

六、检查评议

具体评价方式、评价内容及评价标准见附录。

七、拓展提高

知识链接:路由器实现 NAT 中的地址 :

(1) 内部本地地址(inside local address)

局域网内部主机的地址，通常是 RFC 1918 地址空间中的地址，即私有地址。(待转换的地址)

(2) 内部全局地址(inside global address)

内部本地地址被 NAT 路由器转换后的地址，通常是一个可路由的公网地址。

(3) 外部全局地址(outside global address)

与内部主机通信的外网中的目标主机的地址，通常是一个可路由的公网地址。

(4) 外部本地地址(outside local address)

在内部网络中看到的外部主机的 IP 地址，是目标主机的公网地址被转换之后的地址，通常是私有地址。

任务 1-2　配置客户机

一、任务描述

NAT 服务器配置后，测试网内的主机能够正常访问外网，外网的 PC 访问内网。

二、任务分析

NAT 服务器配置完成后，需要测试内网与外网的主机能否正常通信，常用服务可否正常提供。本任务在内网建立一台 Web 服务器，作为 NAT 客户机，在外网准备一台 PC，进行测试。

本任务计划：

(1) 配置 Web 服务器；

(2) 配置外网 PC；

(3) 测试 NAT。

三、知识准备

(一) NAT 的优点

NAT 常用于下述情形：内部主机没有足够的公网 IP 连接到 Internet；当更换 ISP 时需要重新编址；合并两个使用重叠地址空间的内部网络；使用单个 IP 地址支持基本的负载均衡。

NAT 优点：节省了公网 IP 地址；能够处理编址方案重叠的情况；网络发生改变时不需要重新编址；隐藏了真正的 IP 地址。

(二) NAT 的缺点

采用 NAT 后，无法进行端到端 IP 的跟踪，即不能经过 NAT 使用 ping 和 traceroute 命令。一些 IP 对 IP 的程序不能正常运行。NAT 也增加了网络延时。

NAT 可以支持大部分 IP 协议，如 TFTP、RLogin、RSH、RCP 和 IP 多播，但是，一些协议不被 NAT 支持，如 BOOTP、SNMP 和路由表更新，被 NAT 拒绝。

(三) 三种 NAT 的比较

静态 NAT 设置简单，容易实现，内部网络中的每个主机都被永久映射成外网中的某个合法的地址。动态地址 NAT 则是在外网中定义了一系列的合法地址，采用动态分配的方法映射到内部网络。端口多路复用 PAT 则是把内部地址映射到外网的一个 IP 地址的不同端口上。根据不同的需要，三种 NAT 方案各有利弊。

动态地址 NAT 只是转换 IP 地址，为每一个内部的 IP 地址分配一个临时的外部 IP 地址，主要应用于拨号，对于频繁的远程连接也可以采用动态 NAT。当远程用户连接上后，动态地址 NAT 就会为其分配一个 IP 地址，用户断开时，这个 IP 地址就会被释放而留待以后使用。

端口多路复用 PAT 是常用的一种转换方式，普遍应用于接入设备中。PAT 与动态地址 NAT 不同，它将内部连接映射到外部网络中的一个单独的 IP 地址上，同时在该地址上加上一个由 NAT 设备选定的 TCP 端口号。

在 Internet 中使用 PAT 时，所有不同的信息流看起来好像来源于同一个 IP 地址。在小型办公室内非常实用，通过从 ISP 处申请的一个 IP 地址，将多个连接通过 PAT 接入 Internet。许多 SOHO 远程访问设备支持基于 PPP 的动态 IP 地址。

四、工具材料

- 真实岗位：组网的服务器、客户机、Windows Server 2008、Windows 7。
- 虚拟实验：VMware、Windows Server 2008。

五、任务实施

（一）客户机网络参数配置

配置内网 Web 服务器的网络参数，IP 地址为 192.168.3.10/24，网关 192.168.3.1，DNS 221.228.255.1。

（二）客户机远程访问配置

（1）在 Web 服务器上打开“服务管理器”→展开“配置”→“本地用户和组”→“用户”选项，在窗口的空白处右击，选择“新用户”命令。

（2）在“新用户”对话框中输入用户名 natnew，设置密码 123，并勾选“密码永不过期”复选框，单击“创建”按钮，如图 9-1-11 所示。

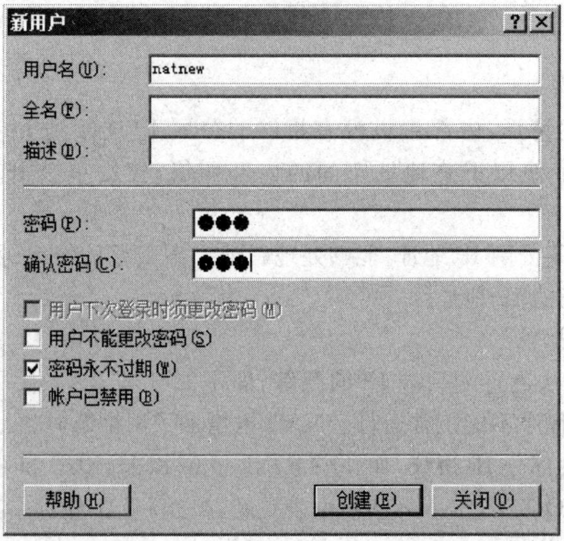

图 9-1-11　新用户配置

（3）单击“关闭”按钮，关闭“新用户”对话框。右击“natnew”用户，在弹出的菜单中选择“属性”命令。

（4）在“natnew 属性”对话框中，选择“拨入”选项卡，勾选“网络访问权限”下的“允许访问”单选按钮，单击“确定”按钮，如图 9-1-12 所示。

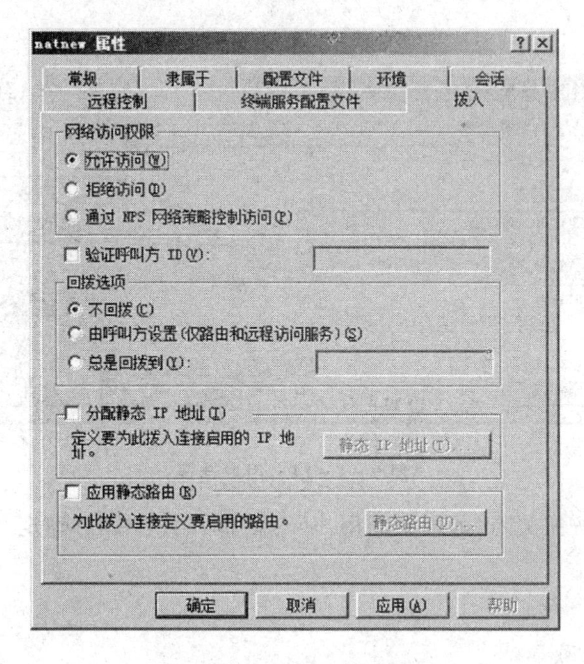

图 9-1-12　用户属性设置

(5) 选择“控制面板”→“系统”→“远程设置”，在打开的“系统属性”对话框中，单击“远程”，选择“允许运行任意版本远程桌面的计算机连接(较不安全)”，如图 9-1-13 所示。

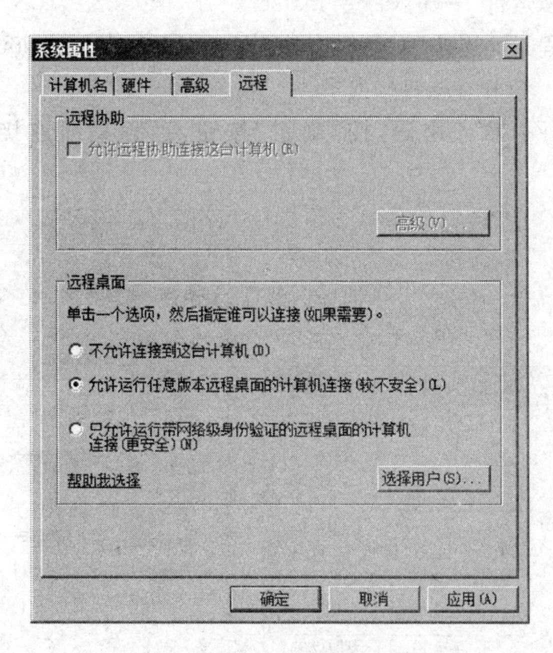

图 9-1-13　配置远程桌面

(6) 单击“选择用户”按钮，在弹出的“远程桌面用户”对话框中单击“添加”按钮，在弹出的"选择用户"对话框的"输入对象名称来选择"下输入 natnew，单击"确定"按钮，如图 9-1-14 所示。

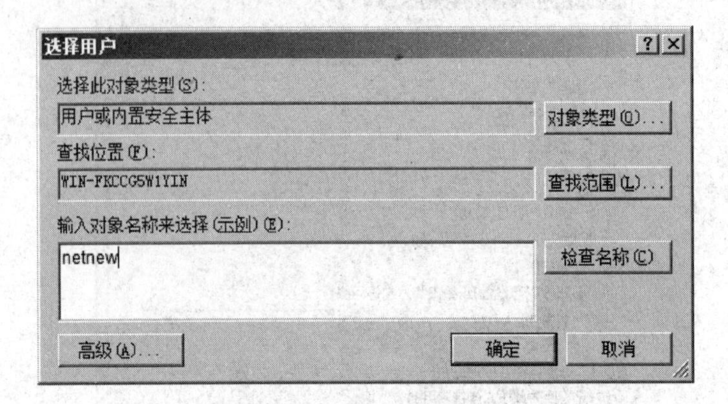

图 9-1-14　用户选择

(7) 单击"确定"按钮关闭"远程桌面用户"对话框，再次单击"确定"按钮关闭"系统属性"对话框

(三) NAT 测试

1. 从内网访问外网

在内网 Web 服务器上，测试与外网 PC 的连通性。采用 IE 浏览器访问外网的 Web 站点，如 http://www.baidu.com。

2. 外网 PC 远程访问内网 Web 服务器

(1) 选择"开始"→"运行"→输入命令 mstsc。

(2) 在弹出的"远程桌面连接"对话框中输入 192.168.122.20:8000，单击"连接"按钮，如图 9-1-15 所示。

(3) 在出现的界面中输入密码，按"确定"按钮，远程桌面连接成功，如图 9-1-16 所示。

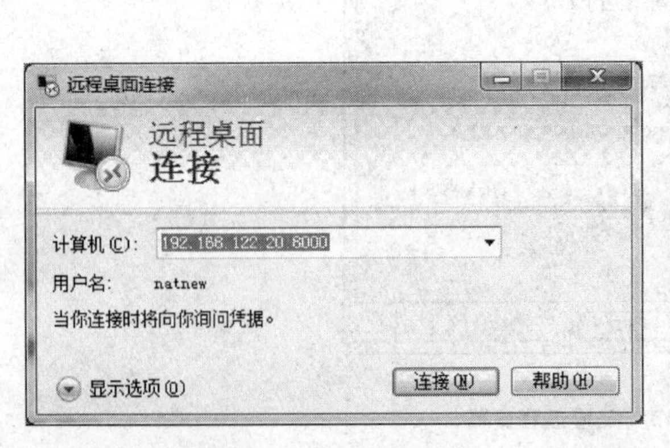

图 9-1-15　远程连接

图 9-1-16　密码输入

六、检查评议

具体评价方式、评价内容及评价标准见附录。

七、拓展提高

技能链接：

(一) 静态 NAT 实现

第一步　设置外部端口

在配置 NAT 之前，首先清楚内部接口和外部接口，以及在哪个外部接口上启用 NAT。通常情况下，连接到用户内部网络的接口是 NAT 内部接口，连接到外部网络(如 Internet)的接口是 NAT 外部接口。

第二步　设置内部端口。

第三步　在内部本地与内部合法地址之间建立静态地址转换。

(二) 动态 NAT 实现

第一步　设置外部端口。可以定义多个外部端口。

第二步　设置内部端口。可以定义多个内部端口。

第三步　定义合法 IP 地址池。

第四步　定义内部网络中允许访问 Internet 的访问列表。

第五步　实现网络地址转换。

(三) 端口多路复用(PAT)实现

第一步　设置外部端口。

第二步　设置内部端口。

第三步　定义合法 IP 地址池。

第四步　定义内部访问列。

第五步　设置复用动态地址转换。

任务 2　构建 VPN 虚拟专用网

任务 2-1　配置 VPN 服务器

一、任务描述

企业员工需要在外地或家中共享企业内网的资源，请配置 VPN 虚拟专用网服务器。

二、任务分析

通过 Internet 连接到企业内网，共享企业内网的资源，最大的问题是来自公网的不安全因素。通过 VPN 可以建立一个专用的管道，大大提高了信息传输的安全性。本任务中，采用 Windows Server 2008 配置 VPN 服务器。

本任务计划：

(1) VPN 服务器配置；

(2) 用户账户配置。

三、知识准备

（一）VPN 虚拟专用网

虚拟专用网(VPN，Virtual Private Network)是将物理上分布在不同地点的网络通过 Internet 连接成逻辑上的虚拟子网。为了保障信息的安全，VPN 技术采用了鉴别、访问控制、保密性、完整性等措施，防止信息被泄露、篡改和复制。

（二）VPN 的两种应用方法

VPN 两种应用方法，一种是用于单个 VPN 客户机到单位内网的远程访问，另一种是两个 LAN 通过 VPN 连接成一个逻辑网络，如图 9-2-1 所示。

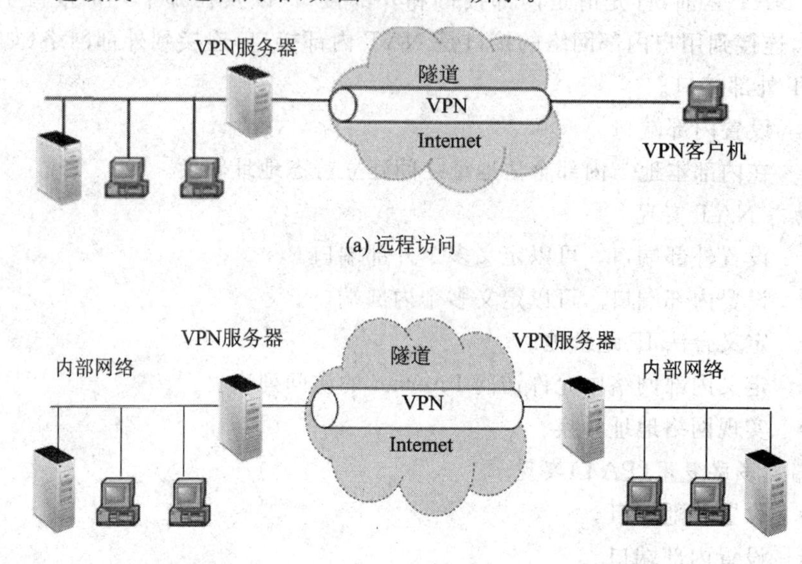

图 9-2-1　VPN 远程连接示例

（三）VPN 关键技术

1. 隧道技术

隧道技术是在公网建立一条数据通道(隧道)，让数据包通过这条隧道传输。隧道是由隧道协议形成的，隧道协议分为第二、三层。

第二层隧道协议是先把各种网络协议封装到 PPP 中，再把整个数据包装入隧道协议中。第二层隧道协议有 L2F、PPTP、L2TP 等。

第三层隧道协议是把各种网络协议直接装入隧道协议中，形成的数据包依靠第三层协议进行传输。第三层隧道协议有 VTP、IPSec 等。

2. 身份认证

VPN 的客户端连接到远端 VPN 服务器时，必须验证用户身份，身份验证成功后用户可以通过 VPN 服务器来访问有权访问的资源。Windows Server 2008 支持 CHAP、MS-CHAP、MS-CHAP v2、EAP、PEAP 身份验证协议。在 Windows 系统中，采用智能卡进行身份验证时，将采用 EAP 验证方法；通过密码进行身份验证时，将采用 CHAP、MS－CHAP 或 MS-CHAP v2 验证方法。

（四）VPN 协议

1. PPTP 协议

PPTP 协议，使用 MS-CHAP v2 验证方法，也可以选择安全性更好的 EAP－TLS 证书验证方法。身份验证完成后，双方所发送的数据可以利用 MPPE 加密法来加密，仅支持 128 位的 RC4 加密算法。

2. L2TP/IPSec 协议

L2TP/IPSec 支持 IPSec 的预共享密钥与计算机证书两种身份验证方法，计算机证书方法安全性较高，预共享密钥方法应仅作为测试时使用。身份验证完成后，双方所发送的数据则利用 IPSec ESP 的 3DES 或 AES 方法加密。L2TP/IPSec 配合使用是目前性能最好、应用最广泛的一种协议。

3. SSTP 协议

SSTP 采用 HTTPS 协议，因此可以通过 SSL 安全措施确保传输安全性。HTTPS 是企业普遍采用的协议。SSTP 协议支持 Windows Server 2008、Windows Server 2008 R2、Windows 7。

4. IKEv2

IKEv2 是采用 IPSec 信道模式的协议，是 Windows Server 2008 与 Windows 7 所支持的最新协议。利用 IKEv2 MOBIKE 协议所支持的功能，移动用户更方便通过 VPN 连接企业内部网络。在 Windows Server 2008 R2 与 Windows 7 内通过 VPN Reconnect 这个新功能，实现对 IKEv2 的支持。VPN Reconnect 允许网络中断后，在一段指定的时间内，VPN 通道仍然保留着，一旦网络重新连接后，这个 VPN 通道就会自动恢复运行，用户不需重新手动连接，不要重新输入账户与密码，应用程序好像没有被中断一样继续运行。Windows Server 2008 R2 与 Windows 7 仅支持远程访问 IKEv2 VPN，不支持站点对站点的 IKEv2 VPN。IKEv2 的数据加密方法是 3DES 或 AES。

四、工具材料

- 真实岗位：组网的服务器、客户机、Windows Server 2008、Windows 7。
- 虚拟实验：VMware、Windows Server 2008。

五、任务实施

（一）分析 VPN 拓扑图

使用 Windows Server 2008 配置 VPN 服务器，使得外网的主机可以通过 Internet 拨号连接到 VPN 服务器，分配内网同一网段的 IP 地址，实现和内网 PC 互相通信，如图 9-2-2 所示。

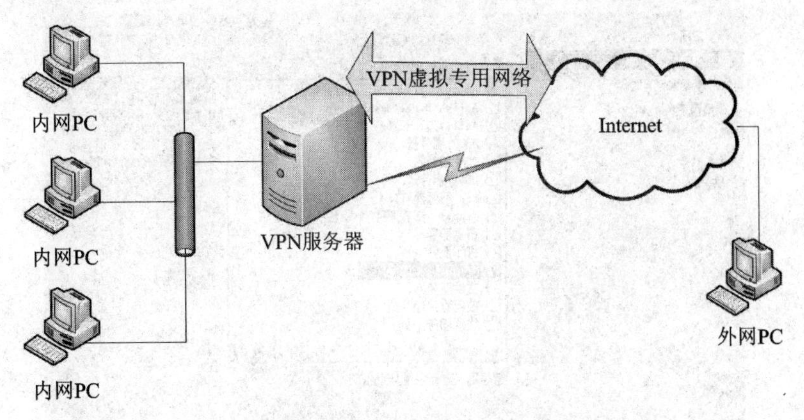

图 9-2-2　VPN 拓扑图

VPN服务器外网网卡IP地址：192.168.122.20/24，网关192.168.122.1，DNS221.228.255.1；内网网卡IP地址：192.168.3.1/24；内网分配IP地址为192.168.3.2～192.168.3.100/24。

（二）VPN服务器配置

（1）配置VPN服务器内网、外网接口IP地址等网络参数。

（2）单击"开始"→选择"管理工具"→"服务器管理"，如图9-2-3所示。

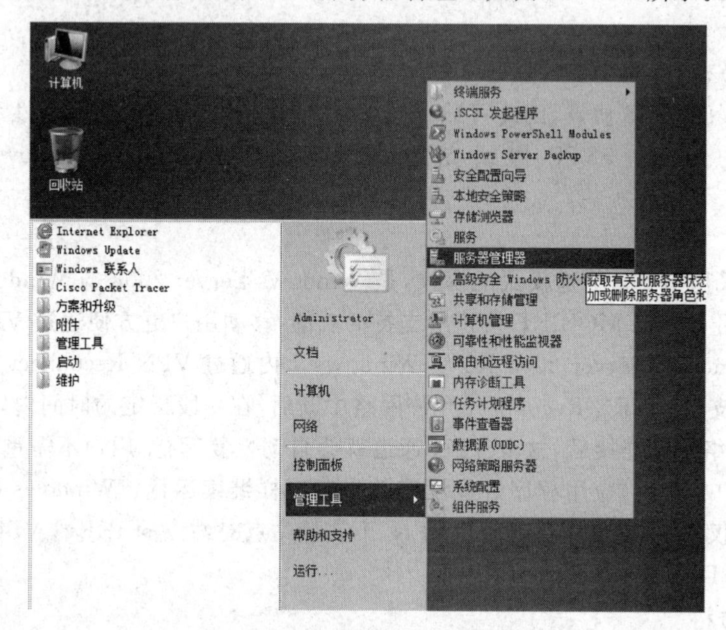

图9-2-3　服务器管理器启动

（3）在"选择服务器角色"对话框中，勾选"网络策略和访问服务"复选框，单击"下一步"按钮，如图9-2-4所示。然后，在"选择角色服务"对话框中，选择角色服务，勾选"路由和远程访问服务"及其关联服务。依次单击"下一步"按钮，即可安装VPN。

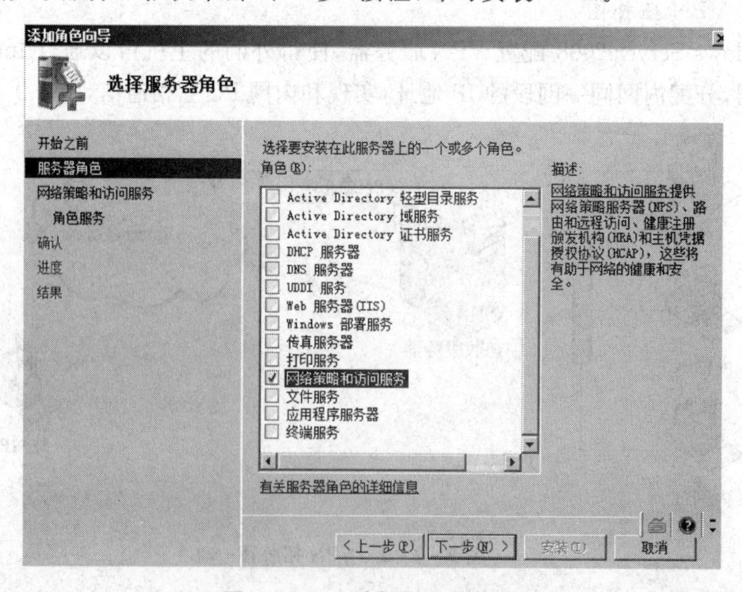

图9-2-4　选择服务器角色

(4) 打开“服务器管理器”，展开“角色”，选择下方“网络策略和访问服务”，右击“路由和远程访问服务”，选中“配置并启用路由和远程访问”，如图 9－2－5 所示。弹出“路由和远程访问服务器安装向导”对话框，如图 9－2－6 所示。

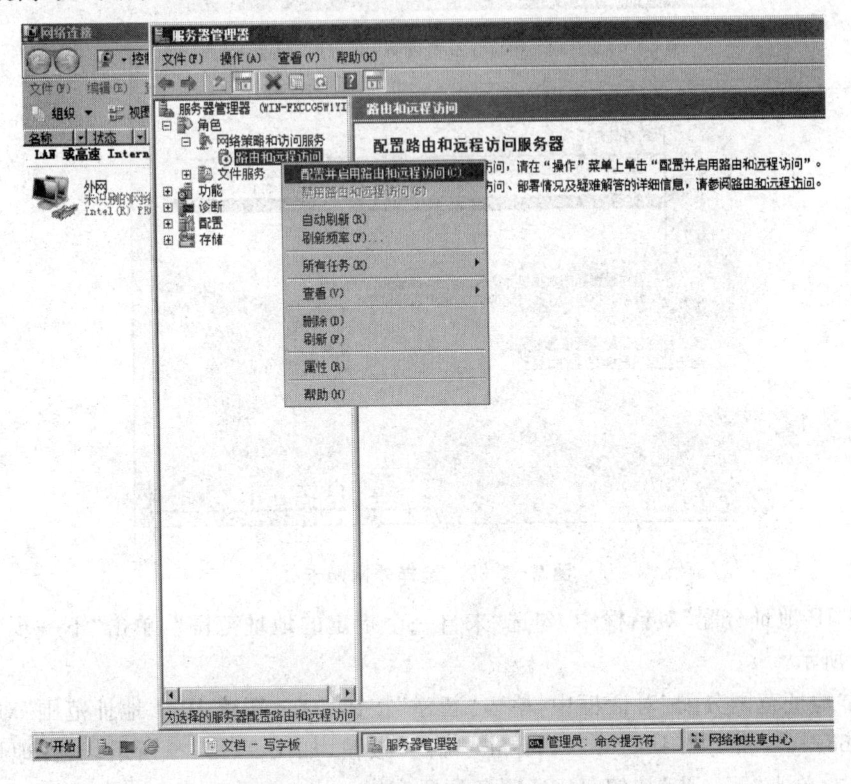

图 9－2－5　配置启动路由和远程访问

(5) 选中“远程访问(拨号或 VPN)(R)”，单击“下一步”按钮。在“远程访问”对话框中，选择“VPN”，单击“下一步”按钮，如图 9－2－6所示。

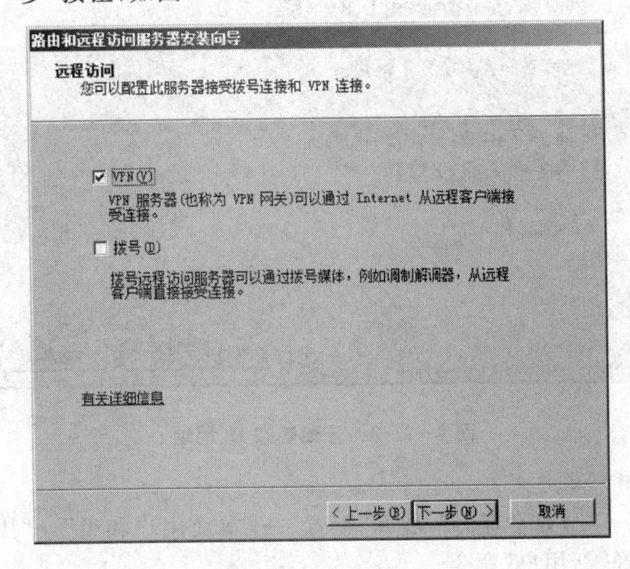

图 9－2－6　选择 VPN

(6) 在“VPN连接”对话框中,选择“外网卡”作为连接到 Internet 的网络接口,单击“下一步”按钮,如图 9-2-7 所示。

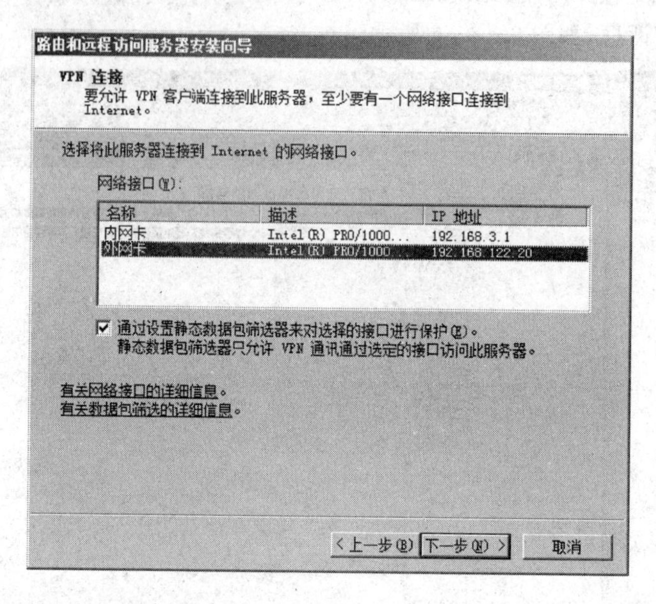

图 9-2-7 选择外网网卡

(7) 在“IP 地址分配”对话框中,勾选“来自一个指定的地址范围”,单击“下一步”按钮,如图 9-2-8 所示。

(8) 在“地址范围分配”对话框中,单击“新建”按钮。在“新建 IPv4 地址范围”对话框中,输入 192.168.3.2 和 192.168.3.100,单击“确定”按钮,如图 9-2-9 所示。在“地址范围分配”对话框中,单击“下一步”按钮,VPN 服务配置完成。

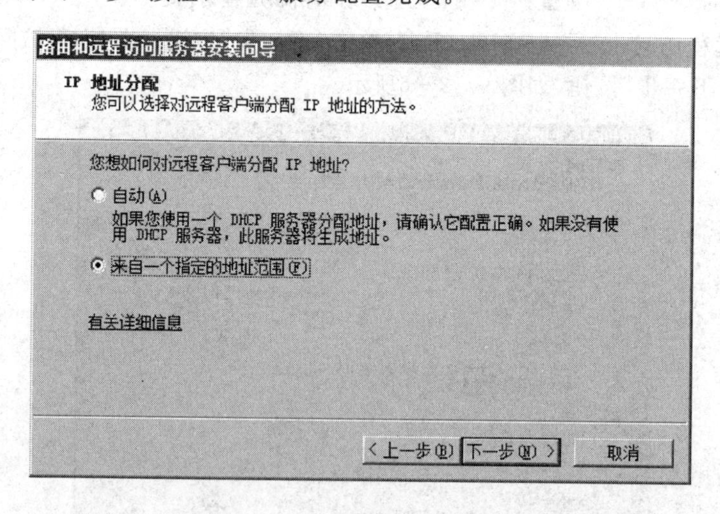

图 9-2-8 分配静态 IP 地址

(三) 服务器端用户账号配置

(1) 单击“开始”→“服务管理理器”,展开“配置”→“本地用户和组”→“用户”,右击“用户”,在弹出的菜单中,选择“新用户”命令。

(2) 在“新用户”对话框中输入用户名 vpnuser,设置密码 123,并勾选“密码永不过期”复选框，单击“创建”按钮，如图 9－2－10 所示。

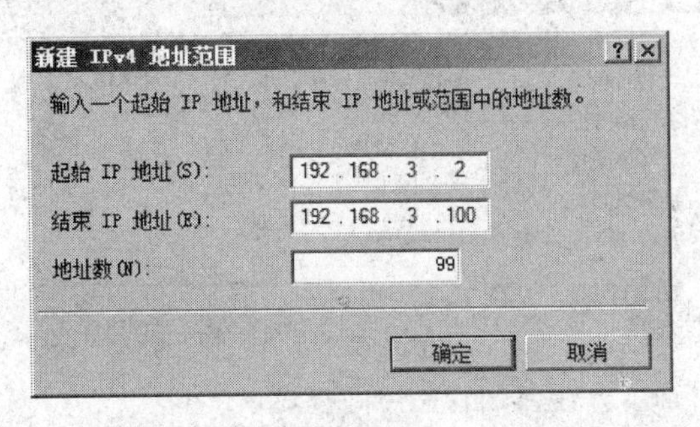

图 9－2－9　设置静态 IP 地址范围

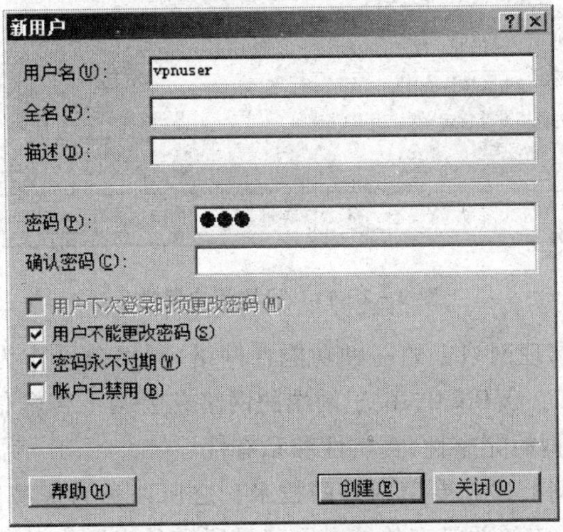

图 9－2－10　创建新用户

(3) 单击“关闭”按钮，将“新用户”对话框关闭。右击 vpnuser 用户，在弹出的对话框中选择“属性”命令。

(4) 在弹出的“vpnuser 属性”对话框中，选择“拨入”选项卡，勾选“网络访问权限”下的“允许访问”单选按钮，单击“确定”按钮，如图 9－2－11 所示。

六、检查评议

具体评价方式、评价内容及评价标准见附录。

七、拓展提高

知识链接：

VPN 解释如下：

(1) VPN 利用公网来构建专用网络，是通过特殊设计的硬件和软件直接通过共享的 IP 网所建立的隧道来完成。通常将 VPN 当作 WAN 解决方案，但也可以简单地用于 LAN。VPN 类似于点到点直接拨号连接或租用线路连接，尽管其以交换和路由的方式工作。

(2) VPN 是内网在公网上的延伸，可以提供与专用网一样的安全性、可管理性和传输性能，但是建设、运行和维护网络的工作从企业内部 IT 部门剥离出来，交由运营商负责。

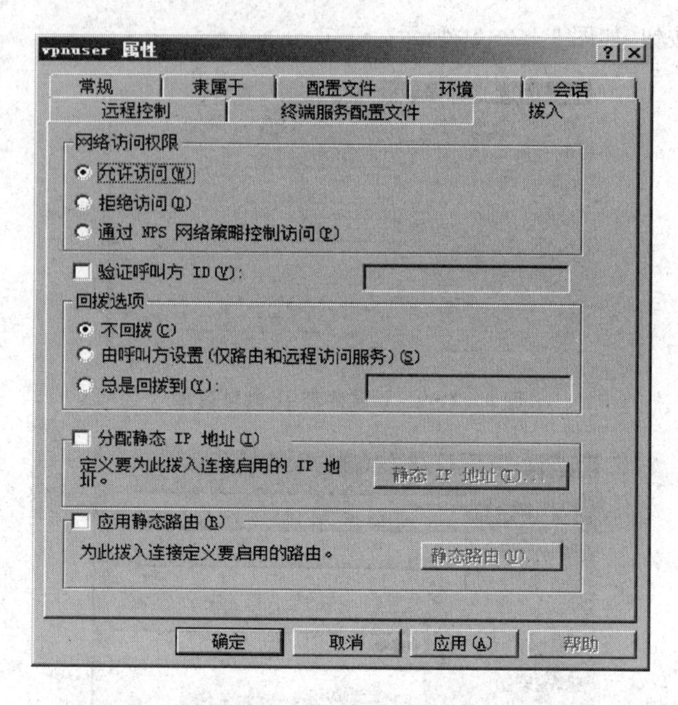

图 9-2-11　设置用户属性

(3) VPN 是建立在物理网络上的一种功能性网络，利用公网作为企业骨干网，同时克服公网缺乏保密性的弱点。在 VPN 中，位于两端的网络在公网上传输信息时，其信息都是经过安全处理的，可以保证数据的完整性、真实性和私有性。

(4) VPN 是指在公网上建立专用网络的技术。之所以称为虚拟网，是因为整个 VPN 网络的任意两个节点之间的连接并没有传统专网建设所需的点到点的物理链路，而是架构在公用网络服务商 ISP 所提供的网络平台之上的逻辑网络。用户的数据是通过 ISP 在公网中建立的逻辑隧道(Tunnel)，即点到点的虚拟专线进行传输的。通过相应的加密和认证技术来保证用户内部网络数据在公网上安全传输，从而真正实现网络数据的专有性。

(5) VPN 是企业网在公网上的延伸，能在公网上创建一个安全的私有连接，因此让企业远程用户、分支机构、业务伙伴等与企业网连接起来，构成一个扩展的企业网。

任务 2-2　配置 VPN 客户端

一、任务描述

VPN 服务器配置完成后，通过 VPN 客户端进行访问，请配置 VPN 客户端。

二、任务分析

本任务中，通过设置新的连接，连接到 VPN 服务器，访问企业内网共享资源。

本任务计划：

(1) 新的连接设置；

(2) VPN 服务器连接；

(3) 企业内网资源访问。

三、知识准备

(一) VPN 的原理

VPN 属于远程访问技术，利用公网链路架设私有网络。员工出差在外，访问企业内网的服务器资源，这种访问属于远程访问。VPN 的解决方法是在内网中架设一台 VPN 服务器，VPN 服务器有两块网卡，一块连接内网，一块连接公网。外地员工在当地连上公网后，通过公网找到企业 VPN 服务器，然后利用 VPN 服务器作为跳板进入企业内网。

为了保证数据安全，VPN 服务器和客户机之间的通信数据进行加密处理，数据是在一条专用的数据链路上进行安全传输。但实际上 VPN 使用的是公网上的公用链路，因此，只能称为虚拟专用网。即 VPN 实质上就是利用加密技术在公网上封装出一个数据通信隧道。有了 VPN 技术，用户外地出差、家中办公，只要能上公网就能利用 VPN 访问企业内网资源，这是 VPN 在企业中应用广泛的原因。

在传统的企业网络配置中，进行异地局域网之间的互连，传统的方法是租用 DDN(数字数据网)专线或帧中继。这样的通信方案，网络通信和维护费用高昂。对于移动用户(移动办公人员)与远端个人用户而言，一般通过拨号线路(Internet)进入企业的局域网，存在安全上的隐患。

(二) VPN 的优点

1. VPN 可降低成本

通过公网来建立 VPN，不必投入大量的人力、物力去安装和维护 WAN 设备和远程访问设备，可以节省大量费用。

2. 传输数据安全可靠

VPN 采用加密及身份验证等安全技术，保证连接用户的可靠性及传输数据的安全和保密性。

3. 连接方便灵活

用户如果想与合作伙伴联网，如果没有 VPN，双方的 IT 部门就必须协商如何在双方之间建立租用线路或帧中继线路。有了 VPN 之后，只需双方配置安全连接信息即可。

4. 完全控制

VPN 使用户可以利用 ISP 的设施和服务，同时又完全掌握着自己网络的控制权。在企业内部也可以自己建立 VPN。

四、工具材料

- 真实岗位：组网的服务器、客户机、Windows Server 2008、Windows7。
- 虚拟实验：VMware、Windows Server 2008。

五、任务实施

(一) 配置 VPN 客户端

(1) 打开客户端，选择 PC“网络和共享中心”→“更改网络设置”→“设置新的连接或网络”。

(2) 选择“设置连接或网络”→“连接到工作区”，单击“下一步”按钮，如图 9-2-12 所示。

(3) 选择“连接到工作区”→“使用我的 Internet 连接(VPN)”，如图 9-2-13 所示。

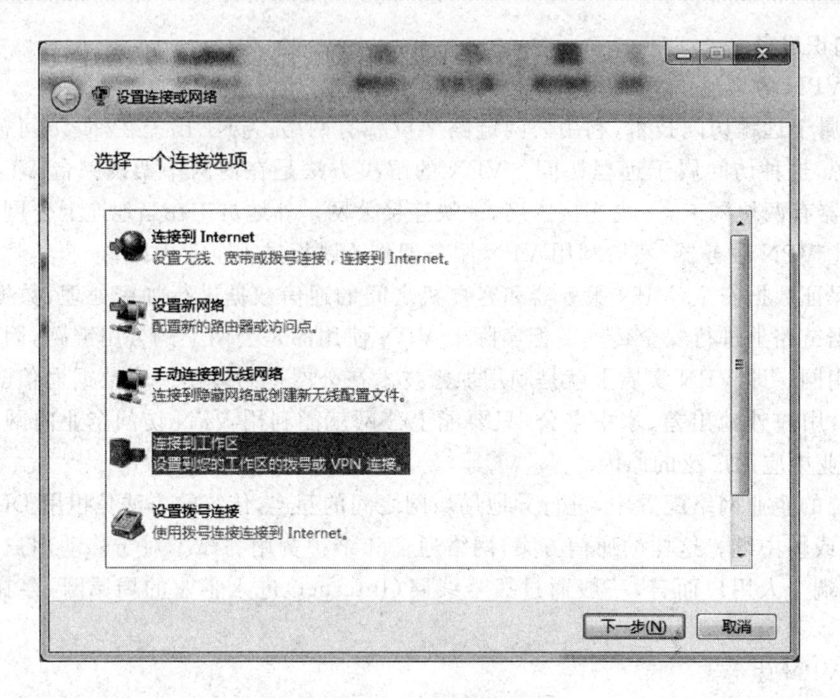

图 9-2-12　设置连接或网络

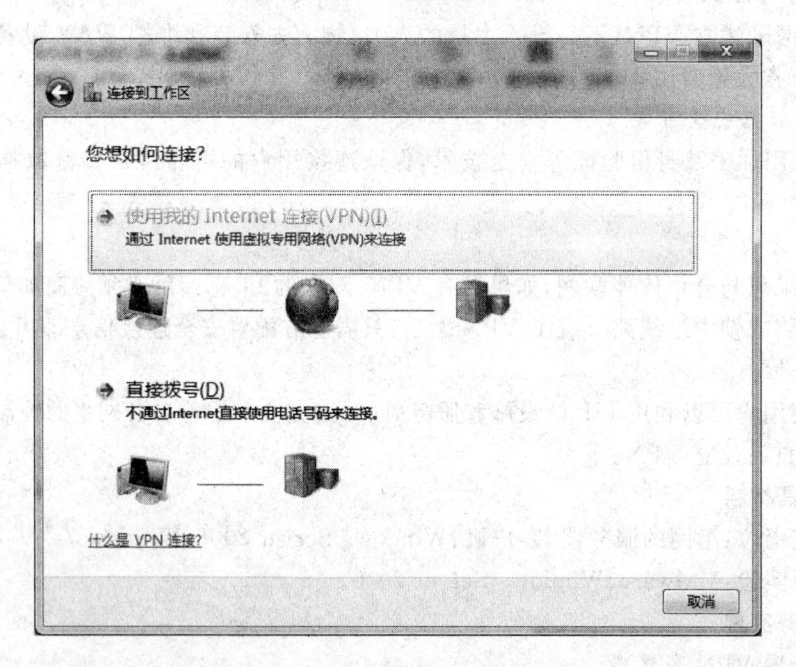

图 9-2-13　创建 VPN 连接

(4) 选择“连接到工作区”→“Internet 地址”，192.168.122.20(VPN 服务器外网 IP 地址)”，单击“下一步”按钮，如图 9-2-14 所示。

(5) 选择“连接到工作区”→“用户名”，vpnuser，“密码”，123。单击“连接”按钮，如图 9-2-15所示。

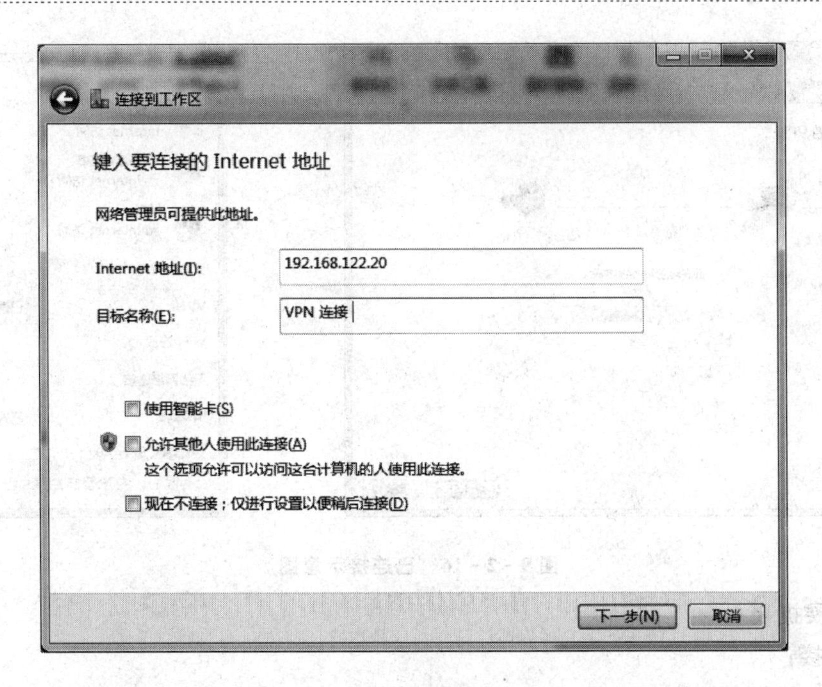

图 9-2-14　输入连接地址

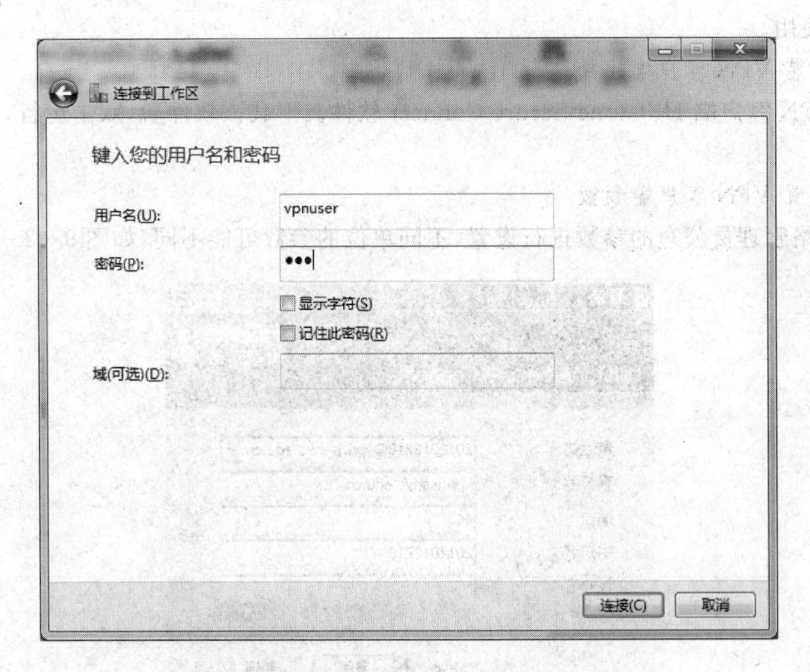

图 9-2-15　输入用户名密码

(二) 连接 VPN 客户端到服务器

选择“连接到工作区”→“验证用户名和密码”,如图 9-2-16 所示。

六、检查评议

具体评价方式、评价内容及评价标准见附录。

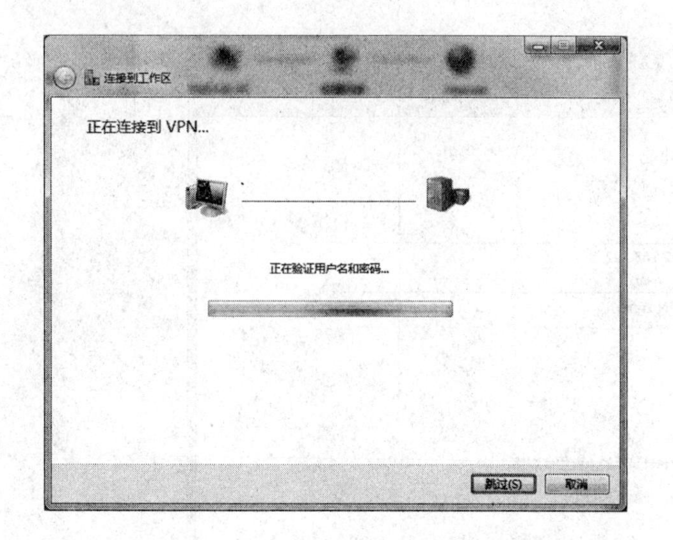

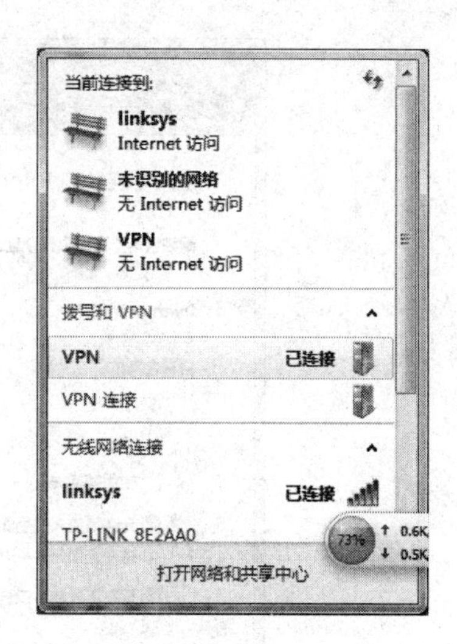

图 9-2-16 已连接示意图

七、拓展提高

技能链接：

用 VPN 客户端 Hillstone Secure Connect 软件，登录 VPN 服务器 vpn. jsahvc. edu. cn，体验 VPN 的使用。

(一) 安装 VPN 客户端软件

安装 VPN 客户端 Hillstone Secure Connect 软件。下载该软件后，双击运行，按提示顺序安装。

(二) 配置 VPN 客户端参数

根据网络管理员公布的参数进行设置，不同单位的参数可能不同，如图 9-2-17 所示。

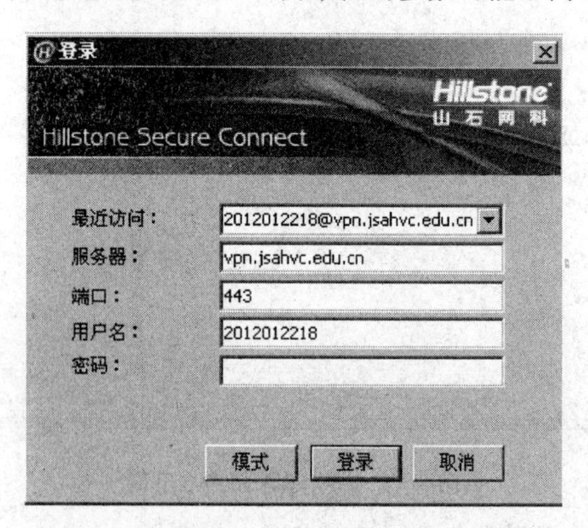

图 9-2-17 VPN 客户端登录软件参数

(三) 登录 VPN 服务器

当 Hillstone Secure Connect 与 VPN 服务器连接后，客户就可以进行校园网登录，访问内网的资源。

任务3　体验 IPv6 网

任务3-1　安装 IPv6 协议

一、任务描述

IPv6 是下一代 IP 协议，请您理解、应用，并体验 IPv6 网。

二、任务分析

IPv6 是为了解决 IPv4 的不足而提出的协议，最终将取代 IPv4 成为主流。本任务中，安装 IPv6 协议。

本任务计划：

(1) XP 中安装 IPv6 协议；

(2) Windows7 和 Windows 2008 下检查 IPv6 协议。

三、知识准备

(一) IPv6 及 IPv6 的发展背景

IPv6(Internet Protocol Version 6)是互联网工程任务组(Internet Engineering Task Force,IETF)设计的用于替代 IP v4 协议的下一代 IP 协议，在 RFC 2460 中作了规范。第二代互联网 IPv4 核心技术属于美国，最大问题是网络地址资源有限，从理论上讲，可编址 1 600 万个网络、40 亿台主机。但采用 IPv4 分类编址方式后，可用的网络地址和主机地址的数目浪费了，以至 IPv4 地址已分配完毕。其中北美占有 3/4，约 30 亿个，而人口最多的亚洲只有不到 4 亿个，中国截至 2010 年 6 月 IPv4 地址数量只有 2.5 亿，落后于 4.2 亿网民的需求。地址不足，严重地制约了中国及其他国家互联网的应用和发展。IPv6 所拥有的地址容量约为 IPv4 的为 8×10^{28} 倍，达到 2^{128} 个(算上全零的)，解决了 IP 地址数量的问题，同时也为除电脑外的设备接入互联网提供了 IP 地址。

(二) IPv6 特点

(1) IPv6 地址长度为 128 位，地址空间增大了 2^{96} 倍；

(2) IPv6 简化了报文头部格式，字段只有 8 个，取消了 IPv4 中可变长字段，最大程度地减少协议头的开销，加快报文转发，提高了吞吐量；

(3) 内置的安全性，身份认证和隐私权是 IPv6 的关键特性；

(4) 有效的分级寻址和路由结构，路由器寻址简便；

(5) 简化了协议结构，邻节点发现协议取代了 ARP、ICMPv4、ICMPv4 协议；

(6) 更好地支持 QoS，提高了服务质量，支持更多的服务类型；

(7) 新的扩展协议头，允许协议增加新的功能，适应未来技术的发展。

(三) IPv6 地址

IPv6 将整个地址分为 8 段来表示，每段之间用冒号隔开，每段的长度为 16 位(用 4 个 X 代表，1 个 X 代表 4 bit)。IPv6 地址表示如下：

XXXX:XXXX:XXXX:XXXX:XXXX:XXXX:XXXX:XXXX

其中，1 个 X 表示 1 个数字或字母，每段 4 个字符。XXXX 的取值范围从 0000～FFFF。

完整地表示一个 IPv6 地址，需要写 32 个字符，易错，所以，IPv6 地址使用时的表示形式有三种:完整格式、压缩格式、IPv4 嵌入 IPv6 格式。

1. 完整格式

下面是 IPv6 地址表示形式举例:

2001:0410:0000:1234:FB00:1400:5000:45FF

FFFF:FFFF:FFFF:FFFF:FFFF:FFFF:FFFF:FFFF

2. 压缩格式

IPv6 地址太长,把不影响地址表示的"0"省略不写,方便阅读和书写。将省略"0"的 IPv6 地址表示方法,称为压缩格式。

几种正确的压缩格式举例:

压缩前:2001:0410:0000:1234:FB00:1400:5000:45FF

压缩后:2001:410:0:1234:FB00:1400:5000:45FF

压缩前:0000:0000:0000:0000:0000:0000:0000:0001

压缩后:::1

压缩前:2001:0410:0000:0000:FB00:1400:5000:45FF

压缩后:2001:410:: FB00:1400:5000:45FF

3. IPv4 地址嵌入 IPv6 地址格式

在 IPv4 地址 A. B. C. D 基础上,增加 96 个 0,变成 128 位,表示方法为:

0:0:0:0:0:0:A. B. C. D,或::A. B. C. D,或 0000:0000:0000:0000:0000:0000:A. B. C. D

举例:

IPv4 地址为:172.1.1.1

IPv6 地址为:0:0:0:0:0:0:172. 1. 1. 1,或::172. 1. 1. 1

(四) IPv6 地址与 IPv4 地址比较

IPv6 地址做了很大改进,为了便于学习,表 9-3-1 为 IPv4 地址与 IPv6 地址的简单比较。

表 9-3-1 IPv4 地址与 IPv6 地址比较

项　目	IPv4	IPv6
长度	32 位	128 位
表示法	点分十进制	冒号分十六进制,带零压缩与双冒号简化表示
分类	A、B、C、D、E5 类地址	不按地址类型划分,而是按传输类型划分
公网地址	单播地址	可聚集全球单播地址
私有地址	10. 0. 0. 0/8, 172. 16. 0. 0/12, 192. 168. 0. 0/16	FEC0::/48
网络地址	子网掩码或前缀长度	前缀长度
广播地址		未定义
回环地址	127.0.0.1	::1
自动配置地址	169. 254. 0. 0/16	链路本地地址 FE80::/64
多播地址	224. 0. 0. 0/4	FF00::/8
未指明地址	0. 0. 0. 0	::(0:0:0:0:0:0:0:0)

四、工具材料

● 真实岗位：连接到 Internet 的 PC。

● 虚拟实验：VMware、Windows Server 2008、Windows7。

五、任务实施

Windows Server 2003、Windows XP 本身没有 IPv6 协议，需要安装。Windows Server 2008、Windows 7 已经预装 IPv6 协议，只需要检查即可。

（一）Windows Server 2003/XP 下安装 IPv6 协议

1. 命令行模式的安装

对于 Windows Server2003 操作系统，在命令行中键入下面的命令即可完成 IPv6 协议的安装 C:\> netsh interface ipv6 install。

IPv6 协议安装完毕后，IPv6 地址将通过邻居发现(Neighbor Discovery)方式自动获得，不建议手工设定静态 IPv6 地址。

2. 图形界面的安装

(1) 打开“控制面板”→“网络连接”，选择“本地连接”→“属性”，单击“安装”按钮→“协议”，单击“添加”按钮→“Microsoft TCP/IP 版本 6”，单击“确定”按钮。安装步骤如图 9-3-1、图 9-3-2、图 9-3-3 和图9-3-4所示。

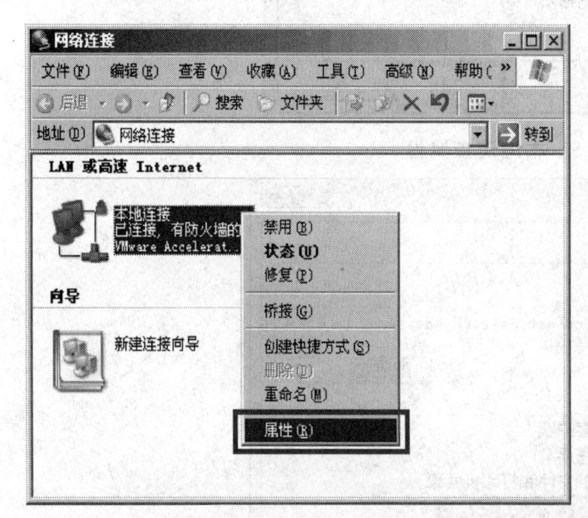

图 9-3-1　网络连接

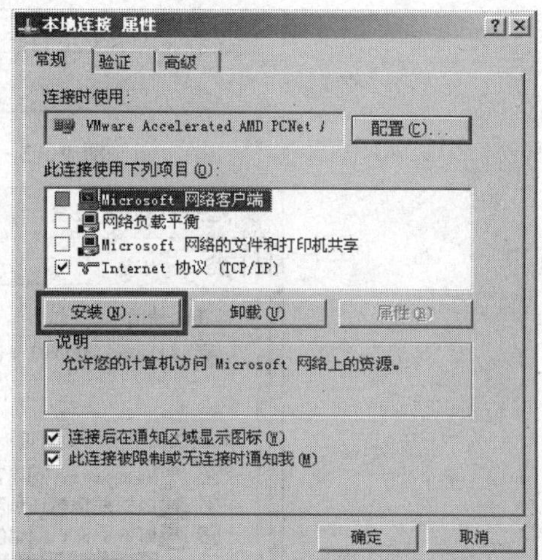

图 9-3-2　网络连接属性

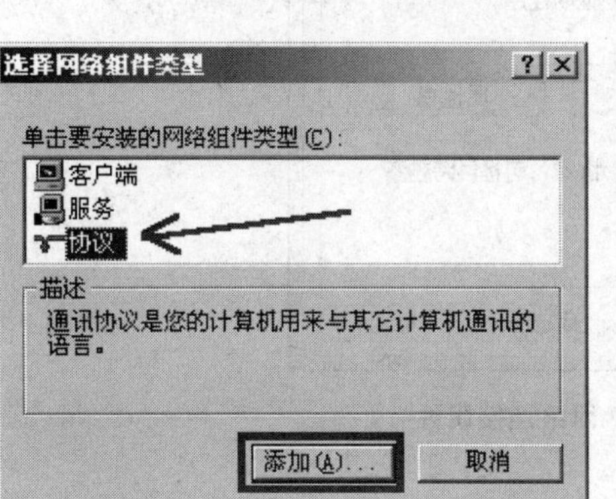

图 9-3-3　选择网络组件类型

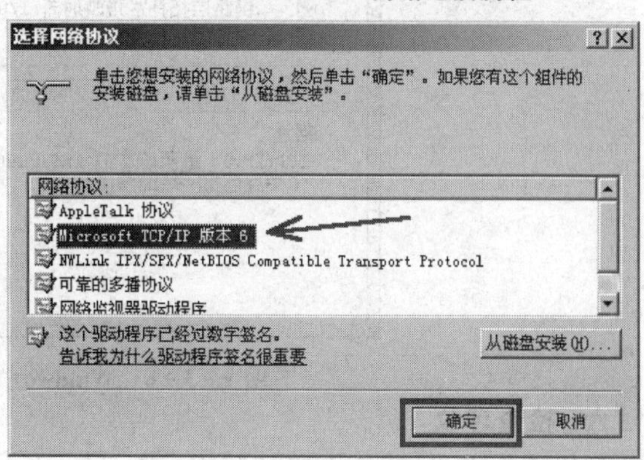

图 9-3-4　选择网络协议

（2）成功安装 IPv6 协议后，本地连接的属性如图 9－3－5 所示。

（二）Windows 7、Windows Server 2008 默认已经安装 IPv6 协议

Windows 7 和 Windows Server 2008 下的 IPv6 已经预安装，只需要检查一下网络连接的属性即可，如图 9－3－6 所示。

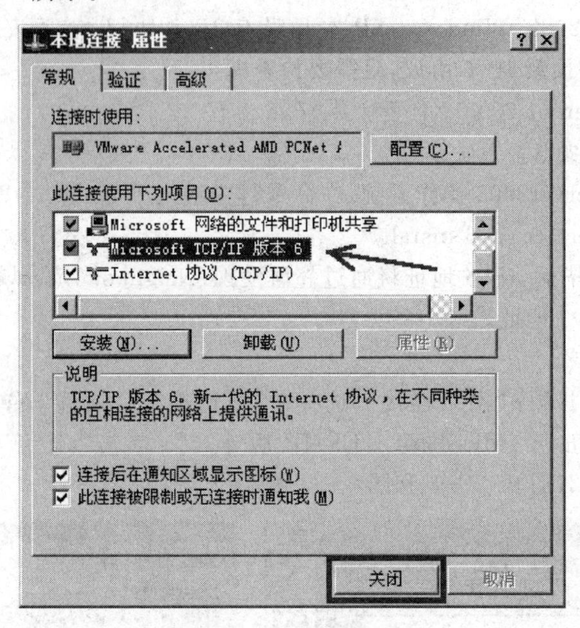

图 9－3－5　本地连接属性

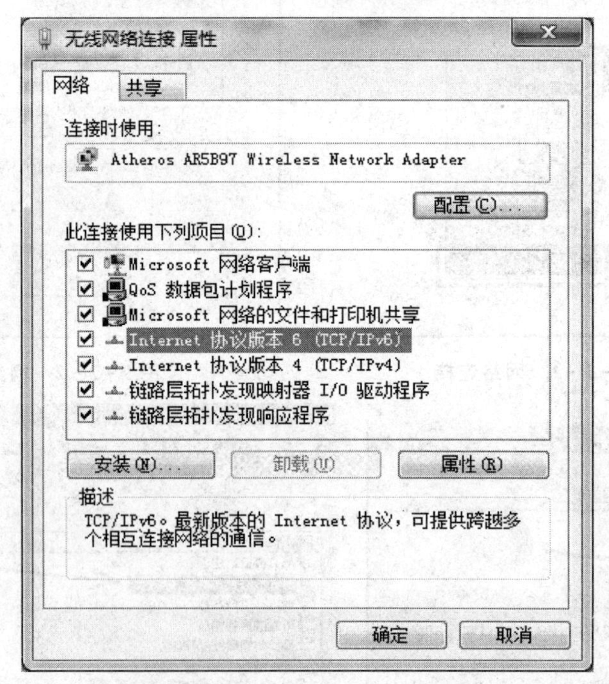

图 9－3－6　Windwos 7 网络连接属性

六、检查评议

具体评价方式、评价内容及评价标准见附录。

七、拓展提高

知识链接：IPv6 报头

IPv6 报头中删除了 IPv4 报头中许多不常用的字段，放入了可选项和报头扩展中；IPv6 中的可选项有更严格的定义。IPv4 中有 10 个固定长度的字段、2 个地址空间和若干个选项，IPv6 中只有 6 个字段和 2 个地址空间。

IPv4 中的报头长度(header length)、服务类型(type of service，TOS)、标识符(identification)、标志(flag)、分段偏移(fragment offset)和报头校验和(header checksum)这 6 个字段被删除。报文总长(total length)、协议类型(protocol type)和生存时间(time to live，TTL)3 个字段的名称或部分功能被改变，其选项(options)功能完全被改变，新增加了 2 个字段，即优先级和流标签。

IPv6 报头分为两部分，一是基本报头，其后紧接着一些特殊的选项报头，称之为扩展报头。扩展报头 0 个或多个。扩展报头和上层协议数据合称为有效载荷。扩展报头请自行学习，下面学习基本报头格式，如表 9－3－2 所列。

表 9－3－2　IPv6 基本报头

版本号(4 bit)	优先级(4 bit)	流标签(24 bit)	
净荷长度(16 bit)		下一报头(8 bit)	HOP 限制(8 bit)
源地址(128 bit)			
目的地址(128 bit)			

(1) 版本号(Version)：表示 IP 包的版本信息，即第六版本。

(2) 优先级(Priority)：不同数据包提供不同的优先级。

(3) 流标签(Flow Label)：不同的数据包有不同的标签。

(4) 净荷长度(Payload Length)：数据长度(不包括 IPv6 报头)。

(5) 下一报头(Next Header)：下一个扩展报头的类别，表示紧接在基本报头后面的是一个扩展报头。在 IPv4 中属于传输层协议的 TCP 或 UDP，在 IPv6 中也被看作是一种特殊的报头。

(6) 跳数限制(Hop Limit)：每经过一个传输站，该字段的值自动减 1，一直到为 0 时，就不再传输该数据。跳数限制主要用来避免错误的数据一直在网络中传输，引起死循环。

(7) 源地址和目的地址：与 IPv4 基本相同，只是位数扩大到了 128 位。

IPv6 的分段只能由源节点和目的节点进行，这样就简化了报头并减少了用于选路的开销。逐跳分段被认为是一种有害的方法。首先，在端到端的分段中将产生更多的分段。此外，在传输中，一个分段的丢失将导致所有分段重传。IPv6 的确可以通过其扩展头来支持分段。

任务 3－2　配置和测试连通性

一、任务描述

有了 IPv6 协议后，接着需要配置 IPv6 协议，然后连接 IPv6 网。

二、任务分析

本任务连接 IPv6 网之前，配置 IPv6 协议。本任务中，通过 Windows 操作系统配置 IPv6 协议。

本任务计划：

(1) 配置 IPv6 协议；

(2) 连接 IPv6 网。

三、知识准备

(一) IPv6 的发展

IPv6 是 IPv4 向 IPv6 过渡技术。当前，大量的网络是 IPv4 网络，很长一段时间将是 IPv4 与 IPv6 共存的过渡阶段。通常将 IPv4 向 IPv6 过渡分为 3 个阶段：

(1)初始阶段：IPv4 网络占绝对的主导地位，IPv4 网络中出现若干 IPv6 孤岛，这些孤岛通过 IPv4 网络连接到一起。

(2)共存阶段：随着 IPv6 网络的部署，IPv6 得到较大规模的应用，出现若干骨干 IPv6 网络，IPv6 平台中的业务也不断增加。但不同的 IPv6 网络之间需要通过 IPv4 网络连接到一起，以及 IPv4 主机与 IPv6 主机的互通。这阶段不但要使用双栈技术、隧道技术，还需要网络协议转换技术。

(3) 主导阶段：IPv6 网络和主机占主导地位。当 IPv6 发展后，骨干网全部是 IPv6，而 IPv4 网络成了孤岛。与发展初级阶段情况相反，主要采取隧道技术来部署，但现在隧道互联的是 IPv4 网络了。

(二) 过渡阶段所采用的过渡技术

(1) 双栈技术：双栈节点与 IPv4 节点通信时使用 IPv4 协议栈，与 IPv6 节点通信时使用 IPv6 协议栈。

(2) 隧道技术：提供了两个 IPv6 站点之间通过 IPv4 网络实现通信连接，以及两个 IPv4 站点之间通过 IPv6 网络实现通信连接的技术。

(3) IPv4/IPv6 协议转换技术：提供了 IPv4 网络与 IPv6 网络之间的互访技术。

(三) IPv6/IPv4 双协议栈

双栈技术是 IPv4 向 IPv6 过渡的一种有效的技术。网络中的节点同时支持 IPv4 和 IPv6 协议栈。源节点根据目的节点的不同，选用不同的协议栈；网络设备根据报文的协议类型，选择不同的协议栈进行处理和转发。

双栈可以在单一的设备上实现，也可以在一个双栈骨干网上实现。对于双栈骨干网，其中的所有设备必须同时支持 IPv4/IPv6 协议栈，连接双栈网络的接口必须同时配置 IPv4 地址和 IPv6 地址。

双栈技术是 IPv4 向 IPv6 过渡的基础，所有其他的过渡技术都以此为基础。

(四) IPv6 穿越 IPv4 隧道技术

隧道(tunnel)是指一种协议封装到另外一种协议中的技术。隧道技术只要求隧道两端(也就是两种协议边界的相交点)的设备支持两种协议。IPv6 穿越 IPv4 隧道技术提供了利用现有的 IPv4 网络为互相独立的 IPv6 网络提供连通性，IPv6 报文被封装在 IPv4 报文中穿越 IPv4 网络，实现 IPv6 报文的透明传输。

这种技术的优点是，除边缘节点外，其他节点不需要支持双协议栈。可以大大利用现有的 IPv4 网络投资。但是隧道技术不能实现 IPv4 主机与 IPv6 主机的直接通信。

用于 IPv6 穿越 IPv4 网络的隧道技术有：IPv6 手工配置隧道、IPv4 兼容地址自动隧道、6to4 自动隧道、ISATAP 自动隧道、IPv6 over IPv4 GRE 隧道、隧道代理技术、6over4 隧道、

BGP 隧道、Teredo 隧道。

（五）IPv6 与 IPv4 互通技术

IPv6 穿越 IPv4 技术是为了实现 IPv6 节点之间的互通，IPv6/IPv4 互通技术是为了实现不同协议之间的互通。也就是使 IPv6 主机可以访问 IPv4 主机，IPv4 主机可以访问 IPv6 主机。相关的技术有：SIIT（Stateless IP/ICMP Translation）、NAT - PT、DSTM（Dual Stack Transition Mechanism）、SOCKs64、传输层中继（TRT）、BIS（Bump in the Stack）、BIA（Bump in the API）。

四、工具材料

- 真实岗位：连接到 Internet 的 PC
- 虚拟实验：VMware、Windows Server 操作系统。

五、任务实施

连接 IPv6 网之前，需要进行 IPv6 协议配置。可以通过两种方法实现。

（一）方法一 手动设置

(1) 单击通知区网络连接图标，单击“打开网络和共享中心”（Open Network and Sharing Center），如图 9 - 3 - 7 所示。

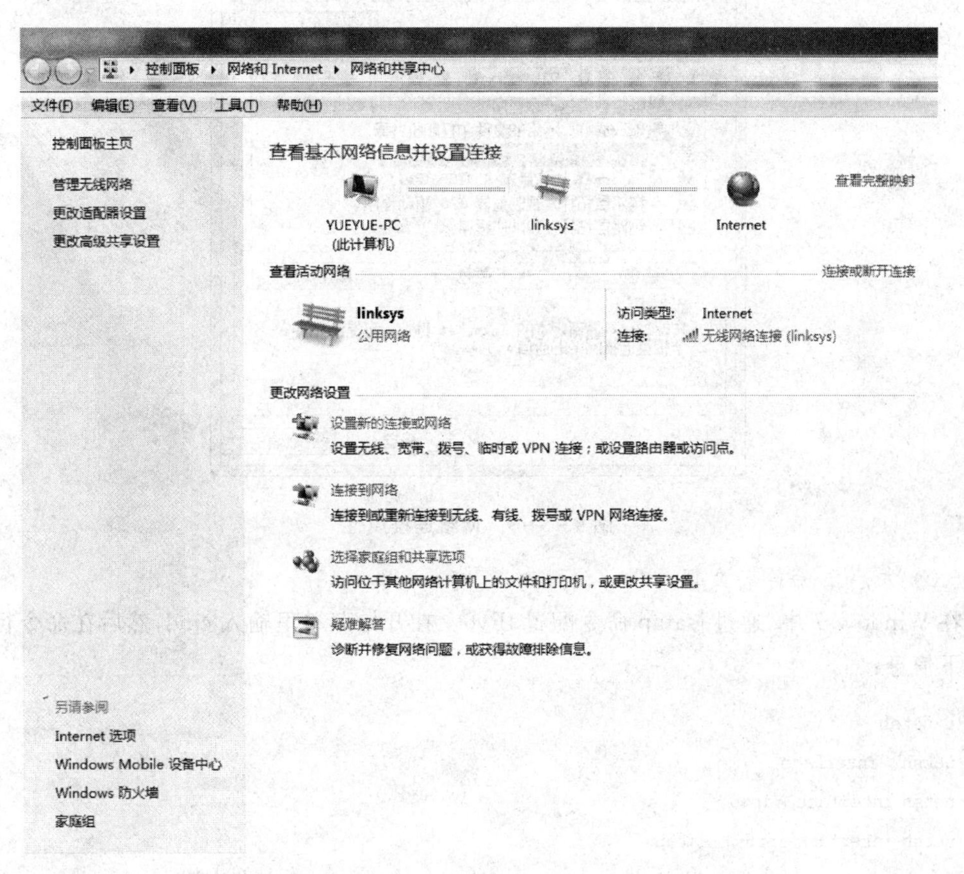

图 9 - 3 - 7 网络共享中心

(2) 在“网络和共享中心”中，单击“更改适配器设置”，转到“控制面板\网络和 Internet\网络连接”页面，如图 9 - 3 - 8 所示。

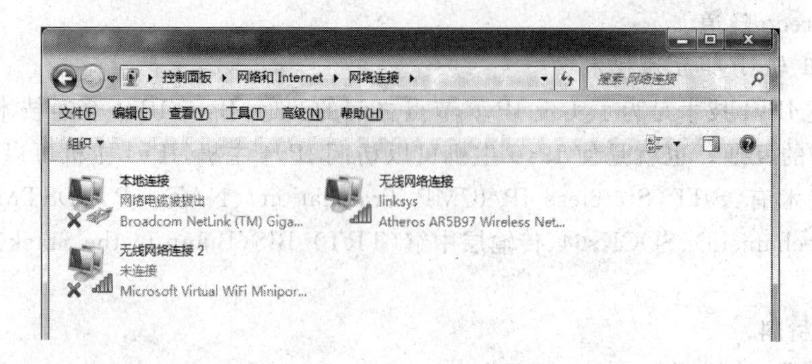

图 9-3-8　网络连接

(3) 右击"本地连接",单击"属性"进行 IPv6 配置,如图 9-3-9 所示。

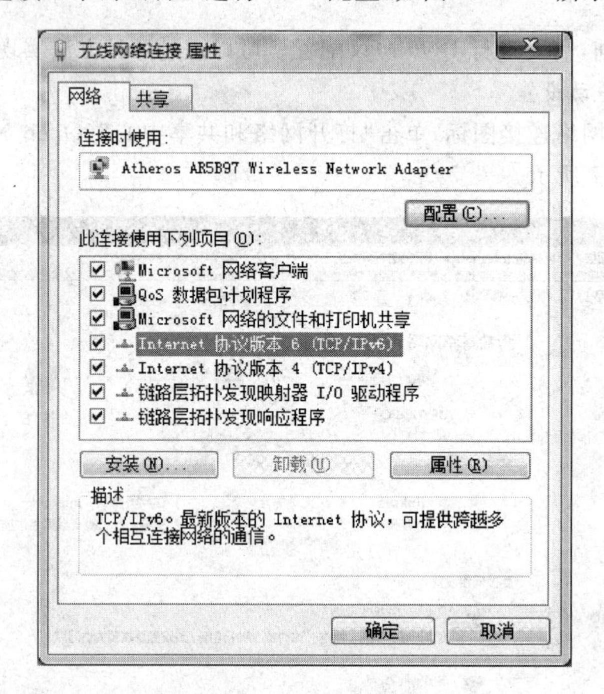

图 9-3-9　网络连接属性

(二) 方法二 命令行实现

在 Windows7 中,通过 isatap 命令配置 IPv6。在开始菜单里输入 cmd,然后在命令行里输入如下信息:

```
>netsh
netsh>interface
netsh interface>ipv6
netsh interface ipv6>isatap
netsh interface ipv6 isatap>set router isatap.tsinghua.edu.cn(清华大学)
netsh interface ipv6 isatap>set state enable
netsh interface ipv6 isatap>quit
```

isatap.tsinghua.edu.cn 是清华大学的隧道(isatap)。

（三）测试连通性

(1)打开IE浏览器,输入 http://www.kame.net/。如果能看到一只乌龟在动,说明IPv6设置成功。

(2)能访问 ipv6.google.com。

(3) netsh interface ipv6 isatap set router 202.4.128.222,能访问 http://bt.neu6.edu.cn/。

六、检查评议

具体评价方式、评价内容及评价标准见附录。

七、拓展提高

知识链接:

（一）IPv6 应用

IPv6一个重要的应用是网络实名制下的互联网身份证/VIeID,基于IPv4的网络之所以难以实现网络实名制,一个重要原因就是因为IP资源不够,所以不同的人在不同的时间段共用一个IP,IP和上网用户无法实现一一对应。

在IPv4下,根据IP查人也比较麻烦,电信局要保留一段时间的上网日志才行,通常因为数据量很大,运营商只保留三个月左右的上网日志,比如查前年某个IP发帖子的用户就不能实现。

IPv6的出现可以从技术上一劳永逸地解决实名制这个问题,因为运营商有足够IP资源,在受理入网申请时,直接给该用户分配固定IP地址,实际就实现了实名制,也就是一个真实用户和一个IP地址的对应。

当一个上网用户的IP固定之后,一个人何时做何事都和唯一IP绑定,一个人在网络上何时做的何事都有据可查,并且无法否认。

但是,实际情况是,每个路由器只负责几个网段的路由,而不会为某个特定IP进行路由,否则信息量之大会使对一个数据包的计算成本高到崩溃。受路由器吞吐量限制,通过每人一个固定IP的实名制方式在很长一段时间内将只是一种理论。

（二）IPv6 资源

IPv6网络上资源较少,以下是常用的IPv6站点。

(1) 上海交通大学IPv6视频点播:video6.sjtu.edu.cn

(2) 上海交通大学IPv6试验站:ipv6.sjtu.edu.cn

(3) 北京邮电大学支持IPv6的IPTV:iptv.bupt.edu.cn(双栈,可能费IPv4流量!)

(4) 大连理工大学IPv6试验网:ipv6.dlut.edu.cn(双栈,可能费IPv4流量!)

(5) 北京交通大学IPv6试验站:media6.njtu.edu.cn

(6) 浙江大学视频点播系统:media.zju6.edu.cn

(7) 浙江大学IPv6试验网:ipv6.zju.edu.cn

(8) 中国科技大学CERNET2主节点:ipv6.ustc.edu.cn

(9) 东北大学IPv6站:ipv6.neu6.edu.cn

(10) 清华大学 IPv6:ipv6. tsinghua. edu. cn

(11) CERNET2: www. cernet2. edu. cn

项目回顾

本项目涉及 NAT、VPN、IPv6 的基本理论知识,配置了 NAT 网络地址转换、VPN 虚拟专用网络,安装 IPv6 协议,并进行了连通性测试。

职业资格度量

一、选择题

1. You have a Windows Server 2008 computer that has an IP address of 172. 16. 45. 9/21. The server is configured to use IPv6 addressing. You need to test IPv6 communication to a server that has an IP address of 172. 16. 40. 18/21. What should you do from a command prompt ? (MCSE 2008)　(　)

A. Type ping 172. 16. 45. 9::::::.　B. Type ping ::9. 45. 16. 172.

C. Type ping followed by the Link-local address of the server.

D. Type ping followed by the Site-local address of the server.

2. 下述哪个说法是不正确的? (2012 HSE - Security 试题)　(　)

A. 加密吞吐量是 VPN 网关的关键性能指标?

B. 最大并发隧道数是 VPN 网关的关键性能指标?

C. 包转发率不是 VPN 网关的关键性能指标?

D. 接口数是 VPN 网关的关键性能指标?

3. 下面哪个用户可能存在 VPN 应用需求? (多选,2012 HSE-Security 试题)　(　)

A. 大型制造企业,内部建设覆盖整个厂区的局域网,有统一的 Internet 出口,企业内部已经启动 ERP 系统,应用完善,每天有大量的销售人员出差

B. 大型连锁机构,某品牌汽车 4S 店,总部设在上海,在全国省会级以上城市都有连锁店面,每天销售数据和财务信息需要向总部汇总

C. 某省级政府机构,在全省县级以及县级以上分布有专属分支机构,已经通过专线相互连接,正在考虑一种经济有效的方式实现专线线路备份

D. 某大型网吧,提供高达千兆的 Internet 接入及多达 500 台的主机,需要对上网用户进行有效的计费,对用户上网行为进行有效的管理

4. 将内部专用 IP 地址转换为外部公用 IP 地址的技术是____。(2008 年 4 月全国计算机等级考试四级笔试试卷)

A. RAPR　B. NAT　C. DHCP　D. ARP

5. 接入层部署 NAT 的缺点是____。(华为试题)

A. 私网用户内部互访需要做二次 NAT,效率低

B. NAT 设备升级维护较困难

C. 接入设备直接做 NAT，城域网内部无私网 IP 路由，路由管理简单

D. 无需购置昂贵的专用高性能 NAT 设备，投资低，不会出现单点故障

二、分析题

如图 9－0－1 所示为网络地址转换 NAT 的一个示例(2012 年 3 月全国计算机等级考试四级网络工程师试卷)NAT 转换表中，主机专用 IP 地址 172.16.1.3,2012；转换后的 IP 地址 211.81.2.1,6023。

①框中 S=172.16.1.3,2012,D=202.113.65.2,80；

④框中 S=202.113.65.2,80,D=172.16.1.3,2012；

根据图中信息，请分析②框中填写什么内容？(从下面选择，单选)　（　）

A. S=172.16.1.3,2012　　D=211.81.2.1,6023

B. S=211.81.2.1,6023　　D=202.113.65.2,80

C. S=202.113.65.2,80　　D=211.81.2.1,6023

D. S=211.81.2.1,6023　　D=172.16.1.3,2012

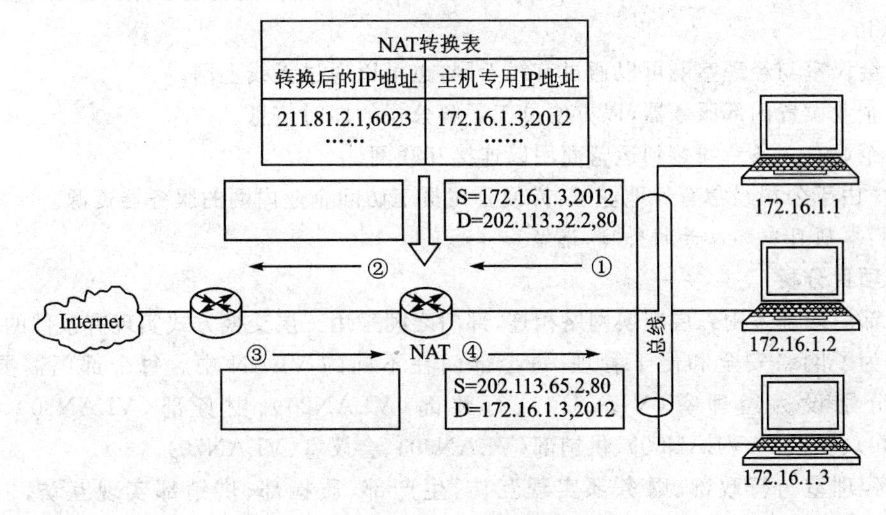

图 9－0－1　分析题图

从上面的结论中，继续分析③框中填写什么内容？

项目十　综合项目

知识目标

通过本项目，复习本课程相关知识点，能够正确运用，分析问题和解决问题。

技能目标

通过本项目，复习本课程相关技能，会操作过渡到熟练掌握。

一、项目导入

江苏健康药业公司，需要组建企业网。经理室下设五个部门：行政部、财务部、生产部、质检部、供销部。企业内部需要设置服务器，内部员工可以访问外网。具体需求如下：

（1）网络要安全和便于管理。经理室与行政部、财务部实现互访。生产部、质检部、供销部实现互访。

（2）会议室与经理室既可以通过有线上网，也可以通过无线上网。

（3）企业设置内部服务器，以方便员工了解公司的即时信息。

（4）企业有一条专线接到运营商用以连接互联网。

（5）* 由于公司经常有外地业务，方便公司员工访问企业内网的服务器资源。

说明：本项目中加 * 号的条目，选做。

二、项目分析

（1）部门内部采用二层交换网络相连，部门之间采用三层交换方式实现有条件的互访。

（2）为了网络安全和便于管理，每个部门在不同的 VLAN 中。每个部门需要单独的 VLAN，分别设为经理室（VLAN10）、行政部（VLAN20）、财务部（VLAN30）、生产部（VLAN40）、质检部（VLAN50）、供销部（VLAN60）、会议室（VLAN70）。

（3）经理室与行政部、财务部实现互访，生产部、质检部、供销部实现互访，需要设置 VLAN 间通信。

（4）企业有内部 WEB、DNS、FTP 服务器，承载着内部网站、域名解析、动态地址分配、FTP 等服务。

（5）局域网路由器启用路由协议（静态路由、动态路由协议）。

（6）* 企业有一条专线接到运营商用以连接互联网，由于从运营商只获取到一个公网 IP 地址和公司成本的限制，所以企业员工上网需要做 NAT 网络地址转换。

（7）* 为了方便公司员工在外地访问企业内网的服务器资源，在内网架设 VPN 服务。

（8）根据企业布局与需求，画拓扑图如图 10-0-1 所示。

三、项目计划

本项目分为多个任务，分步实施。任务如下：

（1）双绞线的制作与网络连接
（2）IP 地址规划
（3）IP 地址配置
（4）同网段主机资源共享
（5）VLAN 规划
（6）VLAN 配置
（7）VLAN 间通信
（8）路由配置

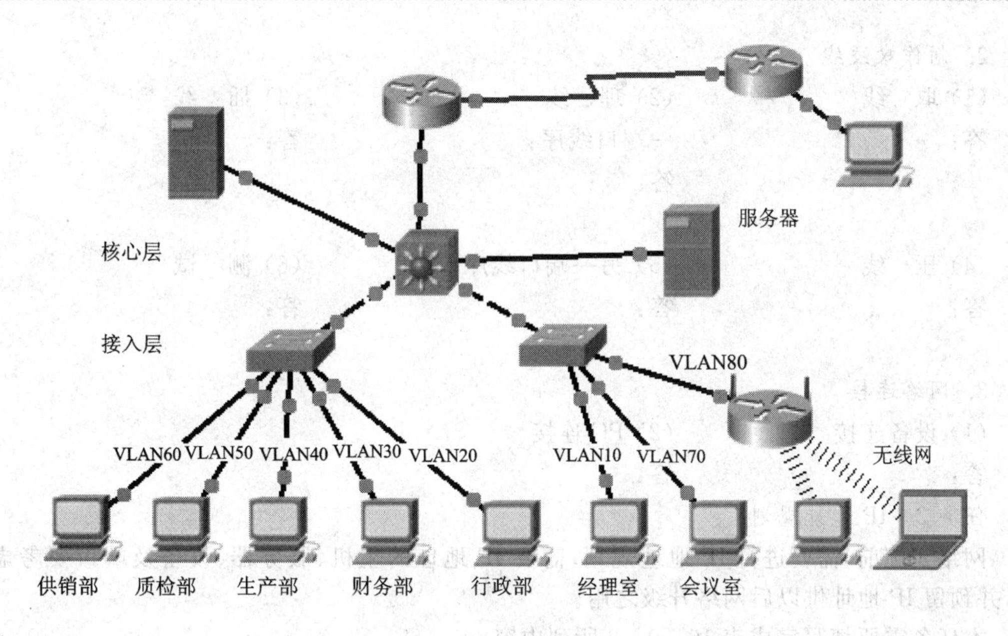

图 10-0-1　项目拓扑图

(9) 配置 WLAN　　(12) * 配置 NAT

(10) 配置服务器　　(13) * 配置 VPN

(11) * 配置 SNMP 网络管理

四、工具材料

- 真实岗位：二层交换机、三层交换机、路由器、PC＋网卡、双绞线、操作系统及相应工具软件。
- 虚拟实验：PC＋VMware、操作系统及相应工具软件，或者 Cisco Packet Tracer 软件。

五、任务实施

任务 1　双绞线的制作与网络连接

综合布线的五个子系统包括工作区子系统、水平区子系统、垂直干线子系统、管理子系统、设备间子系统。这部分内容在后续课程中学习。

本任务的目的是双绞线的制作与网络连接。计算耗材时包括：由终端设备到信息插座连接，以及从信息插座到配线架连接，网络设备等与配线架连接。

1. 计算耗材

根据实际情况，计算双绞线的长度及所需其他耗材。此处楼宇之间的光缆暂不考虑，在后续课程中完成。填写完成表 10-0-1。

表 10-0-1　材料预算一览表

序　号	材料名称	厂　家	规　格	数　量	单　价	总　价
1	双绞线					
2	水晶头					
3	护套					
4	标签					

2. 制作双绞线

(1) 取　线

答：

(2) 理　线

一端口线序：

答：

(3) 插　线

答：

(4) 压　线

答：

(5) 另一端口线序

答：

(6) 测　试

答：

3. 网络连接

(1) 设备连接

答：

(2) PC 连接

答：

任务 2　IP 地址规划

网络实施前，需要进行 IP 地址规划，需要 IP 地址的主机、服务器、设备及端口要考虑周全，并预留 IP 地址供以后网络升级之用。

本任务需要填写完成表 10－0－2 所列内容。

表 10－0－2　IP 地址规划表

序　号	部门/设备端口	网段 IP 地址	子网掩码	默认网关	备　注
1	经理室				
2	行政部				
3	财务部				
4	生产部				
5	质检部				
6	供销部				
7	会议室				
8	无线网				
9	服务器				
10	核心层交换机 fa0/4 G0/1				
11	边界路由器 G6/0 S2/0				
	外网路由器 Fa0/0 S2/0				
13	外网 PC				

任务 3　IP 地址配置(PC 和服务器)

1. 配置 PC 的 IP 地址

(1) 按照 IP 规划表配置 IP、掩码、网关。

答：

(2) 测试连通性。

在生产部 PC 上测试,与质检部 PC 的连通性

>ping ____________　　　　　　　! ________

2. 服务器 IP 地址配置

(1) 按照 IP 规划表配置 IP、掩码、网关。

答:

(2) 测试连通性

在 PC 上测试,与服务器的连通性

>ping ____________　　　　　　　! ________

任务 4　同网段主机资源共享

在生产部两台 PC 间进行文件夹 c:\files 中的资源共享。

(1) 不需要账号共享　　　　(2) 需要账号共享

答:　　　　　　　　　　　答:

任务 5　VLAN 规划

为了网络的安全性和便于管理,需要进行 VLAN 划分,请填写完成表 10-0-3 所列内容。

表 10-0-3　VLAN 划分表

序　号	部　门	VLAN 号	SVI 的 IP 地址	备　注
1	经理室			
2	行政部			
3	财务部			
4	生产部			
5	质检部			
6	供销部			
7	会议室			
8	无线网			
9	服务器群			

任务 6　VLAN 配置

在接入层有 2 台两层交换机,需要分别进行 VLAN 配置。

1. 配置 SAccess20-60 交换机(左边第一台)

(1) 基本配置

```
Switch>enable
Switch#configure terminal
Switch(config)#________                ! 改名为 SAccess20-60
SAccess20-60 (config)#no ip domain-lookup! 配置工作环境,关闭路由器的域名查找,
                                           当输错命令时不进行 DNS 解析
SAccess20-60 (config)#line console 0
SAccess20-60 (config-line)#exec-timeout 0 0
```

```
SAccess20 - 60 (config - line) # logging synchronous
SAccess20 - 60 (config - line) # exit
```

(2) 创建 VLAN 40

```
SAccess20 - 60 (config) # ________________
SAccess20 - 60 (config - vlan) # exit
```

其他 VLAN 相同。

(3) 把端口 fa0/4 划分到 VLAN40

```
SAccess20 - 60 (config) # ______________________________
SAccess20 - 60 (config - if) # ______________________________
SAccess20 - 60 (config - if) # exit
```

其他端口相同。

(4) 配置 trunk

```
SAccess20 - 60(config) # _____________________ ! 上联到交换机的接口需要配置 trunk
SAccess20 - 60 (config - if ) # _____________________
SAccess20 - 60 (config - if ) # exit
```

(5) 测试连通性

在生产部 PC 上测试,与质检部 PC 的连通性。

```
>ping _____________________________ ! ________
```

2. 配置另一台交换机

另一台两层交换机 S－Access107080,按照上面步骤配置。

任务 7　VLAN 间通信

VLAN 间通信需要通过三层交换机或单臂路由进行。本任务中,采用核心层的三层交换机实现 VLAN 间通信。

1. 配置三层交换机 SScore

(1) 基本配置

```
Switch>enable
Switch# configure terminal
Switch(config)#                                        ! 改名为 SScore
SScore (config) # no ip domain - lookup! 配置工作环境,关闭路由器的域名查找,当输错
                                        命令时不进行 DNS 解析
SScore (config) # line console 0
SScore (config - line) # exec - timeout 0 0
SScore (config - line) # logging synchronous
SScore (config - line) # exit
```

(2) 配置 trunk

```
SScore (config) # _____________________________
SScore (config - if) # _____________________________
```

SScore (config－if)＃exit

端口 fe0/5 相同。

(3) 配置 VLAN40

SScore (config)＃＿＿＿＿＿＿＿＿＿＿＿＿＿＿＿＿
SScore (config－vlan)＃exit

其他 VLAN 相同。

(4) 配置 SVI

SScore (config)＃＿＿＿＿＿＿＿＿＿＿＿＿＿＿＿＿　　　　！交换机虚拟接口
SScore (config－if)＃＿＿＿＿＿＿＿＿＿＿＿＿＿＿＿＿！配置 IP 地址，作为生产部的网关

其他 VLAN 相同

(5) 启用路由

SScore (config)＃＿＿＿＿＿＿＿＿＿＿＿＿＿＿＿＿　　　　！启用路由协议

2. 测试 VLAN 通信

在生产部 PC 上 ping 其他部分 PC。

>ping ＿＿＿＿＿＿＿＿＿＿＿＿＿＿＿＿　　　　！＿＿＿＿＿

任务 8　路由配置

1. 基本配置

(1) 边界路由器 R－Edge 基本配置

172.16.1.1　配置 G6/0，210.29.233.1 配置 S2/0。

Router>enable
Router　＃configure terminal
Router(config)＃＿＿＿＿＿＿＿＿＿＿＿＿＿＿＿＿
R－Edge(config)＃no ip domain－lookup
R－Edge(config)＃＿＿＿＿＿＿＿＿＿＿＿＿＿＿＿＿
R－Edge(config－if)＃＿＿＿＿＿＿＿＿＿＿＿＿＿＿＿＿
R－Edge(config－if)＃＿＿＿＿＿＿＿＿＿＿＿＿＿＿＿＿
R－Edge(config－if)＃exit
R－Edge(config)＃＿＿＿＿＿＿＿＿＿＿＿＿＿＿＿＿
R－Edge(config－if)＃＿＿＿＿＿＿＿＿＿＿＿＿＿＿＿＿
R－Edge(config－if)＃＿＿＿＿＿＿＿＿＿＿＿＿＿＿＿＿
R－Edge(config－if)＃exit
R－Edge(config)＃exit
R－Edge＃show running－config

(2) 外网路由器 R－Internet 基本配置(模拟 Internet，属于 ISP)

210.29.234.1　配置 F0/0，210.29.233.2 配置 S2/0。

Router　>enable
Router　＃configure terminal
Router(config)＃＿＿＿＿＿＿＿＿＿＿＿＿＿＿＿＿

```
R-Internet (config)#no ip domain-lookup
R-Internet(config)#______________________
R-Internet(config-if)#______________________
R-Internet(config-if)#______________________
R-Internet(config-if)#exit
R-Internet(config)#______________________
R-Internet(config-if)#______________________
R-Internet(config-if)#______________________
R-Internet(config-if)#______________________          ! 配置时钟频率
R-Internet(config-if)#exit
R-Internet(config)#exit
R-Internet#show running-config
```

2. 路由配置

(1) 边界路由器 R-Edge 配置

```
R-Edge#______________________          ! 在配置之前,查看路由表中的路由信息
R-Edge#______________________          ! 测试连通性,与外网 PC 的网关不通
R-Edge#configure terminal
R-Edge (config)#______________________          ! 激活 RIP 协议
R-Edge  (config-router)#          ! 指定 RIP 版本 2
R-Edge  (config-router)#          ! 发布直连网段
R-Edge  (config-router)#______________________
R-Edge  (config-router)#exit
R-  Edge (config)#______________________          ! 默认路由
R-Edge #show ip route          ! 查看路由表
R-Edge#______________________          ! 测试连通性,与外网 PC 的网关通
```

(2) 外网路由器 R-Internet 配置

```
R-Internet#______________________          ! 在配置之前,查看路由表中的路由信息
R-Internet#configure terminal
R-Internet(config)#______________________          ! 默认路由
R-Internet  (config-router)#exit
R-Internet #______________________          ! 查看路由表
```

3. 核心交换机 IP 配置

```
SScore(config)#______________________
SScore(config-if)#______________________          ! 启用三层端口
SScore(config-if)#______________________          ! 配置 IP 地址
SScore(config-if)#______________________
SScore(config-if)#exit
```

4. 核心交换机路由配置

```
SScore (config)#______________________          ! 激活 RIP 协议
SScore  (config-router)#______________________          ! 指定 RIP 版本 2
SScore  (config-router)#______________________          ! 发布直连网段
SScore  (config-router)#______________________
```

```
SScore (config-router)# ________________________
SScore (config-router)# exit
SScore(config)#                                    ! 默认路由
SScore # show ip route                             ! 查看路由表
```

任务 9 配置 WLAN

1. 无线路由器配置

(1) Internet 配置

IP 地址、子网掩码、默认网关等。

答：

(2) LAN 配置

IP 地址、子网掩码等。

答：

(3) Authentication 配置

答：

(4) DHCP 配置

答：

2. 无线笔记本 DHCP 配置

DHCP、Authentication 配置

答：

无线 PC 相同。

3. 测 试

(1) 在笔记本上，用 ipconfig 命令查看所获得的 IP 地址。

>________________________

(2) 在无线 PC 上，用 ipconfig 命令查看所获得的 IP 地址。

>________________________

(3) 在笔记本上，ping 无线 PC。

>ping ________________________ ! ________

(4) 在笔记本上，ping 无线网关。

>ping ________________________ ! ________

(5) 在笔记本上，ping 无线路由器向外的端口。

>ping ________________________ ! ________

进一步测试与服务器的连通性。

任务 10 配置服务器

(1) 配置 Web 服务器

答：

(2) 配置 DNS 服务器

答：

(3) 配置 FTP 服务器

答：

*任务 11 配置网络管理

答：

*任务 12 配置 NAT

答：

*任务 13 配置 VPN

答：

附录　过程考核标准

课程采用学习过程评价的方式，以学习态度、操作能力、方法运用、协作精神为考核要素，以学习项目或典型工作任务为单元组织考核。也可采用学习过程评价与学习结果考核相结合的方式，学习过程评价比重占课程总评成绩的60%，学习结果考核比重占课程总评成绩的40%。项目教学过程如附表1所列，学生学习成绩记载表如附表2所列。

附表1　项目教学过程评价表

<table>
<tr><th>序　号</th><th>工作任务</th><th>评价方式</th><th>评价内容</th><th>评价标准</th><th>分　值</th></tr>
<tr><td>1</td><td>网络认识</td><td rowspan="10">1. 项目组成果展示
2. 个人自评
3. 项目组（企业班组）评价
4. 教师（企业教师）评价</td><td rowspan="10">1. 学习态度：出勤情况、认真实验、积极思考、课堂表现
2. 操作能力：项目完成情况、作业和报告情况
3. 方法运用：理论知识的运用、方法的选择运用
4. 职业素养：协作精神、卫生习惯、现场设备材料整理</td><td rowspan="10">1. 能按时到场；严格按进度要求完成项目；保持实验设备完好无损；认真完成作业和报告等
2. 能清楚描述项目的主要内容、目的和实施计划；操作过程步骤、结果正确
3. 答辩时，思路、概念清晰，回答正确，语言表达准确</td><td>10</td></tr>
<tr><td>2</td><td>网络应用</td><td>3</td></tr>
<tr><td>3</td><td>局域网组建</td><td>17</td></tr>
<tr><td>4</td><td>无线局域网组建</td><td>7</td></tr>
<tr><td>5</td><td>企业网组建</td><td>20</td></tr>
<tr><td>6</td><td>服务器架构</td><td>20</td></tr>
<tr><td>7</td><td>网络安全与管理</td><td>13</td></tr>
<tr><td>8</td><td>Internet 接入</td><td>10</td></tr>
<tr><td>9*</td><td>网络深度应用（选）</td><td>10</td></tr>
<tr><td>10</td><td>综合项目（1周）</td><td>100</td></tr>
<tr><td colspan="5">合　计</td><td>100+10+100</td></tr>
</table>

附表2　学生成绩记载表

（20～20　学年第　学期）

系（部）________ 班级 __________ 课程名称计算机网络技术任课老师 __________

序号	学号	姓名	过程考核（60%）									期末考核（40%）	总评成绩
			1	2	3	4	5	6	7	8	9		
1													
2													
3													
4													
5													
6													
7													
8													
9													
10													

续附表2

（20　～20　学年第　学期）

系(部)________ 班级 __________ 课程名称计算机网络技术任课老师 __________

序号	学号	姓名	过程考核(60%) 1	2	3	4	5	6	7	8	9	期末考核(40%)	总评成绩
11													
12													
13													
14													
15													
16													
17													
18													
19													
20													
21													
22													
23													
24													
25													
26													
27													
28													
29													
30													

课程所属系(部)(审核)________ 教研室主任(签名)________ 任课教师(签名)________

参考文献

[1] 谢希仁. 计算机网络[M]. 6 版. 北京：电子工业出版社，2013.

[2] 曹隽，礼捷，等. 计算机网络工程[M]. 3 版. 大连：大连理工大学出版社，2014.

[3] 谢昌荣，李菊英. 计算机网络技术项目化教程[M]. 2 版. 北京：清华大学出版社，2014.

[4] 周鸿旋，李剑勇. 计算机网络技术项目化教程[M]. 2 版. 大连：大连理工大学出版社，2014.

[5] 王路群. 计算机网络基础及应用[M]. 3 版. 北京：电子工业出版社，2012.

[6] 夏笠芹，方颂. Windows Server 2008 网络组建项目化教程[M]. 3 版. 大连：大连理工大学出版社，2013.

[7] 于鹏. 计算机网络技术项目教程（高级网络管理员级）[M]. 北京：清华大学出版社，2010.

[8] 于鹏. 计算机网络技术项目教程（计算机网络管理员级）[M]. 北京：清华大学出版社，2009.

[9] 鞠光明，边倩. 计算机网络技术（基础篇）[M]. 5 版. 大连：大连理工大学出版社，2013.

[10] 徐其兴. 计算机网络技术及应用[M]. 3 版. 北京：高等教育出版社，2008.

[11] 褚建立. 计算机网络技术实用教程 [M]. 2 版. 北京：清华大学出版社，2009.

[12] 李畅. 计算机网络技术实用教程[M]. 3 版. 北京：高等教育出版社，2008.